高职高专“十二五”规划教材

轧钢机械设备维护

主　编　袁建路　陈　敏
副主编　陈建权　姚　浙　陈　涛
　　　　张士宪　闫冬冬　刘喜超
主　审　范玉新

北　京
冶金工业出版社
2022

内容提要

本书是按照国家示范院校重点建设材料工程技术（轧钢）专业课程改革和教材建设要求编写的。全书共分15章，主要内容包括轧钢机械设备的基础知识、轧辊、轧机轴承、轧辊调整机构及上辊平衡装置、轧钢机机架、板带轧机、型钢轧机、钢管轧机、短应力轧机、剪切机、锯切机械、矫直机、卷取机、辊道与升降台、轧钢机管理与维修等。

本书为材料工程技术（轧钢）专业“轧钢机械设备维护”课程项目化教材，也可作为材料成型与控制技术、冶金设备应用与维护专业教材，或相关专业和轧钢机械操作人员拆装、维护的培训教材，以及相关专业人员的参考书。

图书在版编目(CIP)数据

轧钢机械设备维护/袁建路，陈敏主编. —北京：冶金工业出版社，2012.1（2022.6重印）
高职高专“十二五”规划教材
ISBN 978-7-5024-5634-4

Ⅰ.①轧…　Ⅱ.①袁…　②陈…　Ⅲ.①轧制设备—维修—高等职业教育—教材　Ⅳ.①TG333

中国版本图书馆CIP数据核字(2011)第261160号

轧钢机械设备维护

出版发行	冶金工业出版社	**电　话**	(010)64027926
地　址	北京市东城区嵩祝院北巷39号	**邮　编**	100009
网　址	www.mip1953.com	**电子信箱**	service@mip1953.com

责任编辑　俞跃春　美术编辑　彭子赫　版式设计　葛新霞
责任校对　卿文春　责任印制　李玉山
北京印刷集团有限责任公司印刷
2012年1月第1版，2022年6月第8次印刷
787mm×1092mm　1/16；19.5印张；467千字；296页
定价45.00元

投稿电话　(010)64027932　投稿信箱　tougao@cnmip.com.cn
营销中心电话　(010)64044283
冶金工业出版社天猫旗舰店　yjgycbs.tmall.com
（本书如有印装质量问题，本社营销中心负责退换）

前　言

本书符合国家示范院校重点建设材料工程技术（轧钢）专业课程改革要求和教材建设计划，是编者在行业专家、毕业生工作岗位调研的基础上，与生产一线的技术专家一起，跟踪技术发展趋势，根据加热、轧制、精整岗位群的任职要求和更新变化，同时参照冶金行业职业技能标准和职业技能鉴定规范，依据冶金企业的生产实际和岗位群的技能要求编写的。本书力求紧密结合现场实践，注意学以致用，体现以岗位技能为目标的特点，各章节内容选材均来自工程实际，在叙述和表达方式上力求做到深入浅出，直观易懂，能使读者触类旁通。

本书由河北工业职业技术学院袁建路、陈敏担任主编，唐山钢铁公司陈建权、石家庄钢铁公司姚浙、河北工业职业技术学院陈涛、张士宪，首钢迁安钢铁公司闫冬冬、刘喜超担任副主编，参加编写的还有石家庄钢铁公司李竹军、河北工业职业技术学院李维勇、贺耀芳、高云飞、赵晓萍等。全书由邯郸钢铁公司范玉新主审。

本书在编写过程中参考了相关书籍、资料，在此对其作者表示由衷的感谢。由于编者水平所限，书中不妥之处，敬请读者批评指正。

编　者
2011 年 9 月

前言

目　录

1 轧钢机械设备的基础知识

1.1 轧钢生产概述

轧钢生产是钢铁工业生产的最终环节，是钢铁生产的一种重要加工方法。轧钢车间担负着生产钢材的任务。例如铺设一条5000km的双轨铁路，需要100万吨重型钢轨；制造一艘万吨轮船，约需6000t钢板；铺设一条5000km的石油输送管道，需要90万吨无缝钢管；因此，钢铁轧制在国家工业体系中占有举足轻重的基础地位。

20世纪90年代以前，我国轧钢生产的平均水平与世界主要产钢国相比，还仍存在一定的差距。轧钢生产以型钢为主，生产线大、中、小型并存。不同企业的技术装备水平参差不齐，能耗、成本较高。很多企业还使用着20世纪60年代较为陈旧的设备和工艺，这是限制我国钢材质量、品种和效益进一步提升的主要瓶颈。

20世纪90年代后期，随着我国经济的高速发展，尤其加入WTO后，参与国际钢材市场竞争的需要，各大企业纷纷采用当今世界先进的技术和装备，进行了大规模的技术改造。广泛引进新技术、新设备、新工艺，使我国轧钢生产的水平有了长足的进步，开发了一批高技术、高附加值的品种，如汽车、家电用薄钢板、H型钢、高档次石油钻套管、UOE大口径天然气输送管道钢管等。我国的钢材的现状：钢材产品结构优化与调整步伐加快，型线材向高强度方向发展；汽车、管线、容器、造船板等主体板材在高强度、高韧性焊接性能、表面质量方面有长足进步；薄板坯连铸连轧技术、薄规格板材生产技术迅速发展；超细晶、高强度的新型先进钢材理论研究取得突破；耐火、耐蚀、电磁等特殊性能钢材的开发取得显著成绩。目前除少数品种、规格及特殊用途钢材外，我国都已能生产，产品实物质量逐步接近或达到了国际先进水平。与国外差距：产品性能稳定性、稳定控制钢的纯净度、夹杂物形状与分布、表面质量、尺寸精度。

2010~2020年关键技术有连续化生产流程发展迅速，普遍实现了与连铸工序的热衔接；生产流程中工序间的融合与交叉成为先进轧材生产技术的重要特征；先进的控轧控冷促进了形变与热处理的融合，成为提高产品性能水平的重要手段。装备及控制技术的迅速发展：先进控制技术已经成为轧钢生产的主流；热连轧板带材生产的厚度精度已经接近国际先进水平；连铸坯热装热送比不断提高，取得了显著降低轧钢工序能耗的良好效果。

1.2 轧钢机的分类

1.2.1 轧钢机的标称

轧钢机的种类很多，根据生产能力、轧制品种和规格的不同，所采用的轧机也不一样。轧机的标称基本上可归纳成三类：开坯和型钢类型；板带类型；管材类型。

开坯轧机和型钢轧机按轧辊的名义直径或齿轮座齿轮的中心距来标称。“650型钢轧机”即指齿轮座齿轮的中心距为650mm。如果轧钢机有若干个机座，那么整个轧钢机就按最后一架精轧机座的参数来标称；“连续式300小型轧机”即指精轧机座末架的轧辊名义直径为300mm。

钢板轧机按轧辊辊身的长度来标称。“1700钢板轧机”即指轧辊辊身长度为1700mm。所轧钢板的最大宽度约为1550mm。

钢管和钢球轧机则按所轧钢管和钢球的最大外径来标称。“140无缝轧管机”即指所轧钢管的最大外径为140mm。

1.2.2 按用途分类

按用途分类可以反映轧机的主要性能参数及其轧制的产品规格，如表1－1所示。

表1－1　轧机类型及主要技术特性

轧机类型		轧辊尺寸/mm		最大轧制速度/m·s^{-1}	用　途
		直径	辊身长度		
开坯机	初轧机 板坯轧机	750～1500 1000～1370	3500 2800	3～7 2～6	用1～45t钢锭轧制120mm×120mm～450mm×450mm方坯及（75～300）mm×（700～2050）mm的方坯
	钢坯轧机	450～750	800～2200	1.5～5.5	将大钢坯轧成55mm×55mm～150mm×150mm的方坯
型钢轧机	轨梁轧机	750～900	1200～2300	5～7	38～75kg/m的重轨以及高达240～600mm甚至更大的其他重型断面钢梁
	大型轧机	500～750	800～1900	2.5～7	80～150mm的方钢和圆钢，高120～300mm的工字钢和槽钢，18～24kg/m的钢轨等
	中型轧机	350～500	600～1200	2.5～15	40～80mm方钢和圆钢，高达120mm的工字钢和槽钢，50mm×50mm～100mm×100mm的角钢，11kg/m的轻轨等
	小型轧机	250～350	500～800	4.5～20	8～40mm方、圆钢，20mm×20mm～50mm×50mm角钢等
	线材轧机	250～300	500～800	10～102	轧制ϕ5～9m的线材
热轧板带轧机	厚板轧机	—	2000～5600	2～4	（4～50）mm×（500～5300）mm厚钢板，最大厚度可达300～400mm
	宽带钢轧机	—	700～2500	8～30	（1.2～16）mm×（600～2300）mm带钢
	叠轧薄板轧机	—	700～1200	1～2	（0.3～4）mm×（600～1000）mm薄板
冷轧板带轧机	单张生产的钢板冷轧机	—	700～2800	0.3～0.5	轧制宽度600～2500mm冷轧板或板卷
	成卷生产宽带钢冷轧机	—	700～2500	6～40	（1.0～5）mm×（600～2300）mm带钢及钢板

续表 1-1

轧机类型		轧辊尺寸/mm		最大轧制速度/m·s^{-1}	用 途
		直径	辊身长度		
冷轧板带轧机	成卷生产窄带钢冷轧机	—	150~700	2~10	(0.02~4) mm×(20~600) mm 带钢
	箔带轧机	—	200~700	—	0.0015~0.012mm 箔带
热轧无缝钢管轧机	400 自动轧管机	960~1000	1550	3.6~5.3	ϕ127~400mm 钢管，扩孔后钢管最大直径达 ϕ650mm 或更大的无缝钢管
	140 自动轧管机	650~750	1680	2.8~5.2	ϕ70~140mm 无缝钢管
	168 连续轧管机	520~620	300	5	ϕ80~165mm 无缝钢管
冷轧钢管轧机		—	—	—	主要轧制 ϕ15~150mm 薄壁管，个别情况下也轧制 ϕ400~500mm 的大直径钢管
特殊用途轧机	车轮轧机	—	—	—	轧制铁路用车轮
	圆环—轮箍轧机	—	—	—	轧制轴承环及车轮轮箍
	钢球轧机	—	—	—	轧制各种用途的钢球
	周期断面轧机	—	—	—	轧制变断面轧件
	齿轮轧机	—	—	—	滚压齿轮
	丝杠轧机	—	—	—	滚压丝杠

开坯机以钢锭为原料，为成品轧机提供坯料的轧钢机，包括方坯初轧机、方坯板坯初轧机和板坯初轧机等。

钢坯轧机也是为成品轧机提供原料的轧机，但原料不是钢锭，而是钢坯。一般分为连续式及横列式两种形式。连续式又常分为一组连轧及二组连轧机组。

型钢轧机是将原料轧制成各类型钢的轧机，包括轨梁轧机、大型、中型、小型轧机及线材轧机等。

热轧板带轧机是在热状态下生产各类厚度的钢板轧机，包括厚板轧机、宽带钢轧机和叠轧薄板轧机等。

冷轧板带轧机是在冷状态下生产交货的钢板轧机，包括单张生产的钢板冷轧机、成卷生产的宽带钢冷轧机、成卷生产的窄带钢冷轧机等。

钢管轧机包括热轧无缝钢管轧机、冷轧钢管轧机和焊管轧机等。

特殊用途轧钢机包括车轮轧机、圆环—轮箍轧机、钢球轧机、周期断面轧机、齿轮轧机和丝杠轧机等。可以看出，上述分类方法基本上是按轧钢机所轧产品的断面形状分类的。因此，轧钢机的尺寸就取决于它所轧产品的断面尺寸。

1.2.3 按构造分类

通常轧制同一种用途的产品轧钢机，它们在构造上很可能不同。因此，根据轧钢机的生产要求，按轧辊的数目及在工作机座中不同的布置方式，轧钢机可分为以下五种主要类型：具有水平轧辊的轧机，具有立式轧辊的轧机，具有水平辊和立式辊的轧机，具有倾斜布置轧辊的轧机，以及其他轧机。

（1）具有水平轧辊的轧钢机。这类轧钢机应用最广泛，分为以下几种形式：

1）二辊轧机（见表1－2中图1）。其工作机座由两个布置在同一垂直平面内的水平辊所组成。这种轧钢机的应用最广泛，主要应用于以下几种情况：

① 二辊可逆式轧钢机。该轧机工作中轧件每通过轧辊一道以后，便改变轧辊的转动方向一次，使轧件进行往返轧制。它主要用于轧制大钢坯，如初轧钢坯、板坯、轨梁、异型坯和厚板等。

② 二辊不可逆式轧钢机。它主要用于现代化高生产率的型钢和钢坯轧机，由数个依次顺列布置的工作机座所组成。轧件在每个机座上仅进行一道轧制。

③ 薄板轧机。一般是指单片生产的热轧厚度为0.2～4mm的钢板轧机。

④ 冷轧钢板及带钢轧机。

2）三辊轧机（见表1－2中图2）。其工作机座由三个布置在同一垂直平面内的水平辊所组成。在轧制过程中，轧辊不反转，而轧件可以通过上、下轧制线进行往返轧制。这种轧钢机已有被高生产率的二、四辊不可逆式轧钢机取代的趋势。因为在二辊不可逆式轧钢机上，轧件在每架轧机上只通过一次，不必进行往返运动，从而大大提高了生产率。但目前这种三辊式轧机在我国还广为应用，它主要有以下几种类型：

① 轧制中厚板的三辊劳特式轧机。这种轧机中辊不传动，而且直径比上、下辊小（见表1－2中图3）。每轧制一道，中辊均要上升或下降一次，目前这种轧机已不再制造了。

② 轨梁轧机。即轧辊直径超过750mm的型钢三重式轧机。

③ 横列式型钢轧机。

④ 三辊开坯机。用来将1～1.5t的小钢锭轧成小钢坯。

3）四辊轧机（见表1－2中图4）。它的工作机座由四个布置在同一垂直平面内的水平轧辊所组成，轧制仅在两个中间轧辊间进行，这两个中间辊称为工作辊。工作辊的直径比上、下轧辊的直径小得多。上、下大轧辊只用来支撑工作辊，所以叫支撑辊。采用支撑辊的轧机，其刚度及强度都大为增加。这种轧机非常普遍地应用于热轧钢板、冷轧钢板及带钢生产。

① PC轧机（见表1－2中图5）。这种轧机的中心轴线是交叉布置的，目的是利于板形的调整。

② CVC凸度连续可变轧机（见表1－2中图6）。它是将四辊轧机的工作辊磨成S形的辊廓曲线，使用时工作辊可以轴向移动，以此改变轧辊辊缝间的距离，从而有利于板形的控制。

4）五辊轧机（见表1－2中图7～图10）。这类轧机是在四辊轧机的基础上发展起来的，主要用于板带生产。

具有弯曲辊的五辊轧机（即CBS异步轧机），轧制过程中具有接触－弯曲－拉伸综合作用。小直径的空转辊起弯曲轧件的作用，由于轧辊的线速度不同而构成异步轧制的特点。这种轧机压下量大，可减少轧制道次，适用于轧制难变形的金属（见表1－2中图7）。

另一种形式的异步轧机，称为S轧机（见表1－2中图8）。

泰勒轧机（见表1－2中图9）。它采用异径组合的工作辊。上工作辊的直径小，在轧制过程中易发生水平弯曲，所以有专门测量小工作辊水平位移的装置，通过控制系统改变辊子的扭矩分配，以调节辊形。泰勒轧机也有六辊式的。

具有水平支撑辊的五辊轧机（见表1－2中图10）。这种轧机较四辊轧机多一个中间辊，并将下工作辊直径减小，以实现异步轧制。出口侧设置了限制工作辊产生弯曲的侧弯辊和侧支撑辊。这种轧机有垂直方向的弯辊系统和水平方向的弯辊系统，提高了轧机的调节性能。

5）六辊轧机（见表1－2中图11、图12）。其工作机座由两个工作辊和四个支撑辊组成。主要用于轧制有色金属板和冷轧带钢。但实际使用表明，它的刚度与四辊轧机相比并没有显著的特点，而且不如四辊轧机使用方便。因此，这种轧机目前几乎不再制造了。

目前板带生产中常采用HC轧机（表1－2中图12），这是一种中间辊可以轴向移动的六辊轧机，通过抽动中间辊或工作辊来改善板形，配合使用弯辊装置，可使轧辊横向刚度增大。

6）偏八辊轧机（见表1－2中图13）。它是MKW型轧机的一种。其工作辊直径约为支撑辊直径的六分之一，且中心线对上下支撑辊中心连线有较大偏移。为防止工作辊水平弯曲，在出口侧设有侧中间辊和侧支撑辊，使机座水平刚度提高。它的轧制压力小，压下量大，适用于薄带材生产。

7）多辊轧机（见表1－2中图14、图15）。有十二辊、二十辊及复合式十二辊等形式。由于有多层中间辊及支撑辊支撑，工作辊的直径就可以大为减小，而机座的刚度和强度都很高。一般都是中间辊驱动，使工作辊不承受扭转力矩。这类轧机主要用来生产冷轧薄带钢。

8）Z型轧机（见表1－2中图16、图17）。它是由多辊轧机变化而来。由于改变了工作辊辊径，为控制板形提供了良好的条件。

9）单辊轧机（见表1－2中图18）。这种轧机由一个辊和一个运动平板组成，主要用来轧制长度不大的变断面产品。

10）行星轧机（见表1－2中图19）。这种轧机热轧带钢道次压下量可达90%～95%。

11）摆式轧机（见表1－2中图20）。这是20世纪50年代末出现的一种新型轧机，这种轧机适合轧制难变形的金属。

（2）具有垂直轧辊的轧钢机（见表1－3中图21）。这种轧钢机是在不需翻动轧件的情况下，使轧件在水平方向得到侧压。它主要用于连续式钢坯轧机、型钢轧机及宽带钢轧机的轧边。板坯热轧前的除鳞也用立辊轧机。

（3）具有水平辊及立辊的轧机。如表1－3中图22～图24所示。

（4）轧辊倾斜布置的轧机。如表1－3中图25～图27所示。

用于横向螺旋轧制，如钢管穿孔机以及钢管均整机，都属此类轧机。

（5）轧辊具有其他不同布置形式的轧机；

1）圆环及轮箍轧机。这种轧机的结构形式很多。圆环轧机广泛地用于轧制滚动轴承座圈、大齿轮的毛坯等。但近年来由于整体轧制车轮的发展，轮箍轧机已很少应用。

2）车轮轧机。近年来这类轧机得到广泛应用。

3）齿轮轧机。这类轧机将轧辊按照啮合齿形设计，采用横轧使齿轮成形。

表 1－2　轧辊水平布置的轧钢机

轧辊布置形式	机座名称	用　途
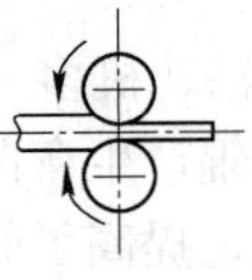 图 1	二辊轧机	可逆式轧机，轧制大断面方坯、板坯、轨梁异型坯和厚板；薄板轧机；冷轧钢板及带钢轧机；高生产率生产钢坯和线材的连续式轧机以及布棋式和越野式型钢轧机
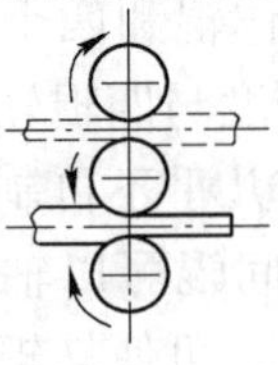 图 2	三辊轧机	轧制钢梁、钢轨、方坯等大断面钢材及生产率不高的型钢
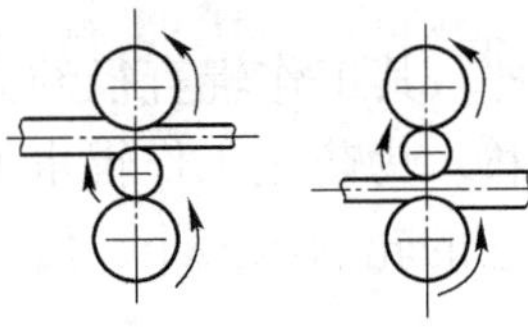 图 3	具有小直径浮动中辊的三辊轧机（劳特轧机）	轧制中厚板，有时也轧薄板
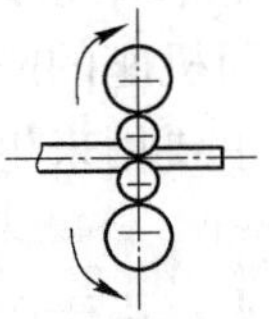 图 4	四辊轧机	冷轧及热轧板、带材
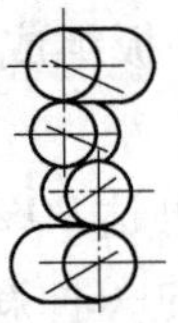 图 5	PC 轧机	冷轧及热轧带材
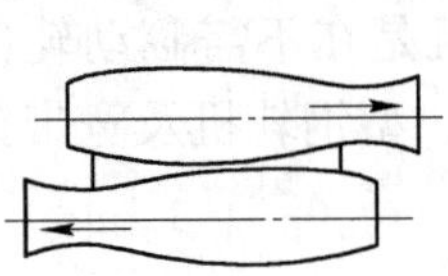 图 6	CVC 凸度连续可变轧机	热轧及冷轧带钢
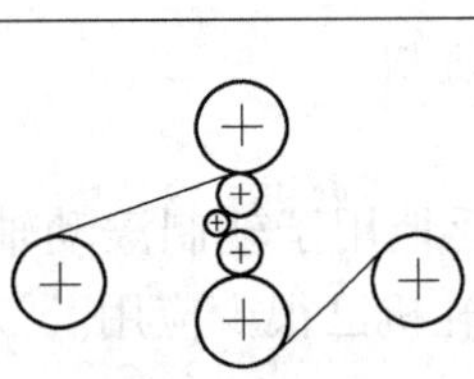 图 7	具有小弯曲辊的四辊轧机（偏五辊轧机），也称为 C－B－S 轧机（即接触－弯曲－拉直轧机）	冷轧难变形的合金带钢

续表1-2

轧辊布置形式	机座名称	用　途
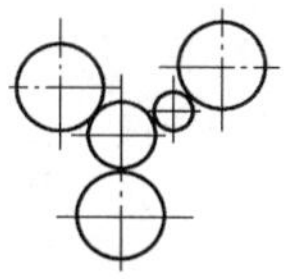 图8	S轧机	冷轧薄带材
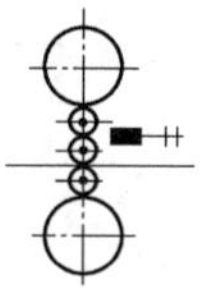 图9	五辊轧机（泰勒轧机）	精轧不锈钢和有色金属带材
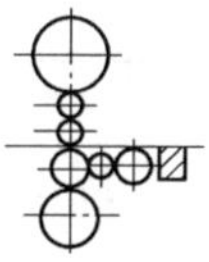 图10	FFC平直度易控轧机	冷轧薄带钢
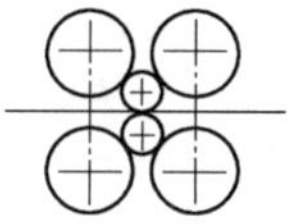 图11	六辊轧机	热轧及冷轧板带材
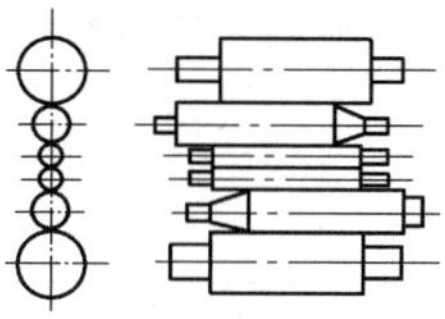 图12	HC轧机	冷轧普碳及合金钢带材
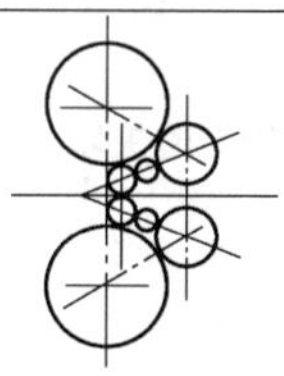 图13	偏八辊轧机（MKW轧机）	冷轧薄带材
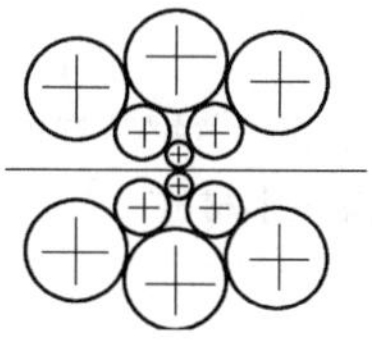 图14	十二辊轧机	冷轧薄带材

续表 1-2

轧辊布置形式	机座名称	用　途
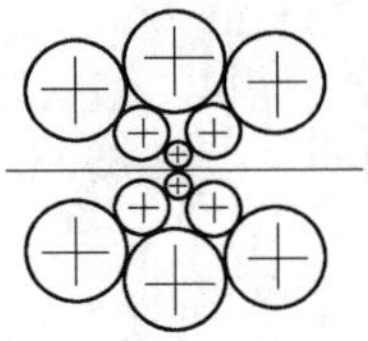 图 15	二十辊轧机	冷轧薄带材
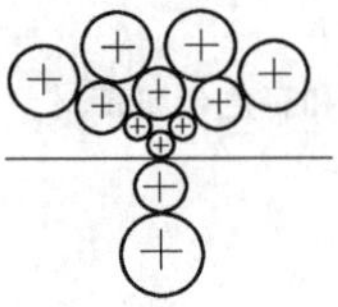 图 16	Dual Z 型轧机（1-2-1-4 型）	高强度合金带材
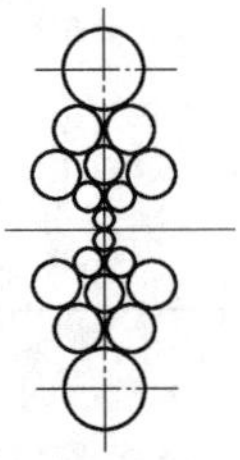 图 17	十八辊 Z 型轧机（1-2-1-4-1 型）	高强度合金带材
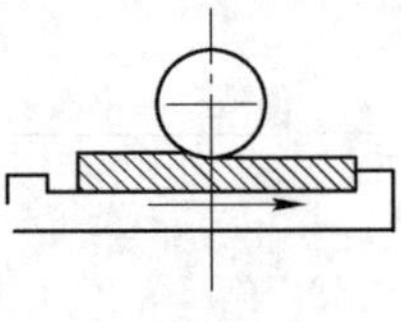 图 18	在平板上轧制的轧机	轧制各种长度不大的变断面轧件
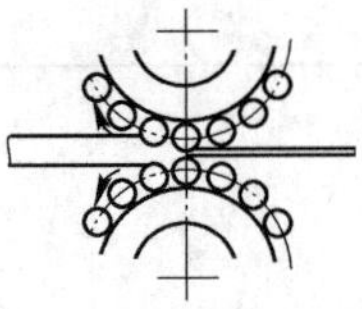 图 19	行星轧机	热轧及冷轧带钢与薄板坯
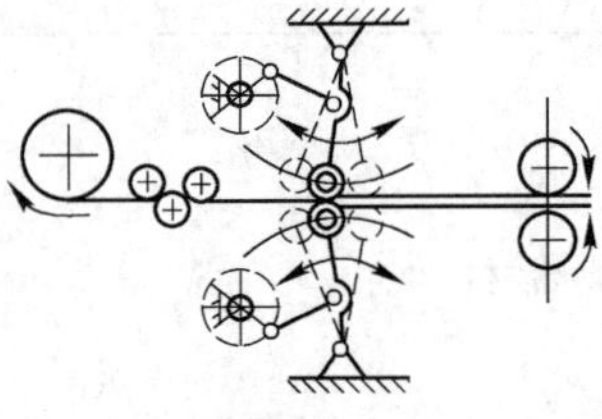 图 20	摆式轧机	冷轧钢及钛、铜、黄铜等有色带材、尤其适于冷轧难变形材料

表 1-3 具有垂直轧辊的轧机和万能轧机

轧辊布置简图	轧机名称	用 途
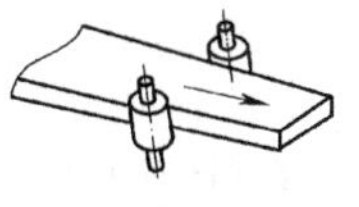 图 21	立辊轧机	轧制金属侧边
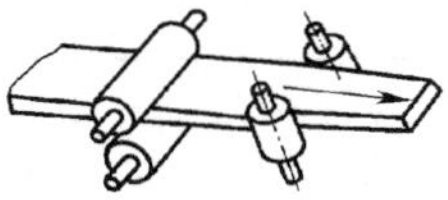 图 22	二辊万能轧机（有一对立轧辊）	轧制板坯及宽带钢
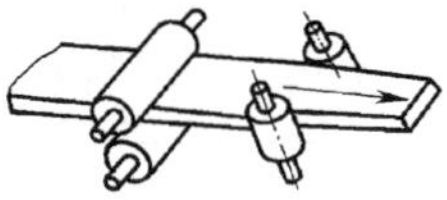 图 23	二辊万能轧机（两侧各有一对立轧辊）	轧制宽带钢
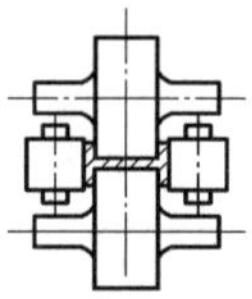 图 24	万能钢梁轧机	轧制高度为 300 ~ 1200mm 的宽边钢梁
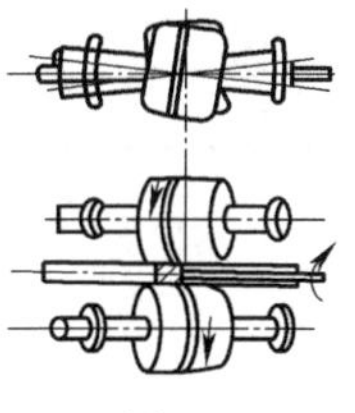 图 25	斜辊穿孔机	穿孔直径为 60 ~ 650mm 的钢管
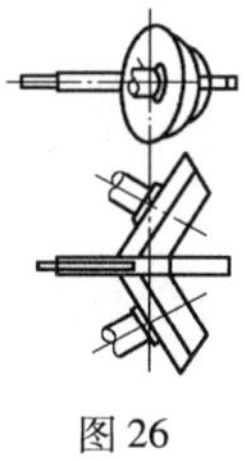 图 26	蘑菇形轧辊的穿孔机	穿孔直径为 60 ~ 200mm 的钢管
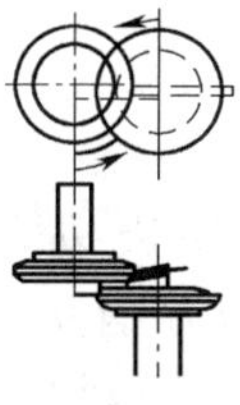 图 27	盘形轧辊的穿孔机	穿孔直径为 60 ~ 150mm 的钢管

续表 1－3

轧辊布置简图	轧机名称	用　途
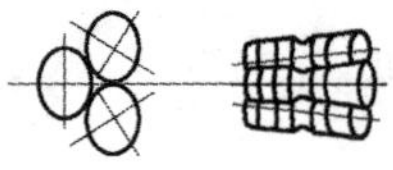 图 28	三辊穿孔机	难变形金属无缝管材的穿孔
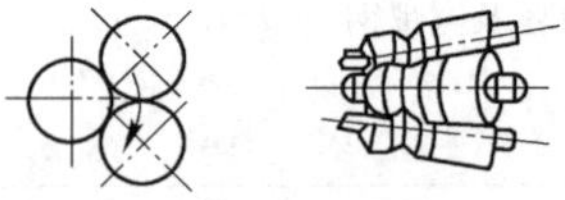 图 29	三辊延伸轧机	借减小管壁厚度来延伸钢管
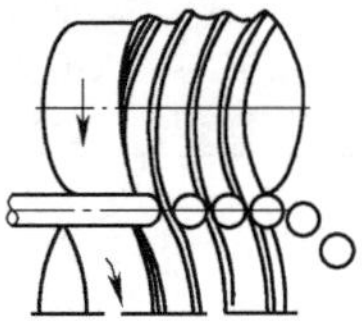 图 30	钢球轧机	轧制 18～60mm 以上的钢球
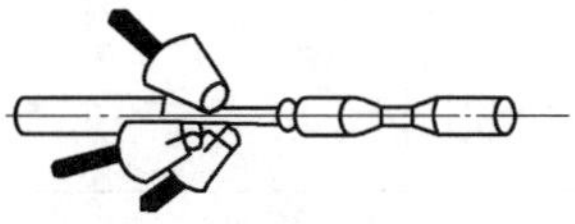 图 31	三辊周期断面轧机	轧制圆形周期断面的轧件

1.2.4　按工作机座的布置分类

轧钢车间轧钢机的布置形式可分为以下几种类型。

1.2.4.1　单机架

这种轧机布置形式最简单，轧钢车间只由一个工作机座及其驱动电动机和传动系统所组成，如图 1－1（a）所示，这种布置用于：

（1）轧制巨型断面的二辊可逆式轧机（初轧机、板坯轧机、厚板与万能轧机）。

（2）轧制钢管和冷轧钢板及带钢的二辊不可逆式轧机。

（3）冷轧薄板和带钢及热轧钢板的四辊轧机和多辊轧机等。

1.2.4.2　横列式

几个工作机座横排成一列，由一台电动机经过共用的减速机、齿轮座传动如图 1－1（b）所示。这种布置的优点是设备简单，造价低、易于建造，在发展地方钢铁工业方面起了很大作用，过去中小型型钢车间多采用此类布置，现逐渐淘汰完毕。其主要缺点在于用一台电动机驱动，各个工作机座的轧辊转速相同，故轧制速度不能随着轧件长度的增加

（由于轧件延伸）而提高。同时轧件从一个机座送向另一机座时，必须作横向移动，既不方便，又限制生产率的提高。在一个机列中，工作机座的数目根据轧机的不同用途可达二到五台。横列式布置用于轧制型钢、线材等。

1.2.4.3　纵列式

两个工作机座按轧件轧制方向顺序排成一行，轧件依次在各机座中进行轧制，如图1－1（c）所示。每个机座单独传动，轧辊的转速随着轧件长度的延伸而增加。这种布置常用于高生产率的初轧机及厚板轧机。

1.2.4.4　阶段式

这种布置是前述几种布置的组合，由图1－1（d）可见，沿轧制线依次布置成三列（属于纵列式），在第二机列中，由于孔型设计的需要而布置有三个工作机座（属于横列式）。这种布置常用于轧制型钢，机列与机座的数量决定于孔型设计的条件。

1.2.4.5　连续式

几个机座沿轧制线排成一行，如图1－1（e）、（f）所示，机座数等于轧制道次，并且轧件同时在几个机座内进行轧制。连续式轧机是现代化的轧钢机，它的生产率很高，操作过程机械自动化程度很高，并且有很高的轧制速度（有的可达30～40m/s）。其缺点是调整比较困难，而且改变轧件的规格时也比较复杂。虽然如此，由于连轧机具有高生产率的突出优点，因而它被广泛用来轧制带钢、棒材、线材及钢坯等。

1.2.4.6　半连续式

轧制比较复杂的断面（角钢、槽钢等），因为连轧机调整复杂，通常采用半连续式，如图1－1（g）所示，它由两组机座组成，其中一组布置成连续式（粗轧机组），另一组布置成横列式或阶段式。

1.2.4.7　串列往复式

这类布置如图1－1（h）所示，工作机座数目和连轧机一样，应尽量等于所轧产品需要的轧制道次。轧件在每个机座中只轧一道。与连轧机不同之处是只有当轧件从前一机座中全部轧完后，才进入后一机座，这样就解决了复杂断面型钢连轧时调整困难的问题。为了减少厂房的长度，轧机平行地排成几行。轧件由一行到另一行时需做横向移动，因而这种布置也可称为跟踪式，或称越野式。在这种布置的各个机座中，轧制速度随着轧件从一个机座到另一个机座的延伸而提高，故这种布置生产率很高。近来被广泛应用于高生产率的大、中型轧机上。

1.2.4.8　布棋式

它由串列往复式变化而得，与串列往复式基本相同，区别在于为了使布置更为紧凑，后面的机座布置成走棋的形式，如图1－1（i）所示。和串列往复式一样，每道有自己的工作机座与轧制速度，故也广泛用于高生产率的大、中型轧机上。

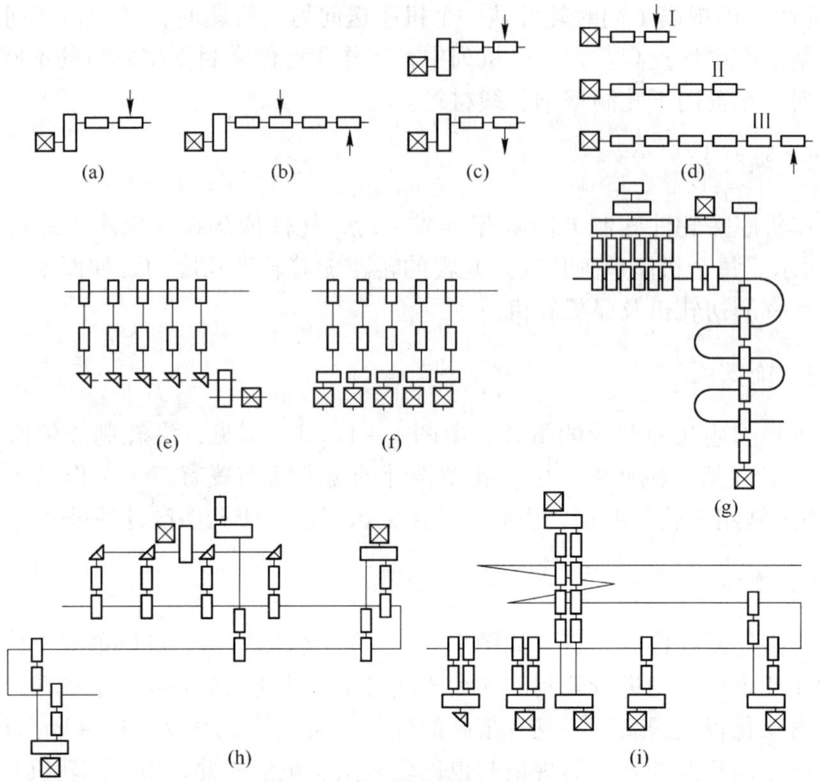

图 1－1　轧钢机工作机座布置分类

思　考　题

1－1　轧钢机由几部分组成?

1－2　轧钢机的命名方式如何?

1－3　轧钢机有几种布置形式，其中横列式、纵列式、连续式各有何主要特点?

2 轧　　辊

2.1　轧辊的分类、组成

轧辊是轧制过程中用来使金属产生塑性变形的工具，是轧钢机的主要部件。

2.1.1　轧辊的分类

轧辊可按构造和用途分为光面辊和有槽辊，工作辊与支撑辊；又可根据辊身表面硬度不同分类。轧辊的工作表面硬度是轧辊的主要性能参数之一。

2.1.1.1　轧辊按辊面分类

光面辊身（即平面辊）用来轧制板材，通常做成圆柱形或圆柱微带凸形（或凹形）表面，热轧板轧辊的辊身微凹，当受热膨胀时，可保持较好的板形；冷轧板轧辊的辊身微凸，当它受力弯曲时，可抵消变形的影响，保证良好的板形。有槽轧辊（见图2-1）用于轧制型钢，线材和钢坯等，是一种在辊身上加工成与轧件断面相适应的轧槽的轧辊。

2.1.1.2　按结构分类

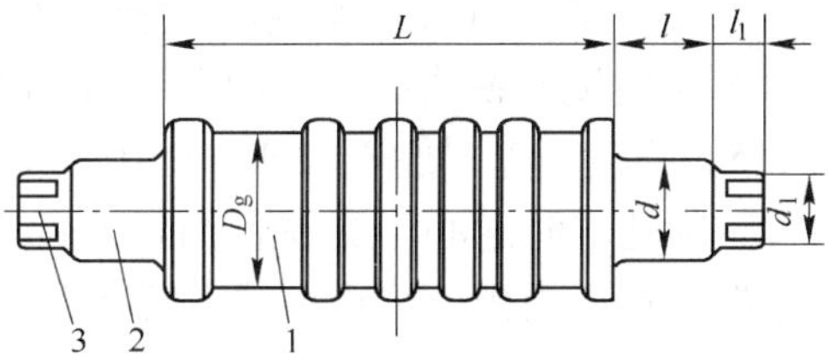

图2-1　有槽轧辊

1—辊身；2—辊颈；3—辊头

普通二辊轧机的轧辊和四辊轧机的整体式工作辊有实心和空心结构两种，热轧机上常用实心辊，冷轧机上多用空心辊。采用空心辊的原因是：

（1）便于轧辊的预热和冷却。

（2）当工作辊辊身表面淬火时，为增强淬火效应，保证淬火层的硬度和厚度，需通水冷却内孔表面。

（3）车除轧辊中心部位在铸造时形成的疏松组织。

2.1.1.3　按制造方法分类

针对四辊轧机，按制造方法，工作辊可分为铸造辊、锻造辊和镶套辊三种。工作辊的典型结构，如图2-2所示。工作辊传动端与传动扁头相连；连接的方式有两种，一是用键连接，如图2-2（a）所示，二是采用平口式结构，如图2-2（b）所示。用键连接时，键槽容易崩裂，目前大多采用平口式结构，这样容易加工，且具有足够的强度。图2-2（c）是硬质合金镶套辊的结构，这种结构有时在一些小型带材轧机上使用。

支撑辊也有实心辊和空心辊两种，实心辊使用很普遍。按制造方法可分为铸造辊、锻造辊和镶套辊三种。

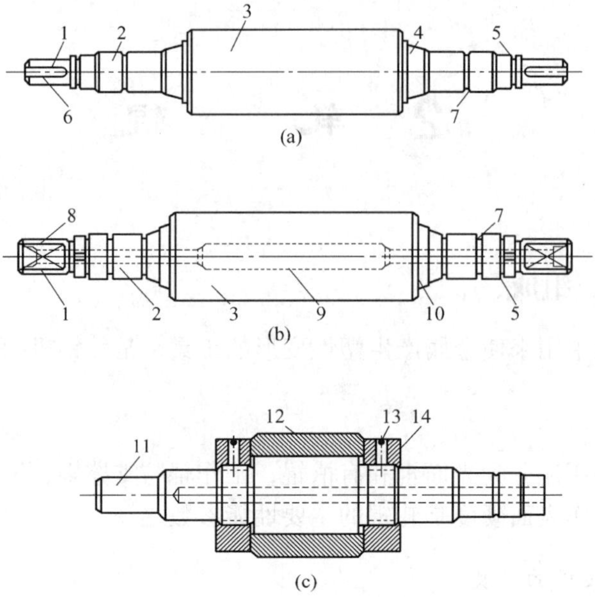

图2－2 工作辊的结构

（a）键连接（实心辊）；（b）平口式（空心辊）；（c）硬质合金镶套辊

1—传动端；2—辊颈；3—辊身；4—圆锥过渡区；5—紧固件槽；6—键槽；7—辊颈润滑油沟；8—平口；9—内孔；10—双圆锥过渡区；11—心轴；12—硬质合金套；13—螺钉；14—轴向紧固螺母

图2－3上表示了支撑辊的几种典型结构。支撑辊辊颈有圆柱形（装设滚动轴承用）和圆锥形（装设油膜轴承用）两种。采用圆锥形辊颈是为了便于拆装油膜轴承。锥度一般取1∶5，锥度公差一般不大于±0.03mm（在直径上测量）。空心辊的两端有中心孔塞，以便在车削轧辊时定心。支撑辊两边对称布置的吊装用槽，是专为吊装时挂钢绳而设置的。两端的盘车用槽，在轧机试运转前，可与专用套筒连接，以便在试运转前先用车盘动轧辊。

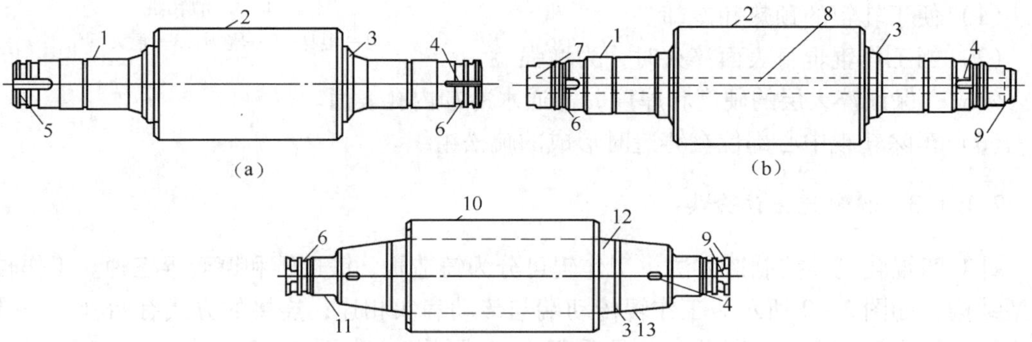

图2－3 支撑辊的结构

（a）实心辊；（b）空心辊；（c）镶套辊

1—辊颈；2—辊身；3—过渡段；4—键槽；5—吊装用槽；6—紧固件槽；7—中心孔塞；8—内孔；9—盘车用槽；10—辊套；11—装止推轴承用表面；12—心轴；13—锥形轴颈

镶套式（又称为组合式）支撑辊，是将硬度高的辊套（辊身）直接热装在韧性好的心轴上，组成一个整体。

采用镶套式支撑辊的原因：随着轧机尺寸的增大，支撑辊直径也不断加大。四辊轧机的支撑辊大多用合金钢制作，成本很高，大尺寸的支撑辊在铸、锻和热处理等方面也有不少困难。

采用镶套式支撑辊有以下优点：

（1）节约合金钢，心轴可用低合金钢或优质碳素钢制作。

（2）可以解决锻压设备能力不足问题。当万吨水压机作自由锻造时，只能锻造直径小于 1300～1400mm 的整体轧辊，但能锻造直径更大的辊套。

（3）比整锻辊力学性能均匀，抗腐蚀性强。

（4）可整体淬火，表面硬度均匀，不像整锻辊那样，为减少应力集中，辊身边缘需要有硬度较低的过渡区段。

（5）镶套辊中内应力小，且辊颈与辊身过渡处无明显的应力集中，从而提高了支撑辊的强度。

（6）心轴可重复使用。辊身磨损后，只需更换辊套，还可利用报废的轧辊制作心轴。

采用镶套辊也存在以下几个方面的问题：

（1）制造工艺比较复杂，制造精度要求高。

（2）装配工艺要求严格，热装后辊套易产生裂纹。热装时如处理不当，可能产生卡住现象使辊套在心轴上进退两难，造成支撑辊报废。

（3）要求精确计算装配过盈量。

镶套辊的结构：

如前所述，镶套辊由心轴和辊套组成。心轴与辊套采用过盈配合。镶套式支撑辊的结构如图 2－4 所示。心轴中部是一段直径较大的圆柱体，与辊身边缘对应的是两个直径较小的圆柱体，并以圆锥过渡的方式与中部相连。设计成这种形状的目的是在辊套压配后，接触应力均匀。

在热装时平均过盈量的选取范围为心轴直径的 0.10%～0.13%。在设计镶套辊时，首先要确定心轴与辊套的配合直径。辊套内、外径之比，决定于支撑辊辊颈与轴承型式，此比值约为 0.60～0.75。比值低（辊套厚）辊套中应力较小。心轴与辊套配合表面的直径必须大于辊颈直径，否则不能满足装配要求。在工作辊传动的四辊轧机上，配合过盈应满足以下要求：即克服支撑辊轴承中的摩擦力矩，使支撑辊在允许的工作温度下工作时辊套不因受热膨胀而松动，并能消除配合面不平度的影响。在支撑辊传动的四辊轧机上，配合处还必须能传递支撑辊的传动扭矩。

2.1.2 轧辊的结构组成

轧辊一般由辊身、辊颈和辊头三部分组成，如图 2－5 所示。

2.1.2.1 辊身

辊身（直径用 D、长度用 L 表示）是轧辊的中间部分，直接与轧件接触并使其产生塑性变形。它是轧辊最重要的部分。轧辊辊身经常在高温、高压、冲击等最繁重的负荷条

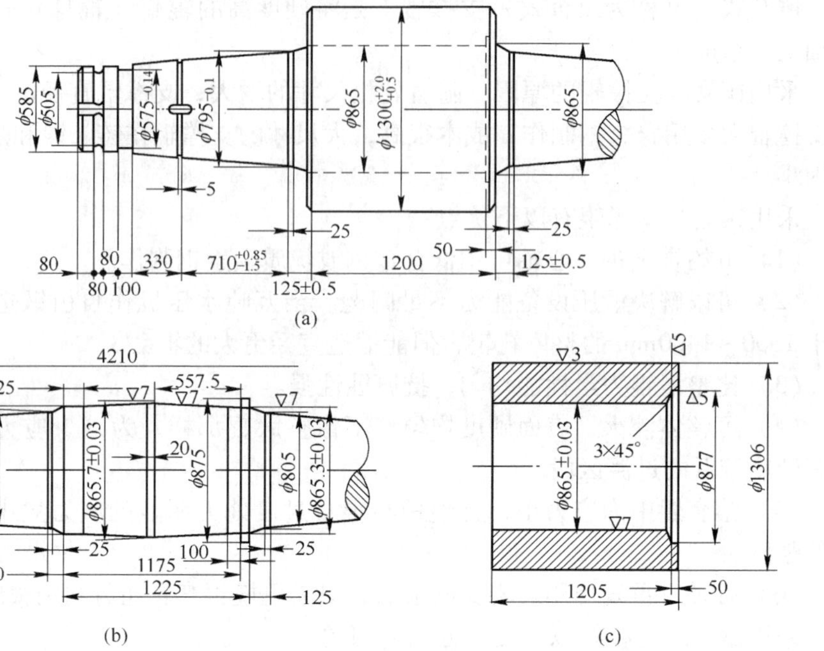

图 2-4　镶套式支撑辊的结构

件下工作，它不仅要承受很大的轧制压力（高达 15MN 以上），同时还经常承受着冲击负荷与交变负荷，以及在高温下用水冷却而产生内应力与冷热疲劳等。因此，对轧辊辊身的要求如下：

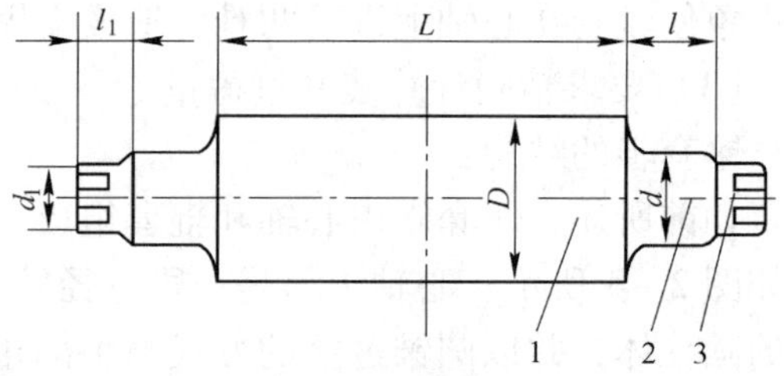

图 2-5　轧辊组成

1—辊身；2—辊颈；3—辊头

（1）要有很高的强度，以承受强大的弯矩和扭矩。

（2）要有足够的刚度，以减少变形，保证轧件尺寸和规格的准确性。

（3）要有良好的组织稳定性，以抵抗轧件高温的影响。

（4）要有足够的表面硬度，以便抵抗磨损和保证轧件的表面质量。

轧辊的直径有公称直径（名义直径）和工作直径之分。公称直径通常指轧机人字齿轮中心距并以此值表示轧机大小。工作直径指轧辊和轧件接触进行压下变形而直接工作的直径，板带轧机的工作直径就是轧辊的外径。初轧机的工作直径则表示孔型槽底直径，对于复杂断面型钢轧辊工作直径确定方法见孔型设计。工作直径 D_g 一般小于名义直径 D，为防止孔型槽切入过深，D/D_g 一般小于 1.4。

轧辊直径可根据咬入角 α 和轧辊强度来确定。工作辊应满足条件：

$$D_g \geqslant \Delta h/(1-\cos\alpha)$$

式中　α——咬入角（表 2-1 列出了各类轧机常用的最大咬入角）。

冷轧薄板及带钢轧机，尤其在轧制变形抗力较大的材料时，其轧辊直径应根据最小可轧厚度选择。当轧辊直径很大时，弹性变形增加，致使薄带钢及钢板的正常轧制困难。根据实践经验，轧辊在冷轧时选用直径条件为：

张力轧制时 $D<(1500\sim2000)h$

无张力轧制时 $D<1000h$

式中 h——被轧制钢板最小厚度。

如轧辊用碳化钨制成时，因其弹性模量很大，则轧件厚度可减少 50% ~75% 。

表 2-1 各类轧机常用最大咬入角

轧制情况	咬入角 α/(°)	$\Delta h/D_g$
单片钢板在磨光轧辊上带润滑液冷轧时	3 ~4	1/700 ~1/400
单片钢板在磨光轧辊上带润滑液冷轧时，成卷轧制带钢时	6 ~8	1/170 ~1/100
在粗糙辊面上冷轧时	5 ~8	1/250 ~1/100
在自动轧管机上热轧钢管时	12 ~14	1/60 ~1/40
热轧钢板时	15 ~22	1/30 ~1/15
热轧型钢时	22 ~24	1/15 ~1/12
带有刻痕或堆焊表面的轧辊中轧制时	27 ~34	1/9 ~1/6

在轧制过程中，由于轧辊表面的磨损，经过一段时间后，辊面磨损将影响产品质量，此时则需重车或重磨。每次重车量 0.5 ~5mm，重磨量 0.01 ~0.5mm，当轧辊直径减少到一定程度时，就不再使用，但可采用堆焊办法修复以延长轧辊使用寿命。通常轧辊允许重车率用新辊直径百分数表示：

初轧机 10% ~12%

型钢轧机 8% ~10%

中厚板轧机 5% ~7%

薄板轧机及冷轧机 3% ~6%

型钢及初轧开坯轧机的轧辊辊身长度 L 与孔型布置数目及轧辊强度有关。辊身过长会使弯曲强度降低，各类型轧机的辊身长度和直径的比例关系 L/D 为：

初轧机 2.2 ~2.7

型钢轧机：粗轧机座 2.2 ~3

精轧机座 1.5 ~2

四辊轧机：工作辊 2.5 ~4

支撑辊 1.3 ~2.5

钢板轧机轧辊辊身长度 L 按轧制钢板最大宽度 b 确定：$L=b+a$

式中，a 根据钢板宽度不同选取的余量，对于带钢，当 $b=460\sim1200$mm 时，$a=100$mm；对较宽钢板 $a=200\sim400$mm。

2.1.2.2 辊颈

辊颈（直径用 d、长度用 l 表示）位于辊身的两端，用来将轧辊支撑在轧辊轴承内。在轧制过程中，辊颈同样因承受很大的弯矩和扭矩而产生弯曲应力；而且辊颈与轴承之间的单位压力（p）以及单位压力与圆周速度之乘积（即 pv 值）都很高，使辊颈发热和磨损；同时辊身与辊颈的交界处还存在应力集中现象。生产中，氧化铁皮容易落入轴承中，擦伤辊颈表面等，因此，辊颈的工作条件是比较恶劣的。对辊颈的要求为：

（1）有足够的强度。

（2）有一定的耐磨性能。

（3）表面应平滑、光洁，无麻点和裂纹。

另外，还必须要有防止氧化铁皮和其他污物落入辊颈转动部位的措施。

辊颈有圆柱形和圆锥形两类。圆柱形辊颈［见图2－6（a）（b）］用于开式滑动轴承及滚动轴承，为使装卸轴承方便，消除间隙及改善强度条件，圆锥形辊颈［见图2－6（c）］用于液体摩擦轴承。

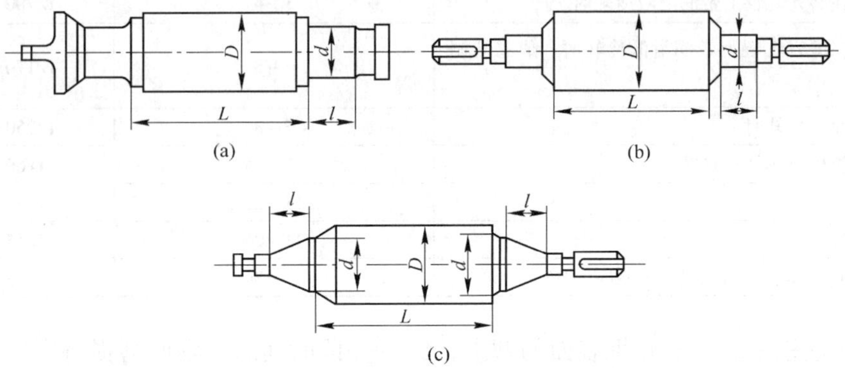

图2－6　轧辊辊颈形状

（a）安装滑动轴承的圆柱形辊颈；（b）安装闭式滚动轴承的圆柱形辊颈；
（c）安装液体摩擦轴承的圆锥形辊颈

辊颈尺寸从强度考虑，将辊颈取较大 d 值，对加强轧辊安全防止经常出现的断辊颈现象是必要的。但结构上它受到轴承尺寸、轴承座、机架窗口限制。另外，辊颈与辊身的过渡角 R 应选大些，以防止应力集中而断辊。

使用滚动轴承时，由于轴承径向尺寸较大，辊颈尺寸受到限制，可近似选取：

$$d=(0.5-0.55)D,\ L/D=0.83-1.0。$$

如果选用滑动轴承，则允许辊径尺寸大一些，表2－2列出了各种轧机使用滑动轴承时的轧辊辊颈尺寸。

表2－2　各种轧机使用滑动轴承时的轧辊辊颈尺寸

轧机类别	d/D	l/D	R/D
初轧机	0.55～0.7	1.0	0.065
开坯及型钢轧机	0.55～0.63	0.92～1.2	0.065
二辊型钢轧机	0.6～0.7	1.2	0.065
小型及线材轧机	0.53～0.55	1.0＋(20～30mm)	0.065
中厚板轧机	0.67～0.75	0.83～1.0	0.1～0.12
二辊薄板轧机	0.75～0.8	0.8～1.0	R＝50～90mm

2.1.2.3　辊头

辊头（直径用 d_1、长度用 l_1 表示）位于轧辊两端，用来连接轧辊与辊套或接轴，传递扭矩，转动轧辊。它主要承受扭转力矩。因此，对轧辊辊头的要求是：要有足够的强度；表面要光滑，光洁，无麻点和裂纹。

辊头的形状因所选用的连接轴的形式而异，如图 2－7 所示

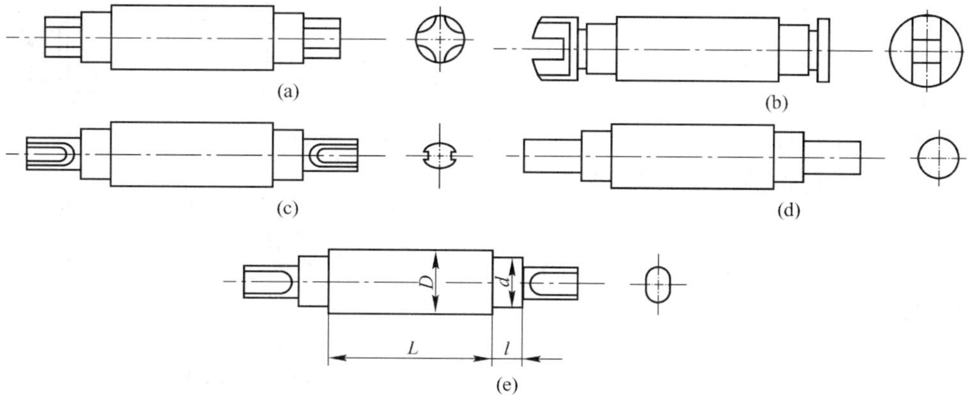

图 2－7　轧辊辊头基本类型

（a）梅花轴头；（b）扁头轴头；（c）带键槽轴头；（d）圆柱轴头；（e）带平台轴头

辊头有三种主要形式：梅花轴头，用于梅花接轴及轴套连接；扁头轴头，用于万向接轴的叉头连接；带键槽的或圆柱形轴头，用于与装配式万向轴头或齿形接手连接。实践表明，带双键槽的轴头，在使用过程中，键槽壁容易崩裂。目前常用易加工的带平台的轴头代替带双键槽的轴头。

辊头是传递轧辊扭矩部分，其参数根据接轴形式不同而异：

（1）梅花接轴是简单的结构形式，适用于速度不高、压下调整量不大的轧辊。梅花形辊头外径 d_1 与辊颈直径 d 关系大致如下：

三辊型钢与线材轧机	$d_1 = d - (10 \sim 15)$ mm
二辊型钢（连续式）轧机	$d_1 = d - 10$mm
劳特式中板轧机	$d_1 = (0.9 \sim 0.94)d$
二辊薄板轧机	$d_1 = 0.85d$

其余尺寸见表 2－3。

表 2－3　轧辊梅花头尺寸

d_1	D_1	r_1	l_2	l_3	附　图
140	148	29	9	100	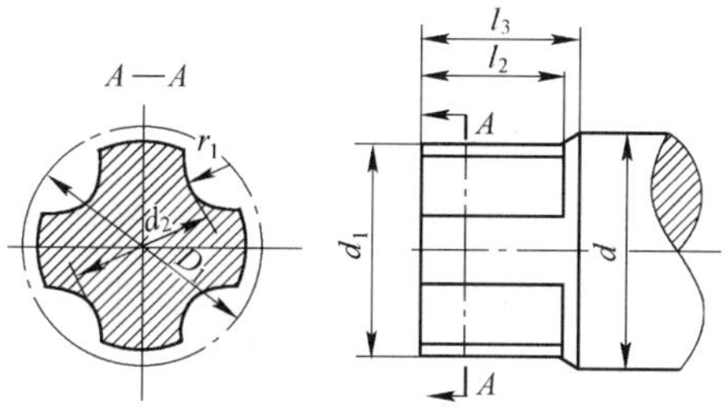
150	162	31	9	110	
160	176	33	105	120	
180	196	38	115	130	
200	216	41	130	150	
220	238	44	140	160	
240	258	49	155	175	
260	278	54	170	200	
280	300	58	185	215	
300	320	62	195	225	
320	340	66	210	240	
340	362	70	225	255	
370	392	77	245	275	
390	412	80	260	290	
420	448	88	275	305	
450	480	94	295	325	

（2）万向接轴的辊头呈扁头形状，如图 2 - 8 所示，其尺寸关系如下：

$D_1 = D - (5 \sim 15)\text{mm}$

$S = (0.25 \sim 0.28)D$

$a = (0.50 \sim 0.60)D_1$

$b = (0.15 \sim 0.20)D_1$

$c = (0.50 \sim 1.00)b$

当轧辊安装滚动轴承或油膜轴承时，扁头可做成可拆卸的，轧辊辊头可做成双键或花键形式，也可做成圆柱形，用热装或压配合装卸。

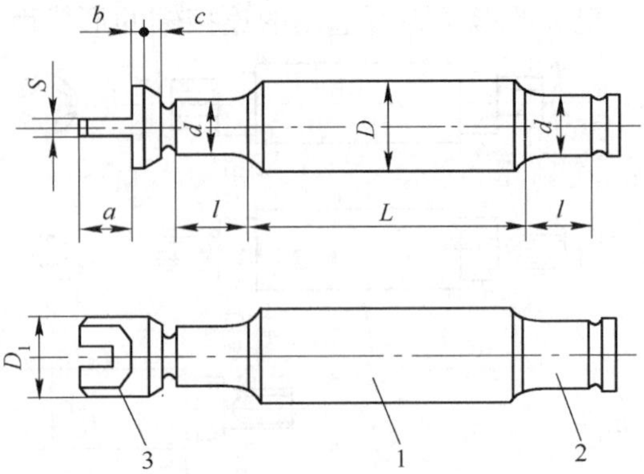

图 2 - 8　轧辊扁头尺寸
1—辊身；2—辊颈；3—辊头

2.1.2.4　轧辊结构特点

在轧制过程中，轧辊承受着全部轧制力的作用，辊身与辊颈的过渡区段是受力的危险截面。由于受轴承尺寸的限制，辊颈不能做得太大，因而在过渡区段产生很大的应力集中，需要合理地选定过渡区段的结构。过渡区段的常用的结构如图 2 - 9 所示。从减少应力集中的观点来看，过渡愈平滑（台阶愈多）愈有利，但制造愈困难，这要根据受力情况来考虑。过渡区的结构形状可参照图 2 - 9来选择。

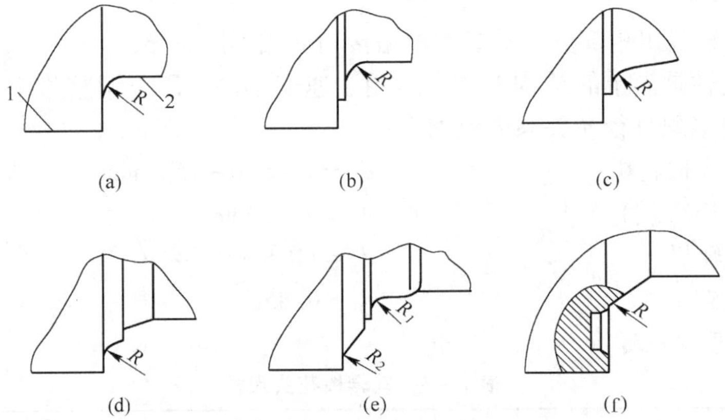

图 2 - 9　轧辊辊身与辊颈过渡区段的结构形状
（a）圆弧直接过渡；（b）台阶圆弧过渡；（c）台阶锥形过渡；
（d）双锥过渡；（e）多台阶过渡；（f）凹槽锥形过渡
1—辊身；2—辊颈

2.2　轧辊的材质及材质的发展

经过多年的生产实践，对各种轧机的轧辊均已确定了较合适的材料。在选择轧辊材料时，除考虑轧辊的工作要求与特点外，还要根据轧辊常见的破坏形式和破坏原因，按轧辊材料标准来选择合适的材质。

在板带材生产中，由于产品精度不断提高，对轧制作业条件的要求也日趋严格。轧辊质量的好坏对板带材质量、轧机生产率和作业率的影响很大。如果出现断辊、辊面剥落或轧辊表层不耐磨、不耐热裂等问题，则不仅会打乱生产节奏、降低生产率，而且还将增加轧辊费用。在轧钢生产中，特别是在薄板生产中，轧辊的费用占很大比例。为此，各国均开展了对轧辊的材质、加工和热处理工艺的广泛研究。有的国家还设有专门的轧辊研究机构并提出了很多合理使用轧辊的建议。

2.2.1 常用的轧辊材料

常用的轧辊材料有合金锻钢、合金铸钢和铸铁等。

（1）用于轧辊的合金锻钢在我国“重型机械标准”中已有规定，标准中列出了热轧轧辊和冷轧轧辊用钢。

热轧轧辊用钢有55Mn2、55Cr、60CrMnMo、60SiMnMo等。

冷轧轧辊用钢有9Cr、9Cr2、9CrV、9Cr2W、9Cr2Mo、60CrMoV、80CrNi3W、80CrMoV等。

（2）用于轧辊的合金铸钢种类尚不多，也没有统一标准。随着电渣重熔技术的发展，合金铸钢的质量正逐步提高，今后合金铸钢轧辊将会得到广泛应用。

（3）铸铁可分普通铸铁、合金铸铁和球墨铸铁。铸造轧辊时，采用不同的铸型，可以得到不同硬度的铸铁轧辊。因此，有半冷硬、冷硬和无限冷硬轧辊之分。

半冷硬轧辊：轧辊表面没有明显的白口层，辊面硬度HS≥50。

冷硬轧辊：表面有明显白口层，心部为灰口层，中间为麻口层，辊面硬度HS≥60。

无限冷硬轧辊：表面是白口层，但白口层与灰口层之间没有明显界限，辊面硬度HS≥65。

铸铁轧辊硬度高，表面光滑、耐磨，制造过程简单且价格便宜。其缺点是强度低于钢轧辊。只有球墨铸铁轧辊的强度较好。

2.2.2 轧辊材料的选择

轧辊材料的选择与轧辊工作特点及损坏形式有密切关系。

初轧机和型钢轧机轧辊受力较大且有冲击负荷，应有足够的强度，而辊面硬度可放在第二位。初轧机常用高强度铸钢或锻钢；型钢粗轧机多用铸钢。含Cr、Ni、Mo等合金元素的铸钢轧辊适用于轧制合金钢；含Mn钢及高碳铸钢轧辊多用于轧普碳钢的第一架粗轧机上。在型钢轧机的成品机架上，成品形状及公差要求严格，要求轧辊有较高的表面硬度及耐磨性，一般选用铸铁轧辊。

带钢热轧机的工作辊选择轧辊材料时以辊面硬度要求为主，多采用铸铁轧辊或在精轧机组前几架采用半钢轧辊以减缓辊面的糙化过程。而支撑辊在工作中主要受弯曲，且直径较大，要着重考虑强度和轧辊淬透性，因此，多选用含Cr合金锻钢。

带钢冷轧机的工作辊对辊面硬度及强度均有很高的要求，常采用高硬度的合金铸钢。其支撑辊工作条件与热轧机相似，材料选用也基本相同，但要求有更高的辊面硬度。

为了轧制高碳钢和其他难变形的合金钢，在冷轧机上也采用带硬质合金辊套的复合式冷轧工作辊。其辊心材质与辊套材质的线膨胀系数应十分接近，以防轧辊损坏时，损坏辊套。应该指出，尽管冷轧工作辊的硬度要求很高（达到HS = 100），但却不使用铸铁轧辊，这是因为当辊径确定以后，可能轧出的轧件最小厚度值和轧辊的弹性模数E值成反比。即轧辊材料的弹性模数 E 愈大，可能轧出的轧件厚度愈小。铸铁的 E 值只是钢的一半，为此，在冷轧带钢时，使用铸铁轧辊是不利的。常用的轧辊材料如表 2－4 所示。

表 2－4　各类轧机轧辊材料选用及辊面硬度

辊面硬度	选用材料	用　途
肖氏硬度 <35～40	高强度铸钢或锻钢（如 40Cr、50CrNi、60CrMnMo）	初轧机、大型轧机的粗轧机座
肖氏硬度 <35～40	合金铸钢（如 ZG70、ZG70Mn、ZG15CrNiMo）	型钢粗轧机
肖氏硬度 =45～50	合金锻钢（如 9Cr2Mo、9CrV）	热带钢轧机支撑辊
肖氏硬度 =50～65	合金锻钢（如 9Cr、9Cr2Mo、9CrV）	冷带钢轧机支撑辊
肖氏硬度 =58～68	冷硬铸铁	热轧带钢工作辊、型钢轧机成品机架
肖氏硬度 =75～83	无限冷硬铸铁	热轧带钢精轧机组后机架
肖氏硬度 >85～90	合金锻钢（如 9Cr2W、9Cr2Mo）、碳化钨	冷轧带钢工作辊

2.2.3　轧辊材料的发展

轧辊材料从早期使用的冷硬铸铁、普通铸钢、合金锻钢发展到使用球墨铸铁轧辊，曾是轧辊生产技术上的一次飞跃性进展。球墨铸铁轧辊是一种制造简单、成本低而综合性能较高的轧辊。它具有较好的耐磨性、消振性与低的缺口敏感性，在采用合金化和热处理条件下，可以获得接近合金锻钢和合金铸钢的力学性能指标。在这个基础上，以后出现了半钢轧辊和球墨钢轧辊，随之继续发展了高铬铸铁轧辊、锻造白口铸铁轧辊、电渣熔铸轧辊、硬质合金轧辊以及各种形式的复合轧辊。值得注意的是，以铸代锻已成为轧辊生产技术主要发展趋势。目前国外现代化巨型轧机，除质量要求极严的冷轧工作辊还采用锻钢辊外，其他如初轧机及板带连轧机支撑辊大型轧辊，几乎均已采用铸造材质的轧辊。下面介绍几种现代轧钢车间正在使用的轧辊样品。

2.2.3.1　新型球墨铸铁轧辊

球墨铸铁的特点在于具有球状石墨。根据合金元素（Ni、Cr、Mo）含量的不同，球墨铸铁轧辊有两种主要类型：珠光体球墨铸铁轧辊和贝氏体球墨铸铁轧辊。后者具有更高的合金含量 $w(\mathrm{Ni})=3\%\sim5\%$、$w(\mathrm{Mo})=0.5\%\sim1.0\%$，它比前者耐磨、强度高、韧性好。目前一般应用于硬度要求很高的带钢冷连轧机的平整机上。

日本发展了一种新型球墨铸铁轧辊，其特点是共晶反应时得到细小弥散分布的莱氏体组织，既提高了导热性，又对裂纹传播有所阻碍，因而有较高的抗热性能。用在初轧机上比一般球墨铸铁轧辊使用寿命提高将近一倍。

2.2.3.2　半钢轧辊

半钢轧辊的成分范围为：

$w(\mathrm{C})=1.4\%\sim1.8\%$；$w(\mathrm{Si})=0.2\%\sim0.4\%$；$w(\mathrm{Mn})=0.7\%\sim1.0\%$；$w(\mathrm{P})\leqslant0.08\%$；$w(\mathrm{S})<0.04\%$；$w(\mathrm{Ni})=0.5\%\sim1.0\%$；$w(\mathrm{Cr})=0.7\%\sim1.2\%$；$w(\mathrm{Mo})=0.3\%\sim0.5\%$。

从成分可知，半钢的含碳介于铸钢和铸铁之间，而杂质元素总含量低，具有过共析组织的钢，添加 Ni、Cr、Mo 可强化基体组织。由于半钢含碳比一般铸铁高，所以铸态材质脆弱易生偏析和内部缺陷，但经过锻造以后，使铸造组织破碎成很细的组织，再经热处理，使极微细的高硬度碳化物均匀分散地析出。因此它具有耐热龟裂性、耐磨性和强韧性三方面综合的良好性能。半钢轧辊的表面硬度差小，韧性高，适于制造型钢和初轧辊。目前日本带钢热连轧机粗轧和精轧机组前段的工作辊，均已采用用以半钢代替冷硬铸铁、合金无限冷硬铸铁和合金球墨铸铁。其原因是后者易产生冷硬层剥落、断辊、氧化铁皮粘辊以及打滑等问题。

2.2.3.3 高铬铸铁轧辊

高铬铸铁轧辊成分一般为：

$w(C)=1.8\%\sim3.5\%$；$w(Si)=0.3\%\sim0.8\%$；$w(Mn)=0.5\%\sim2.0\%$；$w(P)\leqslant0.04\%$；$w(S)=0.03\%$；$w(Ni)=0.3\%\sim2.0\%$；$w(Cr)=18.0\%\sim30.0\%$；$w(Mo)=0.2\%\sim0.8\%$。

高铬铸铁轧辊在欧洲已广泛使用，作为较高强度和耐磨性的合金铸铁轧辊。它特别适用于带钢热连轧机精轧机组前段工作辊、冷连轧机工作辊，热连轧机上采用高铬铸铁轧辊比半钢轧辊寿命提高 50%。在冷连轧机上取代锻钢工作辊寿命可提高 2～3 倍。高铬铸铁轧辊经过热处理后硬度 HBS65～85，下限用于热连轧机，上限用于冷连轧机。

2.3 轧辊的损坏形式

轧机在轧制生产过程中，轧辊处于复杂的应力状态。热轧机轧辊的工作环境更为恶劣：轧辊与轧件接触加热、轧辊水冷引起的周期性热应力，轧制负荷引起的接触应力、剪切应力以及残余应力等。如轧辊的选材、设计、制作工艺等不合理，或轧制时卡钢等造成局部发热引起热冲击等，都易使轧辊失效。

轧辊失效主要有剥落、断裂、裂纹等形式。任何一种失效形式都会直接导致轧辊使用寿命缩短。因此有必要结合轧辊的失效形式，探究其产生的原因，找出延长轧辊使用寿命的有效途径。

2.3.1 轧辊剥落

轧辊剥落为首要的损坏形式，现场调查亦表明，剥落是轧辊损坏，甚至早期报废的主要原因。轧制中局部过载和升温，使带钢焊合在轧辊表面，产生于次表层的裂纹沿径向扩展进入硬化层并多方向分枝扩展，该裂纹在逆向轧制条件下即造成剥落。

2.3.1.1 支撑辊辊面剥落

支撑辊剥落大多位于轧辊两端，沿圆周方向扩展，在宽度上呈块状或大块片状剥落，剥落坑表面较平整。支撑辊和工作辊接触可看作两平行圆柱体的接触，在纯滚动情况下，接触处的接触应力为三向压应力，如图 2－10 所示。在离接触表面深度（Z）为 $0.786b$ 处（b 为接触面宽度之半）剪切应力最大，随着表层摩擦力的增大而移向表层。

疲劳裂纹并不是发生在剪应力最大处，而是更接近于表面，即在 Z 为 $0.5b$ 的交变剪应力层处。该处剪应力平行于轧辊表面，据剪应力互等定理，与表面垂直的方向同样存在大小相等的剪应力。此力随轧辊的转动而发生大小和方向的改变，是造成接触疲劳的根源。周期交变的剪切应力是轧辊损坏最常见的致因。在交变剪切应力作用下，反复变形使材料局部弱化，达到疲劳极限时，出现裂纹。另外，轧辊制造工艺造成的材质不均匀和微型缺陷的存在，亦有助于裂纹的产生。若表面冷硬层厚度不均，芯部强度过低，过渡区组织性能变化太大，在接触应力的作用下，疲劳裂纹就可能在硬化过渡层起源并沿表面向平行方向扩展，而形成表层压碎剥落。

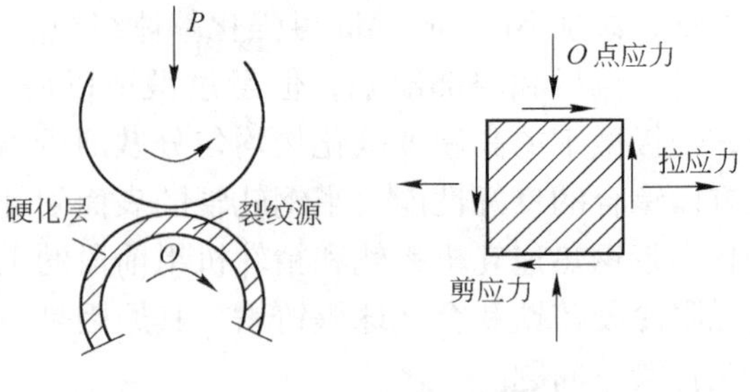

图 2－10　滚动接触疲劳破坏应力状态

支撑辊剥落只是位于辊身边部两端，而非沿辊身全长，这是由支撑辊的磨损形式决定的。由于服役周期较长，支撑辊中间磨损量大、两端磨损量小而呈 U 形，使得辊身两端产生了局部的接触压力尖峰、两端交变剪应力的增大，加快了疲劳破坏。辊身中部的交变剪应力点，在轧辊磨损的推动作用下，逐渐往辊身内部移动至少 0.5mm，不易形成疲劳裂纹；而轧辊边部磨损较少，最大交变剪应力点基本不动。在其反复作用下，局部材料弱化，出现裂纹。

轧制过程中，辊面下由接触疲劳引起的裂纹源，由于尖端存在应力集中现象，从而自尖端以与辊面垂直方向向辊面扩展，或与辊面成小角度以致呈平行的方向扩展。两者相互作用，随着裂纹扩展，最终造成剥落。支撑辊剥落主要出现在上游机架，为小块剥落，在轧辊表面产生麻坑或椭球状凹坑，分布于与轧件接触的辊身范围内。有时，在卡钢等情况下，则出现沿辊身中部轴向长达数百毫米的大块剥落。

2.3.1.2　工作辊辊面剥落

工作辊剥落同样存在裂纹产生和发展的过程，生产中出现的工作辊剥落，多数为辊面裂纹所致。

工作辊与支撑辊接触，同样产生接触压应力及相应的交变剪应力。由于工作辊只服役几个小时即下机进行磨削，故不易产生交变剪应力疲劳裂纹。轧制中，支撑辊与工作辊接触宽度不到20mm，工作辊表面周期性的加热和冷却导致了变化的温度场，从而产生显著的周期应力。辊面表层受热疲劳应力的作用，当热应力超过材料的疲劳极限时，轧辊表面便产生细小的网状热裂纹，即通称的龟裂。

轧制中发生卡钢等事故，造成轧辊局部温度升高而产生热应力和组织应力。轧件的冷头、冷尾及冷边引起的显著温差，同样产生热应力。当轧辊应力值超过材料强度极限时产生热冲击裂纹。

在轧制过程中，带钢出现甩尾、叠轧时，轧件划伤轧辊，亦可形成新的裂纹源。另外，更换下来的轧辊，尤其上游机架轧辊，多数辊面上存在裂纹，应在轧辊磨削时全部消除。如轧辊磨削量不够，裂纹残留下来，在下一次使用时这些裂纹将成为疲劳核心。轧辊表面的龟裂等表层裂纹，在工作应力、残余应力和冷却引起的氧化等作用下，裂纹尖端的应力急剧增加并超过材料的允许应力而朝轧辊内部扩展。当裂纹发展成与辊面成一定的角度甚至向与辊面平行的方向扩展，则最终造成剥落。

2.3.2 轧辊断裂

轧辊在工作过程中还常常发生突然断辊事故，其断裂部位主要为工作辊的孔型处、辊颈处、辊脖与辊颈交界处。因轧制钢种、品种与生产工艺条件差异，各断裂部位所占比例不同。断辊可以是一次性的瞬断，也可以是由于疲劳裂纹发展而致。

符合柯垂尔脆断条件时，才发生脆断：

$$(\tau D/2+K)K \geqslant 4G\gamma$$

式中 τ——应力；

D——晶粒直径；

K——系数；

G——材料的弹性模量；

γ——有效表面能。

也就是说，当 τ 和 D 较大时，易发生脆性断裂，脆性断裂的断面总体平齐。对高铬复合铸铁轧辊，如果轧辊热处理回火不充分，外层组织中会含有大量马氏体、残余奥氏体，导致轧辊铸态应力较高，亦即 τ 值增大；τ 与 D 的增大，是轧辊断裂的内因。轧制机械应力、热应力的叠加是造成辊断裂的外因。

锻造工艺不当也会导致轧辊脆性断裂，如图 2－11 所示。如终锻温度过低，易形成位于轧辊心部附近其形貌具有“人”字形特征的裂纹。若加上在终锻时控制不当，很容易造成穿晶型裂纹。在锻造变形时，热加工压力过小，变形不合理造成心部未锻透，仅钢材表面产生塑性变形而内部产生拉应力，当此拉应力超过该区的金属强度时，即可引起内部横裂。

图 2－11 某热轧厂断裂的工作辊

脆性断裂总是以轧辊内部存在的裂纹作为裂纹源。如果轧辊内部存在大量裂纹，在服役过程中，裂纹尖端产生应力集中而快速扩展连接，形成一个较大的裂纹，这种裂纹在交变应力作用下，由内向外逐渐扩大，当裂纹大到一定程度时就发生疲劳断裂。

轧辊组织缺陷也会导致轧辊断裂，轧辊芯部组织不正常（球化率低，渗碳体数量过高等）导致力学性能显著下降。这种轧辊使用时，由于芯部组织不正常，在热应力的作用下，较薄弱处先被拉裂，然后裂纹迅速扩展，也会导致轧辊断裂。

轧辊铸造缺陷是轧辊辊颈断裂的另一个原因。如果辊颈截面存在铸造缺陷组织：较多大面积粗条状、网状渗碳体，心部疏松孔洞区等，都会使材料内应力增大，力学性能下降。因此在辊身发生碰撞时，在外加振动应力与内应力的交互作用下，以脆性相和一些缺陷为核心，萌生出裂纹。由于材料较脆，裂纹便立即扩展产生瞬间断裂。

除上述原因外，造成轧辊断裂的因素还有很多：简单的机械性过载；设计和加工不当，对于截面尺寸发生变化的部位，未设计足够的圆角或精密加工，致使应力集中；辊面和辊颈硬度相差过大；辊颈的直径过小，强度不够等都有可能导致轧辊断裂。

轧辊是保证轧钢车间生产正常进行的重要部件，除因正常磨损定期进行更换外，还应消灭断辊事故。常见的断辊形式见表2－5。

表2－5 几种典型的断辊形式

断辊形式	原因分析
钢板轧辊中央断裂	断口较平直为轧制压力过高、轧辊急冷等原因。断口有一圈氧化痕印，为环状裂纹发展造成
带孔型轧辊在槽底部位断裂	常发生在旧辊使用后期，如新辊出现，应检查轧制压力、钢温、压下量等工艺条件及轧辊材质
辊颈根部断裂	辊颈根部过渡圆角 γ 过小，造成应力集中；轴承温度过高也可能出现辊颈断裂
辊颈扭断	断口呈45°，扭矩过大，传动端出现
辊头扭断	常从辊头根部断裂，冷轧薄带钢时，轧辊压力过大，此时扭矩可大于轧制力矩，启动轧机时可能断辊辊头

2.3.3 轧辊裂纹

轧辊裂纹是由于多次温度循环产生的热应力所造成的逐渐破裂，是发生于轧辊表面薄层的一种微表面层现象。轧制时，轧辊受冷热交替变化剧烈，从而在轧辊表面产生严重应变，逐渐导致热疲劳裂纹的产生，如图2－12所示。此种裂纹是热循环应力、拉应力及塑性应变等多种因素形成的，塑性应变使裂纹出现，拉应力使其扩展。

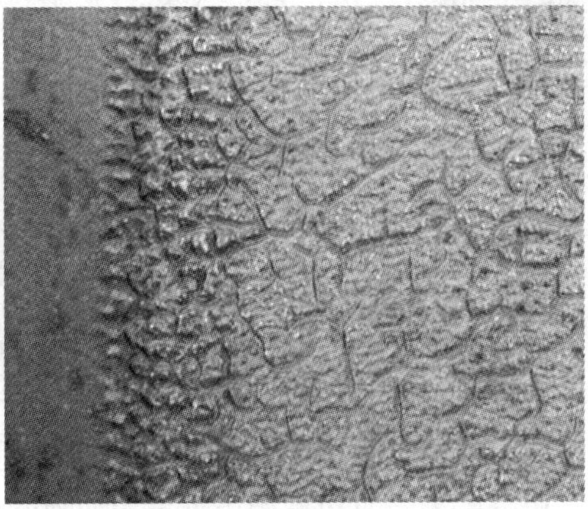

图2－12 某厂初轧的立辊工作面（重）

2.3.4 缠辊

热轧生产中，由于钢料加热温度不均，阴阳面温差大，卫板安装不稳，造成缠辊。经常出现在轧制矿用支撑钢、矿用工字钢及轻轨的过程中。有些缠辊经轧辊车削车间处理后可以使用，但修复量大，会严重减少轧辊的轧出量。缠辊严重时报废，还可能影响到另外一（两）支轧辊，造成整套轧辊的报废。因此，在孔型设计时，应着重考虑压力的配置，使钢料从孔型中平直出口；牢固安装卫板；保证钢料加热温度均匀，以防止缠辊现象发生。

2.3.5 粘辊

在冷轧过程中，如果出现钢带漂移、堆钢、波浪折叠，且由于高压出现瞬间高温时，极易形成钢带与轧辊粘接，致使轧辊出现小面积损伤。通过修磨，轧辊表面裂纹消除后可以继续使用，但其使用寿命明显降低，并在以后的使用中易出现剥落事故。

2.4　轧辊强度计算

轧辊直接承受轧制力和转动轧辊的传动力矩，它属于消耗性零件，就轧机整体而言，轧辊安全系数最小，因此，轧辊强度往往决定整个轧机负荷能力。为保证产品高产、优质、低消耗，对轧辊要求有足够的抵抗破坏的能力，包括：弯曲、扭转、接触应力、耐磨损、耐疲劳等各方面综合性能。影响轧辊负荷因素很多，为简化计算，一般进行静强度计算、而将许多因素纳入轧辊安全系数中。

在此仅讨论二辊轧机轧辊的强度计算，无论对钢板轧机还是对带槽轧辊，通常对辊身仅计算弯曲，对辊颈则计算弯曲和扭转，对传动端辊头仅计算扭转强度。

2.4.1　有槽轧辊强度计算

初轧、型钢、线材轧机的轧辊都带有轧槽，这种轧辊的共同特点是轧制条形轧件，而且在大多数情况下，辊身长度上都布置有许多轧槽。因此，轧辊的外力（轧制压力）可以近似地看成集中力，如图 2－13 所示，在不同的轧槽中轧制时，外力的作用点是变动的，所以要分别判断不同轧槽过钢时各断面的应力，经过比较，找出危险断面。

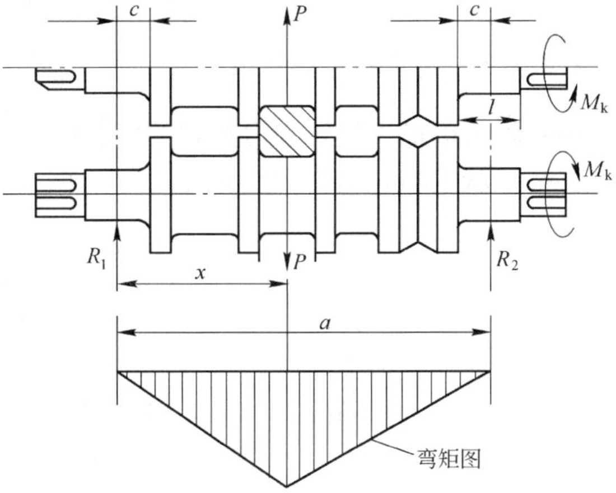

图 2－13　有槽轧辊受力简图

2.4.1.1　计算辊身的强度

轧制力 P 所在断面的弯矩为：

$$M_b = R_1 x = P\frac{x}{a}(a-x) \tag{2-1}$$

弯曲应力为：

$$\sigma_b = \frac{M_b}{0.1D^3} \tag{2-2}$$

式中　D——计算断面处的轧辊直径；

a——压下螺丝间的中心距。

2.4.1.2　计算辊颈的强度

辊颈上的弯矩由最大支反力决定，即：

$$M_n = R_c \tag{2-3}$$

式中　R_c——最大支反力。

压下螺丝中心线至辊身边缘的距离，可近似取为辊颈长度之半，即 $c = 1/2$。

辊颈危险断面处的弯曲应力 σ 和扭转应力 τ 分别为：

$$\sigma = \frac{M_n}{0.1d^3}$$

$$\tau = \frac{M_k}{0.2d^3} \tag{2-4}$$

式中 M_n——辊颈危险断面处的弯矩；

M_k——作用在轧辊上的扭转力矩；

d——辊颈直径。

辊颈强度要按弯扭合成应力计算。采用钢轧辊时，合成应力按第四强度理论计算，即：

$$\sigma_p = \sqrt{\sigma^2 + 3\tau^2} \tag{2-5}$$

对铸铁轧辊，则按莫尔理论计算：

$$\sigma_b = 0.375\sigma + 0.625\sqrt{\sigma^2 + 4\tau^2} \tag{2-6}$$

2.4.1.3 计算辊头的强度

梅花轴头的最大扭转应力在它的槽底部位，即距中心最近的 A 点，如图 2-14 所示，对于一般形状的梅花轴头，当 $d_2 = 0.66d_1$ 时 d_2 为梅花轴头槽底内接圆直径，其最大扭转应力为：

$$\tau = \frac{M_k}{0.07d_1^3} \tag{2-7}$$

式中 d_1——梅花轴头外径。

当辊头上开有键槽时，其最大扭转应力为：

$$\tau_{max} = \alpha_\tau \tau$$

$$\tau = \frac{M_n}{0.2d^3}$$

式中 d——辊头直径；

α_τ——扭转应力集中系数，可由图 2-15 查得。

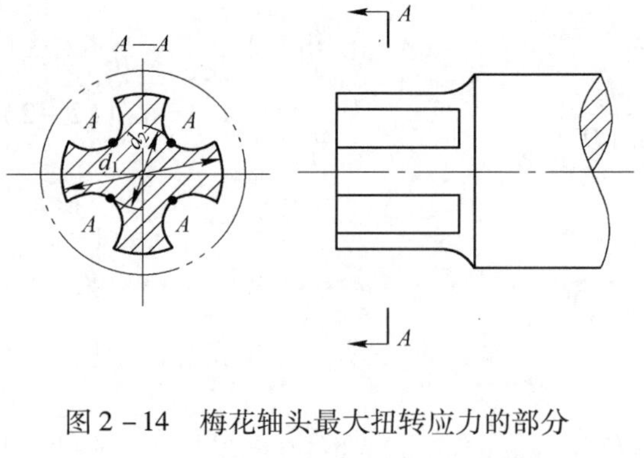

图 2-14 梅花轴头最大扭转应力的部分

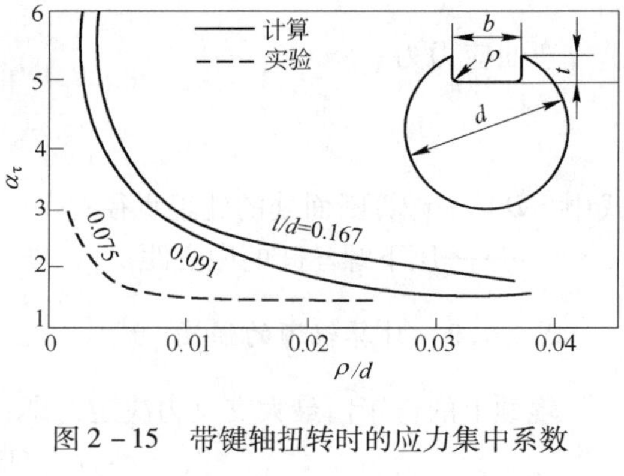

图 2-15 带键轴扭转时的应力集中系数

2.4.2 钢板轧机轧辊的强度计算

一般二辊式钢板轧机轧辊的强度计算方法和有槽轧辊一样，只是轧制力不能再看成是集中力，可近似地看成是沿轧件宽度均布的载荷，并且左右对称，如图 2-16 所示。

2.4.2.1　计算辊身的强度

辊身中央断面的弯曲力矩为：

$$M_b = P\left(\frac{a}{4} - \frac{b}{8}\right) \quad (2-8)$$

弯曲应力为：

$$\sigma = \frac{p}{0.1D^3}\left(\frac{a}{4} - \frac{b}{8}\right) \quad (2-9)$$

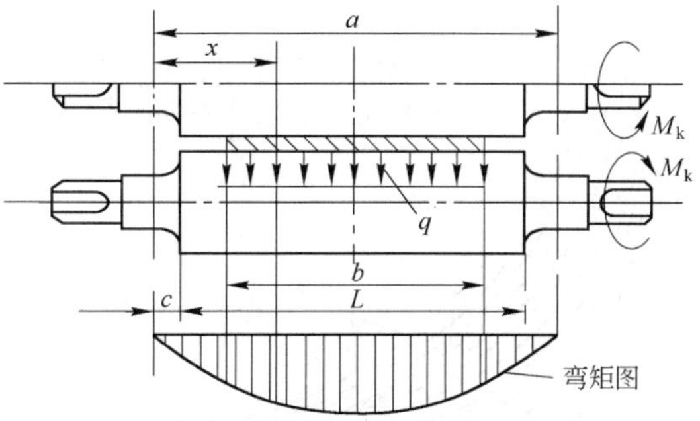

图 2-16　钢板轧机轧辊受力简图

2.4.2.2　计算辊颈的强度

辊颈危险断面处的弯矩为：

$$M_n = \frac{p}{2}c \quad (2-10)$$

上述公式中 b 为轧件宽度，其他符号同前。

辊颈上的弯曲应力和扭转应力分别为：

$$\sigma = \frac{M_w}{W_w} = \frac{Pc}{0.1d^3} \quad (2-11)$$

$$\tau = \frac{M_n}{W_n} = \frac{M_n}{0.2d^3} \quad (2-12)$$

式中　M_w——抗弯力矩；
M_n——扭转力矩；
W_w——抗弯截面系数；
W_n——抗扭截面系数；
d——辊颈直径。

轧辊从辊颈到辊身截面改变处的应力分布有如图 2-17 所示的应力集中现象。由公式（2-11）和公式（2-12）计算出的应力仅是名义应力。真正的应力应分别乘以与轧辊辊身直径 D、辊颈直径 d 以及过渡圆角半径 r 有关的（理论）应力集中系数 α_σ 和 α_τ，即：

$$\sigma_{max} = \alpha_\sigma \sigma = \alpha_\sigma \frac{M_w}{0.1d^3} \quad (2-13)$$

$$\tau_{max} = \alpha_\tau \tau = \alpha_\tau \frac{M_n}{0.2d^3} \quad (2-14)$$

阶梯状圆轴弯曲和扭转时的理论应力集中系数如图 2-18 和图 2-19 所示。

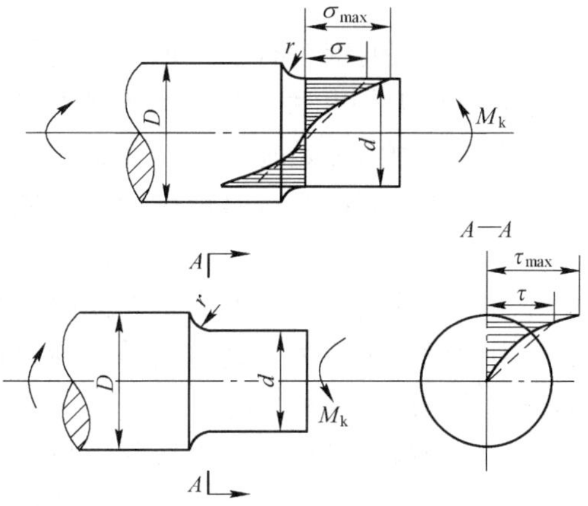

图 2-17　辊颈处的应力集中现象

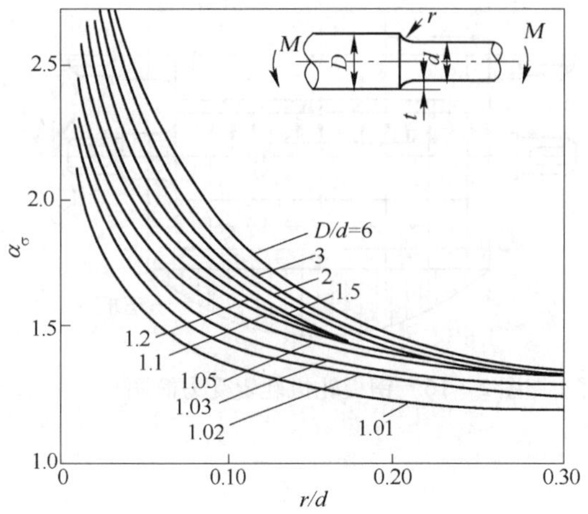

图 2－18　阶梯状圆轴弯曲时的（理论）应力集中系数

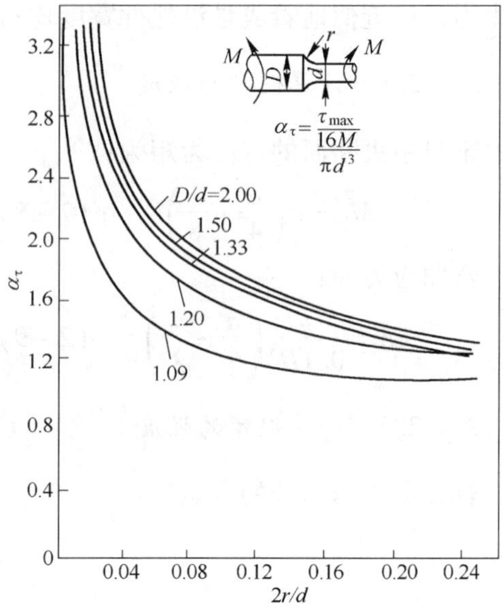

图 2－19　阶梯状圆轴扭转时的（理论）应力集中系数

轧辊辊颈处的受力为弯曲与扭转的组合。在求得危险点的弯曲应力 σ_{max} 和扭转应力 τ_{max} 之后，即可按强度理论计算合成应力。

对于钢轧辊，则按第三或第四强度理论来计算辊颈处的合成应力。根据第四强度理论有：

$$\sigma_{d4}=\sqrt{\sigma^2+3\tau^2} \tag{2-15}$$

对于铸铁轧辊，可用第一或第二强度理论来计算辊颈处的合成应力。根据第二强度理论有：

$$\sigma_{d2}=0.375\sigma+0.625\sqrt{\sigma^2+4\tau^2} \tag{2-16}$$

2.4.2.3　计算辊头的强度

轧辊传动端的辊头有多种形式，就其截面来说有梅花形、方形及矩形等几种。轧辊传动端的辊头只承受扭矩，因此辊头的受力情况是属于非圆形截面的扭转问题。

由于非圆截面在扭转时横截面产生翘曲，因此当相邻两截面翘曲程度完全相同时，横截面上将产生正应力。但若相邻两截面的翘曲程度不完全相同时，则横截面上将只有剪应力而没有正应力。这种扭转称为自由扭曲。轧辊辊头的扭转就是属于这种情况。

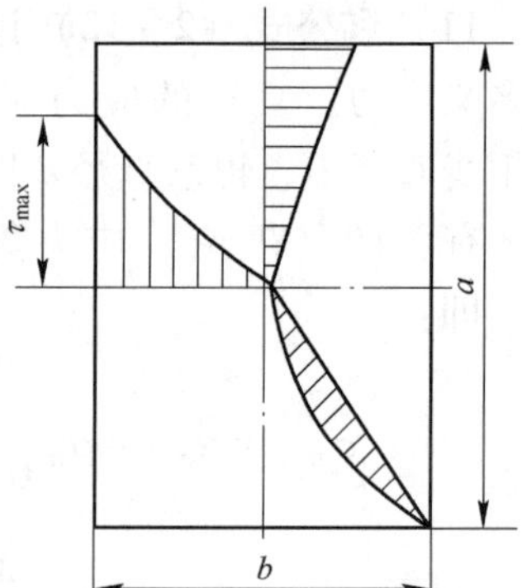

图 2－20　矩形截面扭转时横截面上的应力

从理论分析结果得知，矩形截面扭转的应力分布如图 2－20 所示。最大剪应力发生于矩形的长边中点处。其计算公式为：

$$\tau_{\max} = \frac{M_n}{W_n}$$

式中　W_n——横截面的抗扭截面系数。

$$W_n = \eta b^3$$

矩形截面的长边长度为 a，短边长度为 b，式中系数 η 随长边与短边长度之比（a/b）的大小而变，其数值可查表 2-6。

表 2-6　η 值

a/b	1.0	1.5	2.0	2.5	3.0	4.0	6.0
η	0.208	0.346	0.493	0.645	0.801	1.150	1.789

例如对于边长为 a 的方头，$\eta=0.208$，于是位于边长中点处的最大剪切力为：

$$\tau_{\max} = \frac{M_n}{0.208a^3} \tag{2-17}$$

为了充分利用轧机能力，轧辊的许用应力 R_b 取得比较高，按照一般的公式（即不考虑疲劳现象）近似计算轧辊时，许用应力通常取破坏应力的 $1/n$，n 为安全系数，即：

$$n = R_b/\sigma_b$$

式中　σ_b——轧辊材料的强度极限，MPa。

轧辊的许用应力可参考以下数据：

对于碳素铸钢轧辊，当 $\sigma_b=600\sim650$MPa 时，$R_b=120\sim130$MPa；

对于铸钢轧辊，当 $\sigma_b=500\sim600$MPa 时，$R_b=100\sim120$MPa；

对于铸铁轧辊，当 $\sigma_b=350\sim400$MPa 时，$R_b=70\sim80$MPa；

对于冷轧机用的合金钢锻造轧辊，当 $\sigma_b=700\sim750$MPa 时，$R_b=140\sim150$MPa。

由于轧钢生产工艺对轧辊负荷影响因素较多，波动也比较大，同时还有冲击动负荷、疲劳、温度等因素影响，故精确计算轧辊实际负荷是困难的。采用静负荷计算轧辊强度是经过简化的一般方法。通过这种计算并经生产实践证实，对一般轧辊采用安全系数 $n=5$ 是足够的，这已为大家所公认并采用。考虑应力集中系数后安全系数 n 可降为 3。

2.5　轧辊的维护

2.5.1　轧辊使用注意事项

（1）新轧辊进厂经有关部门同意后开始使用，使用前要对新轧辊编号，以便管理，新轧辊按车（磨）辊规定车（磨）削合格后，吊放到专用的装辊 V 形台架上，开始检查工作辊各部尺寸，进行全面测量与图纸是否相符，尺寸合格后开始装轴承内套和密封端盖等辅助零件，一般方法是：将轴承内套用油或电加热器加热到 150～200℃，当内套膨胀后趁热装到轧辊辊颈上。

（2）轧辊工作时要有足够的冷却水来冷却轧辊，并防止杂物堵塞喷嘴影响冷却效果。

2.5.2　轧辊点检维护

（1）目检。用肉眼观察轧辊的外观表面，尤其是轧辊的工作表面及轴承装配部位，仔细查看是否有裂纹，划痕锈斑等缺陷，必要时可用放大镜或其他方法进行检查，并作记录。

（2）尺寸检查。用精密的千分尺检查轧辊原始直径，轴承装配的各种尺寸。

（3）硬度检查。用肖氏硬度计或其他便携式硬度计，校验轧辊各部分的硬度值。

（4）仪器检查。特殊情况下，进行化学成分、金相组织的复验，以及超声波探伤检查。

2.5.3　轧辊的辊缝润滑

轧辊的辊缝润滑的原理：在每架轧机入口侧，一定压力的油和水在油水混合器内混合，形成乳化液后直接喷射在工作辊上。

一般热轧工艺润滑剂以三种状态起润滑作用。

一部分润滑剂被燃烧，燃烧残留物以残炭为主，使轧辊与轧件的金属表面被残炭隔开，残炭与轧件金属表面和轧辊之间的摩擦小于轧件金属与轧辊之间的固体摩擦。

另一部分润滑剂在变形区内高温、高压下急剧气化和分解，在封闭区内气化的润滑剂形成高温、高压的气垫，将轧件金属表面与轧辊表面隔开。这种气体间的摩擦小于流体间的摩擦，起到润滑作用。

其余部分润滑剂可能保持原来状态，以流体形式通过变形区。

思考题

2－1　轧辊三个组成部分的名称、作用和形状？

2－2　轧辊的常用材料有哪几类？

2－3　轧辊的损坏形式有哪些？

3 轧机轴承

3.1 轧机轴承的工作特点及类型

3.1.1 轧机轴承的工作特点

轧辊轴承是用来支撑轧辊的，和一般用途的轴承相比，轧辊轴承有以下特点：

（1）承受很高的单位压力。由于轴承座外形尺寸受到限制，不能大于辊身最小直径，且辊颈长度又较短，所以轴承上单位载荷大。通常轧辊轴承的单位压力 P 高达 2000～4800MPa，为普通轴承的 2～5 倍，而且 pv 值（单位压力和线速度的乘积）是普通轴承的 3～20 倍。

（2）运转速度差别大。不同轧机的运转速度差别很大，例如，现代化的六机架冷连轧机出口速度已达 42m/s，高速线材轧机出口速度达到 100m/s，而有的低速轧机速度只有 0.2m/s。显然，不同速度的轧机应使用不同类型的轴承。

（3）工作环境恶劣。热轧时轧辊都要用水冷却，且污水、氧化铁皮等容易落入轴承。冷轧机采用工艺润滑剂（乳化液等）来润滑、冷却轧辊与轧件，它们是不能与轴承润滑剂相混的。因此，对轴承的密封提出了较高的要求。

因此，对轧辊轴承的要求是，承载能力大、摩擦系数小、耐冲击，可在不同速度下工作，在结构上，径向尺寸应尽可能小（以便采用较大的辊颈直径），有良好的润滑和冷却条件。

3.1.2 轧辊轴承的类型

轧辊轴承有滚动轴承和滑动轴承两大类。

滚动轴承主要是双列球面滚子轴承、四列圆锥滚子轴承及四列圆柱滚子轴承。滚针轴承仅在个别情况下用于工作辊。滚动轴承刚性大，摩擦系数较小，但抗冲击性能差，外形尺寸较大。多用于板带轧机、线材和钢管轧机上。

滑动轴承有半干摩擦和液体摩擦两种。

半干摩擦的滑动轴承主要是夹布胶木轴承，它广泛用于各种开坯轧机、中厚板轧机和型钢轧机。在有的小型轧机上还使用铜瓦或尼龙轴承。金属滑动轴承，主要材料是青铜，因其摩擦系数较高、不耐用，又要消耗有色金属，目前仅用于叠轧薄板轧机上，由于轧辊工作温度高（约 300℃），故采用沥青做润滑剂。液体摩擦轴承（油膜轴承）的特点是摩擦系数小、工作速度高、刚性较好，广泛用在现代化的冷、热带钢连轧机的支撑辊和其他高速轧机上。液体摩擦轴承的制造精度要求高、成本贵，安装维护要求严格。

3.2 轧辊用的滑动轴承

轧辊用滑动轴承根据轴承的材料不同可分为金属瓦和非金属瓦两种，其用途和特点见表 3－1。

表 3－1　轧辊轴承的类型

轴承名称	特　点	用　途
金属瓦滑动轴承	耐热，刚性较好，摩擦系数高（0.003～0.01）耗铜多，寿命短	用于叠轧薄板轧机和旧式冷轧板带轧机
布胶轴瓦滑动轴承	摩擦系数低（0.003～0.006），耐磨性好，耐热性与刚性较差	用于开坯、中板、型钢轧机
滚动轴承	摩擦系数低（0.002～0.005），刚度好，转速受限制，维护使用方便	适用于热轧及冷轧四辊轧机的工作辊，及型钢线材钢管轧机
液体摩擦轴承	摩擦系数低（0.001～0.008），寿命长，刚度较好，转速不受限制，制造维护复杂	适用于高速和高载荷，适用于热轧及冷轧四辊轧机的支撑辊，也用于初轧机

开式滑动轴承主要有夹布胶木轴承和金属瓦轴承两种，金属瓦主要材料是青铜，因其摩擦系数较高、不耐用，又要消耗有色金属，目前仅用于叠轧薄板轧机上，由于轧辊工作温度高（约 300℃），故采用沥青做润滑剂。

布胶轴承主要材料是夹布胶木，其常见形式如图 3－1 所示，它广泛用于各种开坯轧机、中厚板轧机和型钢轧机。它是用棉织品（棉布或帆布）先在合成树脂中浸透，然后在热状态下用高压制成的。它的特点是：抗压强度较大，顺纤维方向为 100～150MPa，垂直纤维方向可达 230～245MPa；摩擦系数很低（0.003～0.006），只有一般金属轴瓦的 1/10～1/20，当转速较大时，几乎与滚动轴承的摩擦系数相同，有利于减少能量消耗；有良好的耐磨性，寿命较长；厚度小（30～40mm），因此可采用较大直径的辊颈，有利于提高轧辊辊颈的强度；质地较软，既耐冲击；又能吸收进入轴承的氧化铁皮等硬质颗粒，因而有利于保护辊颈表面。布胶轴瓦的缺点是：耐热和导热性能很差，因此需要大量的循环水进行强制冷却与润滑，不利于节水与环保。其弹性模量只有 5000～10000MPa，因而弹性变形较大，不利于提高轧机的轧制精度；价格较高，而且需要大量棉布。因此，必须正确地维护和使用。

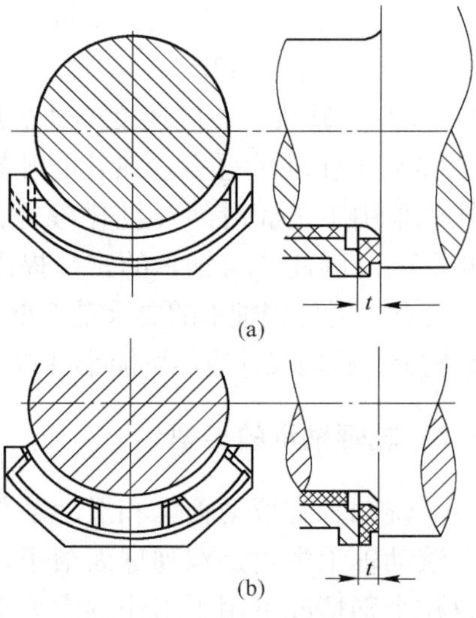

图 3－1　布胶端衬瓦的形式
（a）整体式；（b）拼合式

布胶轴瓦可用水进行冷却和润滑，它的工作温度不应超过 60～80℃。因为温度较高时，它会迅速膨胀，进而发生碳化，即烧瓦事故；所用的冷却水必须净化，并且不应有腐蚀性（不能用海水）；在整个轧制过程中，不能中断供水，以防止轴承破坏。在充分冷却润滑的条件下，这种轴承能较好地工作。当采用表面淬火的辊颈时，其耐用性还能显著提高。

轴承的安装与使用如图 3－2 所示。

650 型钢轧机用的轧辊轴承即为典型的布胶轴瓦，如图 3－3 所示。

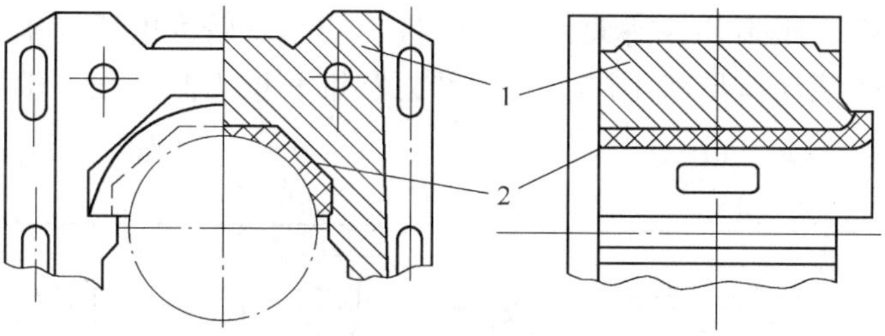

图 3－2 多角形衬瓦的安装

1—瓦座；2—衬瓦

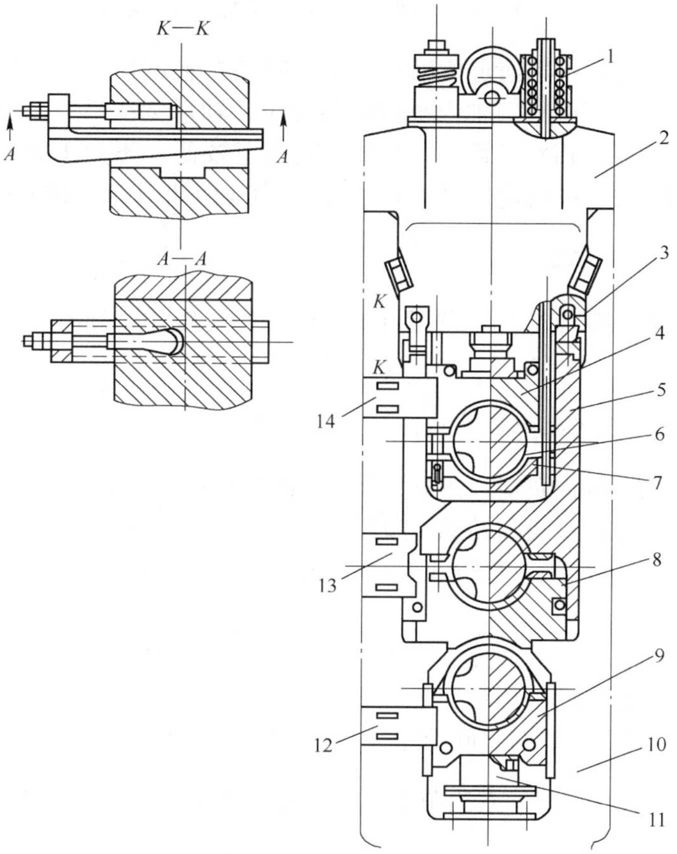

图 3－3 650 型钢轧机的轧辊轴承

1—上辊平衡弹簧；2—机架上盖；3—中辊轴承座调整装置；4—上辊上瓦座；5—中辊上瓦座；6—拉杆；7—上辊下瓦座；8—中辊下瓦座；9—下辊下瓦座；10—机架立柱；11—压上装置垫块；12，13，14—轧辊轴向调整压板

3.3 推力轴承

3.3.1 双向双列推力圆锥（圆柱）滚子轴承

3.3.1.1 结构特点

双向双列推力圆锥（圆柱）滚子轴承，如图 3－4 所示，该类型轴承为可分离型轴

承，可分别安装轴圈、座圈和保持架，滚子组件。能承受较大的双向轴向负荷，但不能限制轴的径向位移。按滚动体形状不同，分为推力圆锥和推力圆柱滚子轴承两种。

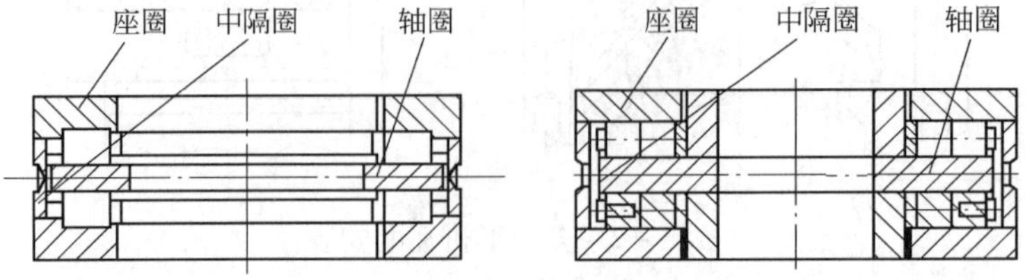

图 3－4　双向双列推力圆锥（圆柱）滚子轴承

该类型轴承与其他类型轴向定位轴承（单、双角接触球轴承，双列大锥角滚子轴承等）相比在同等轴径，承受同等轴向负荷的情况下，轴承宽度最窄，轴承外径最小。推力圆柱滚子轴承制造成本相对较低，但其极限转速也较低（不大于 250r/min）推力圆锥滚子轴承能适应相对较高的转速，但与推力圆柱滚子轴承相比制造成本较高。

3.3.1.2　与辊颈的配合

该类型轴承只有轴圈内径与辊颈配合。座圈内径与辊颈必须有很大的间隙（在制造中已保证）。

3.3.1.3　与轴承箱内孔配合

为了承受相当大的轴向负荷，该类型轴承座圈外径与轴承箱内孔应较紧密的配合。但与其他类型止推轴承相比该类型轴承座圈外径与宽度之比相对较大。为方便安装，在不改变轴承箱内孔公差的前提下，可适当改变该类型轴承座圈外径的公差值，但应在订货时注明。

安装推力轴承时，应注意区分紧圈和活圈，紧圈内孔小而活圈内孔大，紧圈与轴一般为过渡配合，活圈与座孔一般为动配合。安装时，应注意检查与轴一起转动的紧圈与轴中心线的垂直度。安装后，应检查轴向游隙，不合时，应予调整。

3.3.2　双半外圈（双半内圈）双列角接触球轴承（接触角 40°）

该轴承用以承受较大的径向、轴向联合负荷。主要用于限制轴或外壳两面轴向位移的部件中，极限转速较高。

该轴承与四列圆柱滚子轴承配套使用，可限制轧辊的轴向窜动。同四点接触球轴承相比承受轴向负荷较大。同背靠背或面对面配对使用的组合单列角接触球轴承相比。安装简单轴向游隙不需调整。根据安装需要有双半外圈和双半内圈两种形式，如图 3－5 所示。

3.3.3　单列角接触球轴承（接触角 25°）

该类型轴承与四列圆柱滚子轴承配套使用时可作为轴向定位轴承。但需由两套采用背靠背（外圈宽端面相对）或面对面（外圈窄端面相对）配对组装，如图 3－6 所示。

该类型轴承配对使用可承受径向与轴向的联合负荷及纯轴向负荷。能限制轴或外壳的两个方向轴向位移。在背靠背或面对面配对安装时，应在两套中间设有内、外间隔环。通过修

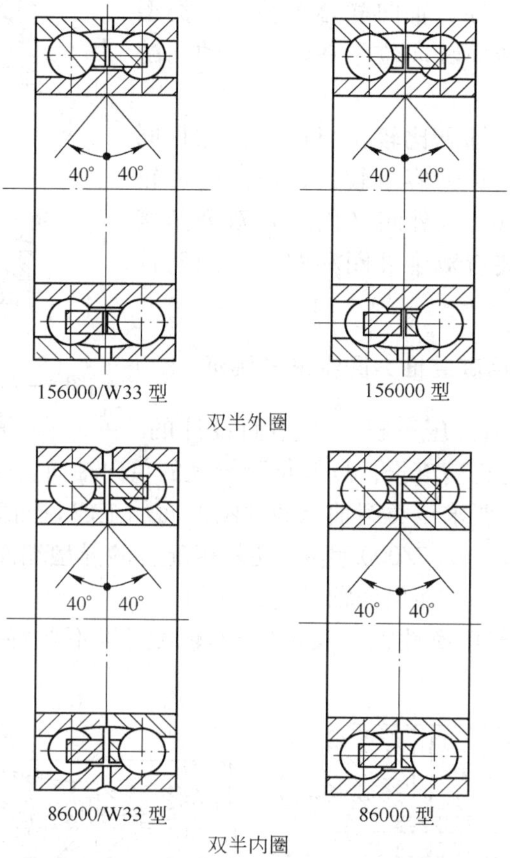

图 3-5 双半外圈和双半内圈双列角接触球轴承

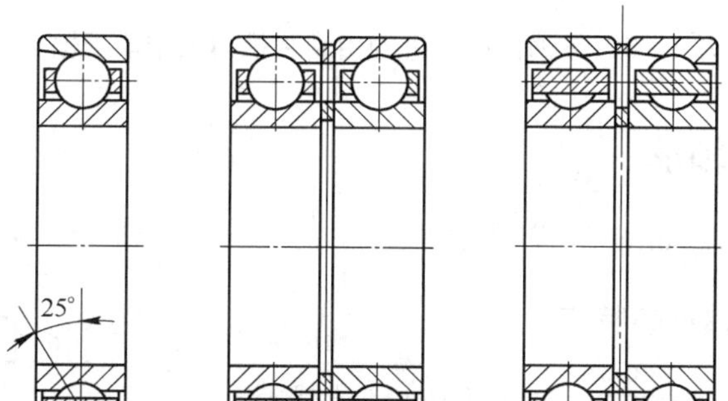

图 3-6 单列角接触球轴承

磨内、外间隔环的厚度来控制轴向游隙（也可通过修磨两套轴承内圈端面的凸出量达到该目的）。并在安装时有预过盈，从而提高整套配对轴承的负荷能力、刚性和旋转精度。

与双外圈（内圈）双列角接触球轴承相比，该类型配对轴承旋转精度高，定位准确，但安装复杂，对工人技术水平要求较高。

3.3.4 双半外圈（双半内圈）单列角接触球轴承（接触角 35°）

该类型轴承为可分离型轴承，如图 3-7 所示。钢球和套圈四点接触可承受径向负荷和任一方向的轴向负荷或径、轴向联合负荷。该类型轴承可限制轴或外壳的两面轴向位移在轴承的轴向游隙范围内。

该类型轴承与深沟球轴承比较，当径向游隙相同时轴向游隙较小，且轴向负荷容量较大，极限转速较高，但其轴向承载负荷低于双外圈（内圈）双列角接触球轴承。根据安装需要有双半外圈和双半内圈两种形式。

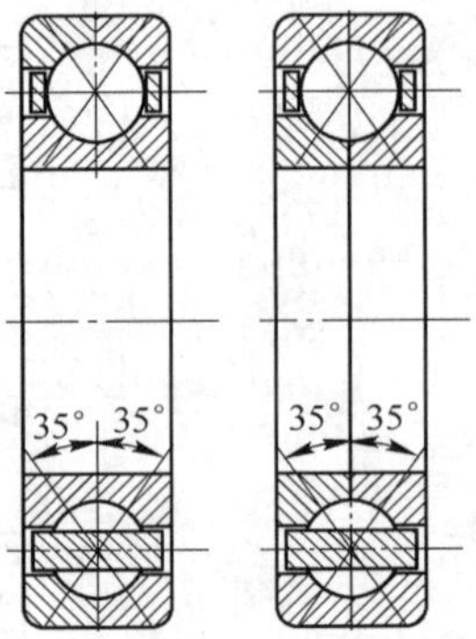

图 3－7　双半外圈（双半内圈）单列角接触球轴承

3.3.5　轧钢机压下机构用满装推力圆锥滚子轴承

该类型轴承是为轧钢机压下机构专用而设计的。轴承无保持架，整个滚道充满滚子，故能承受较大的单向轴向负荷。如图 3－8 所示。

为满足轧机压下机构要求该类型轴承的顶圈上面加工成一凸球面 TTSX 型（4397/000 型）或一凹球面 TTSV 型（4297/000 型），同其相配合的异型端面接触均匀。在压下机构相对轴承轴线产生一定倾斜时能保证轴承受力均匀。

由于该类型轴承滚子互换性差，安装时应注意滚子不要混装。并在轴承内部填满油脂。

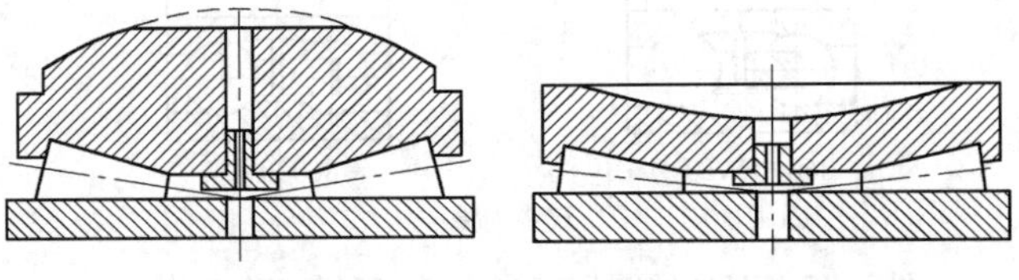

TTSX000 型（4397/000）　　TTSV000 型（4297/000）

图 3－8　轧钢机压下机构用满装推力圆锥滚子轴承

3.4　四列圆柱滚柱轴承

四列圆柱滚子轴承，如图 3－9 所示。

3.4.1　四列圆柱滚子轴承的特点

（1）这类轴承摩擦消耗少，轴承径向尺寸较其他滚动轴承小，在相同的条件下，允许轧辊辊颈直径比圆锥滚子轴承等都大。

（2）轴承装有多列大体积的滚柱，承载能力较大，工作速度也远比圆锥轴承高。

（3）此类轴承只承受径向载荷，轴向载荷需要用独立的止推轴承来承受，这样使轴承的结构复杂了，但可以使轴承的负荷能力充分用于径向负荷，并且轧辊轴向位置的控制较精确。因此，这类轴承适用于高速重载的场合（轧制速度在 60m/s 以下的轧机）。随着四辊轧机轧制力和轧制速

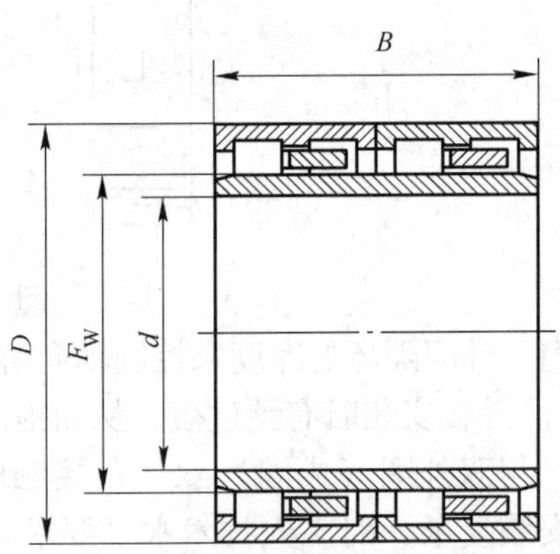

图 3－9　四列短圆柱滚子轴承

度的不断提高，支撑辊采用圆柱滚子轴承的日益增多，并且有代替液体摩擦轴承的趋势。

（4）内圈允许和外组件（外圈、成套滚子）互换装配，有利于快速换辊。目前，在小型、线材轧机上，也开始采用这种轴承；轴承内圈在轧辊上安装，如图 3－10 所示。

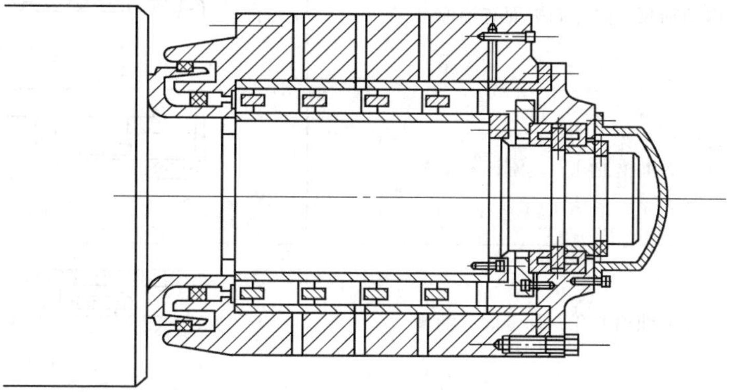

图 3－10 四列短圆柱滚子轴承的安装

3.4.2 四列圆柱滚子轴承结构形式

（1）FC 型。轴承由一个内圈及两个外组件（外圈带实体保持架和成组滚子）组成，外圈有固定的引导挡边。

（2）FCD 型。轴承由两个内圈及两个外组件组成，外圈有固定的引导挡边。

（3）FCDP 型。轴承由两个内圈、两个外圈、两个平挡圈、一个中挡圈及成组滚子组成，内圈有或无油槽。

在这三种基本结构上，又分以下几种结构，见表 3－2。

表 3－2 四列圆柱滚子轴承结构形式

类 型	结 构	图 形
FC 型	外径无油槽油孔、外圈端面有油槽	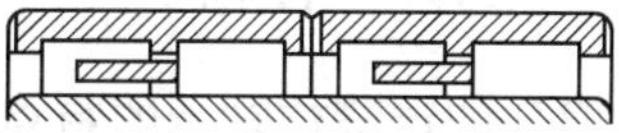 图 1
FC 型	外径有油槽油孔	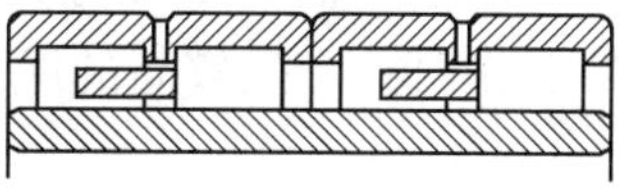 图 2
FC 型	外径无油槽油孔，外圈端面有油槽，外圈无中挡圈，整体窗式保持架	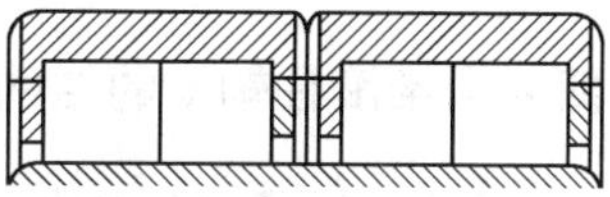 图 3
FCD 型	外径有油槽油孔，外端面无油槽	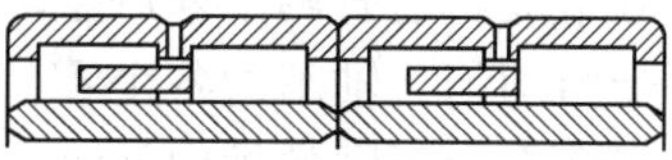 图 4

续表 3－2

类 型	结 构	图 形
FCD 型	内圈加长，内外圈端面有油槽	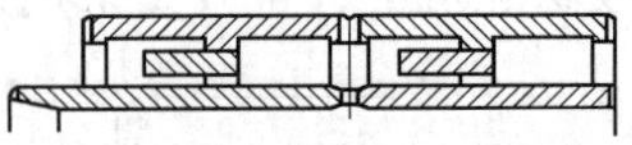 图 5
FCDP 型	外径有油槽油孔，内端面有油槽	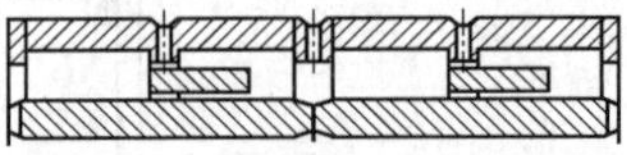 图 6
FCD 型	外径无油槽油孔，外端面有油槽	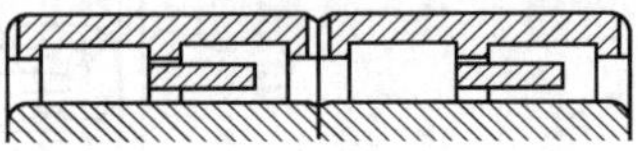 图 7
FCDP 型	外径有油槽油孔	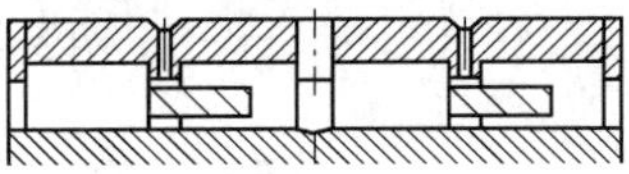 图 8
FCDP 型	外径有油槽油孔，内端面有油槽，空心滚子，柱销式保持架	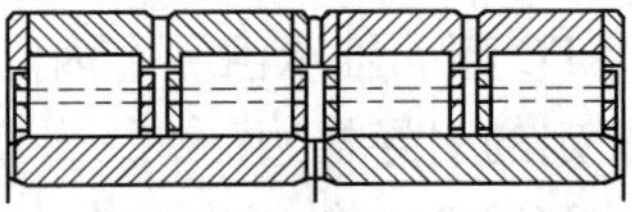 图 9
FC－2LS 型	密封四列圆柱滚子轴承	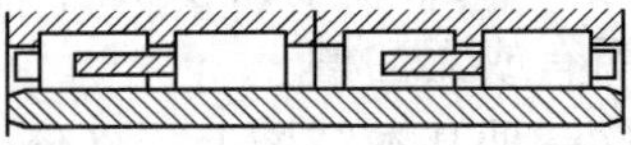 图 10

3.5 四列圆锥滚柱轴承

3.5.1 四列圆锥滚柱轴承的特点

（1）既能承受轴向力又能承受径向力。

（2）工作时会产生较高的摩擦热，因此对高速轧机不太适用，高速轧制时寿命急剧下降。

（3）调整间隙困难。

3.5.2 四列圆锥滚柱轴承的结构

四列圆锥滚柱轴承的结构如图 3－11 所示，它由两个内圈、三个外圈、滚动体和保持架四部分组成。它有两个外调整环和一个内调整环，使四列锥柱与外套间隙相等，以保持工作时受力均匀。轴承的各个零件没有互换性，在装配时必须按一定标记进行，否则各列滚柱之间会产生不同的轴向间隙，以致四列滚柱之间载荷分布不均，使轴承过早地损坏。为了便于换辊，轴承内圈与轧辊辊颈采用动配合。由于配合较松，内圈会出现微量移动。

为了防止由此造成的辊颈磨损，采用提高辊颈硬度的办法，其硬度为 HS35 ~ 45，同时应保证配合表面经常有润滑油。

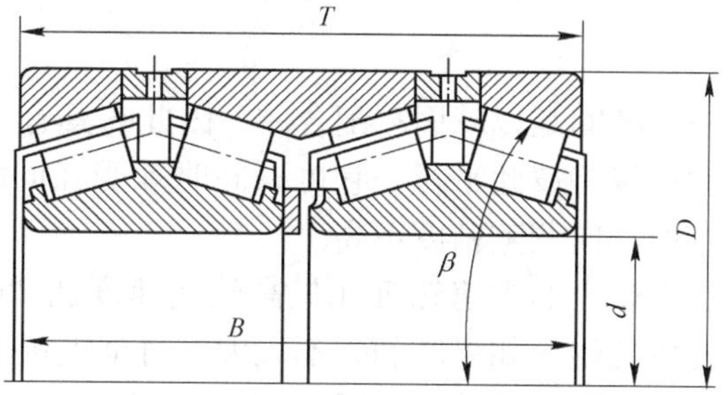

图 3 - 11 四列圆锥滚柱轴承

圆锥滚柱轴承能承受很大的径向载荷，同时可承受一定的轴向载荷，因而广泛应用于四辊轧机的支撑辊部件中，这种轴承的使用寿命长，当轴承滚道磨损而使轴向间隙增大时，可采用修磨间隔圈的方法使间隙减小。

3.5.3 四列圆锥滚柱轴承的装配

轧钢机四列圆锥滚柱轴承也是由内圈、外圈、滚动体和保持架组成。但是它有自己的特点，就是在结构上它有三个外圈、二个内圈、二个外调整环和一个内调整环，四列锥柱与外套间隙相等。在制造上没有互换性。所以在装配时，必须按一定的标记进行。先将轴承装到轴承座中，然后连同整个轴承座装到辊颈上。将轴承装到轴承座内，可按图 3 - 12 所示顺序进行：

（1）吊车和十字工具，将第一个外圈仔细装入轴承座孔中，用塞尺检查外圈和轴承座四周接触情况，再装入第一个调整环，如图 3 - 12（a）所示。

（2）用专制吊钩旋紧在保持器端面互相对称的四个螺孔内，用钢丝绳将第一个内圈、中间外圈和两列滚柱整体吊起装入轴承座，如图 3 - 12（b）所示。

（3）装入内调整环和第二个外调整环，如图 3 - 12（c）所示。

（4）同方法（2），装入第二个内圈、第二个外圈和两列锥柱，如图 3 - 12（d）所示。

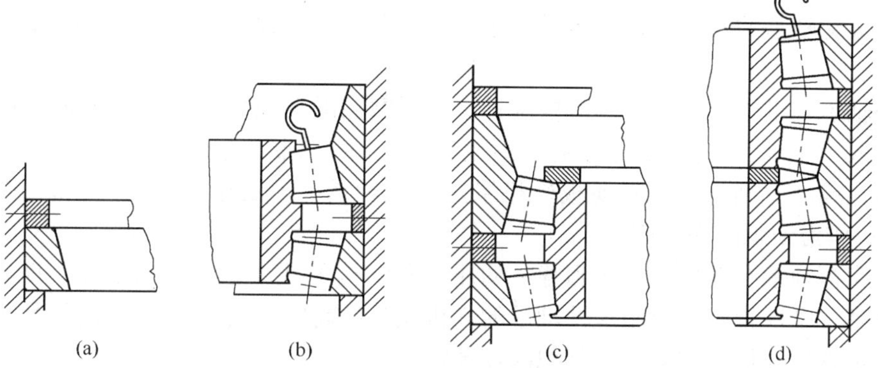

图 3 - 12 四列圆锥滚柱轴承的装配

在装配时，轴承所有装配表面都应涂上润滑油。装配完毕后，将止推轴承套和轴承端盖连同密封装入轴承座，拧紧端盖螺丝，使端盖压紧外圈。

3.6 球面滚柱轴承

球面滚柱轴承的滚柱与套圈是以球面相配合的，因此它具有一定的自位性，即轴承的轴线可以随辊颈轴线转动；保持彼此平行。它可以同时承受径向载荷和较小的轴向载荷，因此不需另加止推轴承，但轴向调整精度不高。

这类轴承多用于轧制力较小的中速轧机（最高轧制速度达 25m/s），如小型带材冷轧机支撑辊以及小型线材轧机轧辊。如果轧制力不太大，每个辊颈上装一个双列球面滚柱轴承即可；如果载荷大，可用四列滚柱轴承。图 3－13 为 2840mm 轧机支撑辊的双列球面滚柱轴承示意图。

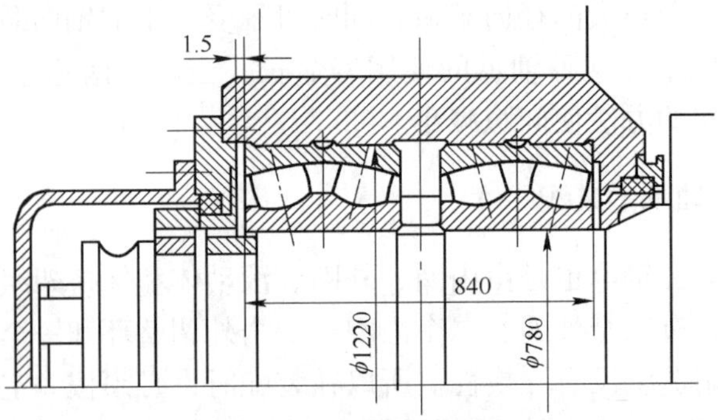

图 3－13　2840mm 轧机支撑辊的双列球面滚柱轴承示意图

3.7 轧机轴承的点检维护方法、使用周期

轧辊轴承是用来支撑转动的轧辊，是轧钢机工作机座中的重要部件。其工作特点是：工作负荷大且径向尺寸受到限制；运转速度差别大；工作环境恶劣。

轧辊轴承主要类型是滚动轴承和滑动轴承。

轧辊上使用的滚动轴承主要是双列球面辊子轴承、四列圆锥辊子轴承和多列圆柱辊子轴承。前两种可同时承受径向力和轴向力。第三种虽要附加轴向止推轴承，但它的径向尺寸小，承载能力大，允许转速高，近年来在高速、重载的轧机上广泛应用。

由于滚动轴承的刚性大，摩擦系数小，但外形尺寸较大，多用于各种板带轧机和钢坯连轧机上。

滑动轴承有半干摩擦和液体摩擦两种。半干摩擦滑动轴承主要是开式酚醛夹布树脂轴承（夹布胶木轴承），它广泛用于各种型钢轧机、钢坯轧机及初轧机。在有的小型轧机上还使用铜瓦或尼龙轴承。叠轧薄板轧机采用铜瓦轴承，但由于轧辊温度高，故采用沥青（制成块）作为轴承的润滑剂。

液体摩擦轴承有动压、静压和静－动压三种结构形式。它们的特点是：摩擦系数小，工作速度高，刚性较好。使用这种轴承的轧机能轧出高精度的轧件，它被广泛用在现代化的冷、热带钢连轧机支撑辊以及其他高速轧机上。

各种轴承性能特征的比较，如表 3－3 所示。

表3-3 各种轴承性能特征的比较

轴承类型	在特殊环境下对性能有要求											
	高温	低温	真空	外界潮湿	有灰尘	有外界振动	径向位置准确	是否承受轴向载荷	启动力矩低	运转安静	使用标准部件	润滑简单
滚动轴承	大于150℃与制造商协商	良好	使用专用润滑剂则好用	有密封良好	必须有密封	好，应与制造商协商	良好	多数情况下可以	极为良好	通常满意	可以	使用润滑剂时良好
干摩擦非金属滑动轴承	直至材料温度极限均良好	良好	良好	良好，但轴必须不会腐蚀	良好，但使用应密封	良好	差	大多数情况下可承受一些	差	好	有一些	优良
含油轴承	因润滑剂氧化而不良	好，启动力矩可能大	使用专用润滑剂则有可能	良好	必须有密封件	良好	良好	可承受一些	差	好	有一些	优良
动压轴承	直至润滑剂温度极限均良好	良好启动力矩有可能大	使用专用润滑剂则有可能	良好	良好但应有密封与过滤	良好	好	不可，需要另使用止推轴承	良好	优良	有一些	通常需要循环系统
静压轴承	空气润滑优良	良好	不能使用，因送入润滑对空气有影响	良好	良好，空气轴承则极优	优良	优良	不可，需要另使用止推轴承	优良	优良	不可以	差，需要专用系统
备注	注意热膨胀对配合的影响		注意腐蚀		注意微动磨损							

3.7.1 滑动轴承

在轴承中，仅发生滑动摩擦的轴承称为滑动轴承。滑动轴承工作平稳、可靠、无噪声，在具有流体润滑的情况下，滑动表面被润滑膜分隔开而不发生直接接触，可以大大减小摩擦损失和表面磨损，具有一定的减振能力。滑动轴承主要应用于以下几种情况：

（1）工作转速特高的轴承。

（2）要求对轴的支撑特别精确的轴承。

（3）特重型的轴承。

（4）承受巨大的冲击和振动载荷的轴承。

（5）根据装配要求必须做成剖分式的轴承，滑动轴承也可以做成剖分式。

（6）当需要限制轴承的径向尺寸时，滑动轴承应为先。

（7）在特殊条件下工作的轴承。

在滑动轴承中，根据其相对运动的两表面间油膜形成原理的不同，可分流体动力润滑轴承（简称动压轴承）和流体静压轴承（简称静压轴承）。

滑动轴承的基本类型，如表3－4所示。

表3－4 滑动轴承的基本类型

按载荷方向分类	径向轴承		
	推力轴承		
	径向推力轴承		
	其他（球面、锥面、轴承等）		
按承载原理分类	润滑膜承载	厚膜	动压轴承（液体、气体）
			静压轴承（液体、气体、油脂）
		薄膜	混合润滑轴承
	直接接触载荷	固体润滑轴承	
		无润滑轴承	
	其他	静电轴承、磁性轴承	
按润滑剂分类	液体润滑轴承（油、水等）		
	气体润滑轴承（空气、氢、氦、氮、二氧化碳等）		
	脂润滑轴承		
	固体润滑轴承		
	无润滑轴承		
按轴承材料分类	金属轴承	轴承合金、青铜	
		铸铁	
		粉末合金	
	非金属轴承	树脂、尼龙	
		木材、橡胶、石墨等	

滑动轴承失效形式及其原因，如表3－5所示。

表3－5 滑动轴承失效形式及其原因

失效原因		失效形式											
		擦伤	刮伤	磨损	接触形式不均匀	有数控嵌入	变形	裂缝	衬里材料剥落	碎散	侵蚀	气蚀	腐蚀
轴承	多孔性衬层材料									×			
	调整时安装						×						
	不对中				×								
	轴承体壳中有污染物						×						
	咬粘失效								×				
	液流紊乱										×		×

3.7.1.1　半干摩擦轴承

在动压轴承中，随着轴承、轴径表面状态、润滑剂的性能及工作等条件的变化，其滑动表面间的摩擦状态也有所不同。当在轴承的两相对滑动表面加入润滑油时，由于润滑剂与被润滑表面间的化学与物理作用，将在摩擦表面上形成一层极薄的吸附膜（不大于0.1～0.2Lm），它能承受很高的比压而不被破坏。润滑油形成坚韧的油膜以保护金属表面的这种性质称为润滑油的油性。由于油性的作用，在滑动轴承摩擦面之间就存在着这样一层很薄的油层，这种状态称为边界摩擦状态。显然，在这种状态下，轴承中两摩擦表面间的摩擦系数将比两摩擦表面直接接触时大为减小。但是，纯粹的边界摩擦只有在理想的光整平面间才可能发生。而实际上，由于轴承中的两摩擦表面均有微观上的凹凸不平，因此在滑动过程中，两表面的微观凸峰相遇时就会把油膜划破，因而形成局部上金属直接接触的摩擦状态（干摩擦），即所谓半干摩擦状态。换句话说，半干摩擦状态就是摩擦表面同时存在干摩擦和边界摩擦的状况。

当轴承处于半干摩擦状态时，该轴承就称为半干摩擦轴承。

非金属衬开式轴承是半干摩擦轴承的主要形式，除对轧件尺寸要求严格的轧机外被广泛使用。酚醛夹布树脂（夹布胶木）是非金属轴承衬的理想材料。它的特点是：

（1）抗压强度较大。

（2）摩擦系数比金属衬瓦低10～20倍。

（3）具有良好的耐磨性，使用寿命长。

（4）胶木衬瓦较薄，故可以采用较大的理想辊颈，有利于提高轧辊寿命。

（5）可用水做润滑剂，不存在轴承密封问题。

（6）能承受冲击载荷。

（7）耐热性和导热能力差。

（8）刚性差，受力后弹性变形大。

图3－14为轴瓦结构形状。半圆柱形轴瓦用料最省，但在轴承盒中需要有切向固定，否则衬瓦在母体中因受切向力而转动。

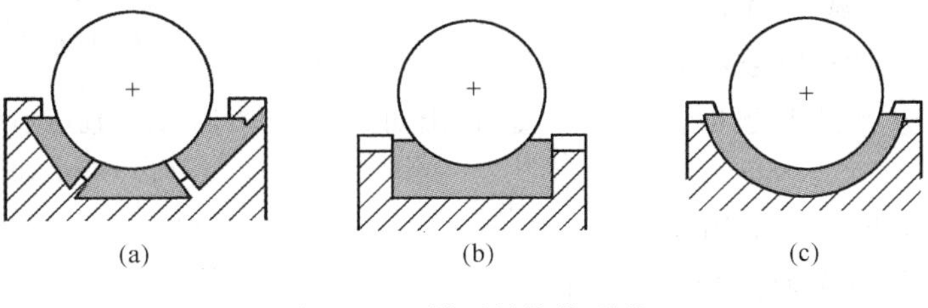

图3－14　轴瓦结构的形状

（a）组合式；（b）长方形；（c）半圆柱形

为便于轧辊和衬瓦的更换，轴承盒是开式的，分上、下两半。轴瓦在轴承中的配置，如图3－15所示。

3.7.1.2　液体摩擦轴承

在滑动轴承中，相对滑动的两表面完全为润滑油膜所隔开，油膜有足够的厚度，全部消除了摩擦表面间的直接接触，因而摩擦只发生在液体分子之间。此时，轴承中的摩擦阻力仅为润滑油的内摩擦阻力，故摩擦系数f很小，约为0.001~0.008，将这种摩擦状态称为液体摩擦状态，称处于这种状态的轴承为液体摩擦轴承，也称为完全液体摩擦轴承。

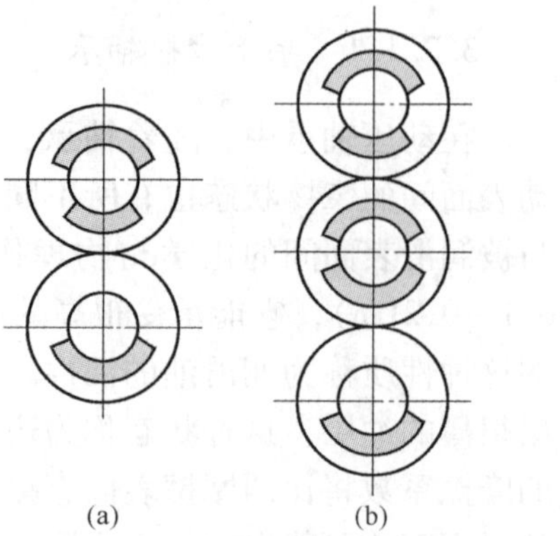

图3-15　二辊及三辊轧机轴瓦配置

（a）二辊；（b）三辊

3.7.1.3　动压轴承

动压轴承是一种靠液体动压润滑的滑动轴承。随着形成动压条件的变化，其滑动表面间的摩擦状态有三种：

（1）液体摩擦（或完全液体摩擦）。

（2）非完全液体摩擦（通常将边界摩擦、半干摩擦、半液体摩擦这三种摩擦状态，统称为非完全液体摩擦）。

（3）干摩擦（两摩擦表面间没有任何润滑物质时的摩擦）。但动压轴承所追求的是第一种状态，所以人们习惯称动压轴承为油膜轴承或液体摩擦轴承。其实动压轴承只处在液体摩擦状态时，才是液体摩擦轴承，且只是液体摩擦轴承的一种形式。

轧辊动压轴承工作原理，如图3-16所示。在轴承工作时，带锥形内孔的轴套（锥度1∶5的锥形内孔用键与轧辊相连接）与轴承衬套（固定在轴承座内）工作面之间形成油楔。当轧辊旋转时，锥套的工作面将具有一定黏度的润滑油带入油楔，润滑油产生动压。当动压力与轴承上的径向载荷相平衡时，锥形轴套与轴承衬套被一层极薄的动压油膜隔开，轴承在液体摩擦状态下工作。

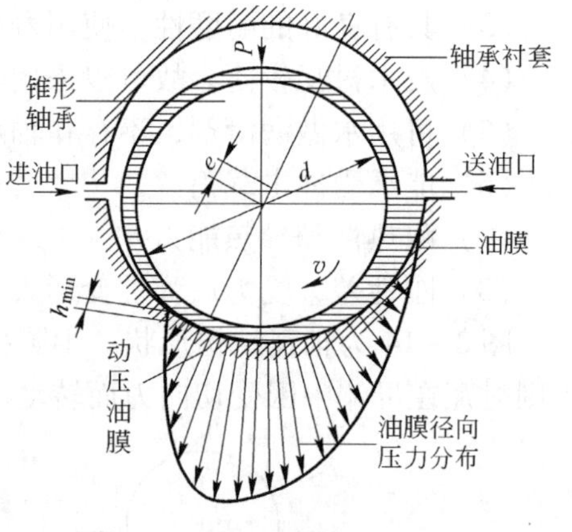

图3-16　动压轴承工作原理

h_{min}—最小油膜厚度

由雷诺方程知，相对滑动的两平板间形成的压力油膜能够承受外载荷的基本条件是：

（1）相对运动两表面必须形成油楔。

（2）被油膜分开的两表面必须有一定的相对滑动速度。

（3）润滑油必须有一定的黏性。

可见动压轴承保持液体摩擦的条件是：

（1）$h-h_{min}\neq$常数，即轴套与轴承之间要保持油楔。

（2）轧辊应有足够的旋转速度，速度越快，轴承的承载能力越大。

（3）要连续供给足够的、黏度适当的纯净润滑油，其黏度越高，轴承的承载能力越大。

（4）轴承间隙不能过大，间隙越大，则h越大，建立油压困难。

（5）要求轴套外表面，轴承衬内表面应有很高的加工精度和粗糙度，以保证两表面微观的平度之和不超过油膜厚度。

动压轴承与普通滑动轴承和滚动轴承相比有如下特点：

（1）摩擦系数小。

（2）承载能力高，对冲击载荷的敏感性小。

（3）适合在高速下工作。

（4）使用寿命长。

（5）体积小，结构紧凑。

（6）制造精度高，成本高，安装、维护要求严格。

（7）由于承载能力与轧辊转速的关系，在低速重载，频繁启、制动和可逆轧制的情况下，不易形成液体摩擦状态，重者导致轴承被破坏。

3.7.1.4 静压轴承

根据动压轴承形成液体摩擦条件知：当轧辊处于低速重载，经常启、制动及换向等工艺条件时，动压轴承被油膜分开的两表面相对滑动速度很小，甚至为零，显然不能保证轴承处在液体摩擦状态。此外，动压轴承中轴的位置将随载荷及转速的改变而移动，进而轧辊中心距发生变化，因而对轧制精度要求较高的产品会有影响。

由于动压轴承使用范围受到限制，因此人们又研制了一种新型的液体摩擦轴承——流体静力润滑轴承，即静压轴承。

静压轴承：它是由外部供油装置将具有足够压力的液体输送到轴承中去，形成承载油膜，将相对滑动的两表面完全隔开，使之处于完全液体摩擦状态。因此，轧辊在从静止到很高的转速范围内都能承受外力作用，这是静压轴承的主要特点，而流体动压轴承在静止或低速状态下往往无法形成具有足够压力的油膜，因而出现半干摩擦，产生表面磨损或其他损伤，寿命缩短。

静压轴承的特点：

（1）启动摩擦阻力小，因此启动力矩小，效率高。

（2）使用寿命长。

（3）适应较广的速度范围。

（4）抗震性能好。

（5）运动精度高。

（6）需要配备一套供油装置，占地、购置、维修费增加。

图3－17为600四辊冷轧机的支撑辊上使用的静压轴承工作原理。用供油系统油泵（图中未示出）将压力油经两个滑阀节流器6和7送入油腔1、3和2、4，当轧辊未受径向载荷 W（$W=0$）时，从各油腔进入轴承压力油使辊径浮在中央，使轴颈与轴承同心，即辊颈周围的径向间隙均等，四个油腔的封油面与轴颈间的间隙相等，轴颈中心与轴承中心偏心距 $e=0$。各油腔的液体阻力和节流阻力亦相等，两滑阀处于中间位置，即滑阀两边的节流长度相等，滑阀相对阀体移动距离 $x=0$。而当轧辊承受径向载荷 W（$W>0$）时，辊颈即沿受力方向发生位移，使承载油腔1处的间隙减小，油腔压力 p_1 升高，而对面油腔3处的间隙增大，油腔压力 P_3 降低，因此，上下油腔之间形成的压力差 $\Delta P=P_1-P_3$。此时，节流器6的滑阀向右移动一个距离 x，于是右边的节流长度增大了 x，即 l_c+x，节流阻力增加；而左边的节流长度则减少了 x，即 l_c-x，其节流阻力减小了。因而，流入油腔1的油量增加，流入油腔3的油量减少，结果使 ΔP 进一步加大，直到与 W 平

衡，从而，值有所减小，达到一个新的平衡位置。如果轴承和滑阀的有关参数选择得当，完全有可能使辊颈恢复到受载荷前的位置，即轴承具有很大的刚度。

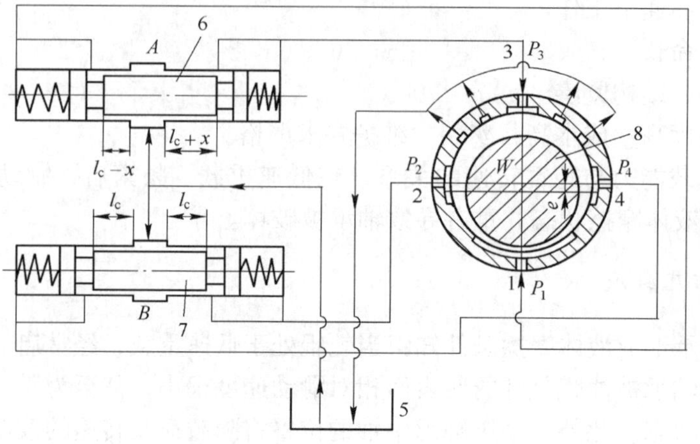

图3-17 600四辊冷轧机支撑辊用的静压轴承原理图

1—主油腔；2，4—侧油腔；3—副油腔；5—油箱；6，7—滑阀节流器；8—辊颈

3.7.1.5 动-静压轴承

前面讲述了动压轴承与静压轴承的特点，动-静压轴承（见图3-18）就是针对前两种轴承的特点及工作和工作机（如轧机）的工作状态而言的。静压轴承虽然克服了动压轴承的某些缺点，但它本身也存在着新的问题，主要是重载轧钢机的静压轴承需要一套连续运转的高压供油系统来建立液体润滑状态，这就需要液压系统高度可靠和长期带载荷运行。

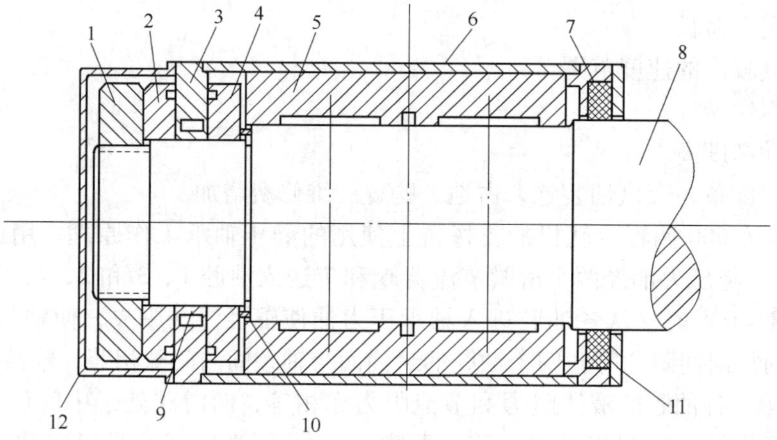

图3-18 动-静压轴承

1—螺母；2，4—止推块；3—固定块；5—衬套；6—轴承座；7—密封圈；8—轧辊；9—调整垫；10—补偿垫；11—侧挡板；12—端盖

动-静压轴承，就是把动压轴承与静压轴承的优点结合起来，使其仅在启动、可逆运转和低速（可设定一极限值）运转时，使用静压润滑系统，而当轧辊进入高速稳定运转

时，停掉静压润滑系统，轴承则按动压润滑制度工作。由于静压润滑系统只在很短的时间工作，同时又是在动压润滑最忙的环节工作，这样就大大提高了轴承的可靠性，减轻和减少了高压系统的负担和出现故障的可能性。

动－静压轴承，同时具备流体动力润滑和流体静力润滑功能，并能使两者功能互相转换，使相对滑动的两表面处于完全液体摩擦状态，是一种靠流体动压润滑并兼有流体静压润滑的滑动轴承。

动－静压轴承工作原理应该是动压轴承与静压轴承工作原理的分别体现及有机结合。动压和静压制度的转换是根据轧辊的转速自动切换的。当轴承在启动及可逆反转和低速运转时，则应使轴承工作在静压轴承状态，工作原理同静压轴承工作原理；当轧辊进入高速稳定运转时，则应使轴承工作在动压轴承状态，工作原理同动压轴承的工作原理。

3.7.2 滚动轴承

滚动轴承是在支撑负荷和彼此相对运转的零件间作滚动运动而发生滚动摩擦的轴承。

滚动轴承一般是由内圈、外圈、滚动体和保持架四件组成。图 3－19 为滚动轴承的基本结构。

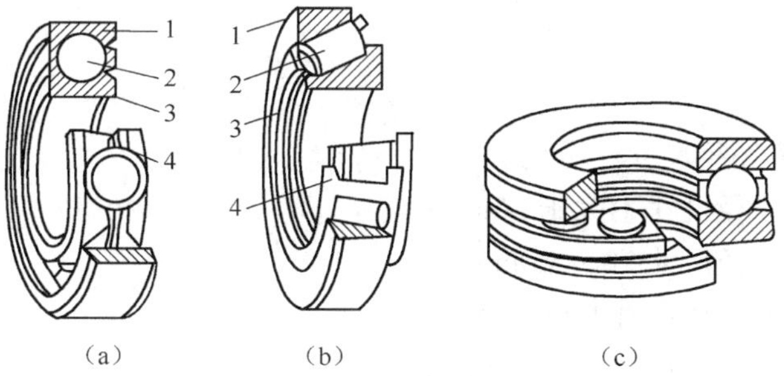

图 3－19 滚动轴承的基本结构
(a) 向心球轴承；(b) 圆锥辊子轴承；(c) 推力球轴承
1—外圈；2—滚动体；3—内圈；4—保持架

滚动轴承的品种繁多，有多种分类方法：

(1) 按所承受的负荷方向或公称接触角的不同，分为：

1) 向心轴承；

2) 推力轴承。

(2) 按轴承中滚动体的种类，分为：

1) 球轴承；

2) 辊子轴承，又可分为圆柱辊子轴承、辊针轴承、圆锥辊子轴承、调心辊子轴承。

(3) 按其工作时能否调心，分为：

1) 刚性轴承；

2) 调心轴承。

(4) 按其所能承受的负荷方向或公称接触角、滚动体的种类综合，分为：

1) 深沟球轴承；

2）滚针轴承；
3）调心球轴承；
4）角接触球轴承；
5）调心辊子轴承；
6）圆锥辊子轴承；
7）推力角接触球轴承；
8）推力调心辊子轴承；
9）推力圆锥辊子轴承；
10）推力球轴承：
①推力圆柱辊子轴承；
②推力辊针轴承；
③组合轴承（即一套轴承内同时具有上述轴承中的两种或两种以上）。
（5）按一个轴承中滚动体的列数，分为：
1）单列轴承；
2）双列轴承；
3）三列轴承；
4）四列轴承；
5）多列轴承。
（6）滚动轴承按外径尺寸，分为：
1）微型，轴承外径尺寸不大于26mm；
2）小型，轴承外径尺寸28～55mm；
3）中小型，轴承外径尺寸60～115mm；
4）中大型，轴承外径尺寸120～190mm；
5）大型，轴承外径尺寸200～430mm；
6）特大型，轴承外径尺寸不小于440mm。

3.8 轴承的自位

滚动轴承的内环是装在轧辊辊颈上，外环安装在轴承座内，轧制时轧辊辊身要受弯变形发生挠曲，而辊颈的轴线会相对水平位置回转一个角度，轴承内环也会随辊颈回转；而外环是安装在轴承座内，如保持位置不变，那么轴承内外环之间的间隙就不是矩形而是楔形，这样多列轴承工作时就会偏载，寿命急剧下降。所以要提高轴承寿命，必须解决轴承偏载问题，轴承均载自位问题以及赋予轧机自位机构和性能问题还没有引起世人的足够认识和重视。

轧辊轴承置身于辊系中，严酷的事实表明，轴承的服役寿命远低于其固有寿命（手册设计、出厂寿命），短寿命率竟达50%～90%，造成每年巨额经济损失，严重困扰正常生产。

对于轴承固有寿命和服役寿命不等现象，国内外专业技术人员和学者进行了长期深入的研究、不断优化滚动轴承内部结构、润滑冷却、密封、防振特性、提高安装质量等以适应轴承体环境、缩小两种寿命不同的差距。

对四列滚动轴承两种寿命不等现象，要靠轴承内部结构的优化、润滑冷却条件的改善和安装科学化加以解决是有限度的。可以说潜力已基本挖尽。摆脱困扰的新途径就是构成四列滚动轴承服役寿命因素的另一方轴承载体应具备使轴承每列均载且不超载的性能。

轴承的固有寿命不等于轧机滚动轴承的服役寿命。滚动轴承同载体相连。服役寿命并不是单纯取决于轴承自身结构形式、安装质量、润滑冷却和密封优化程度，而且还取决于由轧辊、轴承座、机架、轴向固定挡板、支撑辊、弯辊装置、压下装置和轴向调节（或横向传动）组成的载体特性。载体特性在重载、高速状态下定义为载体在定位状态下是否具有自动防止异常偏载和超载的能力。具有上述性能的机构称为自位（自适应）载体。

基于实现滚动轴承服役寿命接近或等于其固有寿命、现代短应力线高刚度轧机和高效板带及管轧机辊系必须是滚动轴承的自位载体。人们习惯地认为压下螺丝与轴承座间的球面垫能保证四列滚动轴承自位均载，这是误解。因为，球面垫只是机架窗口内轴承座与压下螺丝间的运动副，不能保证轴承座随轧辊辊颈的倾斜而摆动。应该指出的是，如果轧机本身有自位性能而滚动轴承偏载属异常偏载，其偏载系数一般在 2 以上。在设计时曾考虑的偏载系数小于 1.33，它是每一列滚子选用而形成的径向间隙不等造成的，属轴承自身结构问题。所以，如要解决滚动轴承偏载问题，应从轴承本身和轧机结构综合处理。

3.9　轧机轴承损坏形式及损坏原因分析

3.9.1　初级损坏形式（指未造成事故性损坏时的状态）

（1）轴承滚道、内径、外径、滚动体表面的磕伤、划伤、压痕。

（2）轴承工作表面的磨损。

（3）轴承内径或外径表面转动打滑痕迹。

（4）轴承配合表面和工作表面腐蚀。

（5）滚子端面与挡边表面摩擦粘连。

3.9.2　后期损坏形式（指造成停机损失时的损坏状态）

（1）轴承载荷区工作表面疲劳剥落。

（2）轴承内圈轴向贯穿断裂，内圈碎裂。

（3）轴承外圈径向断裂，外圈掉边，外圈碎裂。

（4）轴承套圈、滚子歪曲变形，滚道形成压坑。

（5）滚动体碎裂。

（6）保持架歪曲变形，过梁断裂。

3.9.3　轴承损坏原因分析

轧辊用轴承事先应当对轴承尺寸进行选择，然后注重安装、配合、润滑、密封和运行维护几个环节。否则，即使是内在质量无可挑剔的轴承也会很快失效。轴承运行时应连续监控，发现微小的异常应及时判断排除，不要等到引发恶性循环阶段，此时，轴承已损坏得面目全非，主次故障原因混淆，真正原因已无法分析清楚。表 3－6 为轧机所用轴承常见的损坏形式。

表 3-6　轧机轴承主要损坏形式

损坏现象	原　因	措　施
1. 外圈、内圈断裂	1. 安装过盈量太大 2. 轴或外壳的圆角过大 3. 冲击负荷过大	1. 选择合适的配合 2. 使轴或外壳的圆角尺寸小于轴承倒角尺寸
1. 一侧出现偏载剥落 2. 滚道圆周方向对称位置出现剥落	1. 有异常的轴向载荷 2. 外壳的圆度差	1. 自由端轴承的外圈与外壳之间选择间隙配合 2. 提高外壳孔的加工质量
3. 挡边出现缺陷	1. 安装时敲击挡边 2. 轴向冲击负荷过大	1. 改进安装作业方法 2. 改善负荷条件
4. 滚动体碎裂	1. 冲击负荷过大 2. 剥落的发展 3. 润滑剂不合适或不足	1. 改进安装作业方法和使用方法 2. 改善负荷条件 3. 填充润滑剂、清洗轴承周边
5. 保持架出现伤痕、变形、缺陷、断裂和异常磨损	1. 振动冲击力过大 2. 润滑剂不足 3. 安装不良（呈倾斜状态）	1. 改善负荷条件 2. 重新选择润滑方式和润滑剂 3. 减少安装误差
6. 轴承出现锈蚀	1. 保管不当 2. 空气中水分的凝结 3. 有水或腐蚀性物质侵入	1. 改善轴承保管 2. 改进密封装置 3. 长期停止运转时进行防锈处理
7. 滚道出现压痕	1. 有异物侵入 2. 安装时有冲击 3. 内外孔配合不当	1. 清洗轴承周边 2. 改进密封装置 3. 改进安装作业方法
8. 出现因轴承发热引起的变色、变形和熔敷	1. 轴承内部游隙过小 2. 润滑剂不合适或不足 3. 负荷过大	1. 选择合适的轴承内部游隙 2. 重新选择润滑方式和润滑剂 3. 重新选择轴承形式

典型轴承类型新旧代号对照，如表 3-7 所示。

表 3-7　典型轴承类型新旧代号对照

轴承类型	新代号 （倒数第五位）	旧代号 （倒数第四位）
双列角接触球轴承	0	6
调心球轴承	1	1
调心滚子轴承	2	3

续表3－7

轴承类型	新代号（倒数第五位）	旧代号（倒数第四位）
推力调心滚子轴承	2	9
圆锥滚子轴承	3	7
双列深沟球轴承	4	0
推力球轴承	5	8
深沟球轴承	6	0
角接触球轴承	7	6
推力圆柱滚子轴承	8	9
圆柱滚子轴承	N	2
外球面球轴承	U	0
四点接触球轴承	QJ	6

思　考　题

3－1　轧辊轴承的工作特点。

3－2　滚动轴承有哪些类型，什么是自位原理？

3－3　液体摩擦轴承的优点是什么，有哪些类型？

3－4　动压轴承的工作原理。

3－5　四列圆柱滚子轴承的特点。

4 轧辊调整机构及上辊平衡装置

4.1 轧辊调整机构的作用

轧辊调整机构的作用是调整轧辊在机架中的相对位置，以保证要求的压下量、精确的轧件尺寸和正常的轧制条件。轧辊的调整机构主要有轴向调整机构和径向调整机构，以及用于板带轧机上调整辊型的特殊调整机构。轧辊轴向调整机构，对于有槽轧辊是用来对正轧槽，以保证正确的孔型形状。对于板带轧机则用于轧辊轴向固定。轧辊径向调整机构的具体作用有：

（1）调整两工作辊轴线间距离，以保证正确的辊缝开度，给定压下量，轧出所要求的断面尺寸。尤其在初轧机、板坯轧机上，几乎每轧一道都需调整一次辊缝。

（2）调整两工作辊的平行度。

（3）当更换轧辊时，要调整轧制线高度，使下辊辊面与辊道水平面一致；在连轧机上，还要调整各机座间轧辊的相互位置，以保证轧制线高度一致。

4.2 压下装置的类型

4.2.1 手动压下机构

主要用于不经常调整的型钢轧机与线材轧机上，调整工作主要是在轧钢之前完成的，对调整速度没有特殊要求。常见的手动压下机构有以下几种形式：

（1）斜楔调整方式，如图 4－1（a）所示。

（2）直接传动压下螺丝的调整方式，如图 4－1（b）所示。

（3）圆柱齿轮传动压下螺丝的调整方式，如图 4－1（c）所示。

（4）蜗杆蜗轮传动压下螺丝的调整方式，如图 4－1（d）所示。

4.2.2 电动压下机构

电动压下机构是最常使用的上辊调整机构，通常包括电动机、减速机、制动器、压下螺丝、压下螺母、压下位置指示器、球面垫块和测压仪等部分。

压下机构的结构，按照压下速度和工艺特点的不同，可分为电动快速压下机构（用于可逆式热轧机）和板带轧机压下机构两大类。

4.2.2.1 电动快速压下机构

A 工艺特点

在初轧机、中厚板轧机、连轧机组的可逆式粗轧机等可逆式热轧机上，其压下机构的工艺特点是：

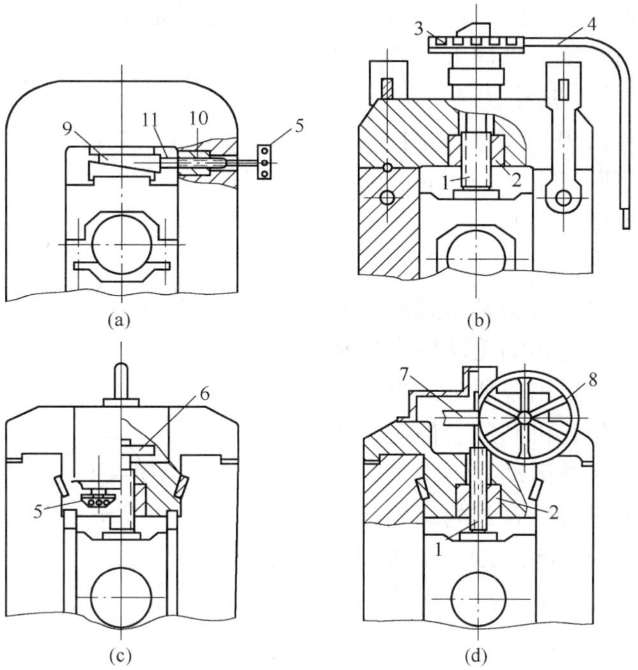

图 4－1　手动压下机构
1—压下螺丝；2—压下螺母；3—齿盘；4—调整杆；5—调整帽；6—大齿轮；
7—蜗轮；8—手轮；9—斜楔；10—螺母；11—丝杠

（1）上轧辊要快速、大行程、频繁地调整。

（2）轧辊调整是在道次之间进行，不带轧制负荷，即不带钢压下。通常把这种压下速度大于 1mm/s 的不带钢压下机构称为电动快速压下机构。

为了适应上述工艺特点，要求压下机构：

（1）传动系统惯性要小，以便频繁地启动、制动。

（2）有较高的传动效率和工作可靠性。

（3）必须有克服压下螺丝阻塞事故（坐辊或卡钢）的措施。

B　结构形式

按照传动的布置形式，快速压下机构有两种类型。

a　采用立式电动机

传动轴与压下螺丝平行布置的形式如图 4－2 所示，压下机构的两台立式电动机 1 通过圆柱齿轮减速机 4 传动压下螺丝 5；液压缸 3 用于脱开离合齿轮，使每个压下螺丝可以单独调整（调整轧辊平行度）。立式电机传动的压下机构，由于使用了圆柱齿轮，因此传动效率高、零件寿命较长，又可节约

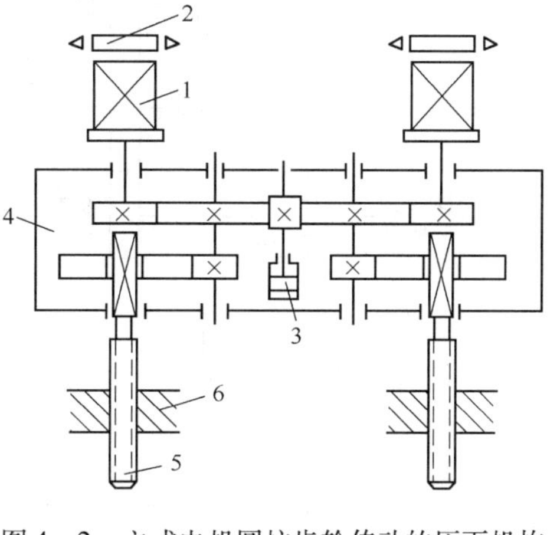

图 4－2　立式电机圆柱齿轮传动的压下机构
1—立式电动机；2—制动器；3—液压缸；4—圆柱齿轮减速机；5—压下螺丝；6—压下螺母

有色金属（不用铜蜗轮）。近年来，新设计的初轧机已普遍采用这种传动形式。

立式电动机传动的压下机构可以有多种配置方案，如图 4－3 所示。其中图 4－3（a）和图 4－3（b）用于某些 1150 初轧机；图 4－3（c）用于某些 1000 初轧机；图 4－3（d）用于某些 900 轨梁轧机的二辊粗轧机座。

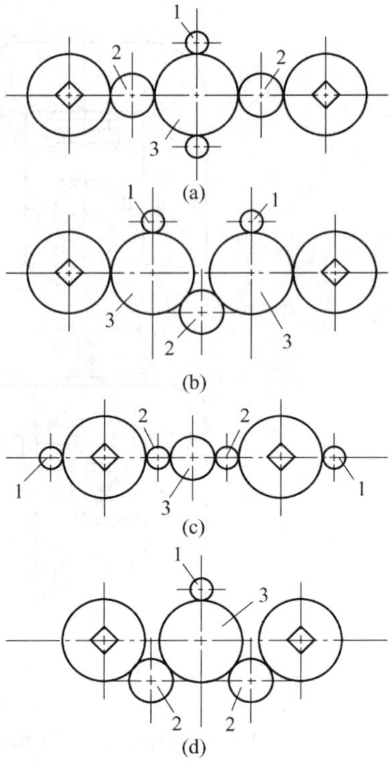

图 4－3　立式电动机传动压下机构的配置方案
1—电动机轴；2—小惰轮；3—大惰轮

b　采用卧式电动机

传动轴与压下螺丝垂直交叉布置的形式，这种形式通常是用圆柱齿轮和蜗轮副联合传动压下螺丝。它的优点是能够采用普通卧式电机，结构较紧凑，有利于降低初轧机高度。但是，为了把水平轴运动转换成垂直轴运动，不得不采用效率低、工作寿命短和消耗大量青铜的蜗轮传动。在采用了难于加工的球面蜗轮副或平面蜗轮以后，传动效率显著提高。在压下速度不太快的板坯轧机上经常采用这种布置形式。

图 4－4 是国产 1700 热连轧 1 号粗轧机座压下机构传动示意图，其技术性能如下：压下速度为 19.6～39.2mm/s，圆柱齿轮速比 $i=1$，蜗轮副 $i=12.75$，采用四线蜗杆，每台直流电机功率为 160kW，压下螺丝总行程 640mm，上辊最大提升高度 300mm。为了快速制动，装设了 ZWZ－600 直流瓦块式制动器。两台电动机由电磁离合器相连，脱开电磁离合器，两个压下螺丝即可单独调整。

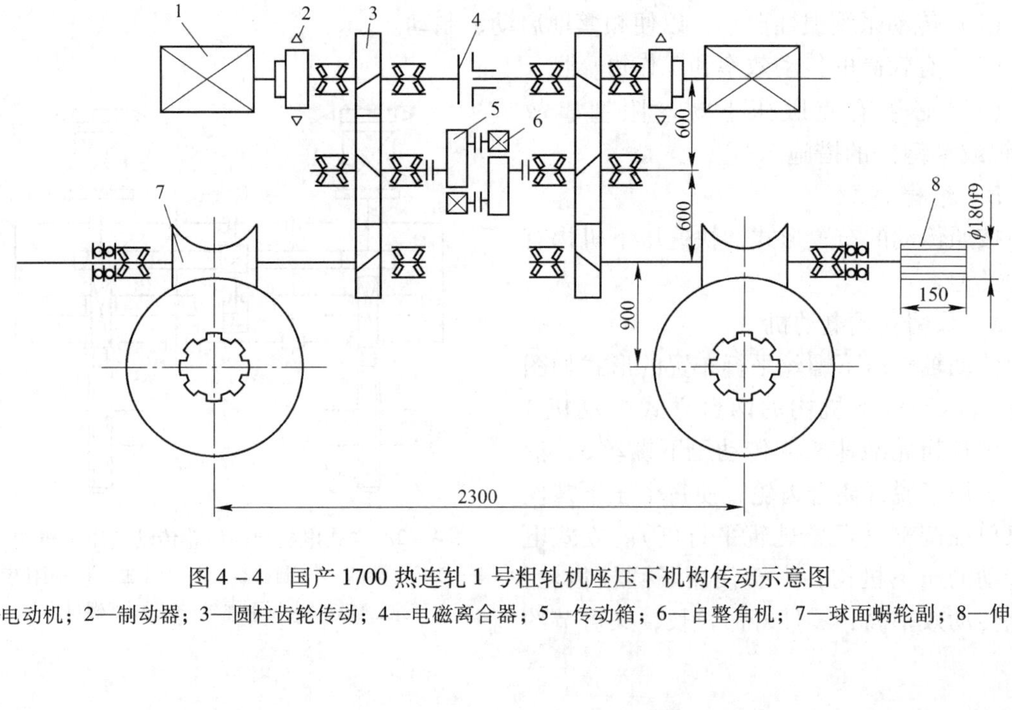

图 4－4　国产 1700 热连轧 1 号粗轧机座压下机构传动示意图
1—电动机；2—制动器；3—圆柱齿轮传动；4—电磁离合器；5—传动箱；6—自整角机；7—球面蜗轮副；8—伸出轴

c 压下螺丝阻塞事故

在初轧机、板坯轧机和厚板轧机上，压下机构的压下行程大、速度快、动作频繁，常常由于操作失误、压下量过大等原因，产生卡钢、“坐辊”或压下螺丝超极限提升而发生压下螺丝无法退回的事故。此时压下螺丝以巨大的压力楔紧在螺母中，称为阻塞事故。

快速压下的电机能力是按不带钢压下设计的，此时电机无法再启动，压下螺丝不能回松，轧机不能正常工作。

压下螺丝阻塞事故是快速压下机构中较易发生的特殊事故。处理阻塞事故不但要耽误很多时间，而且有时要被迫采用破坏某些零件的办法来解除作用在压下螺丝上的巨大压力（如1200二辊叠轧薄板轧机与2300中板轧机，卡钢时采用氧气切割安全臼的办法，使压下螺丝能够回松）。

为处理阻塞事故，很多轧机都专门设置了压下螺丝回松机构。

（1）利用伸出轴的办法。国产1700热连轧1号粗轧机座的压下机构（见图4-4）采用了简单的回松方式。在蜗杆轴上有一个带花键的伸出轴8，当发生阻塞事故后，在伸出轴上套上大轮盘，用吊车牵动轮盘转动，使压下螺丝回松。此法很简单，但较费时费力。在一些没有专门回松装置的初轧机上，有时也采用吊车盘动电动机联轴器的方法回松压下螺丝。

（2）利用差动机构回松。图4-5为1700热连轧2号粗轧机压下机构，利用差动机构可在轧辊卡紧力约10MN的情况下回松压下螺丝。差动机构电机经两级蜗轮减速，可在单

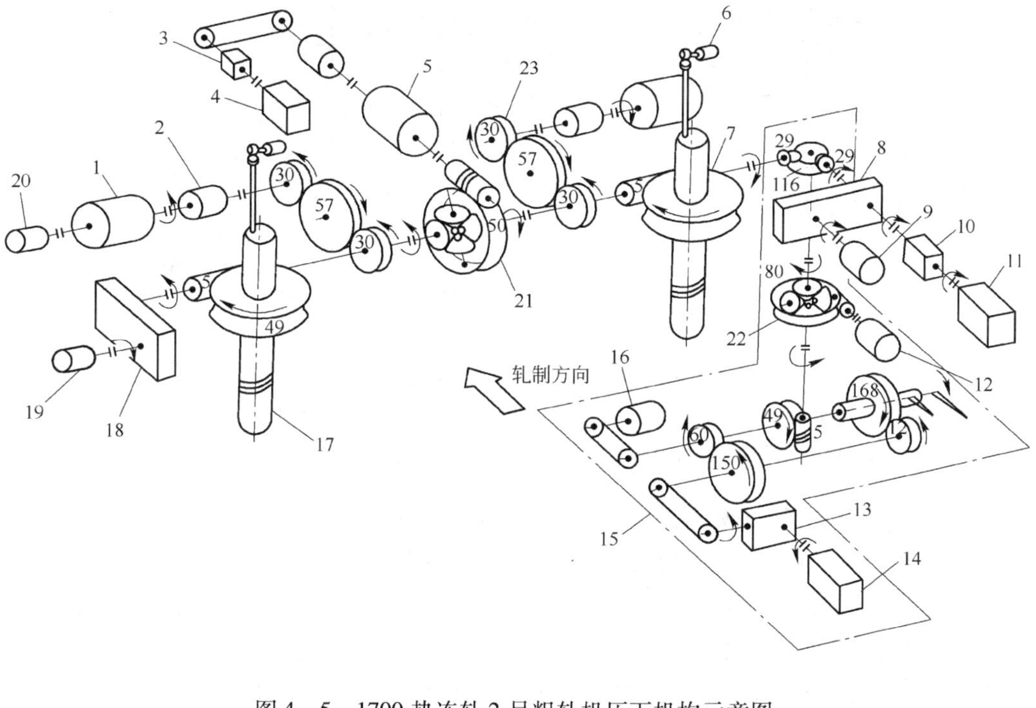

图4-5 1700热连轧2号粗轧机压下机构示意图

1—主电动机；2—制动器；3，8，10，13，18—减速器；4，11，14—LSC极限开关；5—差动机构电动机；6—LSH极限开关；7—蜗轮传动；9，19—自整角机；12—表回零电动机；15—表盘；16—消除读数间隙电动机；17—压下螺丝；20—测速发电机；21，22—差动机构；23—圆柱齿轮传动

侧压下螺丝上产生4.5MN回松力（电机功率虽不大，但速比很大，故可产生很大扭矩），一个压下电机经一级蜗轮减速，可产生1.2MN回松力，二者合计约5.7MN。具体回松步骤是：若卡钢时两端阻塞压力总和为10MN，由测压仪测得一侧为5.5MN，则另一侧为4.5MN。回松时，先松开5.5MN的一侧，待测压仪读数降至2.5MN时停下，再回松4.5MN的一侧，最后再回松剩余的2.5MN压力。

（3）设置专门的液压回松机构。图4－6是4200厚板轧机的压下螺丝回松机构结构图，它装在压下螺丝上部，便于维修。当发生阻塞事故时，装在双臂托盘2上的两个升降缸5升起，通过托盘6和压盖7将下半离合器（花键套）8提起，并与上半离合器2结合。接着，两个工作缸3推动上半离合器2的双臂回转（回转半径900mm），强迫压下螺丝旋转回松。工作缸最大行程300mm，压下螺丝相应移动2.8mm液压回程缸4可使工作缸柱塞返程。如此往复几次，即可将阻塞的压下螺丝松开。

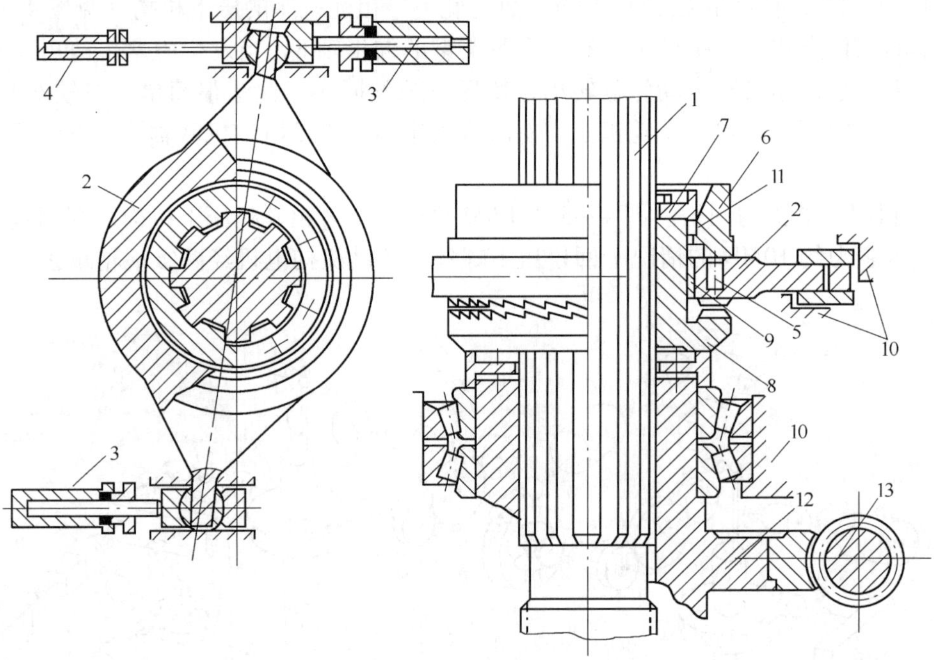

图4－6　4200厚板轧机回松机构

1—压下螺丝；2—双臂托盘（上半离合器）；3—工作缸；4—回程缸；5—升降缸；6—托盘；7—压盖；8—花键套（下半离合器）；9—铜套；10—机架；11—ϕ25钢球；12—蜗轮；13—蜗杆

液压缸工作压力为20MPa，工作缸单缸推力566kN，是按照卡钢时最大总压力67.2MN设计的（相当于最大轧制力的1.6倍）。这时松动每个压下螺丝要克服1.02MN·m的阻塞力矩。这一回松机构工作时，巨大的阻塞力矩只由工作缸和离合器承担，并不通过压下机构的传动零件，故传动零件仍可按小很多的工作载荷设计。

在设计轧机时，考虑发生阻塞事故时的回松措施是十分必要的。回松力可按每个压下螺丝上最大轧制力的1.6～2.0倍考虑。

（4）压下螺丝的自动旋松。压下螺丝自动旋松（回松）问题主要发生在初轧机（当采用立式电机压下时，问题尤为严重）和中板轧机上，这种现象表现为：在轧制过程中已经停止转动的压下螺丝，在突加的压力下自动向上旋松，使已经给定的压下量减小，造成轧件厚度不均，严重影响轧件质量。

自动旋松的原因是，为了实现快速压下，压下螺丝的螺距取得较大的螺纹升角。接近于螺丝、螺母间的摩擦角，加上采用圆柱齿轮传动，压下机构的自锁性较差。另一个影响螺丝自锁性的因素是螺纹表面的摩擦角 ρ，它是由螺纹间的摩擦条件决定的。在快速压下的轧机上，由于压下螺丝要频繁快速移动，故必须采取良好的润滑措施，否则将使压下螺母的寿命因迅速磨损而大为降低。从润滑效果看，采用稀油润滑较好，这时螺母磨损比用干油时可降低 1.2 ~ 2.0 倍。但润滑条件越好，摩擦角越小，自锁性也越差。因此压下螺母的寿命和它的自锁性能是相互矛盾的，但这一矛盾不能以降低设备寿命的办法来解决。在一般情况下，仍以用稀油润滑为好。以上为内因，回松的外因则是冲击负荷。初轧机和中板轧机轧制道次多，压下量大，在反复轧制中伴随着巨大的冲击，尤其在咬入角过大与氧化铁皮较多时，咬入时容易打滑，这将使压下螺丝受到连续冲击一样的动载荷。实践证明，任何没有防松装置的螺旋机构，在冲击负荷下都可能松动。

目前，防止螺丝自动旋松的主要办法是加大压下螺丝的摩擦阻力矩。可以从两方面入手：

（1）加大压下螺丝止推轴颈的直径（采用装配式轴头），并且在球面铜垫上开孔，如图 4－7 所示。

（2）适当增大压下螺丝直径。在螺距不变的条件下，增大螺丝直径不仅能增大摩擦阻力矩，而且还有减小螺纹升角、增强自锁性的作用。为此，1000 ~ 1150 初轧机的压下螺丝直径已从过去的 ϕ360 ~ 400mm 加大到 ϕ440 ~ 450mm。但是，螺丝直径过大，会增加压下机构和机架的尺寸，这是选择螺丝直径时应注意的问题。

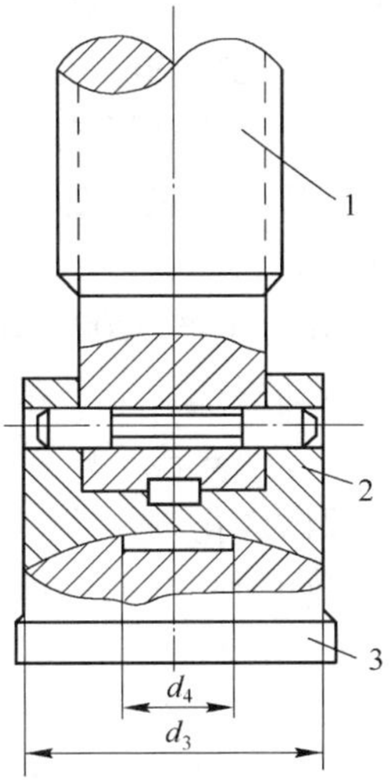

图 4－7 中间带凹孔的压下止推铜垫
1—压下螺丝；2—装配式轴颈；3—止推铜垫

在快速压下机构中，大多在压下电机轴上装有制动器，目的是迅速制动、准确停车，也有防止压下螺丝自动旋松的作用。目前有些轧机已把制动器拆除，因为它加大了高速轴的飞轮力矩，而且由于传动比很小，制动器的防松作用不大。此外，制动器不易同步协调工作，对初轧机实现自动化也不利。

在工艺操作中，采用合理的压下制度和轧制速度，例如，不要采用过大的压下量和咬入速度，以及减少冲击负荷等，也有利于防止螺丝自动旋松。

快速压下机构的自动旋松问题，有的工厂目前尚未很好解决。

电磁离合器最大扭矩	2000N · m
压下电机（直流）	2 × 110kW，500r/min
压下螺丝设计承载能力	20MN

4.2.2.2 慢速电动压下机构

冷热轧带钢轧机，上辊提升高度较小，其电动压下速度在 0.02 ~ 1.0mm/s，一般用于带钢轧机。冷热轧带钢轧机所轧的轧件既薄又宽又长，轧制速度很快，轧件厚度尺寸精度要求高，这些工艺特征使得它的压下机构具有以下特点：

（1）轧辊调整量较小。上辊提升高度一般为 100 ~ 200mm，在换辊操作时，最大行程也只有 200 ~ 300mm。在轧制过程中，轧辊的调整行程更小，最大为 10 ~ 25mm，最小时只有几微米。

（2）调整精度高。目前，热轧宽带钢的纵向厚度差已提高到 ±0.025 ~ ±0.05mm，有的甚至达到 ±0.015mm（冷轧带钢的公差范围更小），压下机构的调整精度应在厚度公差范围以内。

（3）频繁的带钢压下。轧制过程中，为消除带钢的厚度不均匀和保证轧制精度，压下机构必须随时在轧制负荷下调整辊缝，即“带钢压下”。此外，为了消除机座弹性变形的影响，在开轧前对轧辊进行零位调整时，也需要进行工作辊须压靠操作。这些都要求板带轧机的调整机构应按在轧制负荷下调整轧辊的条件来设计。

（4）动作迅速、灵敏度高。为在高速度下调整轧件厚度偏差，压下机构必须动作迅速，反应灵敏。这就要求传动系统惯性小、加速度大。

（5）轧辊平行度的调整要求严格。因为带材的宽厚比很大，上下辊应严格保持平行。

慢速电动压下的结构形式：

四辊板带轧机的电动压下机构，一般采用圆柱齿轮加蜗轮副传动，或两级蜗轮副传动的形式。这两种传动形式又有多种配置方案，在设计中选择配置方案时，不仅应考虑满足工艺要求（压下速度、加速度、压下能力及压下螺丝单独调整方式等），还应考虑换辊和检修的方便等。

图 4 - 8 是国产 1700 热连轧精轧机座的电动压下机构传动示意图，采用了圆柱齿轮加蜗轮副的传动形式。由于两个压下螺丝中心距较大，两台电机均放在中间，其间装设有电磁离合器，以便对压下螺丝单独调整。由于是带钢压下，传动系统传递扭矩较大，压下螺丝 2 的尾部做成花键形式。为减小压下螺丝的摩擦阻力矩，压下螺丝端部采用装配式的轴颈，且以球面向心推力轴承代替普通的球面铜垫。为便于检修导位时吊钩能进入，电动机 3 安装在蜗杆的上方，这样可使结构紧凑。

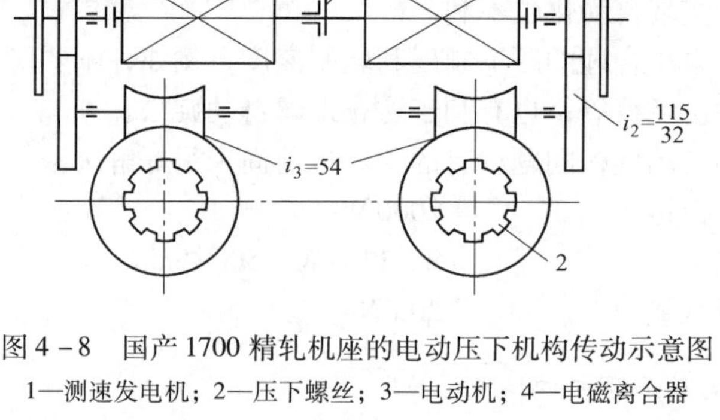

图 4 - 8　国产 1700 精轧机座的电动压下机构传动示意图

1—测速发电机；2—压下螺丝；3—电动机；4—电磁离合器

这一压下机构的技术特性如下：

压下螺丝外径和螺距　　520 × 20mm

压下螺丝工作行程	150mm
压下螺丝移动速度	0.425 ~ 0.85mm/s
传动系统总速比	194.0625
电磁离合器最大扭矩	2000N · m
压下电机（直流）	2 × 110kW，500r/min
压下螺丝设计承载能力	20MN
轧机工作载荷（总轧制力）	25MN

某厂1700热连轧精轧机座的电动压下机构采用两级蜗轮副传动的布置形式，如图4-9所示，可获得较大的速比，但传动效率低，需增大电机容量。为了使结构紧凑并改善蜗轮箱的密封和防尘条件，两级蜗轮副装设在一个封闭箱体中。为便于对两个压下螺丝单独调整，两台双出轴直流电机用电磁离合器连接（断电时连接）。压下螺丝端部装有弧面推力锥柱轴承，以减小压下螺丝的摩擦阻力矩。由于蜗杆分别布置在两个蜗轮的两侧；两个压下螺丝同步旋转时的转向相反，为此，两个压下螺丝分别是左、右旋螺纹。

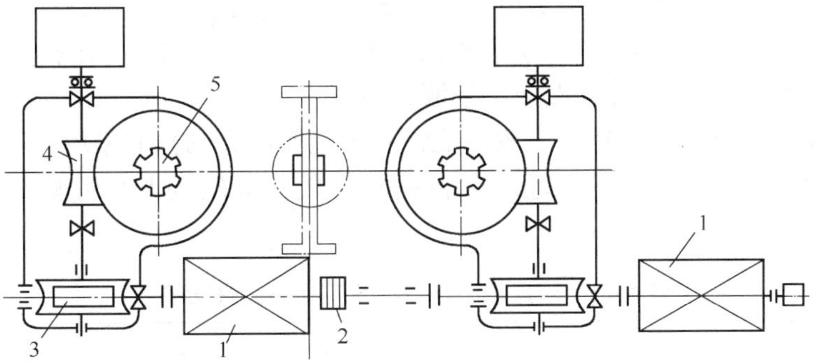

图4-9 1700热连轧精轧机座电动压下机构采用两级蜗轮副传动的布置形式
1—电动机；2—电磁离合器；3——一级蜗轮副；4—二级蜗轮副；5—压下螺丝

这台轧机压下机构的技术特性如下：

压下螺丝的外径和螺距	485 × 24mm（左、右旋）
压下螺丝最大工作行程	273mm
压下螺丝移动速度	0 ~ 0.625 ~ 1.25mm/s
传动系统速比、总速比	$i = i_1 \cdot i_2 = \frac{48}{6} \times \frac{40}{1} = 320$
压下电机	2 × 110/220kW，0/500/1000r/min

还有一种是行星齿轮传动的电动压下机构，如图4-10所示，它是由立式电机通过三级行星齿轮传动压下螺丝，电机轴与压下螺丝同轴配置，行星架与行星轴连接在一起，第一级和第二级行星轮及行星架支撑在外面齿圈的架体上，外面齿圈的架体和第三级行星轮及行星架支撑在压下螺丝上，整个传动装置和立式电机与压下螺丝一起上下移动。

这种传动方式效率高，可消除压下螺丝花键中的滑动摩擦损失。由于太阳轮始终与三个行星齿轮啮合，在齿面单位压力一定的条件下，同上述普通慢速压下机构相比，该装置结构紧凑，转动惯量小，加速时间短，压下调整灵敏，适合用于精轧机组。

4.2.3　液压压下机构

4.2.3.1　液压压下装置的特点

长期以来，带钢轧机上使用的是电动压下机构。电动压下机构由于运动部分的转动惯量大，有反应速度慢、调整精度低、传动效率低等缺点。随着带钢轧制速度的逐渐提高，产品的尺寸精度要求日趋严格，特别是采用厚度自动控制系统（AGC）以后，电动压下机构已不能满足工艺要求。为了提高产品的尺寸精度，在高速带钢轧机上开始采用液压压下装置。目前，新建的冷连轧机组几乎已全部采用液压压下装置，热带钢连轧机精轧机组的最后一架，也往往装有液压压下装置。

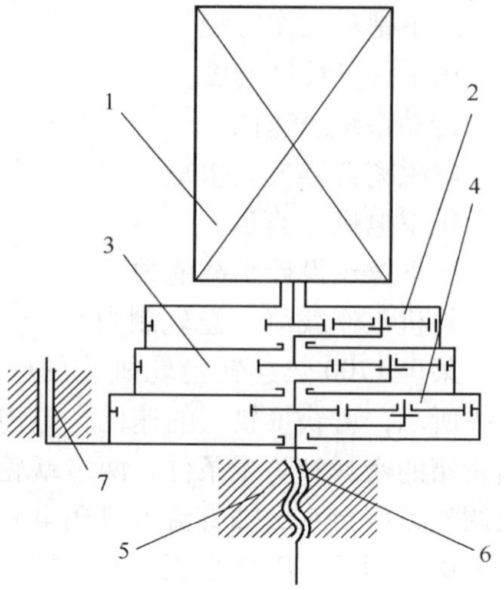

图4－10　行星齿轮传动的电动压下机构
1—立式电机；2，3，4——一级、二级、三级行星减速机构；5—压下螺母；6—压下螺丝；7—上下移动导向装置

所谓全液压压下装置就是取消了电动压下装置，用液压缸代替传统的压下螺丝、螺母来调整轧辊辊缝的。现代化轧机上的液压压下装置，除液压缸和与之配套的伺服阀、液压系统外，一般都配备有带钢厚度自动控制系统，可在轧制过程中实现对带钢厚度的闭环控制。与电动压下机构相比较，液压压下装置具有以下特点（见表4－1）：

表4－1　液压压下与电动压下动态特性比较

项目	速度 v/mm · s^{-1}	加速度 a/mm · s^{-2}	辊缝改变0.1mm的时间/s	频率响应宽度范围/Hz	位置分辨率/mm
电动压下	0.1～0.5	0.5～2	0.5～2	0.5～1.0	0.01以上
液压压下	2～5	20～120	0.05～0.1	6～20	0.001～0.0025
改善系数	10～20	40～60	10～20	12～20	4～10

（1）响应速度快，调整精度高。液压压下装置的机械结构部分少、惯性小，有很高的辊缝调整速度和加速度，在频率响应、位置分辨率诸方面都大大优于电动压下机构。表4－1给出了液压压下与电动压下动态特性方面的比较。动态特性的大幅度提高，使得产品的精度提高，质量更有保证，缩短了加速、减速阶段带钢头尾的超差长度，节约了金属及能源，提高了产品的合格率。

（2）采用液压压下，可以根据需要改变轧机的当量刚度，实现对轧机从“恒辊缝”到“恒压力”的控制，以适应各种轧制工艺要求。如在冷轧机的初轧阶段，要求工作机座具有尽可能大的“刚度”，以保证带钢获得最小厚度偏差，而在精轧和平整阶段，要求机座具有较小的“刚度”，以使成品带材获得较好的板形。

（3）过载保护简单可靠。液压系统可有效地防止轧机过负荷，保护轧辊和轴承免遭破坏。当事故停车时，可迅速排出液压缸的压力油，加大辊缝，避免轧辊烧裂或被刮伤。

（4）液压压下装置采用标准液压元件，简化了机械结构，较机械传动效率高。

液压压下装置虽有上述优点，但制造精度和操作维护要求都很高，技术上比较复杂，对油液的污染很敏感。液压压下装置的工作可靠性主要取决于液压元件和控制系统的可靠性，这些问题应在设计中加以考虑。

4.2.3.2　压下液压缸及其在轧机上的配置

压下液压缸在轧机上的配置方案有“压下式”和“压上式”两种形式。

在冷连轧机组或平整机上，可以采用压下式，也可以采用压上式。采用压上式时，在轧机上部可以设置不带钢压下的电动压下机构，以便做大行程的压下调整。

压下式的液压缸设置在机架上部，须增设悬挂装置，结构较为复杂，但它的最大优点是电液伺服阀可装在液压缸附近，不仅提高了液压缸的反应速度，而且伺服阀的工作环境好，便于维护检修。

在热连轧精轧机组中，通常只在最后一架轧机上装有液压压下装置。在这样的轧机上，同时还配置有与前几架精轧机相同的电动压下机构，为此，液压缸只能布置在机架下方，即为压上式。压上式油缸结构较为简单，但不便维护，工作环境较差。

下面以某厂的1700冷、热连轧机的液压压下装置为例，介绍压下式和压上式两种配置方案。

A　压下式液压压下装置

1700冷连轧机采用压下式液压缸，液压缸在机架内的布置情况，如图4－11所示。图中压下液压缸3和平衡架9由悬挂在机架顶部的平衡液压缸1通过拉杆来平衡。若拔掉销轴8，则平衡架连同压下液压缸可随同支撑辊一起拉出机架进行检修。压下液压缸与支撑辊轴承座间有一组垫片5，其厚度可按照轧辊的磨损量调整，这样可避免过分增大液压缸的行程。

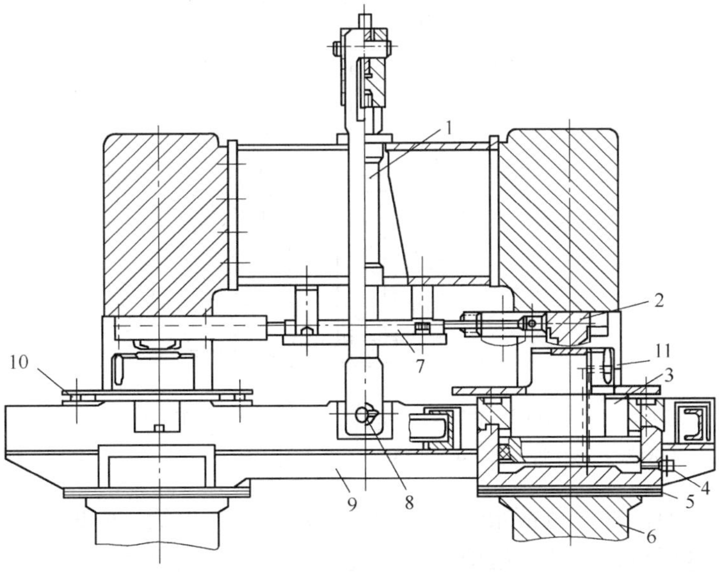

图4－11　1700冷连轧机液压压下装置

1—平衡液压缸；2—弧形垫块；3—压下液压缸；4—液压压力传感器；5—垫片组；6—上支撑辊轴承座；7—双向液压缸；8—销轴；9—平衡架；10—位置传感器；11—高压油进油口

压下液压缸的缸体平放在上支撑辊轴承座 6 上（有定位销），液压缸的橡胶密封环包有聚四氟乙烯，以减少摩擦阻力。液压缸的活塞顶住机架上横梁下方的弧形垫块 2，可利用双向动作的液压缸 7 将两弧形垫块同时抽出，便可进行换辊操作。

缸体上装有液压压力传感器 4，每个液压缸有两个光栅式位置传感器 10，按对角线布置在活塞两侧。活塞直径为 965mm，最大行程 100mm，最大作用力为 12. 5MN。液压压下系统采用 MOOG73 型电液流量控制伺服阀，其额定流量为 57L/min，最大工作压力 21MPa。为防止高压油被铁锈污染，整个液压系统的管道和油箱均用不锈钢制造。

轧机的测压仪装在机架底部，在下轴承座与斜楔调整机构之间。

B　压上式液压压下装置

1700 热连轧精轧机最后一架（F7）采用压上式液压缸，它放置在机架下横梁上，其结构简图如图 4 - 12 所示。为调整轧制线高度和减小液压缸行程，在液压缸下方装有机械推上机构（包括推上螺丝 8 和带蜗轮的螺母 7）。螺母 7 由 75kW、515r/min 的直流电机通过速比为 4. 13 和 25 的两级蜗轮副传动（传动机构图中未画出）。调整速度为 2mm/s，工作行程 121mm，最大行程 180mm（不得带负荷运转）。

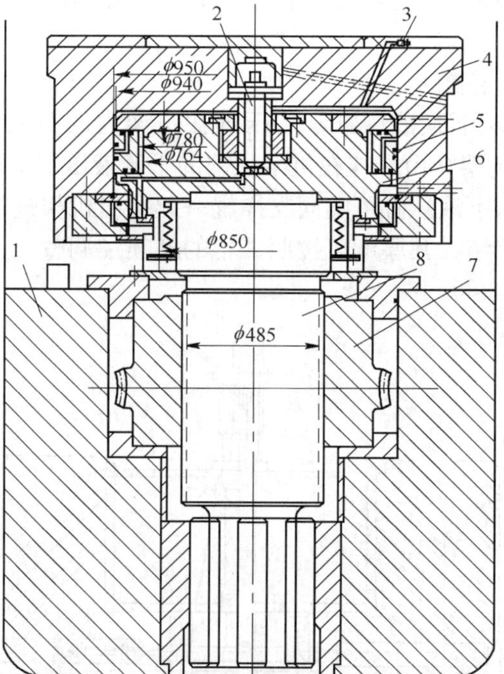

图 4 - 12　1700 热连轧精轧机最后一架（F7）压上液压缸简图

1—机架下横梁；2—传感器；3—排气阀；4—缸体；5—活塞环；6—活塞；7—带蜗轮的螺母；8—推上螺丝

热连轧机咬钢时的冲击负荷很大，在冲击负荷下，压上液压缸的缸体会产生相对于活塞的径向窜动，这很容易导致油缸泄漏。为此，在液压缸的设计中，采用了浮动活塞环的结构，即缸体内径 φ950 比活塞直径大 10mm，活塞 6 上装有浮动活塞环 5，二者之间每边有 8mm 径向间隙，允许活塞在缸体内径向窜动。活塞环上有两个带导套的径向密封环和四个端面密封环，以保证高压油不泄漏。活塞环上还开有油孔，以便密封处得到润滑。

位置传感器2是差动变压器式，量程6mm，工作行程5mm。传感器铁芯由弹簧压紧在活塞中央，变压器线圈则固定在缸体上。线圈的导向套与活塞的相对滑动面采用了与浮动活塞环类似的密封结构，当活塞与缸体间有径向窜动时，不致影响位置传感器的工作。

压上液压缸的最大行程40mm，工作行程5mm（-3~+2mm），当油压为21MPa时，工作推力为14.7MN，回程油压1.5MPa。液压压下系统采用的是MOOG73型电液流量伺服阀。测压仪装在机架的上部，在压下螺丝与上支撑辊轴承座之间。

4.2.3.3 液压压下装置使用中应注意的问题

（1）应减小液压缸中油柱的高度。油柱高度增加，不但会减小轧机刚度，还会降低液压缸的工作频率，影响压下的快速性。

（2）适当提高供油压力，可以提高系统的反应速度和控制精度，也可以减小液压缸直径。目前常用的液压系统供油压力为25MPa。

（3）应尽量缩短伺服阀到液压缸间的管路长度。据资料介绍，当配管长度从6m缩短到3m时，压下系统的响应频率从10Hz提高到15Hz。我国科技人员曾试验，将伺服阀直接装在液压缸上，效果也很好。

（4）应选择摩擦系数小的密封材料，从结构上设法减小活塞与缸体间的摩擦阻力。实践证明，摩擦阻力对液压缸的响应频率影响很大。

（5）液压系统应有较好的排气措施。高压油内若混入空气，将会大幅度降低系统的刚度和影响液压缸的反应速度。

4.2.4 电-液压下机构

4.2.4.1 电-液双压下装置

图4-13为第一种电-液双压下装置。它的粗调为一般的电动压下机构，通过电动压下系统带动压下螺丝，在空载的情况下给定原始辊缝。而精调是通过液压缸9推动齿条6带动扇形齿轮5和7，使两边的压下螺母8转动，但由于压下螺丝1在电动压下机构锁紧的条件下不能转动，其结果只能是使压下螺丝上下移动而实现辊缝微调。图中的止推轴承3和径向滚子轴承4安装在机架2的上横梁中，以支撑压下螺母8正常转动，两边螺母的螺纹方向相反，而键10是用来连接扇形齿轮与压下螺母的。

第二种电-液双压下机构，粗调为电动压下，而精调是用液压缸直接代替了压下螺丝与螺母，通常液压缸放在粗调压下螺丝与上轴承座之间或横梁与下轴承座之间。该装置的特点是，粗调装置的结构简单而紧凑，消除了机械惯性力，从而大大地减轻了调节讯号滞后现象，提高了精调的效率，其调整灵敏度比一般电动压下快10倍以上，目前在板带轧机上得到广泛应用。我国宝钢第一热轧厂的2050mm精轧机压下就是采用电动压下AGC加短行程液压压下AGC；第二热轧厂1580mm精轧机压下部分采用垫片加长行程液压压下AGC。

随着热轧技术迅速发展，带钢厚度公差要求越来越高的情况下，传统热带四辊轧机在电动压下基础上增加液压压下装置，改造成为电-液双压下机构。这样的例子很多，如德国泰森（THYSSEN）钢铁公司2250mm热连轧精轧机（共7架）的压下装置改为电动压

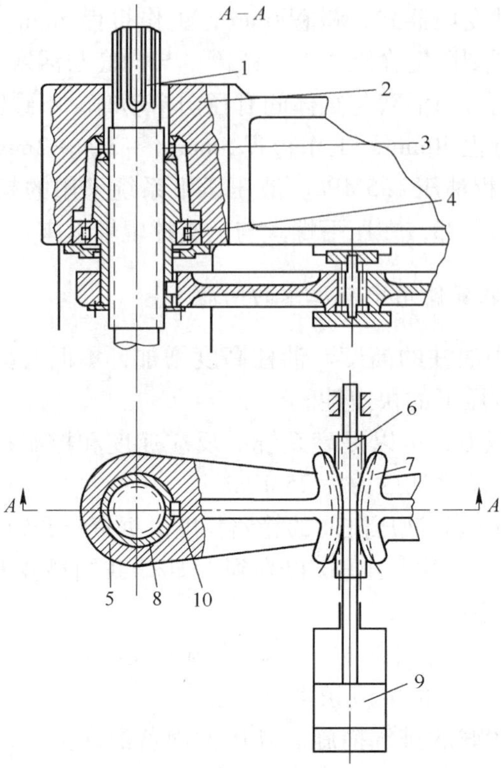

图 4－13　电－液双压下装置示意图

1—压下螺丝；2—机架；3—止推轴承；4—径向滚子轴承；5，7—扇形齿轮；6—齿条；8—压下螺母；9—液压缸；10—键

下 AGC 加短行程液压压下 AGC；我国梅山热轧板厂 1422mm 精轧机 F4、F5 在原有电动压下的基础上新增液压压下（行程 15mm）AGC，板带厚度公差得到明显提高，产品市场竞争力大为增强。

4.2.4.2　快速响应电－液压下装置

这种快速响应型电－液压下装置（见图 4－14、图 4－15）共由三部分组成。其一为由传感器、伺服阀一体组装的液压缸构成的阀控油缸式的动力机构；其二为由积分环节组合成的 DDC 控制系统；其三为液压站。如图 4－14 所示，液压缸的压下活塞 6 呈环形，缸体中间的凸起部分中装有位移传感器 4。电液伺服阀 3 通过油管 1 接到油缸的侧壁上。油缸采用滑环式密封 5，代替了以前的 L 形或 V 形填料密封。该装置最高压力可以达到 31.5MPa。这种结构的油缸具有如下特点：

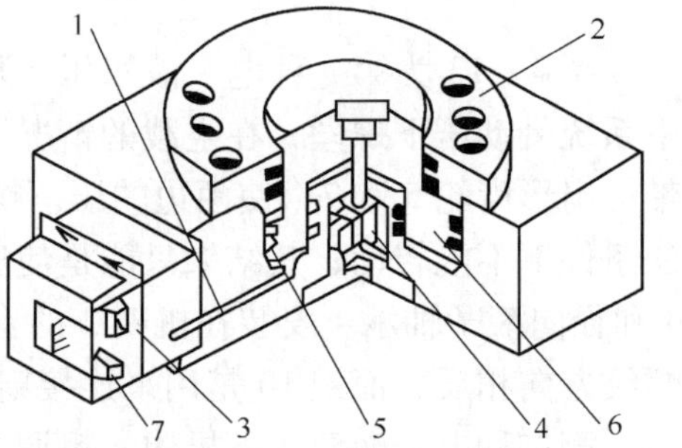

图 4－14　快速压下液压缸结构示意图

1—伺服阀出口油管；2—缸体；3—电液伺服阀；4—位移传感器；5—滑环式密封；6—压下活塞；7—终止开关

（1）响应速度快，其原因就在于最大限度地缩短了影响频率特征的伺服阀输出端的配管长度。

(2) 由于位移传感器装在液压缸内部，伺服阀又直接连接在油缸的侧壁上，因而大大地减少了占地空间。

(3) 由于检测装置安装在油缸的中心部位，用一个检测器就能准确地反映出油缸的压下位置，因而实现了压下装置检测机构的简单化。

(4) 使用寿命长，在控制板厚的过程中压下活塞在激振状态下工作，为了防止油液飞溅而采用滑环式密封。这样始终能保证密封件与缸体接触，因而提高了油缸的工作寿命。

(5) 检测器采用内装方式，并且是整体的安放与取出，因而便于维护。并且由于采用了环形密封，因而提高了油缸的抗冲击特性。

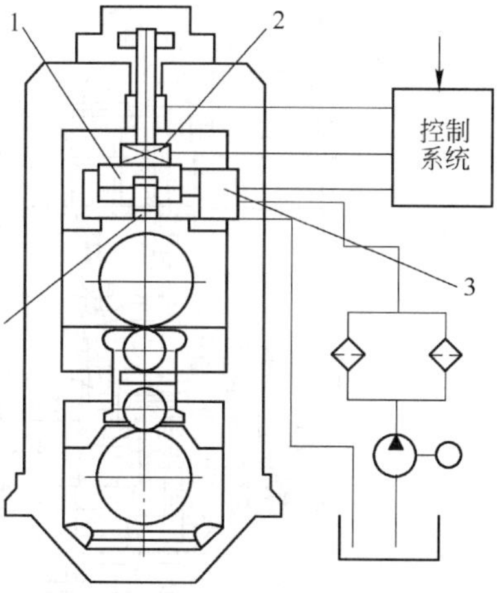

图 4－15 快速压下液压系统构成
1—活塞；2—测压传感器；3—伺服阀；
4—位移传感器

(6) 具有高控制性和易调整性。由于控制装置是利用积分环式的 DDC 方式，所以根据轧制条件来适当改变增益的控制就很容易进行。并且还可以改变控制逻辑，这样调整就很简单。

4.2.4.3 立辊轧机电－液侧压装置

宝钢第二热轧厂粗轧区 1580mm E_1 立辊轧机辊缝调整装置（见图 4－16）采用卧式电机 7（AC，37/74kW，575/1150r/min），经过一台速比 $i=1$ 的锥齿轮减速机和两台速比 $i=1/7.67$ 的蜗轮蜗杆减速机驱动侧压螺丝 9。上、下侧压螺丝的机械同步，两侧的辊缝调整装置各装两根侧压螺丝，两边侧压采用电气同步，操作十分方便。

在两侧上部侧压螺丝 9 的尾部装有接近开关，控制侧压螺丝的极限位置。侧压螺丝的精确位置由安装在电机 7 后面的自整角机 8 来控制。

为提高板材宽度精度及板坯收得率，在 E_1 立辊轧机两侧的侧压螺丝端部安装 4 个 AWC 缸（ϕ360mm/ϕ280mm × 27mm），其工作压力为 25MPa。在每个压下螺丝的端部还装有进行压力测试用的压磁头，在每个 AWC 缸内部装有进行位置检测的位移传感器。缸体固定在托架上，托架在机架上横梁滑架面上滑动，侧压螺丝 9 和 AWC 缸由内部油压作用与轴承座紧密靠在一起。平衡油缸 10 的尺寸为 ϕ125mm/ϕ90mm × 1480mm，工作压力为 14MPa，用以消除侧压相关零件之间的间隙。

AWC 缸在板坯轧制过程中可消除板坯头尾的狗骨形，充分发挥了液压伺服系统惯性小而反应速度快的优越性。它用于对带钢进行宽度自动控制，同时还有辅助电动侧压精调开口度的作用。

1580mm E_1 立辊轧机辊缝调整装置检修方便，但结构复杂。2050mm E_1 立辊轧机 AWC 缸缸体固定在机架上，侧压螺丝穿过侧压缸的活塞和装在活塞上的侧压螺母。侧压螺母上装有导向键，使侧压螺母和活塞相对于缸体只能做轴向移动而不能转动。而侧压螺丝与电动侧压装置的蜗轮之间是靠花键连接的，因此在活塞不动的情况下电动侧压装置可以通过转动侧压螺丝来进行轧辊开口度的预调；而在电动侧压装置不动的情况下，侧压缸活塞也可以通过侧压螺母带动侧压螺丝做轴向往复移动，从而改变轧辊的开口度。

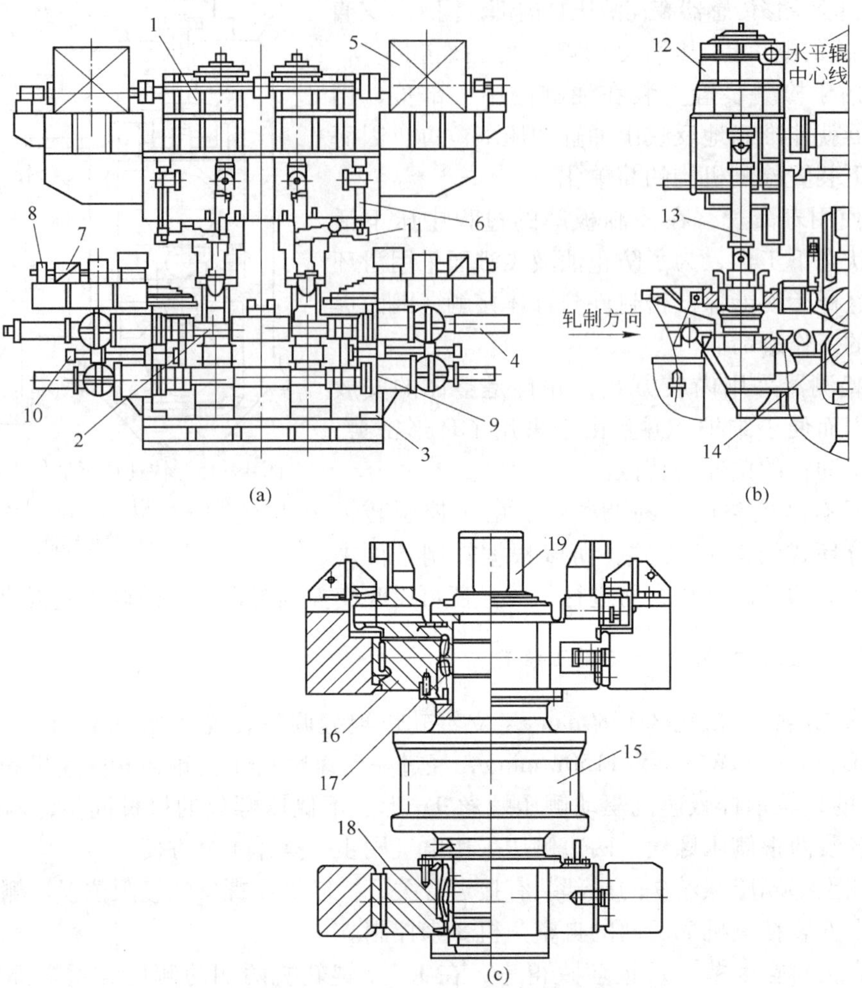

图 4-16　1580mm E_1 立辊轧机结构图

（a）立辊轧机主传动及侧压传动正视图；（b）立辊轧机主传动侧视图；（c）立辊轴承与换辊装置
1—螺旋齿轮减速机；2—轧辊轴承及换辊装置；3—机架装配部分；4—辊缝调整及平衡装置；5—电机；6—接轴更换起吊装置；7—卧式电机；8—自整角机；9—侧压螺丝；10—平衡油缸；11—接轴托架；12—减速机；13—万向接轴；14—水平辊；15—槽形轧辊；16，18—上、下轴承座；17—双列圆锥滚子轴承；19—轧辊头

4.3　压下螺丝和压下螺母

4.3.1　压下螺丝的结构、形状

压下螺丝一般由头部、本体和尾部三部分组成。

4.3.1.1　压下螺丝头部

压下螺丝头部与上轧辊轴承座接触，承受来自辊颈的压力和上辊平衡机构的过平衡力。为了防止端部在旋转时磨损，并使上轧辊轴承座具有自动调位能力，压下螺丝端部一般都做成球面形状，并与球面铜垫接触形成止推轴承。压下螺丝止推端的球面有凸形和凹形两种，老式的结构多是凸形，这种结构形式在使用时使凹形球面铜垫承受拉应力，因而铜垫易碎裂。改进后的压下螺丝头部做成凹形，这时凸形球面铜垫处于压缩应力状态，提高了铜垫的强度，增强了工作可靠性。压下螺丝头部也可做成装配式的。增大球面止推轴颈是为了增大端面的摩擦阻力矩，防止压下螺丝的自动旋松，这种结构用在自锁能力差的初轧机上。而在带钢轧机上，为了减小压下电机功率和增加启动加速度，目前，大多数采用滚动止推轴承代替滑动的止推轴承。

4.3.1.2　压下螺丝本体

压下螺丝本体，即带有螺纹部分，它与压下螺母的内螺纹相配合，以传递运动和载荷。螺纹有锯齿形和梯形两种，如图4－17所示。前者主要用于快速压下机构，后者主要用于轧制压力大的轧机（如冷轧带钢轧机等）。压下螺丝多数是单线螺纹，在初轧机等快速压下机构中有时采用双线或多线螺纹。

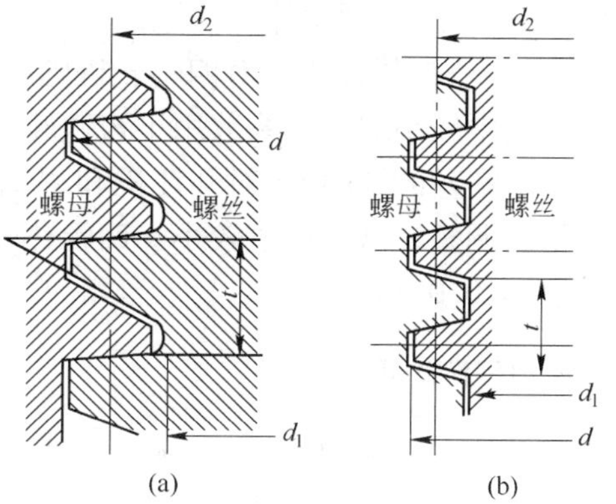

图4－17　压下螺丝、螺母的螺纹断面

（a）锯齿形；（b）梯形

4.3.1.3　压下螺丝的尾部

压下螺丝的尾部是传动端，承受来自电动机的驱动力矩。尾部的断面形状主要有方形、花键形和圆柱形三种，如图4－18所示。方形尾部四面镶有青铜滑板，它主要用于快速压下机构。花键尾部的承载能力大，多用于低速、重载的带钢轧机。带键槽的圆柱形尾部仅用于轻负荷的压下机构中。

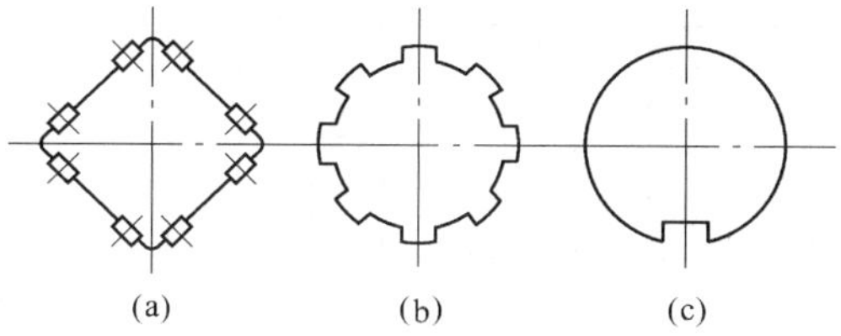

图4－18　压下螺丝的尾部断面形状

（a）方形；（b）花键形；（c）带键槽圆柱形

4.3.2　压下螺丝的尺寸参数和强度

压下螺丝的基本参数是螺纹部分的外径 d 和螺距 t，可按国家专业标准选取。

压下螺丝直径由最大轧制力决定。因压下螺丝的悬臂长度与直径之比值一般小于5，故可不计算纵向弯曲。压下螺丝的内径 d_1 按压应力强度计算，即

$$d_1 = \sqrt{\frac{4P}{\pi R_b}}$$

式中　P——作用在压下螺丝上的最大轧制力；

R_b——压下螺丝材料的许用应力。

一般压下螺丝材料为锻造碳钢，安全系数取为 $n = 6$，当 $\sigma_b = 600 \sim 700\text{MPa}$，$\delta_5 =$

16%时，许用应力为 R_b = 100 ~ 120MPa。当负荷很大时，可采用合金钢材料，如 37SiMn2MoV 等。为提高压下螺丝螺纹和端部的耐磨性，需要进行表面淬火（HRC = 45 ~ 60）并磨光。

由于压下螺丝和轧辊辊颈承受同样大小的轧制力，故两者的直径有一定的比例关系，即

$$d = (0.55 \sim 0.62)\ d_j$$

式中　d——压下螺丝外径；

d_j——辊颈直径（对四辊轧机则应是支撑辊辊颈直径）。

公式中较小的比例系数用于铸铁轧辊；较大的比例系数用于铸钢及锻钢轧辊。

压下螺丝的螺距 t，对开坯机和型钢轧机，一般取 $t = (0.12 \sim 0.16)\ d$；对钢板轧机为了精确调整，这一比值较小。四辊热带连轧机 $t = (0.025 \sim 0.050)\ d$，四辊冷轧机最小螺距取 $t = 0.017d$。

4.3.3　压下螺母

压下螺母是轧钢机上重量较大的易损零件（1150 初轧机和 4200 厚板轧机的压下螺母重量达 1.8t 和 4.1t），并用高强度青铜（ZQAl9 - 4，ZQSn8 - 12，ZQSn10 - 1）或黄铜（ZHAl66 - 6 - 3 - 2）铸成。因此，合理设计其结构，不仅能保证压下机构有效地工作，而且对节约稀有贵重的有色金属也有重要意义。

（1）压下螺母的几种结构形式（见图 4 - 19）整体螺母制造简单，工作可靠，但耗铜量较大，因此多用于中小型轧机。其中双级的虽较单级的省铜，但往往不能保证螺母的两个阶梯端面同时与机架接触，因此很少应用。

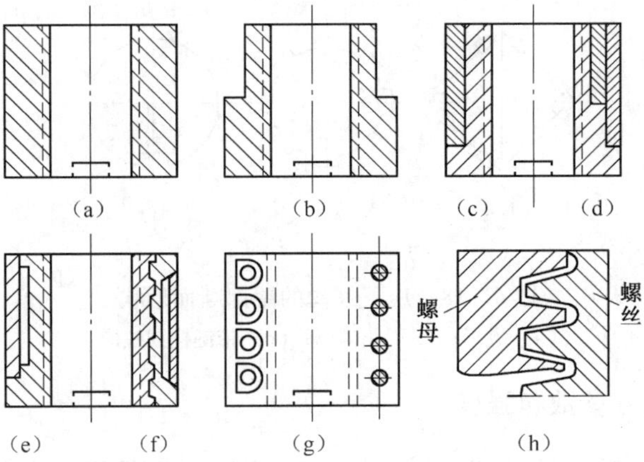

图 4 - 19　压下螺母的结构形式

(a) 单级的；(b) 双级的；(c) 单箍的；(d) 双箍的；(e) 带冷却套的；(f) 带铸青铜芯的钢螺母；(g) 两半拼合的；(h) 带青铜衬钢螺母

为了节约用铜，在初轧机、中厚板轧机等大型轧机上，已广泛使用组合式螺母。

加箍的螺母［见图 4 - 19（c）、（d）］比较经济，使用情况表明其工作性能良好，不亚于整体铜螺母。其箍圈用高强度铸铁制造，以 H7/m6 的过渡配合套在铜螺母的基体上以后，再进行端面和外径加工。当采用双箍时，在套第二个箍圈之前，必须先车削第一个

箍圈外径及相应的螺母外径。采用加箍螺母，必须保证箍圈的端面紧密地压在螺母的台阶上。高强度铸铁（例如 KTZ45－5）的弹性模数与青铜相似，能保证在受压时，箍圈与螺母本体均匀变形。高强度铸铁还有较好的塑性，装配时箍圈不易破裂，这一点灰口铸铁是无法保证的。箍圈不宜采用热装配，因为箍圈冷却后与螺母的台阶端面之间会产生间隙。如必须热装时，则冷却后应再一次将箍圈压实。

采用循环水冷却的加箍螺母［见图4－19（e）］使用情况表明，可有效地延长螺母使用寿命。

带青铜芯的铸钢螺母［见图4－19（f）］，是在一个内表面有环形槽和纵向槽的铸钢套内先浇铸一层青铜，然后再车削螺纹。螺母外层焊有冷却水套。这种螺母比较省铜，但铸铜层不太牢固，很少应用。

带青铜衬的钢螺母［见图4－19（h）］是上一种螺母的改进形式，其本体是钢制的，先车削成具有较薄螺纹的毛坯，然后再用电熔法涂上一层青铜衬，最后再精加工其螺纹。它可节省大量青铜，但须经常检查铜衬磨损情况，以防铜衬磨完后磨坏压下螺丝。这种螺母可用在螺母磨损量不大的热轧薄板轧机和冷轧机上。

此外，在浇铸条件受限制时，还可采用两半合成的螺母，如图4－19（g）所示。

（2）压下螺母的尺寸和安装。压下螺母的主要尺寸是它的外径 D 和高度 H。压下螺母的高度 H（代表着螺纹圈数的多少），根据螺纹接触面上的允许单位压力为15～20MPa来确定的，并且假定压力是均匀分布在全部螺纹上，因此，大约取 $H=(1.2\sim2.0)d$（d 为螺纹外径）。压下螺母的外径 D，根据其端面和机架接触面上的单位压力为60～80MPa来确定，一般取 $D=(1.5\sim1.8)d$。因压下螺母材料强度低于压下螺丝，故只验算螺母螺纹牙的弯曲和剪切强度。

压下螺母安装在机架横梁镗孔中，为了便于拆装，常采用 H8/f9 级的动配合。为了防止压下螺母从机架中脱落或转动，通常用压板将其固定，压板嵌在螺母和机架的凹槽中，用双头螺栓固定，如图4－20所示。压板槽的位置一般不应在机架横梁的中间断面上，因为那里弯矩最大，以免减弱机架强度。

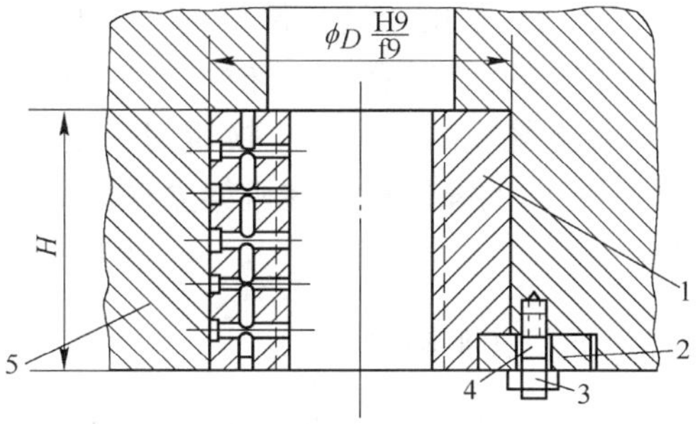

图4－20　压下螺母在机架横梁上的装配
1—压下螺母；2—压板；3—螺母；
4—双头螺栓；5—机架上横梁

压下螺母可用干油或稀油润滑。采用稀油润滑，循环油从开在靠近上端面的径向油孔送入螺纹，在螺母内沿轴向和径向还开有油孔，以便润滑油能流入每圈螺纹。初轧机的快速压下，如采用稀油润滑，螺母寿命可提高1.5～2倍。

4.4　平衡机构的作用及类型

4.4.1　平衡机构的作用

几乎所有的轧机（叠轧薄板轧机除外）都设置上轧辊平衡机构，使上辊轴承座紧贴在压下螺丝端部，并消除从轧辊辊颈到压下螺母之间所有的间隙（由于自重产生的压下螺丝螺纹间的上间隙、螺丝端部与球面垫间间隙、轧辊轴承处的上间隙），以免当轧件咬入轧辊时会产生冲击。平衡机构还兼有抬升上辊的作用，形成辊缝。

轧机的形式不同，对平衡机构的要求和采用的类型也不同。在三辊型钢轧机上，上辊的移动量很小，一次调整好后，在轧制过程中一般不再调整，因此多采用弹簧平衡。

初轧机、板坯轧机的平衡机构应适应上轧辊的大行程、快速频繁移动的特点，且要求工作可靠，换辊和维修方便。在这些轧机上，广泛使用重锤式或液压式平衡机构。

四辊板带轧机的上辊平衡有以下特点：

（1）由于工作辊和支撑辊的换辊周期不同，故工作辊和支撑辊应分别平衡；

（2）由于工作辊和支撑辊之间是靠摩擦传动，在四辊可逆轧机上，工作辊平衡机构应满足空载加、减速时工作辊和支撑辊之间不打滑的要求；

（3）工作辊换辊频繁，平衡机构的设计需使换辊方便；

（4）上辊的移动行程较小，移动的速度不高。

由于以上特点，四辊板带轧机主要采用液压平衡，仅在小型四辊轧机上采用弹簧平衡。

下面分别介绍这几种平衡机构。

4.4.2　重锤式平衡机构

重锤式平衡机构一般用在上辊移动量很大的初轧机上，它工作可靠、维修方便，其缺点是设备重量大，轧机的基础结构较复杂。平衡锤通常装在工作机座的下面，平衡力由杠杆和支杆传给上轧辊。

1150 初轧机的重锤平衡机构。上辊轴承座支在机架内的四根支杆上，这些支杆连接在机架下方的活动横梁上，横梁则吊挂在平衡锤的杠杆上。调整平衡锤在杠杆上的位置，即可调整上轧辊的平衡力。换辊时，上辊由压下螺丝压到最低位置（平衡锤处于最高位置），用专门的栓销横插在机架立柱内的纵向槽内，锁住支杆，即可解除平衡力对轧辊的作用。

4.4.3　弹簧式平衡机构

弹簧式平衡机构结构最简单，多用在三辊型钢轧机、线材轧机或其他简易轧机上。三辊型钢轧机的上辊平衡机构（见图 4－21）由四个弹簧和拉杆组成，弹簧 1 放在机架盖上面，上辊的下瓦座 7 通过拉杆 6 吊挂在平衡弹簧上。弹簧的平衡力应是被平衡重量的 1.2～1.4 倍，可通过拉杆上的螺母加以调节。当上辊压下时，弹簧压缩，上辊上升时则放松，因此，弹簧的平衡力是变化的，使用的弹簧愈长，平衡力愈稳定。

弹簧平衡只适用于上辊调整量不大于 50～100mm 的轧机。它的优点是简单可靠，缺点是换辊时要人工拆装弹簧，费力费时。

4.4.4　液压式平衡机构

液压式平衡装置是用液压缸的推力来平衡上辊重量的。液压式平衡装置结构简单紧凑，与其他平衡方式比较，易于操作，使用方便，能改变油缸压力，而且可以使上辊不受

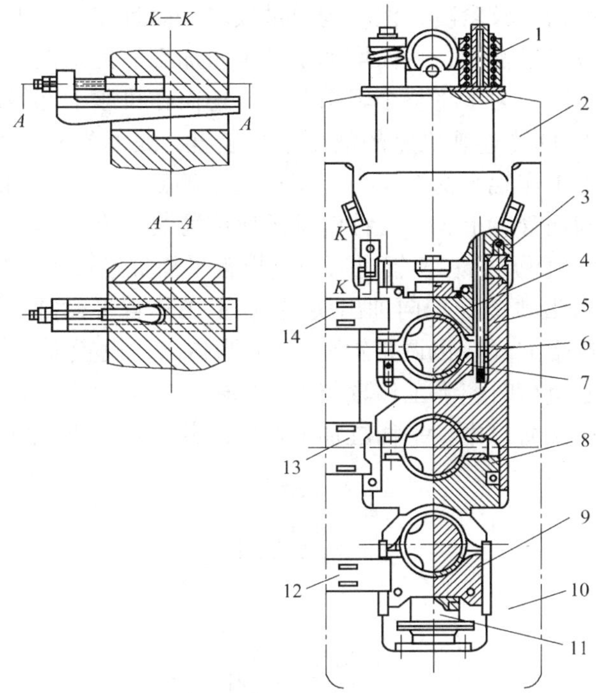

图 4-21　650 型钢轧机的弹簧平衡装置

1—上辊平衡弹簧；2—机架上盖；3—中辊轴承座调整装置；4—上辊上瓦座；5—中辊上瓦座；6—拉杆；7—上辊下瓦座；8—中辊下瓦座；9—下辊下瓦座；10—机架立柱；11—压上装置垫块；12，13，14—轧辊轴向调整压

压下螺丝的约束而上下移动，这些都有利于换辊操作。但它的投资较大（需要有一套液压系统并装设蓄势器），维修也较复杂。

液压平衡装置广泛用于四辊板带轧机。四辊轧机的液压平衡有八缸式和五缸式两种形式。

4.4.4.1　八缸式平衡装置

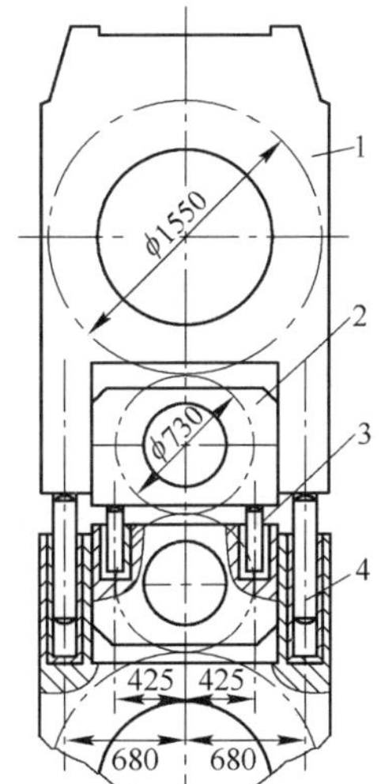

图 4-22　1700 热连轧精轧机座八缸式平衡装置

1—上支撑辊轴承座；2—上工作辊轴承座；3—下工作辊平衡缸；4—上支撑辊平衡缸

图 4-22 是国产 1700 热连轧精轧机座八缸式平衡装置简图。由图可见，四个安装在下工作辊轴承座中的液压缸 3 支撑着上工作辊轴承座，用以平衡上工作辊组和上支撑辊本体重量，液压缸柱塞直径为 $\phi140$。这四个液压缸还同时起工作辊弯辊缸的作用，用以调整辊型，为获得不同的弯辊力，液压缸的工作压力可在 5～21MPa 范围内调节，这样对每个轴承可产生 155～650kN 的作用力。支撑辊的平衡缸也是四个，其柱塞直径 $\phi160$，它只平衡支撑辊轴承座和压下螺丝的重量。平时，液压缸的工作压力为 12MPa，当换工作辊时，压力可增至 18MPa，此时，平衡缸除平衡支撑辊轴承座和压下螺丝重量外，还需平衡支撑辊本体重量。

八缸式平衡装置结构比较紧凑，但缸的数量较多，而且在每套下工作辊和下支撑辊轴承座部件中，都必须设置平衡缸，从而增加了轴承座加工的复杂性。此外，每次换辊都必须拆卸油管。换支撑辊时，为了将整个辊系抬起，还需在机座下部另外设置提升液压缸。

图 4 - 23 是某厂 1700 冷连轧机座的液压平衡装置，是八缸式平衡装置的又一例。为适应快速换辊需要，上工作辊平衡缸 4 与上支撑辊平衡缸 3 均设置在机架窗口的凸台上，换工作辊时不需要拆卸油管。上、下支撑辊轴承座内还装设有工作辊负弯辊缸 2，用以调整辊型。工作辊的换辊轨道 6，在换辊时可由支撑辊平衡缸经过上支撑辊轴承座提升（工作辊轴承座下的滚轮可沿轨道 6 轴向抽出换辊）。上工作辊平衡缸 4 和下工作辊压紧缸 5 同时也是工作辊的正弯辊缸（用以调整辊型）。应当指出，设置下工作辊压紧缸 5 是必需的，否则，在没有轧制负荷时，下工作辊与下支撑辊之间会由于压紧力太小（仅有重力）而产生打滑现象。在机架窗口中，平衡缸加上弯辊缸共设置了 20 个液压缸。

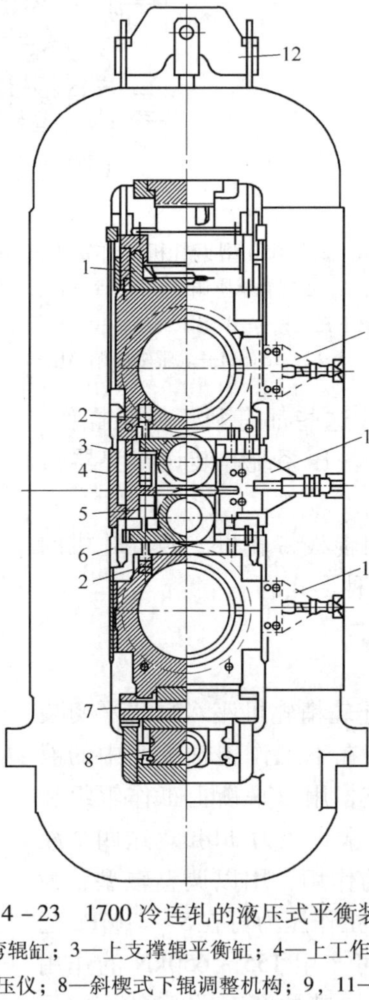

图 4 - 23　1700 冷连轧的液压式平衡装置

1—压下液压缸；2—工作辊负弯辊缸；3—上支撑辊平衡缸；4—上工作辊平衡缸；5—下工作辊压紧缸；6—工作辊换辊轨道；7—测压仪；8—斜楔式下辊调整机构；9，11—支撑辊轴向压板（传动侧）；10—工作辊轴向压板；12—压下液压缸平衡架

4.4.4.2　五缸式平衡装置

五缸式平衡装置与八缸式不同之处只是支撑辊的平衡方式不同，支撑辊的平衡缸只有

一个，设在机座的中间上部。工作辊平衡方式与支撑辊的平衡方式相同。

图4－24是国产1700热连轧粗轧机座的支撑辊平衡装置简图。下横梁3钩住上支撑辊轴承座上的凸耳，而下横梁的上端则通过连杆2挂在由平衡缸柱塞推动的上横梁1的铰链上。

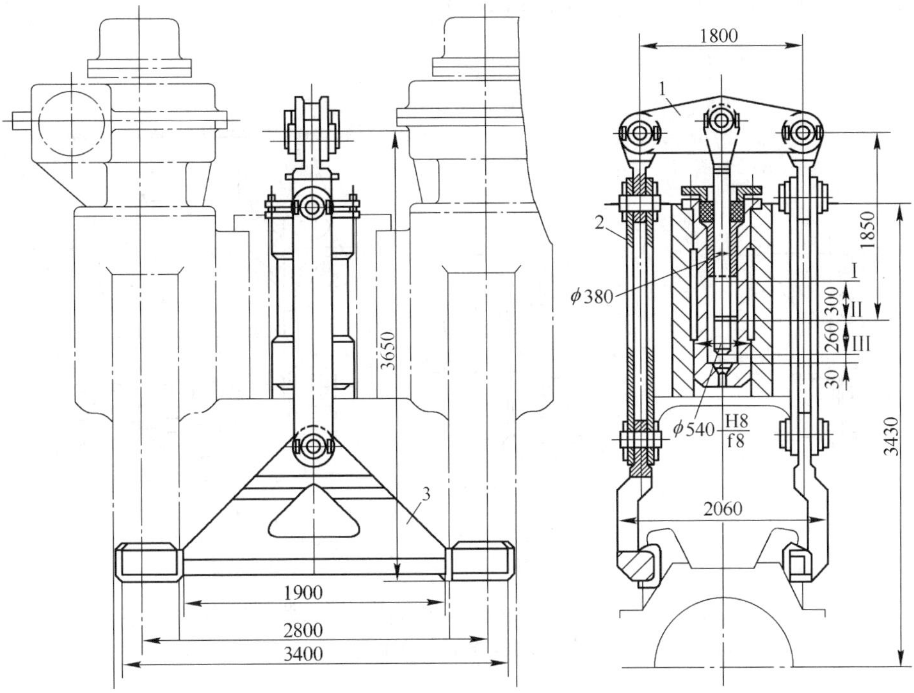

图4－24　国产1700热连轧粗轧机座的支撑辊平衡装置简图
1—上横梁；2—连杆；3—下横梁

五缸式平衡装置的优点是：

（1）缸的数量减少，简化了下支撑辊轴承座的加工；

（2）上支撑辊平衡缸放在机架顶部，工作条件较好；

（3）换支撑辊时不必拆卸油管；

（4）更换支撑辊时，增大液压缸工作压力，可将整组支撑辊系提起，有利于换辊操作。五缸式平衡装置多用在热轧钢板轧机上，它的缺点是吊挂部分较笨重。

4.5　轴向调整装置

4.5.1　轧辊的轴向调整

轧机上设置轧辊的轴向调整机构的作用是：

（1）在初轧机和型钢轧机中，要使两轧辊的轧槽对正。

（2）在有滑动衬瓦的轧机上，调整瓦座的轴向位置，以调整端瓦与辊身端面的间隙。

（3）轴向固定轧辊并承受轧辊的轴向力。

（4）在CVC和HC等板形控制轧机上，利用轧辊的轴向移动来调整轧辊的辊型，以控制带钢的板形。

在轧辊不经常升降的轧机上，常采用如图 4 - 25 所示的轴向调整机构。图 4 - 25（a）用穿过机架的螺栓直接调整轧辊的轴承座位置；图 4 - 25（b）为螺栓通过一个压板来调整。压板的形状为矩形或三角形。轧辊的轴向调整机构必须在轧辊两端成对地设置，如欲使一端的压板向内调整时，另一端的压板必须先松开，孔型对正以后，两端的压板都要压紧。

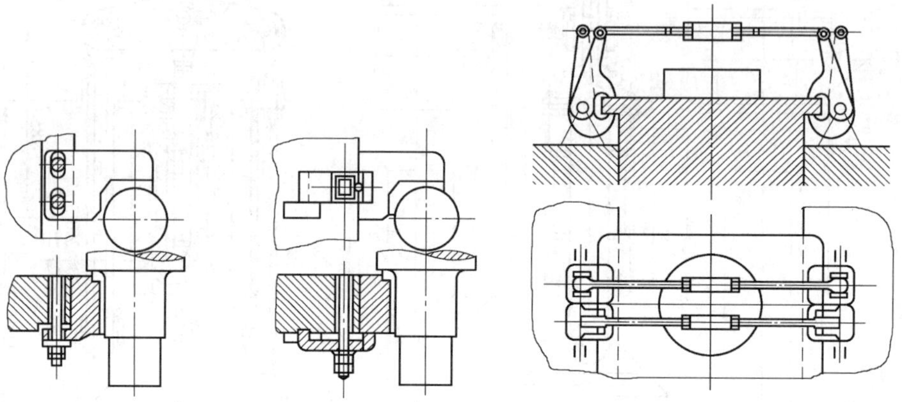

（a）　（b）　（c）

图 4 - 25　轧辊不经常升降的轧辊轴向调整机构

（a），（b）用螺栓来实现轧辊的轴向调整；（c）双螺杆系统

对滚动轴承来说，只需移动一个轴承座（一般是非传动侧的），即可进行轴向调整。因此多采用图 4 - 25（c）的双螺杆机构。杠杆铰链支座固定在机架上，拉杆上有正反螺纹，拉杆伸长或缩短时，轴承座向一侧或向另一侧移动。

用液压缸驱动的轴向调整机构应用于 HC 和 CVC 轧机，完成较大位移量，以实现轧辊凸度连续调整。

4.5.2　轧辊的轴向固定

对于各种类型的板带轧机，一般情况下是不需要轧辊轴向调整的，只需轴向固定就行了。对于开式轧辊轴承需要两侧固定，而使用滚动轴承和油膜轴承时，只能在一侧（通常在操作侧）进行固定，另一侧为自由端。

在连轧机上，为适应快速换辊的要求，多采用如图 4 - 26、图 4 - 27、图 4 - 28 所示的液压板将支撑辊和工作辊轴承座轴向固定在机架上。图 4 - 27 和图 4 - 28 所示为支撑辊和工作辊锁紧状态，而图 4 - 29 中 *A*—*A*、*C*—*C* 剖视图所示为换辊状态（非锁紧状态）。工作辊轴承座锁紧液压缸和支撑辊轴承座锁紧液压缸均为 ϕ100mm × ϕ56mm × 100mm 活塞液压缸，工作压力为 10MPa。为了适应工作辊和支撑辊从最大直径至最小直径时轴承座的上下移动，在带连接板的挡板 9 的连接板背面开有滑槽 10。图 4 - 29 主视图所示的右面为工作辊和支撑辊直径最大，且开口度为最大时带连接板的挡板 9 的位置；主视图左面为工作辊和支撑辊直径最小，且开口度为零时带连接板的挡板 9 的位置。

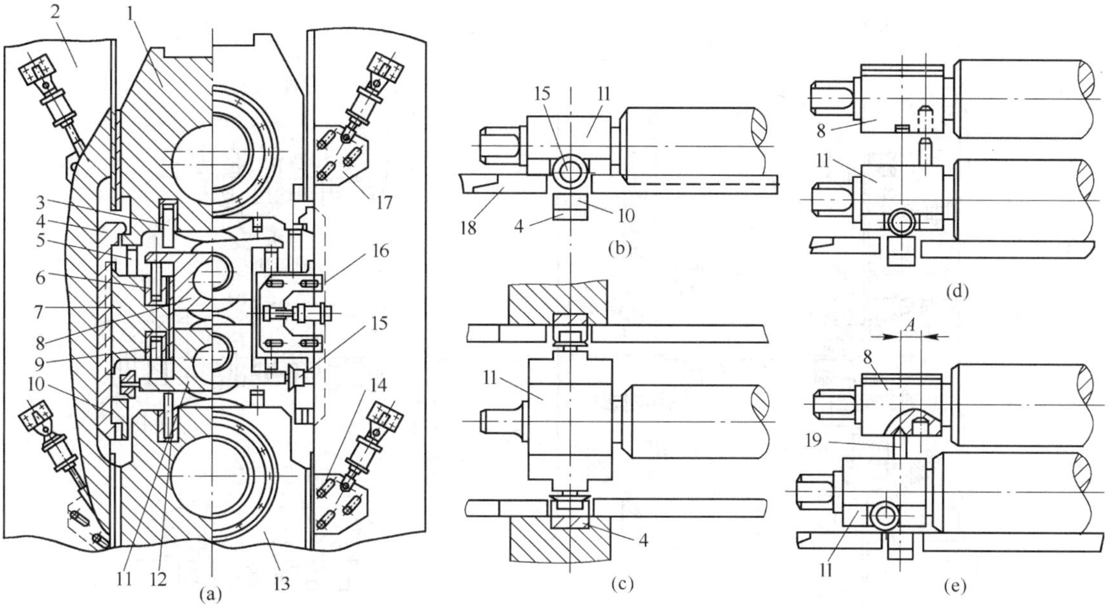

图 4－26　高速连轧机的轴承座结构与窗口配合简图

（a）机座的侧视图；（b）工作辊换辊前；（c）下工作辊轴承座上的车轮与轨道的相互位置；
（d）工作辊换辊前上、下工作辊轴承座的相互位置；（e）工作辊换辊过程中上、下工作辊轴承座的相互位置
1—上支撑辊轴承座；2—机架立柱；3，12—上、下工作辊负弯曲缸；4—钩形杆；5，6—上支撑辊和上工作辊平衡缸；
7—液压缸支座；8，11—上、下工作辊轴承座；9—下工作辊压紧缸；10—活动换辊轨道；13—下支撑辊轴承座；
14，17—下、上支撑辊轴向固定压板；15—装在下工作辊轴承座上的车轮；16—工作辊轴向固定压板；
18—换辊轨道；19—上、下工作辊轴承座定位销

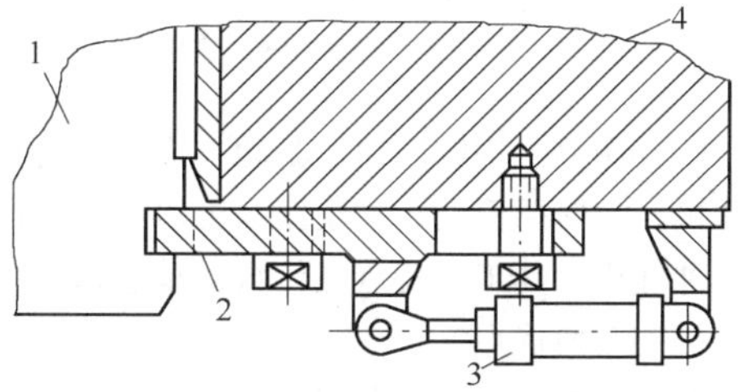

图 4－27　支撑辊轴承座轴向固定

1—支撑辊轴承座；2—挡板；3—液压缸；4—机架

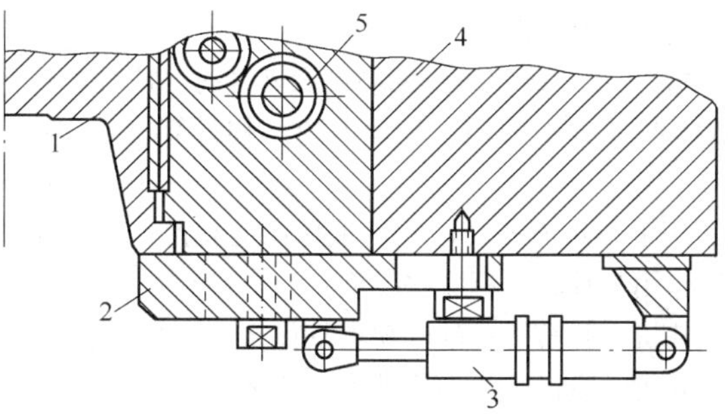

图 4－28　工作辊轴承座轴向固定

1—工作辊轴承座；2—挡板；3—液压缸；4—机架；5—平衡缸

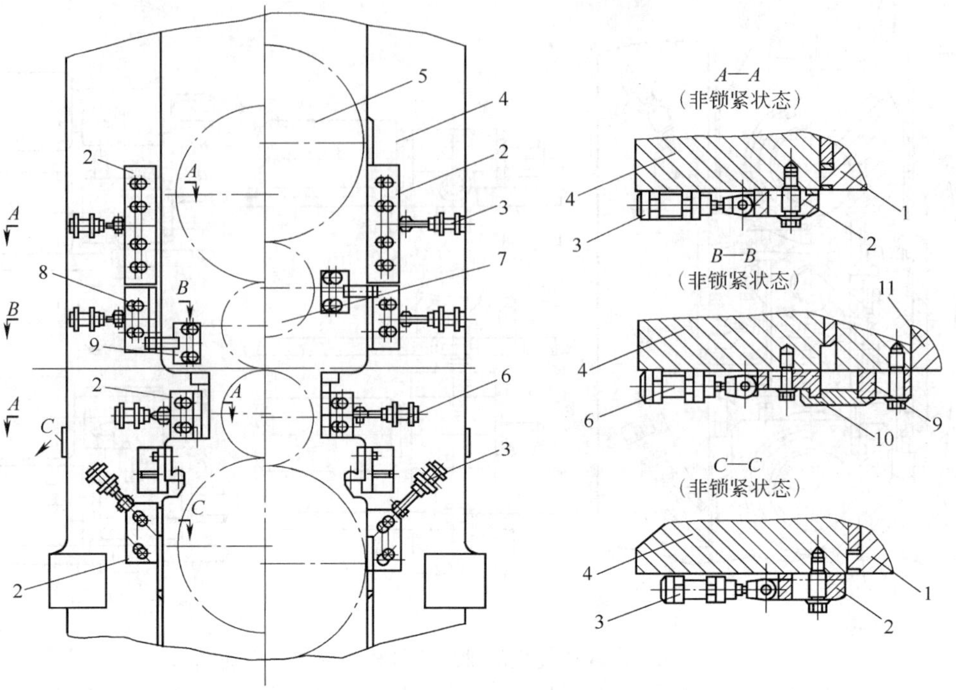

图 4－29　轧辊轴向固定装置

1—支撑辊轴承座；2—挡板；3—支撑辊轴承座锁紧液压缸；4—机架；5—支撑辊；6—工作辊轴承座锁紧液压缸；7—工作辊；8—滑板；9—带连接板的挡板；10—滑槽；11—工作辊轴承座

思　考　题

4－1　调整机构的作用是什么，轧辊调整机构按用途、驱动方式、工艺的分类有哪些类型？

4－2　手动压下机构用于什么轧机，为何用手动，常用什么机构？

4－3　电动快速压下机构用于何种轧机，其工艺特点是什么，对电动快速压下机构的要求是什么？

4－4　立式电机传动的快速压下机构有何优点？

4－5　采用卧式电机传动的快速压下机构的优点，各组成部分的作用（要读懂传动图），为什么能调整一侧压下，采用差动机构的优缺点是什么，如何排除压下螺丝的阻塞事故？

4－6　压下螺丝三部分的形状，其作用是什么，螺纹的常用牙形是哪种，螺纹工作面斜度约为多少，压下螺丝工作时螺纹间隙在上面或在下面？

4－7　螺母的结构、材料与固定方法，确定螺母的高度及外径时，应计算什么负荷、什么应力？

4－8　电动压下螺丝需克服哪两部分阻力矩，传动力矩怎样计算，作用在压下螺丝上的压力 P_1 怎样确定？

4－9　1700mm 冷连轧的液压压下和热连轧（F7）的液压压上装置，各有哪些部分组成，怎样工作？

4－10　上辊平衡机构的具体作用是什么，有哪些类型？

4－11　弹簧平衡适用于什么轧机，弹簧平衡的优缺点是什么？

4－12　重锤平衡适用于什么轧机，重锤平衡的优缺点是什么？

4－13　液压平衡一般用于什么轧机，其优缺点是什么，四辊轧机的五缸式和八缸式平衡装置各在何处安装了液压缸，各缸起何作用，四辊轧机共用了多少液压缸？

5 轧钢机机架

5.1 机架的作用、类型及特点

机架是用来安装轧辊、轧辊轴承、轧辊调整装置和导卫装置等工作机座中的全部零部件，并承受全部轧制力的轧机部件。因此，机架是轧钢机中最重要的部件之一，对其强度和刚度都有较高的要求。

根据轧钢机的形式和生产工艺的工作要求，一般轧钢机机架分为闭口式和开口式两种。

闭口式机架的牌坊，为一整体的框架，如图 5－1（a）所示。其特点是有较好的强度和刚度，常用于轧制压力较大或对轧件尺寸要求严格的轧钢机上，如初轧机、开坯机、钢板轧机、钢管轧机和冷轧机等，有时也用于型钢轧机。

开口式机架的上盖（上横梁）是可拆装的，如图 5－1（b）所示。其强度与刚度较闭口机架差，而且加工面多，造价高。但其突出优点是换辊方便，故仅用于经常换辊的横列式型钢轧机上。特别是大中型横列式型钢轧机，几乎全部采用开口式机架。

开口式机架上盖（上横梁）与立柱的连接方式有多种，常用的有：

（1）螺栓连接，即机架上盖（上横梁）用两个螺栓与机架立柱连接。这种连接方式结构简单，但因螺栓较长，变形较大，所以机架刚度较低。此外，换辊拆装螺母较费时间。

（2）套环连接如图 5－2（a）所示，这种连接取消了立柱与上盖上的垂直销孔。套环下端用横销铰接在立柱上，套环上端用斜楔把上盖和立柱连接起来。这种结构换辊较为方便。由于套环的断面可大于螺栓或圆柱销，轧机刚性有所改善。

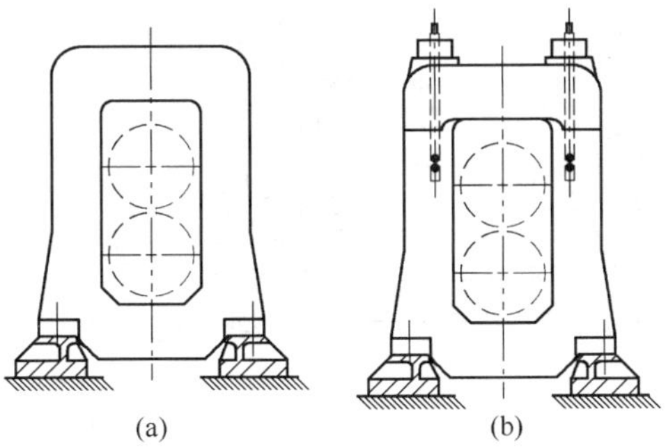

图 5－1　轧钢机机架

（a）闭口式机架；（b）开口式机架

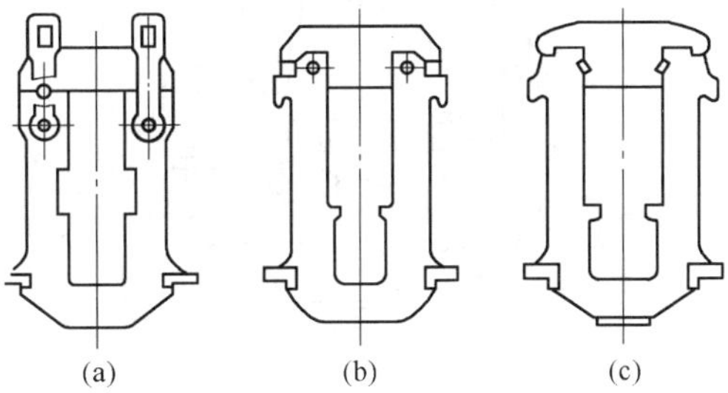

图 5－2　常用开口机架的连接方式

（a）套环连接；（b）圆销连接；（c）斜楔连接

（3）圆销连接如图 5－2（b）所示，这种连接是将上盖与立柱用圆销连接后，再用斜楔楔紧。其优点是结构简单，连接件变形较小。但是，在楔紧力和冲击力作用下，当圆销沿剪切断面发生变形后，拆装较为困难，使换辊时间延长。

（4）斜楔连接如图5－2（c）所示，上盖与立柱由斜楔连接，换辊方便，有较高的刚度，故称为半闭口机架。这种机架使用效果较好，得到了广泛的应用。

除上述机架以外，现代轧机还有预应力机架和无牌坊机架等。这几种机架一般都应用在小型棒线材轧机上。

5.2　机架的结构

5.2.1　闭式机架结构

图5－3为国产1150初轧机机架结构形式图。它有两个各重约80t的单片机架（牌坊）4组成，用四根M215的拉紧螺栓1和铸钢撑管2将这两片牌坊4连接在一起。机架的材料为ZG35。整个机架通过八个M175的螺栓7固定在铸钢轨座8上，轨座8的两端支撑在上辊平衡装置的支座10上，两轨座的中间部分则直接放在地基上，并用12个M130的螺栓固定。轨座在平衡支座上的位置可用斜楔11进行调整。在整个机架窗口高度上都镶有40Cr合金钢耐磨滑板3和6（下轴承虽不经常上下移动，但在可逆轧制中存在较大的水平冲击力。并且在配合间隙内，轴承要反复摆动，这样，对立柱仍有相对运动，故机架窗口的下部在安放轴承座处，也镶有耐磨滑板6），保护立柱内表面。在有的初轧机上，由于下辊轴承座处没有镶耐磨滑板，立柱有较严重的磨损。这一轧机的机架立柱断面为矩形，对于滑板的固定来说，不如工字形断面方便。在机架上装有下辊轴承座的轴向固定压板12。

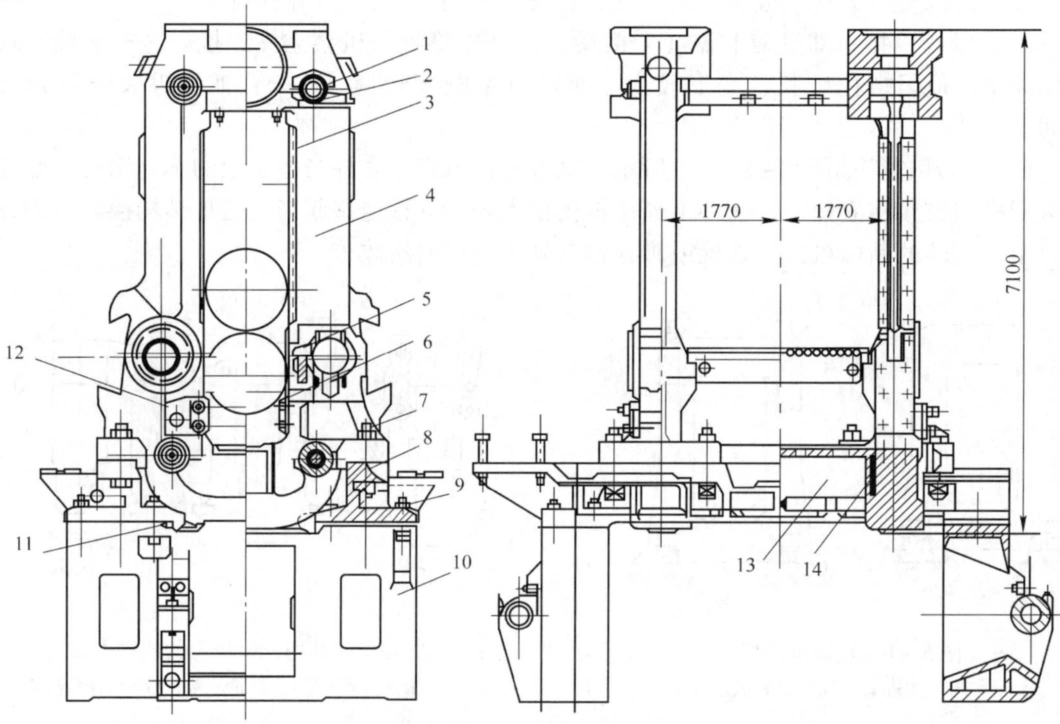

图5－3　1150初轧机机架结构形式图

1—拉紧螺栓；2—撑管；3，6—耐磨滑板；4—牌坊；5—导板梁；7—螺栓；8—轨座；9—地脚螺栓；10—支座；11—斜楔；12—固定压板；13—连接梁；14—定位键为了换辊需要，在机架下部两片牌坊之间，设有铸钢的连接梁13，其上有钢滑板，连接梁两端水平地放置在机架下横梁的凸台上，并用键14定位。在换辊时，连接梁作为传动端的下辊轴承座的滑轨；为了防止从轧辊出来的轧件对第一个机架辊的冲击，在机架内侧下轧辊的前后（机架前后）设有导板梁5。

5.2.2 开式机架结构

目前，应用较多的开式机架是斜楔连接的开式机架。图5－4为650型钢轧机斜楔连接的开式机架结构图。

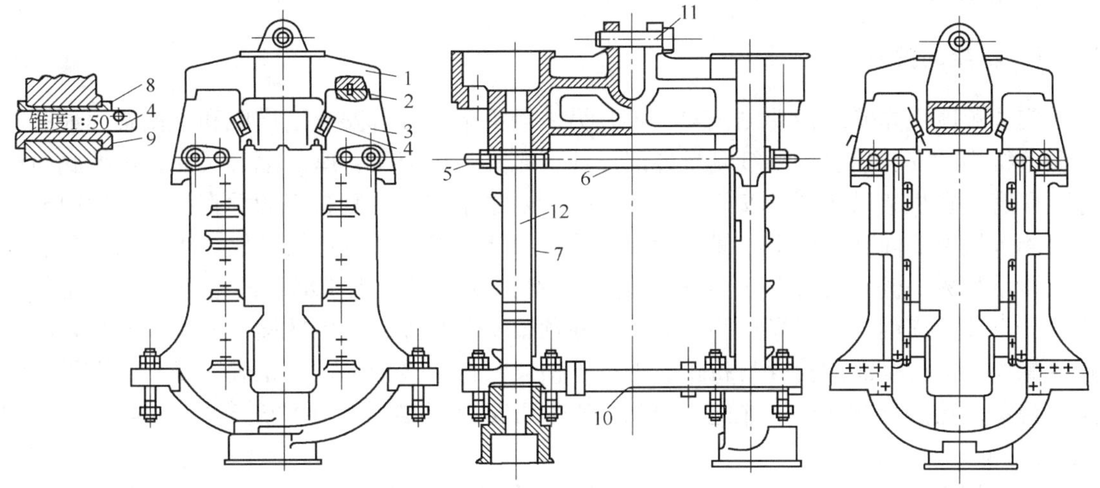

图5－4 650型钢轧机的机架

1—机架上盖；2—定位销钉；3—U形架；4—斜楔；5—拉紧螺栓；6—铸造横梁；7—耐磨滑板；8—上鞍形垫板；9—下鞍形垫板；10—中间梁；11—销轴；12—牌坊

机架由两个U形架3、牌坊12和一个上盖1组成。上盖与U形架之间用斜度为1:50的斜楔4连接。为了简化机架楔孔的加工和防止斜楔磨损机架，楔孔做成不带斜度的长方孔，其上下两个承压面带有鞍形垫板8和9，下鞍形垫板9也带有1:50的斜度。上盖与U形架立柱用销钉2轴向定位。上盖中部实际上也是冷却轧辊的水箱，箱体下部有小型喷水小孔，上盖下部开有燕尾槽，以便安装调整H形瓦架的斜楔。在U形架立柱上有支撑中辊下轴承座的凸台。为了加强H瓦架的强度，往往要增加H形瓦架的腿厚，而又要不使U形架窗口尺寸过于增大，就取消了该处机架立柱上的耐磨滑板。这对保护机架立柱免于磨损不太有利。与下辊轴承座接触的机架立柱上镶有耐磨滑板7。机架材料为ZG35，要求其机械性能为：$\sigma_b \geqslant 490\text{MPa}$，$\sigma_s \geqslant 274.4\text{MPa}$，$\delta \geqslant 16\%$。

为了增加机架的稳定性，除了上盖与U形架之间需要连接外，两片U形架下部和上部也要牢固地连接。U形架下部通过中间梁10用螺栓连接，其上部通过两根铸造横梁6和拉紧螺栓5连接。当机架按技术要求装在地脚板上，两片U形架位置彼此找正后，将拉紧螺栓5加热，同时装好横梁6，再紧固拉紧螺栓5两端的螺母。为了换辊方便，上盖是整体铸造的。上盖上的销轴11是按可以吊起整个工作机座来设计的。

整个机架用八个M72的螺栓固定在地脚板（轨座）上，如图5－5所示。

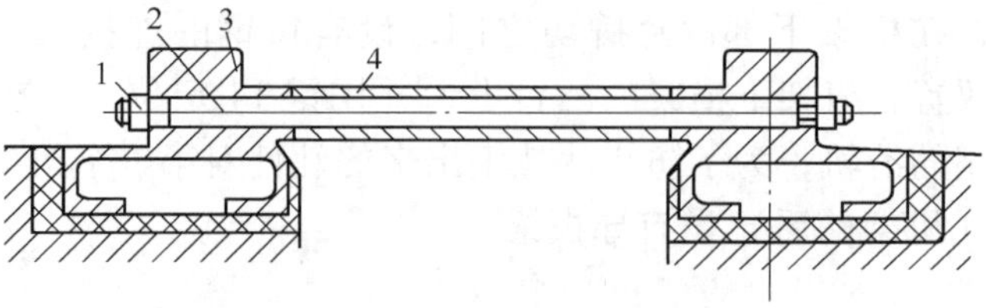

图 5－5　地脚板

1—螺帽；2—拉杆；3—地脚板；4—支撑管

5.3　机架的维护

5.3.1　机架的安装

安装顺序：先安装传动侧机架，再装另一侧机架，接着安装下横梁和上横梁，最后安装调整机构。安装前要按图纸测量各部尺寸，尤其是机架与轨座的配合尺寸，机架底面最好要研磨。在机架吊放到已安好的轨座上时，要靠紧在出口侧轨座的垂直面上。用内径千分尺测量机架侧面到轧机中心线的距离，找正机架，然后预紧连接螺栓。当传动侧预装好后，再吊装另一侧（操作侧）机架，将其放置比规定尺寸大 10mm 的地方，之后先装下横梁，再装上横梁，推紧操作侧机架，消除预留安装间隙，锁紧螺栓并紧固机架与轨座的连接螺栓，进行全面的检查与找正。上、下横梁与机架接触部位要正确、紧密，不得产生歪斜现象，接触面要研磨。在整个机架都达到安装标准后，还要进行一次紧固各部的螺栓。

在连轧机组（串列式轧机）时，应以中间轧机为基准，按技术文件的规定标定出其标高、中心线和轧机的水平度、垂直度，并以此为准，定出前后轧机的位置。

在横列式轧机安装时，应以邻近主传动的第一架轧机为基准。

5.3.2　机架的检修

机架耐磨滑板被磨薄、磨偏或断裂时需要更换；机架窗口、安装机架辊的燕尾槽等部位磨损严重时也需要修理。

5.3.2.1　滑板更换

为了防止机架立柱磨损，与轧辊轴承座接触的立柱内表面应镶上耐磨滑板（见图 5－6 件号 2）。立柱断面在轧辊轴线方向的长度应稍小于轧辊轴承座长度，使立柱边缘部分不影响轧件的轧制。图 5－6 为工字形断面立柱机架滑板的固定方式。工字形断面固定滑板较方便，它可通过工字形翼缘的通孔，用埋头螺栓来固定滑板。如果采用矩形断面，机架滑板用埋头螺钉固定，长时间使用后螺钉容易松动，甚至脱扣，有时需要在机架立沿上重新改丝。此外，更换滑板也不方便。

更换滑板时，在拆除旧滑板后，先研平窗口面凸起处，滑板与机架接触面积不小于 70%，然后在机架压下螺母镗孔处挂中心线，测出机架窗口面到中心线的距离，按图纸要求确定滑板的厚度。滑板固定螺栓一定要拧紧，必要时用千斤顶顶紧两侧滑板后再紧固螺栓。

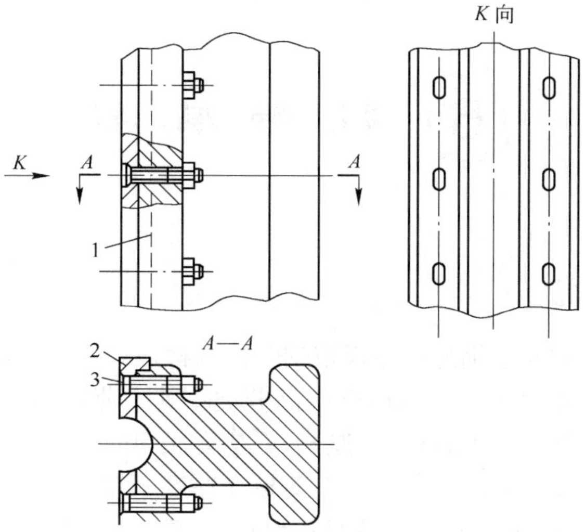

图 5-6 工字形断面立柱机架滑板的固定方式
1—工字形断面立柱；2—耐磨滑板；3—螺栓

5.3.2.2 机架窗口、机架辊燕尾槽等部位修理

尽管机架窗口镶嵌有滑板，但其表面也会产生磨损与变形。修复的方法是用机床铣平磨损部分（或经补焊后），增加滑板厚度，保持窗口滑板间原来尺寸不变。机架是拆卸后送机修厂上床子加工，还是不拆卸用专门工具，在现场就地加工，应视窗口缺陷、拆卸难易程度、检修工期而定。机架窗口下横梁上表面、机架辊燕尾槽等部位修理，也是采用将磨损部位先补焊，然后再机加工的方法。这里对焊接的水平要求很高。

思 考 题

5-1 机架的作用和类型是什么，其特点是什么？

5-2 机架的主要尺寸是怎样确定的？

6 板带轧机

6.1 板带轧机的概况

一般将单张钢板和成卷带钢统称为板带钢。板带材是一种厚度与宽度、长度比相差较大的扁平断面钢材，也称扁平材。新标准产品分类：其中薄板的厚板界限为3mm，窄带钢与宽带钢的宽度界限为600mm。特厚板（厚度≥50mm）；厚板（20mm≤厚度<50mm）；中板（3mm≤厚度<20mm）；热轧薄板（厚度<3mm，单张）；冷轧薄板（厚度<3mm，单张）；中厚宽钢带（3mm≤厚度<20mm，宽度≥600mm）；热轧薄宽钢带（厚度<3mm，宽度≥600mm）；冷轧薄宽钢带（厚度<3mm，宽度≥600mm）；热轧窄钢带（宽度<600mm）；冷轧窄钢带（宽度<600mm）；镀层板（带）；涂层板（带）、电工钢板（带）。由于板带材有单位体积的表面积大、易成形加工等特点，被称为“万能钢材”，故广泛用于轮船舰艇、航空、航天器、锅炉、压力容器、汽车、火车、起重机、金属制品、金属结构、屋面板、各种管线等。

我国2007年各种板材产量（万吨/年）：特厚板431；厚板1772；中板3037；热轧薄板900；冷轧薄板1564；中厚宽钢带6300；热轧薄宽钢带1453；冷轧宽钢带1740；热轧窄钢带3938；冷轧窄钢带638；镀层板（带）1755；涂层板（带）317；电工钢板（带）416。合计24250。占钢材总产量的43%。

要求板带产品具有尺寸精准、板形良好、表面光洁、性能较高。但由于板带的断面特点，在轧制过程中产生极大的轧制力，轧件与轧机同时变形。要满足上述产品要求，就必须发展轧件的变形控制轧机的变形。

发展轧件的变形主要有两个途径：

（1）降低轧件的变形抗力，如加热轧件、退火轧件等。

（2）改变轧件轧制时的应力状态，如减少摩擦力、增加张力，采用小直径轧辊、异步轧制等。

控制轧机的变形主要有两个途径：

（1）提高轧机刚度，如增加机架的断面尺寸、缩小轧机应力线长度等。

（2）板形控制、厚度和宽度自动控制，板形控制主要是通过变更轧辊的凸度来控制，基本有三种：一是横移工作辊，如HC轧机、CVC轧机；二是调整工作辊间交叉角度来形成不同凸度辊缝，如PC轧机；三是在支撑中间设置液压油腔，在其中注入高压油从而调整支撑凸度的VC轧辊。以提高产品强度、韧性、焊接性能为目标的控制轧制、控制冷却技术得以广泛应用。

自18世纪初西欧出现了二辊周期式薄板轧机，1850年美国建成了用蒸汽机驱动的二辊可逆式厚板轧机（辊身长2m），1864年美国首创三辊劳特式轧机，1870年四辊轧机，1891年四辊可逆厚板轧机，1907年带立辊机架的万能轧机诞生，1925～1930年、1932年又先后出现了 W. 罗恩（Rohn）多辊轧机、T. 森吉米尔（Sendzimir）多辊轧机，20 世纪 40 年代以后人们又开始了行星轧机的试验研究，1923 年美国阿什兰工厂首先实现了薄板热连续轧制，1926 年美国首次建成带钢冷轧机，至今板带轧机已发展了 200 多年。

板带轧机自 18 世纪初正式诞生至今，已有 210 年的发展历史。由于板带钢是应用最广泛的钢材，所以提高板带钢在钢材生产中的比重是世界各国发展的普遍趋势。

板与带的区别主要是，成张的为板，成卷的为带。

板带钢按生产方法可分为热轧板带和冷轧板带；按用途可分为锅炉板、桥梁板、造船板、汽车板、镀锡板、电工钢板等；按产品厚度一般可分为：特厚板、厚板、中板、薄板和极薄带五大类。我国将厚度大于 60mm 的钢板称为特厚板，厚度大于 20～60mm 的钢板称为厚板，厚度为 4.5～20mm 的钢板称为中板，厚度为 0.2～4mm 的钢板称为薄板，厚度小于 0.2mm 钢板称为极薄带，也叫箔材。

热轧薄板有两种生产方式，一为单张生产，一为成卷生产。单张热轧薄板主要是在单辊驱动的二辊不可逆式轧机上用叠轧的方法进行生产，国内 1200 叠轧薄板机属于这一类，其成品厚度为 0.2～3.7mm。这类轧机工艺简单，设备少，故投资少，建厂快。但其劳动强度大，生产率低，金属消耗大，板材表面质量不高，目前处于淘汰地位。

6.2　板带轧机在国内的发展

热轧板带钢生产通常分为热轧厚板带钢生产和热轧薄板带钢生产。一般热轧厚板带钢生产的产品是定尺长度的单张钢板，而热轧薄板带钢生产的产品既有板又有卷。因此，把热轧厚板带钢生产称为热轧中厚板生产。钢板可以直接轧制，也可以由轧制的带钢剪切而成。

1918 年美国、1940 年德国、1941 年日本先后建成了 5230、5000、5280，超过 5m 宽的厚板四辊轧机。我国于 1936 年在鞍钢建成第一套 2300 中板轧机（三辊劳特式）。新中国于 1958 年和 1966 年先后建成了鞍钢 2800/1700 半连续钢板轧机和武钢 2800 中厚板轧机、太钢 2300/1700 炉卷轧机。1978 年建成了舞钢 4200 宽厚板轧机，宝钢 5000 宽厚板轧机于 2005 年建成投产。

就我国中厚板轧机现状而言，目前可以分为三类，A 类：4.3m 和 5m 的主轧机，轧制压力大，在 8000～10000t；B 类：以 3.5m 为代表的中等水平主轧机，轧制压力居中偏高，在 5000～7000t；C 类：2.3～2.8m 老旧主轧机，主要是一些老企业和部分新兴的民营企业，以生产传统的中低档产品为主。

根据统计预测，未来几年我国中厚板轧机的分布产能将达到：5000 轧机 4 套，产能 740 万吨/年；4000～4900 轧机 7 套，产能 993 万吨/年；3500～3800 轧机 19 套，产能 2025 万吨/年；2800～3000 轧机 13 套，产能 1239 万吨/年；2300 轧机 16 套，产能 769 万吨/年。共 59 套，产能 5766 万吨/年。

6.3　热轧中厚板轧机

6.3.1　热轧中厚板生产工艺流程

热轧中厚板生产工艺流程，如图 6－1 所示，一般包括坯料准备、加热、轧制和精整。

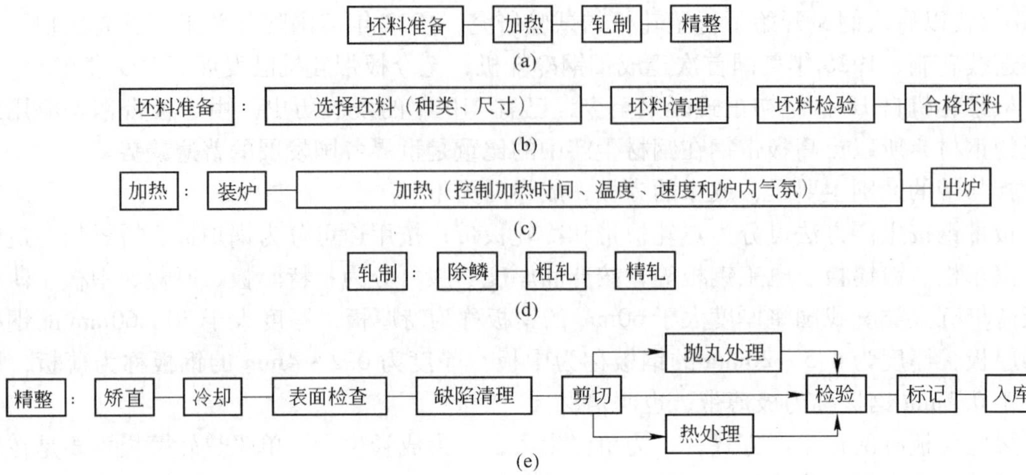

图 6－1　热轧中厚板生产工艺流程图

（a）热轧中厚板的生产工艺流程；（b）坯料准备工艺流程；（c）加热工艺流程；（d）轧制工艺流程；（e）精整工艺流程

热轧中厚板坯料有扁钢锭、初轧板坯、连铸板坯和锻坯。优选连铸板坯，特殊情况用锻坯、扁钢锭、初轧板坯。

坯料尺寸（长、宽、厚度）对轧机的生产率、坯料的成材率和钢板的力学性能有直接影响。坯料尺寸选择原则是厚度在保证压缩比的前提下，应尽可能小，宽度应尽可能大，长度应尽可能接近坯料的最大允许长度。

坯料在加热前，要对其表面缺陷进行清理，如坯料热状态下的火焰清理、冷状态下的火焰清理、机械加工清理、风铲铲削、电弧清理和砂轮研磨等。

6.3.1.1　加热

加热坯料的目的是提高轧件塑性、降低轧件变形抗力。此外，加热高合金钢可以使钢中化学成分得到均匀扩散。加热温度一般在 1150～1300℃，视钢种不同、控制轧制要求不同而异。合理的加热工艺制度能保证轧机效率，钢不过热、过烧、脱碳，防止轧低温钢造成材料缺陷和断辊事故等。

热轧中厚板生产所使用的加热炉有连续炉、室式炉和均热炉。

6.3.1.2　轧制

轧制是钢板成形阶段，分除鳞、粗轧、精轧三个阶段。粗轧、精轧划分并没有明显界限，一般把双机架轧机的第一架称为粗轧机，第二架称为精轧机。一般将单机架轧机前期道次称为粗轧、后期道次称为精轧。

（1）除鳞是利用某种方法将坯料在加热时生成的鳞，即氧化铁皮除掉，以免压入钢板表面形成表面缺陷。除鳞方法很多如表 6－1 所示，目前使用最多的方法是高压水除鳞箱。

表 6-1 几种除鳞方法

序号	除鳞方法	优缺点
1	往钢板表面投掷箬条、竹枝、食盐等以爆破清除铁皮	简单有效、但不易除净，劳动条件差，环境脏
2	采用机械破碎机（如齿式辊压机、钢丝刷等）及压缩空气或蒸汽吹扫	对碳钢有效，但不易除净
3	粗轧机轧辊上刻槽穴（约 1～5mm 深），借凹穴中的水产生高压蒸汽以破除铁皮	有效，但只能用于双机架之粗轧机，且使轧机负荷增加，轧辊加工难
4	采用一台二辊式机架加高压水除鳞	投资大，效果不显著，现在很少用
5	采用一台大立辊机架轧边并用高压水除鳞	可调板坯宽度及加工侧边，对钢锭原料适用，但投资大
6	只用高压水除鳞箱（水压对普碳钢 >12MPa，合金钢 >17.5MPa）轧机前后设高压水喷头以破除铁皮	投资小，效果好，完全满足除鳞要求，新建轧机现广泛采用

（2）粗轧是将除鳞后的坯料展宽到所需要的宽度，同时进行大压缩延伸。粗轧有四种常用方法，全纵轧法、全横轧法、横轧－纵轧法和角轧－纵轧法。

全纵轧法是指钢板延伸方向与坯料纵轴方向相一致的轧制方法。

全横轧法是指钢板延伸方向与坯料纵轴方向相垂直的轧制方法。此法与初轧开坯相结合，可改善钢板的各向异性。

横轧－纵轧法是指三步轧制，先纵轧 1～2 道次，即成形轧制，然后转 90°进行横轧宽展，即宽展轧制，第三步再转 90°进行纵轧，即延伸轧制。此法优点是坯料宽度不受钢板宽度的限制。

角轧－纵轧法（见图 6-2）是指将坯料纵轴与轧辊轴线方向成一定角度送入轧辊的轧制方法。送入角在 15°～45°范围内。每一对角线轧制 1～2 道次后即更换到另一对角线轧制。每轧一道次，轧件得到一定延伸、宽展，且变成平行四边形。当更换到另一对角线轧制时，轧件又得到了一定延伸、宽展，且又从平行四边形回到矩形。此法只用在用钢锭作坯料的三辊劳特式轧机上。

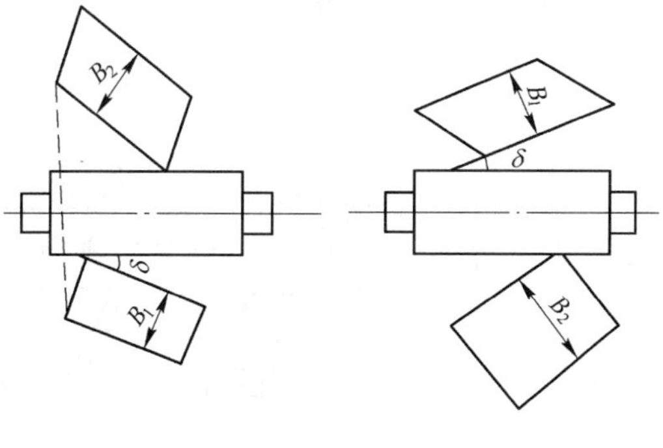

图 6-2 角轧－纵轧法

（3）精轧除将粗轧后的轧件继续延伸外，主要是控制质量，包括厚度、板形、表面质量、性能等的控制。由于在传统轧制时，轧件前后端产生宽展，轧制后钢板不会成为矩形。为此，人们成功研制了许多精轧法，如 MAS 轧制法如图 6-3 所示；狗骨轧制法（DBR）如图 6-4 所示，图中 DB 量是指轧件前后端加厚部分的长度和少压下量；咬边返回轧制法如图 6－5 所示；差厚展宽轧制法（见图6－6）和立辊法（见图6－7）等，较有效地解决了这个问题。这些方法共同特征是采用横轧－纵轧法，横轧前一道的纵轧使轧件纵向厚度不等，或纵轧前一道的横轧使轧件横向厚度不等，如 MAS 轧制法：调整轧件断面形状的原理见图 6－3，为控制轧件侧面形状，在最后一道延伸时用水平辊对展宽面施以可变压缩。若侧面形状凸出，则轧件中间部分的压缩大于两端，如图 6－3 中情况；若侧面形状凹入，则轧件中间部分的压缩应小于两端。将这种不等厚的轧件旋转 90°后轧制，即可得到侧面平整的轧件，称整形 MAS 法。同理，若在横轧最后一道次上对延伸面施以可变压缩，将这种不等厚的轧件旋转 90°后轧制，即可控制前、后端切头，称宽展 MAS 法。

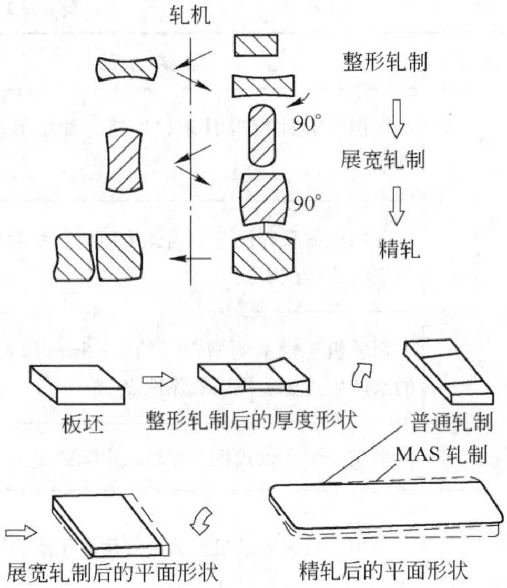

图 6－3　整形 MAS 轧制法

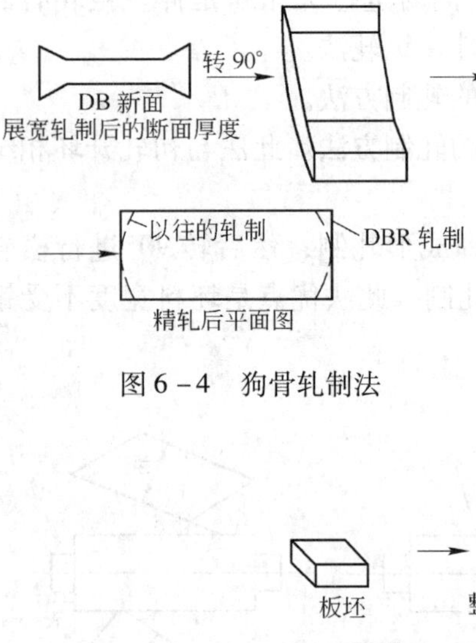

图 6－4　狗骨轧制法

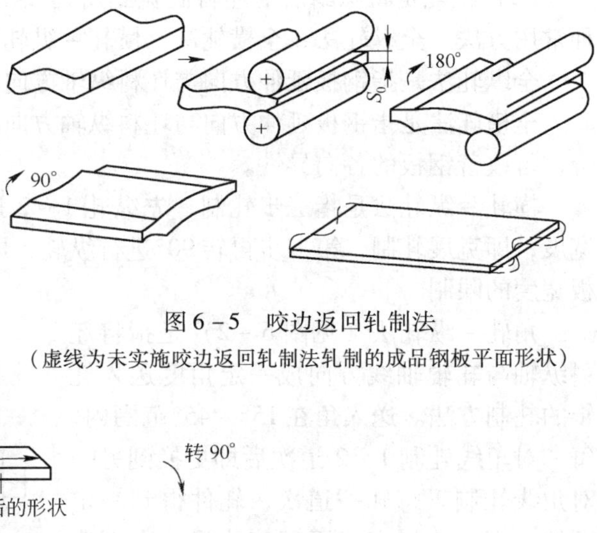

图 6－5　咬边返回轧制法
（虚线为未实施咬边返回轧制法轧制的成品钢板平面形状）

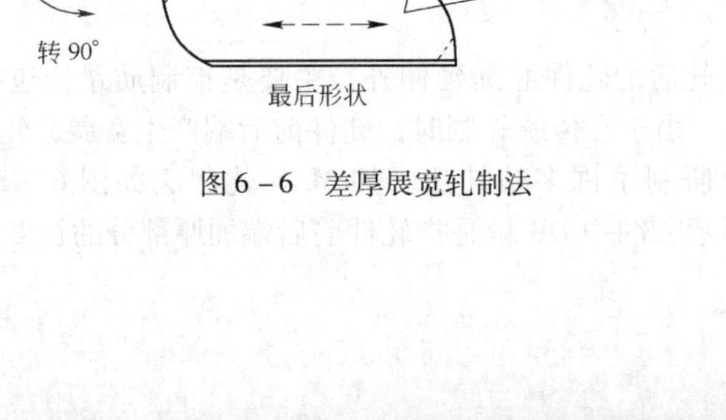

图 6－6　差厚展宽轧制法

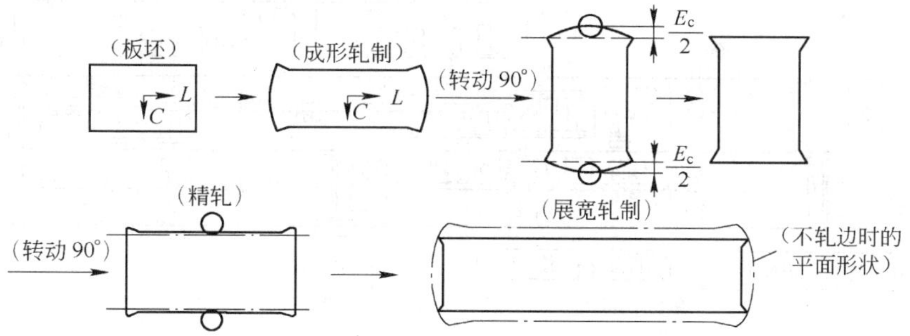

图 6-7 立辊法

6.3.1.3 精整

精整工艺随钢种不同而异，可大体分两类：一类是碳素钢、低合金钢精整工艺，通常有轧后冷却、矫直、翻钢（下表面检查）、画线、剪切、修磨、标识、分类、堆垛等工艺；另一类是中、高合金钢精整工艺，除上述工艺外还有热处理、酸洗、碱洗、探伤等工序。

冷却方式有自然冷却、强化冷却、缓慢冷却等多种方式。

矫直有热矫直和冷矫直。一般热矫直在轧后、冷却前在线进行，冷矫直在冷却或热处理后离线进行。中厚板矫直使用辊式矫直机和压力矫直机。

中厚板剪切使用斜刃剪、滚切剪、圆盘剪。特厚板使用火焰切割法或刨床切断。酸、碱洗或抛丸的目的是清除氧化铁皮。

中厚板除采用控轧、控冷工艺外，常用的热处理方法有常化、淬火、回火、退火四种。

常用的热处理炉有辊底炉、步进炉、车底炉等。

6.3.2 热轧中厚板车间及轧机布置

中厚板车间轧机布置有三种形式，即单机架布置、双机架布置和连续式多机架布置。

6.3.2.1 单机架布置

单机架布置生产是指在一架轧机上完成中厚板的轧制。轧机可选用二辊可逆式、三辊劳特式、四辊式和万能式中厚板轧机。目前前两种轧机已被四辊式轧机取代。由于单机架轧制，粗轧与精轧都在一架轧机上完成，产品质量较差、规格受限、产量较低。但投资省，适于对产量要求不高、对产品质量要求较宽的钢板生产。图 6-8 为 2300 单机架三辊劳特式轧机中板车间。其轧辊直径为 850mm/550mm/850mm，坯料：厚 175~300mm、重 630~2000kg 扁锭。成品尺寸(5~20)mm ×(1500~1800)mm ×(5000~9000)mm，年产量 20 万吨。图 6-9 为 4200 单机架四辊万能式轧机厚板车间，其水平轧辊直径 ϕ980mm/1800mm，立辊辊径 ϕ1000mm、辊身长 1100mm。坯料可是钢锭或钢坯，成品尺寸(20~250)mm ×(1500~3000)mm ×(3000~18000) mm，产品以合金钢为主，年产量 40 万吨。

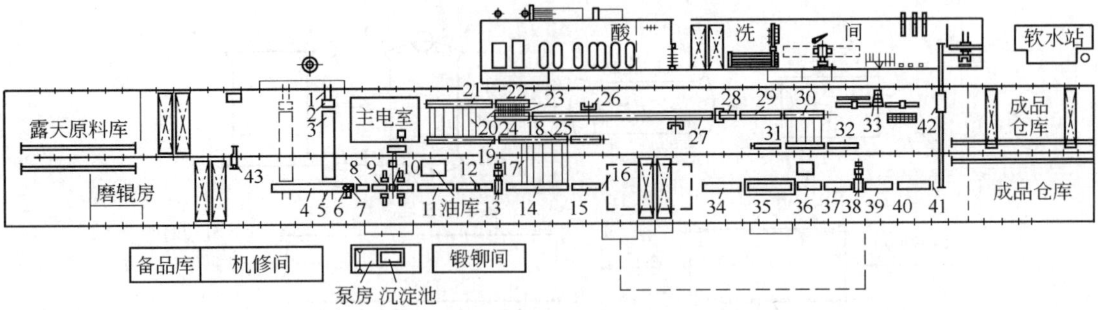

图 6－8　2300 单机架中板车间设备平面布置

1—推钢机；2—装料台架；3—连续式加热炉；5—缓冲器；6—上氧化铁皮刷；7—下氧化铁皮刷；9—升降台；10—三辊劳特式轧机；12—压头机；13—H 辊矫正机；16，41—缓冲器；17—1 号冷床；20—2 号冷床；23—翻钢机；26，33—剪断机；31—检查台架；35—常化炉；38—矫正机；42—20t 平车；43—5t 平车；4，8，11，14，15，18，19，21，22，24，25，27，28，29，30，32，34，36，37，39，40—辊道

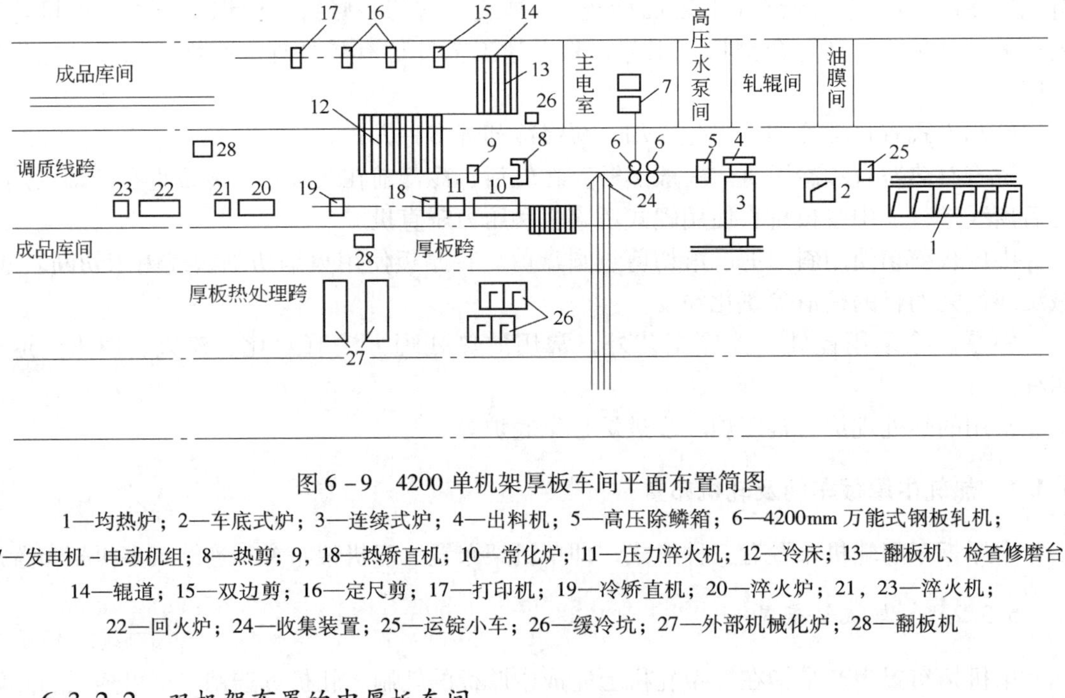

图 6－9　4200 单机架厚板车间平面布置简图

1—均热炉；2—车底式炉；3—连续式炉；4—出料机；5—高压除鳞箱；6—4200mm 万能式钢板轧机；7—发电机－电动机组；8—热剪；9，18—热矫直机；10—常化炉；11—压力淬火机；12—冷床；13—翻板机、检查修磨台；14—辊道；15—双边剪；16—定尺剪；17—打印机；19—冷矫直机；20—淬火炉；21，23—淬火机；22—回火炉；24—收集装置；25—运锭小车；26—缓冷坑；27—外部机械化炉；28—翻板机

6.3.2.2　双机架布置的中厚板车间

双机架布置生产是指在两架轧机上完成中厚板的轧制，将粗轧与精轧分到两个机架上分别完成。由于双机架轧制，产品质量较好，产量也较高。粗轧机可选用二辊可逆式或四辊可逆式轧机。而三辊劳特式轧机被选用是改造单机架三辊劳特式轧机中板车间的产物。精轧机一律选用四辊可逆式轧机。图 6－10 为 2300 双机架中板车间，它是在原 2300 单机架三辊劳特式轧机中板车间基础上，增建了四辊可逆精轧机架改造而成，年产量 30 万吨。图 6－11 为 2800 双机架中厚板车间。粗轧机选用二辊可逆式轧机，辊径 ϕ1150mm，辊身长 2800mm。精轧机选用四辊可逆式轧机，轧辊直径 ϕ800mm/1400mm，辊身长 2800mm。坯料可是扁钢锭或板坯，成品尺寸(10～60)mm ×(1500～2500)mm ×约 16000mm，产品

钢种为碳素钢、合金钢，年产量 60 万吨。

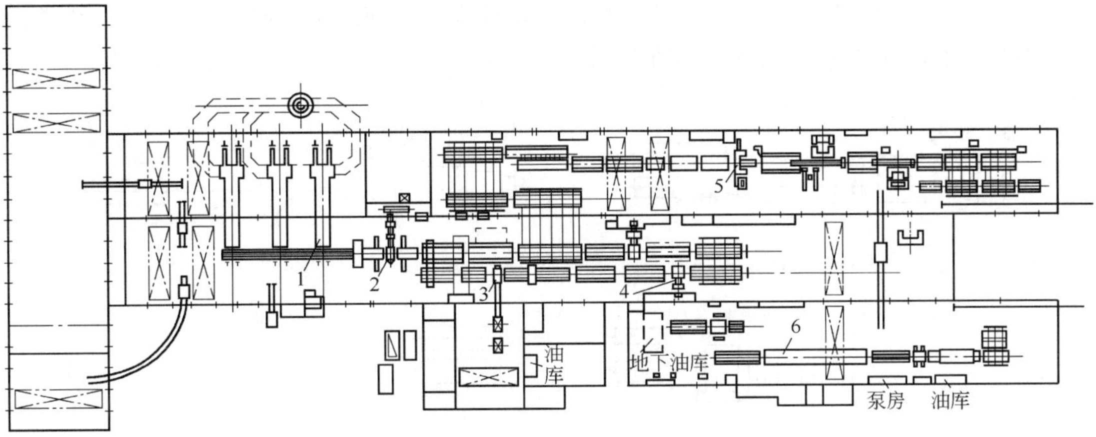

图 6－10　2300 双机架中板车间设备平面布置

1—加热炉；2—三辊劳特式轧机；3—四辊可逆式轧机；4—11 辊矫正轧机；5—侧刀剪；6—常化炉

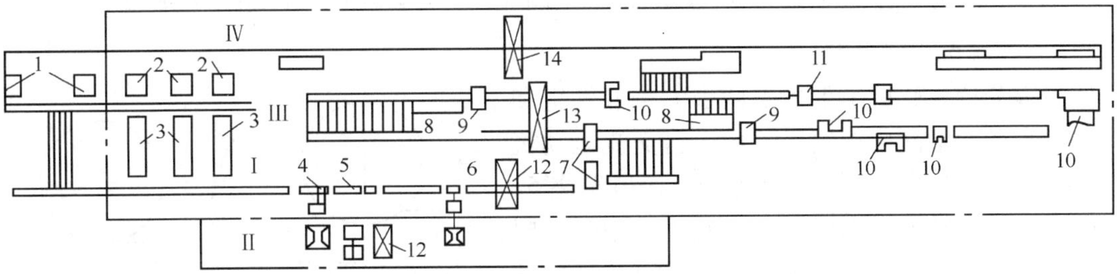

图 6－11　2800 双机架中厚板车间平面布置简图

Ⅰ—主跨；Ⅱ—主电室；Ⅲ—轴整跨；Ⅳ—成品库

1—上料装置；2—推钢机；3—加热炉；4—立辊轧机；5—二辊可逆式轧机；6—四辊万能轧机；7—矫直机；8—翻板机；9—画线机；10—斜剪机；11—圆盘剪；12—20/15t 吊车；13，14—15t 吊车

6.3.2.3　连续式多机架布置的中厚板车间

连续式多机架布置生产是指在全连续式、半连续式 3/4 连续式布置的多架轧机上完成中厚板的轧制。它是一种生产宽带钢的高效轧机，也可看做是一种中厚板轧机。带卷厚度已达 25mm 或以上，这几乎有 2/3 的中厚板可在连轧机上生产，但其宽度一般不大。用可以轧制更薄产品的连轧机生产较厚的中板，这在技术上和经济上都不太合理。对于半连续式轧机，其粗轧部分由于轧机布置灵活，可以满足生产多品种钢板的需要，但精轧机部分的作业率就低了，这是中厚板轧机很少发展的主要原因。

6.3.2.4　热轧中厚板轧机类型和工作原理

中厚板轧机有四种类型：二辊可逆式轧机，三辊劳特式轧机，四辊可逆式轧机和万能式轧机。

A　二辊可逆式轧机

二辊可逆式轧机由一台［见图 6－12（a）］或两台［见图 6－12（b）］直流电机驱动，采用可逆、调速轧制，通过上辊调整压下量（轧制中心线改变了），得到每道次的压

下量 Δh 如图 6－13 所示。因其低速咬钢、高速轧钢，则具有咬入角大、压下量大、产量高的特点。但二辊轧机辊系刚性较差，板厚公差较大。目前二辊可逆式轧机已不再单独兴建，而只是有时作为粗轧机或开坯机之用。

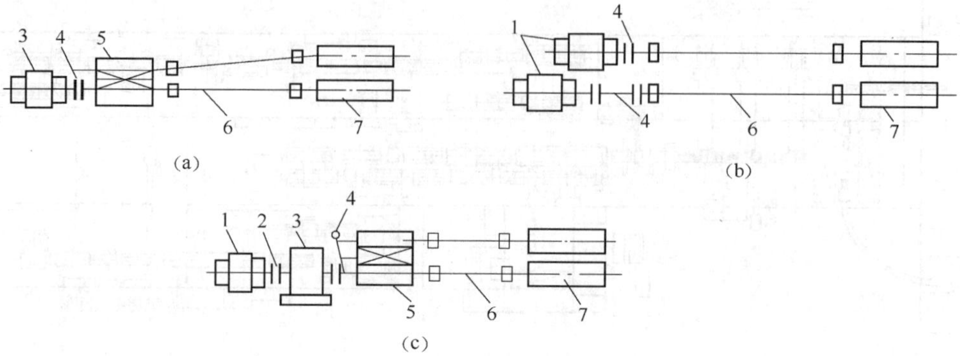

图 6－12　热轧中厚板轧机主传动简图

1—电动机；2—联轴节；3—减速机；4—主联轴节；5—齿轮座；6—万向接轴；7—轧辊

B　三辊劳特式轧机

三辊劳特式轧机由上、下两个大直径轧辊和一个小直径的中间轧辊组成。由一台交流电动机 1［见图 6－12（c）］通过减速机 3、齿轮座 5、万向接轴 6 传动上下两个大直径轧辊。中间轧辊无动力（惰辊）且可上下移动（升降），其转动是靠上、下辊摩擦带动的。通过中辊升降和轧机前、后升降台如图 6－14 所示，实现轧件的往复轧制。轧辊的旋转方向不变，轧件在中、下辊之间朝一个方向通过，返回时则在中、上辊之间通过。通过上辊调整压下量，得到每道次的压下量。三辊劳特式轧机由二辊轧机发展而来，利用减小中辊直径的办法来减小轧制压力，并使轧件更易压延。但该轧机不能变速，中间轧辊无动力且直径小，它的咬入能力较弱。辊系刚性较二辊轧机好、较四辊轧机差，故这种轧机常用来生产中板而不适用于宽厚板生产。目前三辊劳特式轧机已不再兴建。

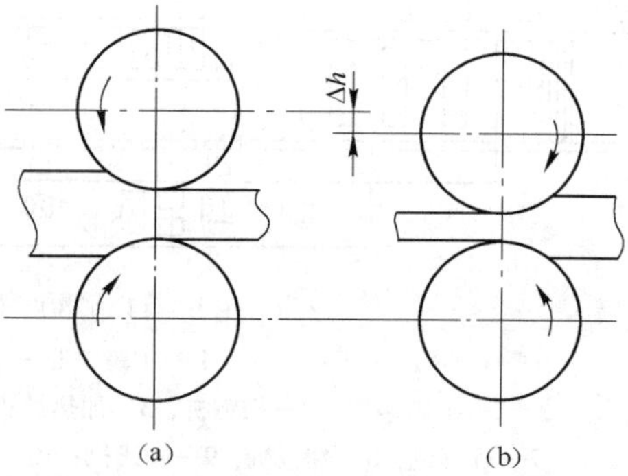

图 6－13　二辊可逆式轧机轧制过程示意图

（a）第一道轧制；（b）第二道轧制

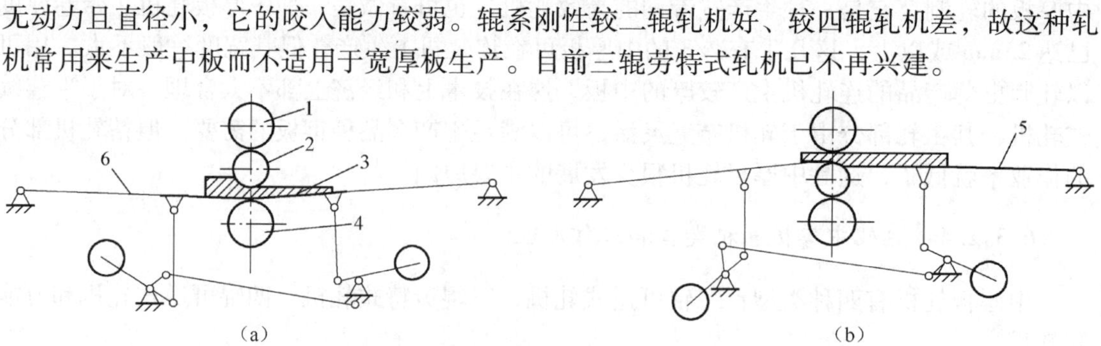

图 6－14　轧制状态示意图

（a）中、下辊轧制状态；（b）中、上辊轧制状态

1—上轧辊；2—中间轧辊；3—轧件；4—下轧辊；5，6—轧机前、后升降台

C 四辊可逆式轧机

四辊可逆式轧机由一对小直径的工作轧辊和一对大直径分别位于工作辊上、下的支撑轧辊所组成。由直流电机驱动工作辊的四辊厚板轧机如图 6－15（b）所示。轧制过程（见图 6－15）与二辊可逆式轧机相同。由于具有强大的支撑辊，可以承受较大的轧制力、减少工作辊变形以及驱动工作辊，因此，工作辊直径可以比三辊劳特式轧机的中辊直径更小，可进一步减小轧制压力，提高辊系刚性及咬入能力，故这种轧机是生产中厚板的首选轧机。

D 万能式轧机

万能式轧机是在二辊可逆式轧机、三辊劳特式轧机和四辊可逆式轧机的进口一侧配置一对立辊或进、出口两侧各配置一对立辊的轧机如图 6－16 所示。设置立辊的原意是生产齐边钢板，后续不用切边，提高成材率和生产率。但实践表明，因立辊轧边易使钢板产生横向弯曲，立辊轧边生产只在轧件宽厚比小于 60～70 时才能起作用，而不适于宽而薄的轧件。近 30 年来，以板坯为坯料的新建轧机已不采用立辊机架。

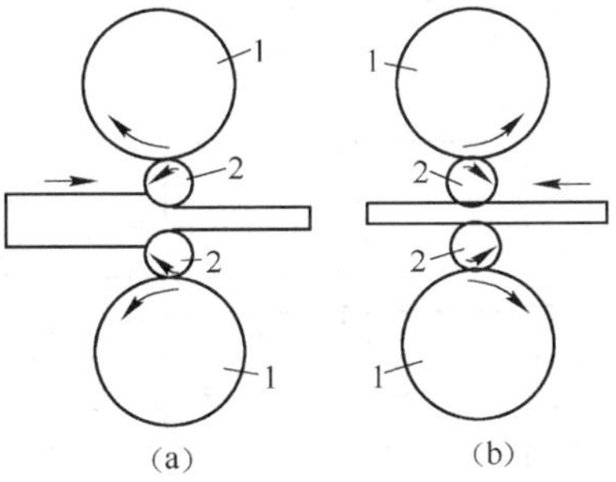

图 6－15 四辊可逆式轧机轧制过程示意图
（a）第一道轧制；（b）第二道轧制
1—支撑辊；2—工作辊

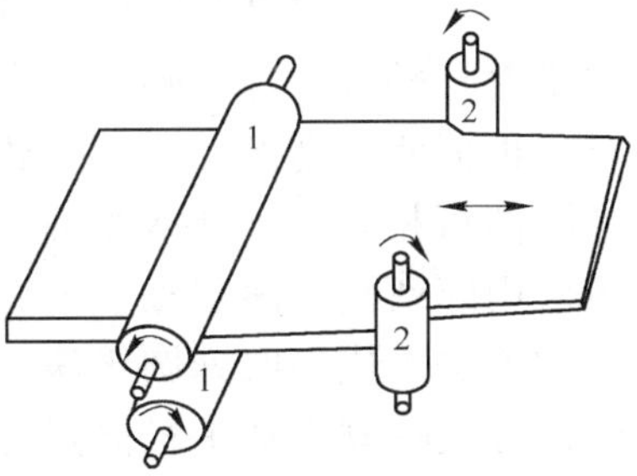

图 6－16 万能式轧机示意图
1—水平辊；2—立辊

综上所述，中厚板轧机的发展趋势是：二辊可逆式轧机将被淘汰，三辊劳特式轧机落后不再兴建，四辊可逆式轧机广泛应用。在机架布置上，则双机架布置是主要形式。

6.3.3 2300 四辊可逆式轧机机座

2300 四辊可逆式轧机机座如图 6－17 所示。由两台 2050kW、转速 60/120r/min 的直流电动机，分别通过万向接轴直接传动工作辊。最大轧制力 20000kN，单根主传动轴传递的最大扭矩 600kN · m。轧辊尺寸，工作辊径 ϕ750mm，支撑辊径 ϕ1300mm，辊身长度 2350mm，轧辊开口度 200mm 。

6.3.3.1 轧辊与轧辊轴承

工作辊、支撑辊相互位置关系及形状尺寸如图 6－18 所示。l_B、d_B、D_B 分别代表支撑辊辊颈长度、辊颈直径、辊身直径，l_W，d_W、D_W 分别代表工作辊辊颈长度、辊颈直径、辊身直径，L 代表轧辊辊身长度。轧辊材料一般采用冷硬铸铁、合金铸铁和合金铸钢，下述的 2300 四辊轧机的工作辊和支撑辊均是用 60CrMo 铸钢制成。

2300 四辊可逆式轧机轧辊轴承装配如图 6－19 所示。该轧机工作辊和支撑辊均是采

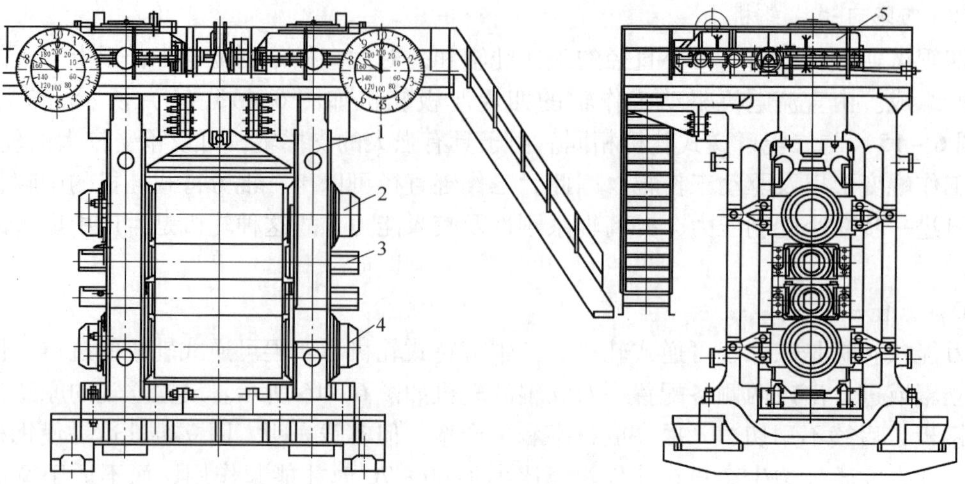

图 6－17　750/1300mm × 2300mm 四辊可逆式精轧机座
1—机架；2—上支撑辊；3—工作辊；4—下支撑辊；5—压下装置

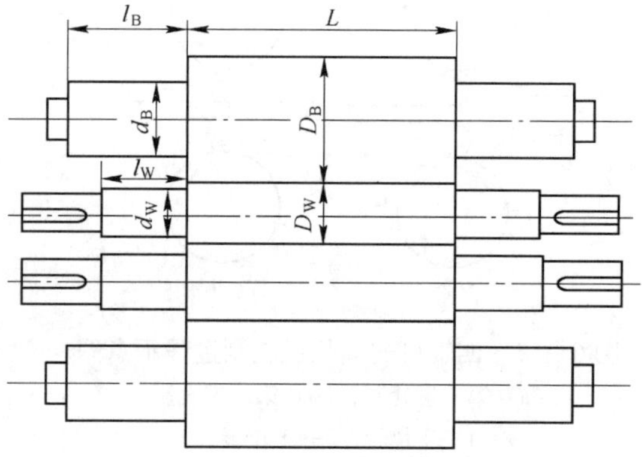

图 6－18　四辊轧机工作辊及支撑辊

用四列圆锥滚子轴承支撑。轴承的游隙可以调整，根据使用情况，四列圆锥滚子的各列游隙可相等或不相等配置。近年来，多采用四列圆柱滚子轴承与止推轴承组合的方法，代替四列圆锥滚子轴承。这样，可在不改变轴承径向尺寸的情况下，提高轴承轴向和径向承载能力。工作辊和支撑辊轴承座均由碳素钢铸成。上、下工作辊轴承座，分别装在上、下支撑辊轴承座的Ⅱ形开口内。上、下支撑辊轴承座，装在机架窗口内。工作辊轴承座和支撑辊轴承座的轴向定位，分别由置于换辊侧支撑辊轴承座和机架上的压板 7、挡板 8 完成。上支撑辊轴承座的顶部，装有止推凸球面铜垫 9。

为使工作辊紧压到支撑辊上，在工作辊轴承座上各设有两个液压缸 10。

为保证板形控制，除将轧辊磨成凸或凹的辊形外，在有的轧机上还采用液压弯辊系统。

6.3.3.2　压下装置

2300 四辊可逆式轧机压下装置如图 6－20 所示。由两台直流电动机 2（116kW）经联轴器 3、减速器 4 和蜗杆 6、蜗轮 9 传动压下螺丝 7，在压下螺母 8 中转动并上下移动，实现轧辊调整。锻钢（48SiMn2V）制成的压下螺丝外径为 50mm、螺距 10mm（锯齿形螺纹）。离合器 5 可使两个压下螺丝同步或单独压下。无处理卡钢或“坐辊”事故装置，若有事故出现，则用天车盘动联轴器回松。有的轧机，将压下螺丝上端做的长一些，能伸出压下蜗轮箱上盖，用以回松处理事故，也有的轧机另装了一套回松装置。

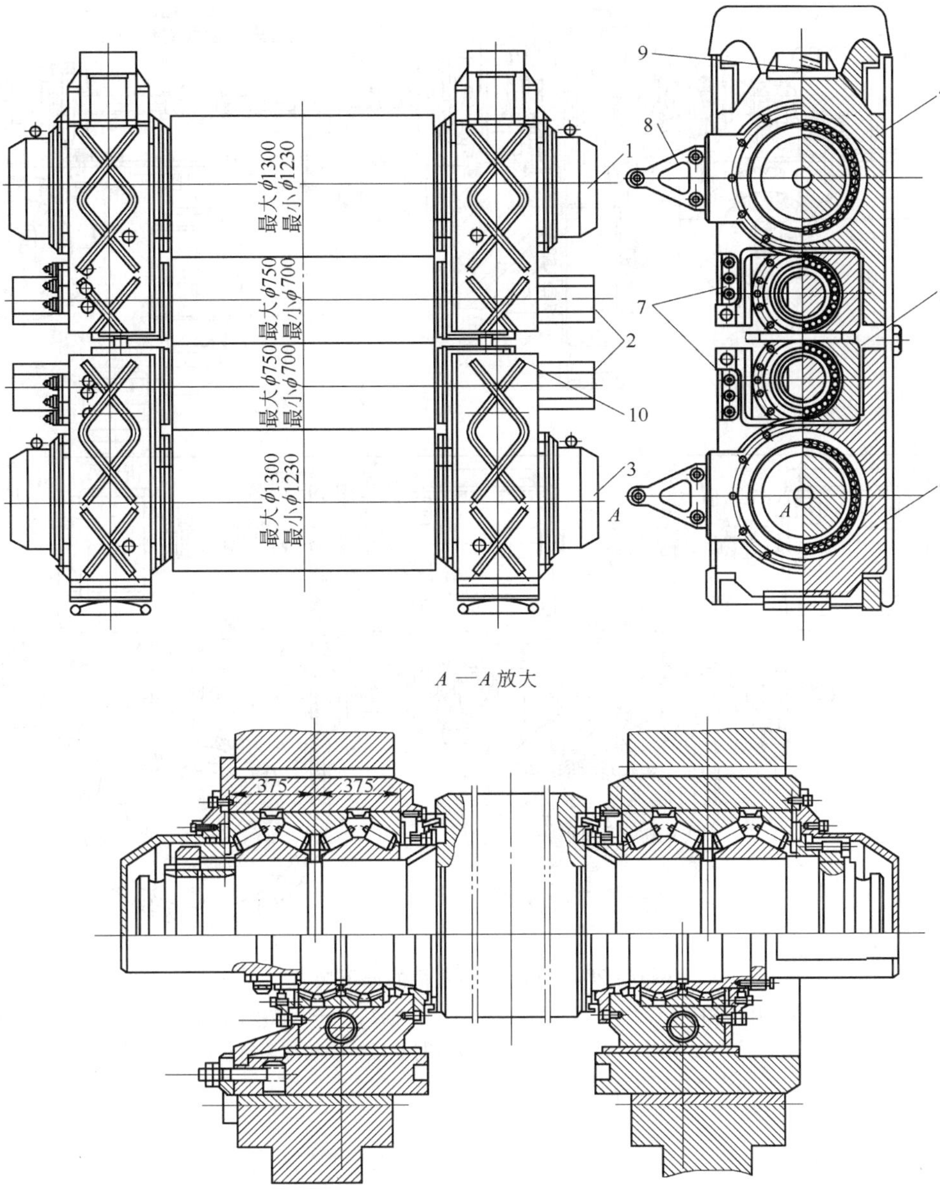

图 6－19 750/1300mm × 2300mm 四辊精轧机座的轧辊

1—上支撑辊；2—工作辊；3—下支撑辊；4—上支撑辊轴承座；5—工作辊轴承座；6—下支撑辊轴承座；7—压板；8—挡板；9—球面铜垫；10—液压缸

6.3.3.3 上辊平衡装置

2300 四辊可逆式轧机压下装置如图 6－21 所示。其由装于机架上连接横梁中部的大液压缸（图中未示出）、大液压缸柱塞 15、一组铰接的杠杆 12、13、14 组成。液压缸柱塞通过一组铰接的杠杆将上支撑辊及其轴承座吊起平衡。上工作辊及辊轴承座，由位于下工作辊轴承座内的两个小液压缸柱塞 16 顶起平衡，使得工作辊紧压到支撑辊上。平衡力

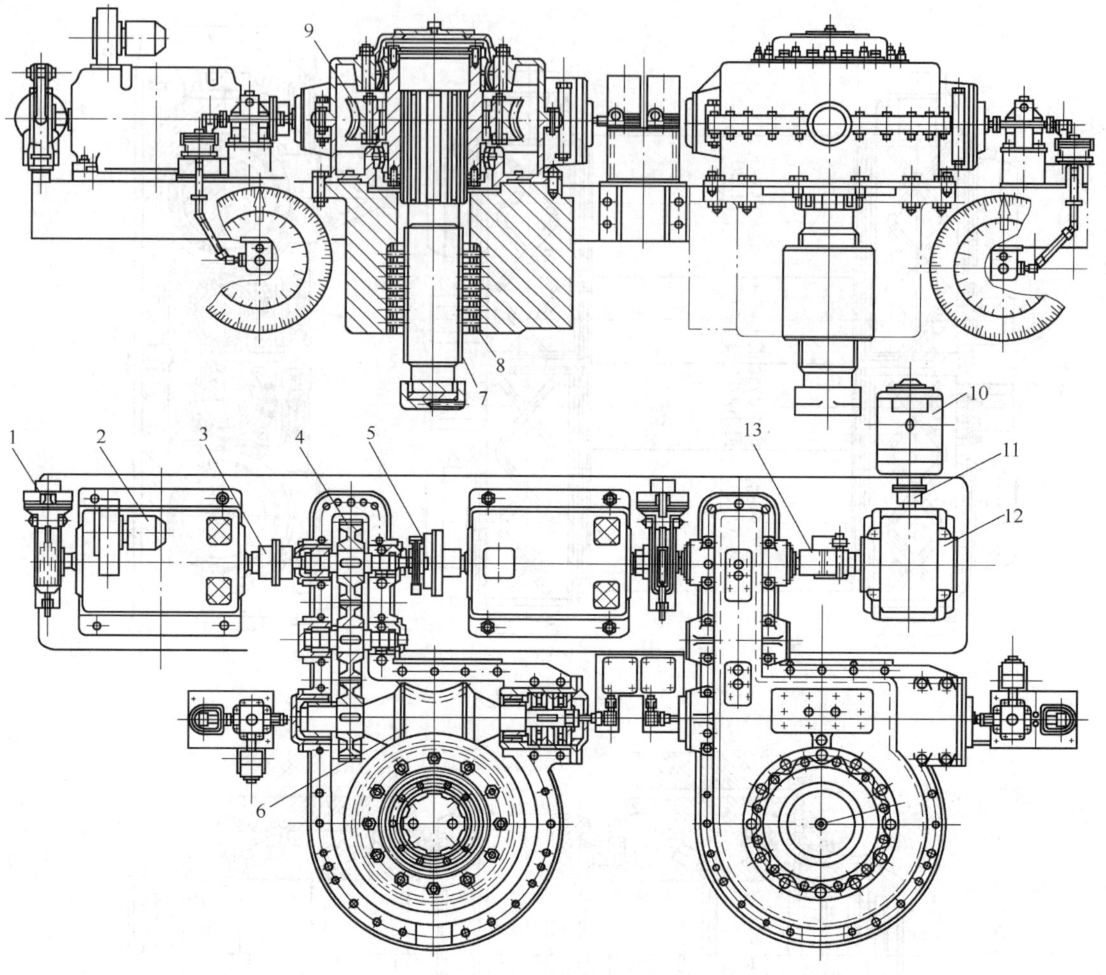

图 6 - 20　2300 四辊轧机的压下装置

1—制动器；2—电动机（压下用）；3，11—齿式联轴器；4—减速器；5—电磁离合器；6—蜗杆；7—压下螺丝；8—压下螺母；9—蜗轮；10—电动机（松压用）；12—蜗轮减速器；13—离合器

取被平衡零件总重量的 1.2 ~ 1.4 倍。

6.3.3.4　机架

2300 四辊可逆式轧机机架装置如图 6 - 22 所示。该机架由两片形状相同的闭式机架（牌坊）3、6，上连接横梁 1（可装上辊平衡装置液压缸），下连接横梁 4，轨座 12，底横梁（底座）13 等零件组成。机架由 ZG25MnV 制成。为保护机架窗口和间隙调整，窗口两侧装有可换钢质衬板 9。换辊侧窗口宽度比传动侧宽 10mm。每片机架窗口顶部的镗孔中，装有铜质的压下螺母并用压板 7、螺栓 8 固定。装有换辊用导轨 11。

6.3.4　中厚板轧机主传动装置

6.3.4.1　减速机

在轧钢机中，主传动减速机（简称主减速机）的作用是将电动机较高的转速变成轧辊

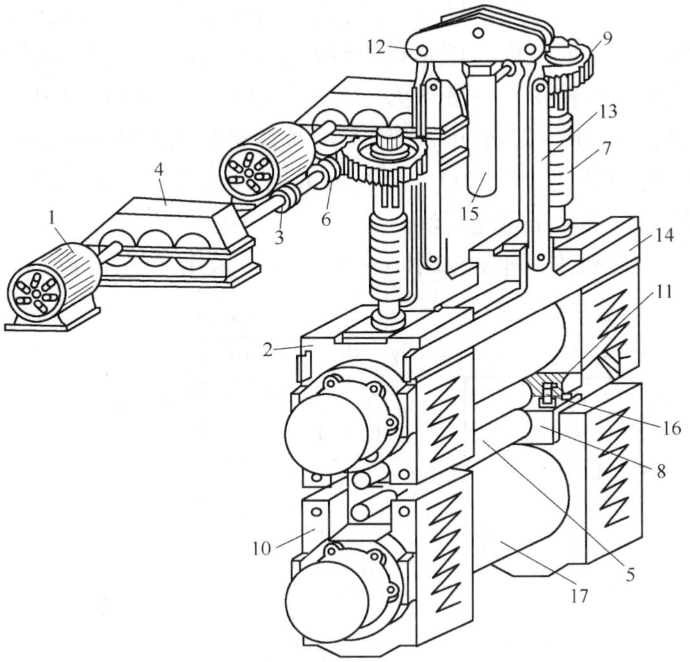

图6－21 2300四辊轧机压下装置与平衡装置的立体示意
1—电动机；2，10—上、下支撑辊轴承座；3—联轴器；4—减速机；5—工作辊；6—蜗杆；7—压下螺丝；8，11—上下工作辊轴承座；9—蜗轮；12，13，14—杠杆；15—大液压缸柱塞；16—小液压缸柱塞；17—支撑辊

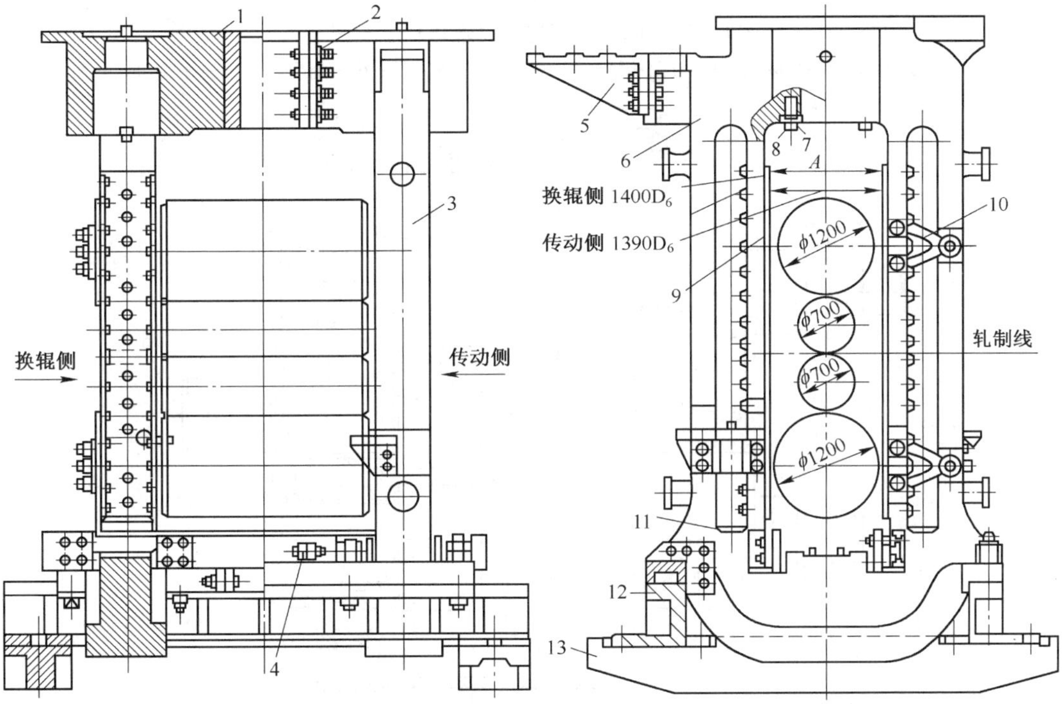

图6－22 2300四辊热轧钢板轧机工作机架的装配图
1—上连接横梁；2，8—螺栓；3—传动侧机架；4—下连接横梁；5—托架；6—换辊侧机架；7—压板（固定压下螺母用）；9—钢质衬板；10—轴向固定压板；11—导轨（换辊用）；12—轨座；13—底横梁

所需的转速（见图6－23），这就可以在主传动装置中选用价格较低的高速电动机。确定是否采用减速机的一个主要条件，就是要比较减速机及其摩擦损耗的费用是否小于低速电动机与高速电动机之间的差价。一般认为，当轧辊转速小于200～250r/min时才采用减速机。如果轧辊转速大于200～250r/min，则不用减速机而采用低速电动机较合适。在可逆式轧钢机上，即使轧辊转速小于200～250r/min时，也往往不用减速机而采用低速电动机，因为这样的传动系统易于可逆运转。

2300三辊劳特式轧机主减速机如图6－24所示。采用两级减速。

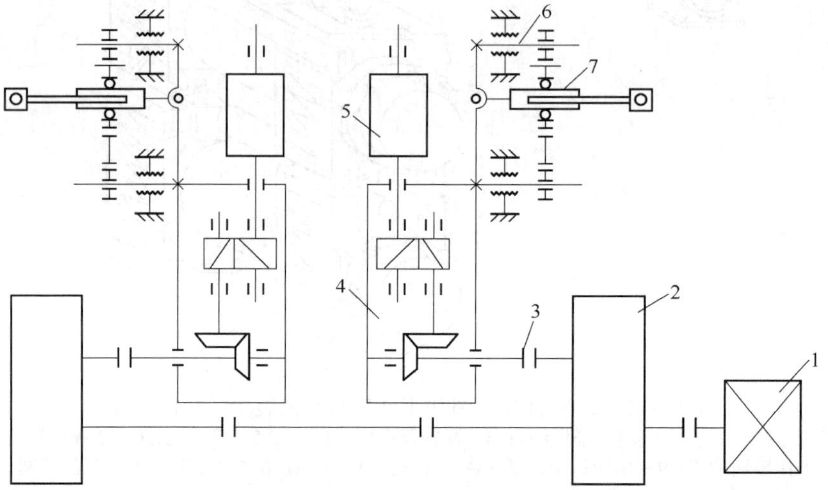

图6－23　框架式下传动立辊传动示意图

1—电动机；2—减速机；3—万向接轴；4—立辊箱；5—立辊；6—侧压螺丝；7—平衡缸

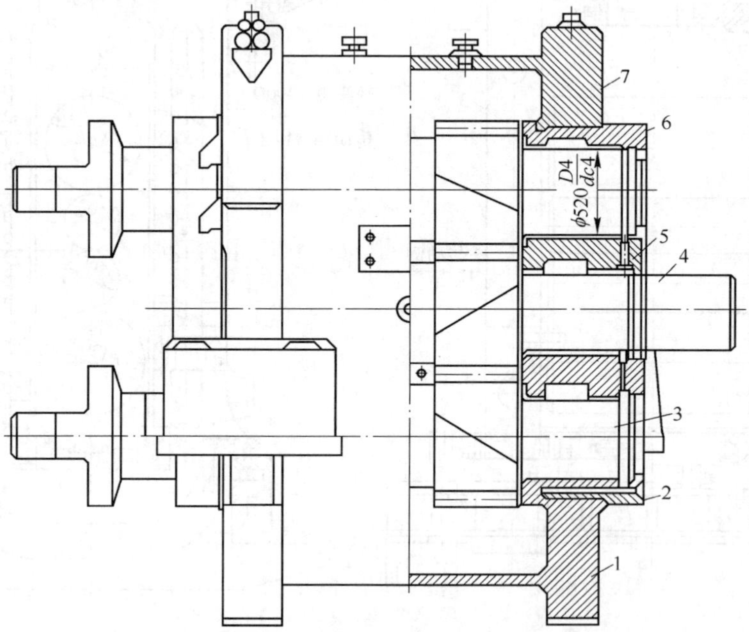

图6－24　三辊劳特式轧机的800齿轮机座

1—底座；2—下轴承座；3—从动齿轮轴；4—主动齿轮轴；5—中轴承座；6—上轴承座；7—机盖

减速机由箱体、箱盖、高速（主动）齿轮轴、中间齿轮轴、中间大齿轮、低速（被动）轴、低速大齿轮及各轴的滑动轴承、润滑系统等组成，其主动轴上装有飞轮。

箱体由 HT28－48 铸铁整体铸造，油箱、箱盖由钢板焊接而成，滑动轴承是在铸钢体的轴承盒上，浇铸一层 ChSnSb11－6 合金，经刮研而成。箱体下部装有油箱，剖分面处装有轴承，上部装有箱盖。高速（主动）齿轮轴、中间齿轮轴用 50SiMnMoB 钢锻制并调质处理，中间大齿轮由 ZG35SiMn 钢铸成并调质处理，低速（被动）轴由优质碳素钢锻成，低速大齿轮由 35SiMn 钢锻成并调质处理。飞轮矩 GD2 =2 ×140.9kN · m^2。

6.3.4.2 齿轮座

当工作机座的轧辊由一个电动机带动时，一般采用齿轮座将电动机或减速机传来的运动和力矩分配给两个或三个轧辊。齿轮座由齿轮轴、轴承、轴承座和箱体四部分组成。

齿轮座的传动形式如图 6－25 所示，其中图 6－25（b）用于三辊劳特式轧机，采用中间齿轮为主动。三辊劳特式轧机齿轮座如图 6－25（b）所示。

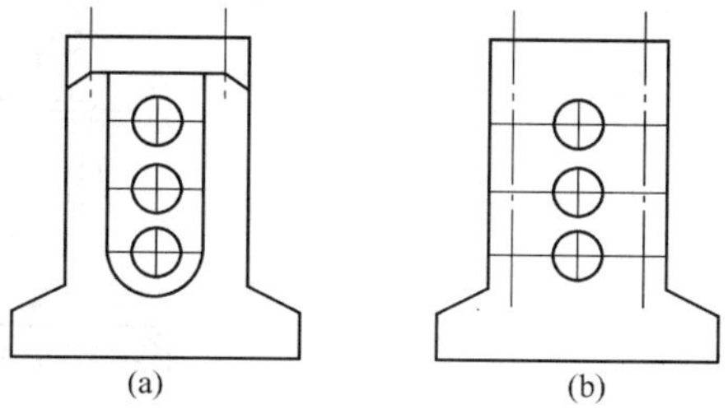

图 6－25 齿轮座的传动形式

齿轮座做成三重式，有三根人字齿轮轴、中间轴与减速机相连，上、下轴分别与轧机万向接轴相连，传动上、下轧辊。上、中、下轴承座分四层嵌入底座，底座由铸钢整体制成，三对滑动轴承也是在铸钢轴承盒上，浇铸一层 ChSnSb11－6 合金，经刮研而成。稀油集中润滑。

6.3.4.3 连接轴

轧钢机齿轮座、减速机、电动机的运动和力矩，都是通过连接轴传递给轧辊的。2300 中厚板轧机使用万向接轴。当连接轴重量较大时，为了不使连接轴重量全部传到连接铰链上，一般都设置了连接轴平衡装置。平衡装置的平衡力一般比连接轴重量大 10%～30%。

2300 中板二辊轧机万向接轴及平衡装置如图 6－26 所示。三辊劳特式轧机万向接轴及平衡装置如图 6－27 所示。图 6－28 为万向接轴开式铰链的立体简图。

6.3.4.4 联轴节

联轴节包括电动机联轴节和主联轴节。电动机联轴节的作用是连接电动机与减速机的传动轴，而主联轴节则用来连接减速机与齿轮座的传动轴。

联轴节的类型很多，中厚板轧机主要使用以下几种：弹性联轴节、齿轮联轴节和安全联轴节。

应用最广的主联轴节（器）是齿轮联轴器。它能传递很大的扭矩，能承受频繁的正反向冲击负荷，并可允许较大的偏移量，安装精度要求不高。但制造困难，不能缓冲减振。2300 中板三辊劳特式轧机主机列使用的 CL14 型齿轮联轴器如图 6－29 所示。

齿轮联轴器中，所用齿轮的齿廓为渐开线，啮合角通常为 20°，齿一般为 30～80 个，材料一般用 45 号钢或 ZG45。联轴器的啮合应在油浴内工作。

在传动系统中装有飞轮的轧机上应采用安全联轴器。当轧制情况不正常时，由飞轮所

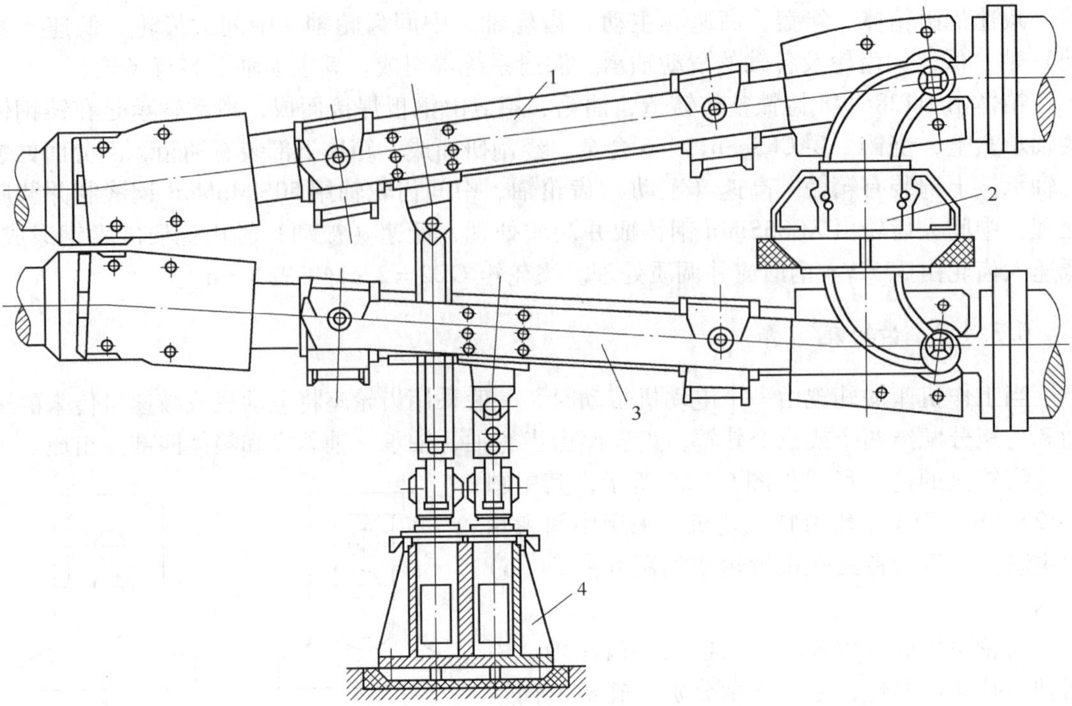

图6-26 二辊粗轧机座用万向接轴及其平衡装置

1—上接轴；2—支座；3—下接轴；4—上、下接轴液压平衡装置

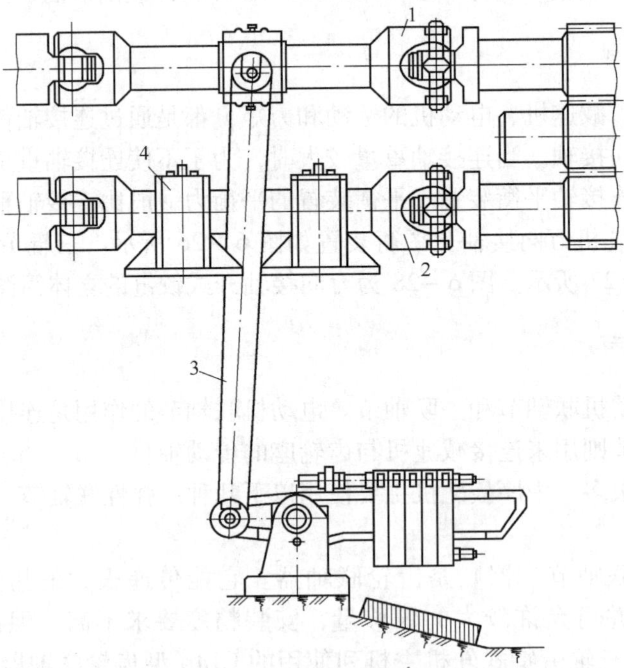

图6-27 万向接轴及平衡装置

1—上接轴；2—下接轴；3—上接轴平衡装置；4—下接轴平衡装置

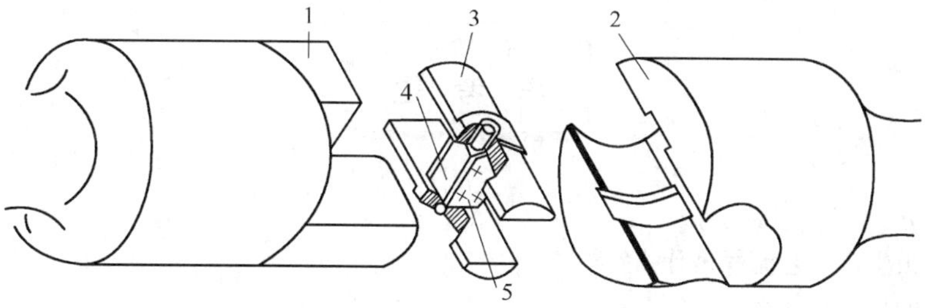

图 6－28　万向接轴开式铰链立体简图
1—扁头；2—叉头；3—月牙形滑板；4—小方轴；5—青铜滑板

产生的转矩可能达到很大的数值，以致损坏轧机和飞轮之间的传动零件。为了保护传动装置和轧机，在减速机低速轴和齿轮座之间安装安全联轴器。

图 6－30 为某 2300 中板三辊劳特式轧机主机列使用的齿式安全联轴器。当安全销 1 过载切断时，齿轮座中齿轮停止转动，而电机还在旋转。这里重点指出的是：安全销的个数、直径大小、径向 U 形槽缺口深度、材质、热处理工艺等，需要根据轧钢实践来确定。

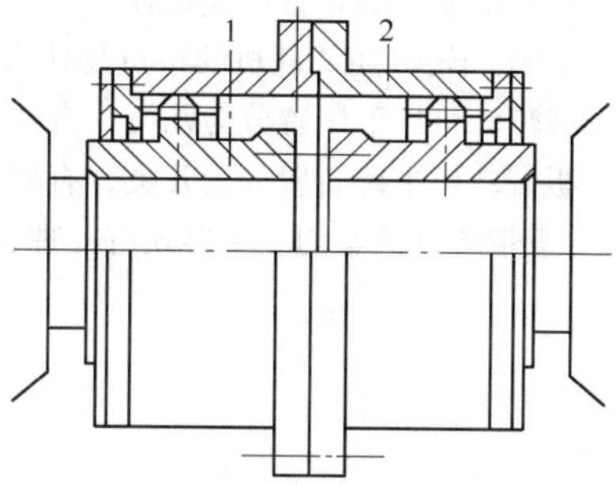

图 6－29　CL14 型齿轮联轴器
1—外齿轮套；2—内齿圈

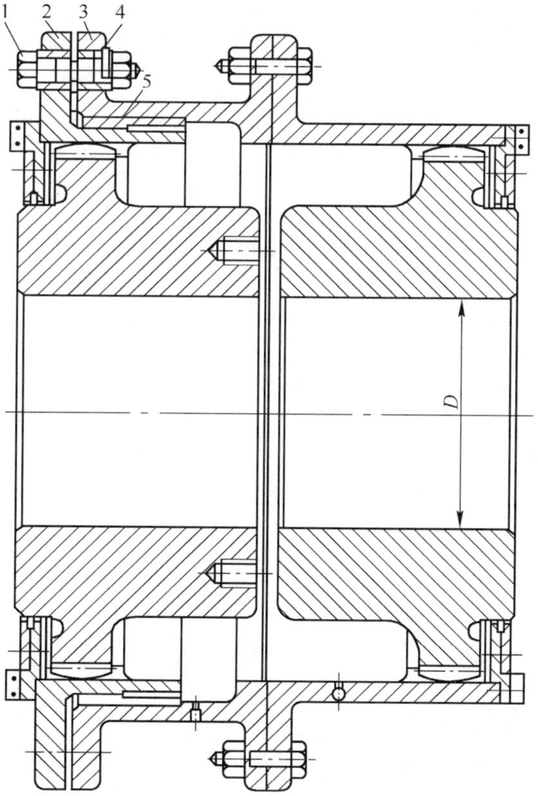

图 6－30　安全联轴器
1—安全销；2—内齿轮外套；3—半接手套；4—套筒；5—衬套

思 考 题

6-1　板、带的分类。
6-2　热轧中厚板生产工艺流程是什么？
6-3　加热坯料的目的是什么？
6-4　热轧中厚板生产所使用的加热炉有哪几种？
6-5　热轧中厚板生产时轧制成型分几个阶段，每个阶段的作用是什么？
6-6　中厚板车间的布置形式是什么？
6-7　2300 四辊可逆式轧机的特点是什么？
6-8　板带轧机压下装置分为几类，有何作用？
6-9　板带轧机平衡装置分为几类，有何作用？
6-10　板带轧机机架的主要形式有几种，通常利用何种材料？

7 型钢轧机

7.1 型钢轧机的概况

型钢（sections）是经各种塑性加工成形的具有一定断面形状和尺寸的直条实心钢材，是钢材型钢、钢板和钢管三大品种之一。因其广泛应用于采矿、建筑、机械制造、铁路、能源、水利、农业等诸多方面，故品种繁多、需求量较大。2007 年中国钢材产量 56460 万吨，型钢产量约 27240 万吨（其中线材 8038 万吨），占钢材总产量的 48.27%。

按断面形状分为简单断面型钢、复杂断面型钢和周期断面型钢。简单断面型钢指方钢、圆钢、扁钢、角钢、六角钢、八角钢等。方、圆、扁、六角、八角钢合称棒材（bars）。复杂断面型钢指工字钢、角钢、H 型钢、U 型钢、槽钢、钢轨、窗框钢、弯曲型钢等。周期断面型钢是指在一根钢材上各处断面尺寸不同的钢材，如螺纹钢、各种轴件、犁铧钢等。部分简单断面型钢、复杂断面型钢和周期断面型钢如表 7－1～表 7－3 所示。

表 7－1　部分简单断面型钢

名　称		断面形状	表示方法	用　途
圆　钢		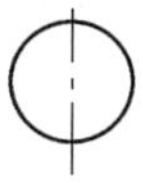	直　径	钢筋，螺栓，冲、锻零件，无缝管坯，轴
线　材			直　径	钢筋、二次加工丝零件
方　钢		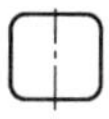	边　长	零　件
扁　钢			厚×宽	焊管坯、钢铁
弹簧扁钢			厚×宽	车辆板簧
三角钢			边　长	零件、锉刀
弓形钢		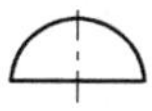	宽×厚	零件、锉刀
椭圆钢			宽×高	零件、锉刀
六角钢		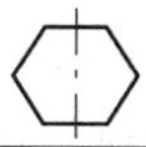	内接圆直径	螺帽、风铲、工具
角钢	等边	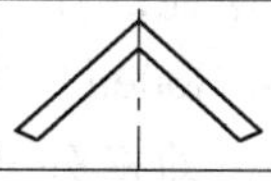	边长的 1/10	金属结构、桥梁等
	不等边	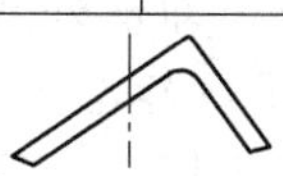	长边长/短边长的 1/10	金属结构、桥梁等

表7-2 部分异型断面型材

名　称	断面形状	表示方法	用　　途
工字钢	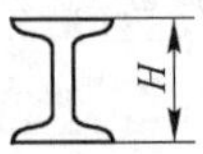	以腰高的1/10表示，如腰高200mm为20号	

表7-3 周期断面型材

名　称	形　状	轧　法	用　途
螺纹钢		二辊纵轧	建筑、地基、混凝土结构
犁铧钢	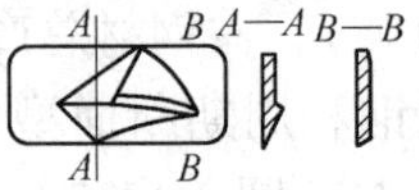	二辊纵轧	犁铧
轴承座圈	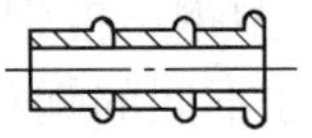	二辊斜轧	轴承内座圈
变断面轴	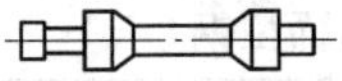	三辊楔横轧	各种轴类
犁刀型钢	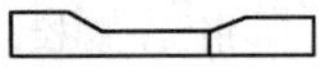	二辊纵轧	犁刀坯

按加工方法分为热轧型钢、冷弯型钢、挤压型钢和冷轧冷拔型钢。本章所述的是热轧型钢。

按断面尺寸大小分为大型、中型、小型和线材。

型钢轧机是指生产各种型钢的轧机。它主要包括轨梁轧机、大型轧机、中型轧机、小型轧机、线材轧机。轨梁轧机是综合钢轨、钢梁轧机和专业化的钢轨、钢梁轧机的统称。因重轨和巨形断面的钢梁均属大型断面钢材，所以轨梁轧机也理应属于大型轧机。但由于生产轨梁时，孔型在轧辊上切入较深，还需要一些大型的和专用的工具及热处理设备，故建设专业化的轨梁轧机很有必要。

这里要提出的是：在钢材产品分类体系中，型钢不包括棒材、盘条（线材）、钢筋和铁道用钢。型钢按断面尺寸大小也只分为大型、中小型型钢。

1728年英国人约翰·佩恩（John Payne）用孔型轧辊加工管材。1759年英国人托马斯·伯勒克里（Thomas Blockley）取得了另外一个孔型轧制专利，标志着型钢生产的开始。1766年英国有了串列式小型轧机。1853年R. 罗登（R. Roden）发明了三辊轧机。1860年前后出现了比利时式活套轧机（Belgian Looping Mill），即横列式活套轧机。此后型钢轧机多采用单列横列式或多阶横列式二辊或三辊轧机。1883年法国L. 西曼（L. Seaman）、德国的H. 萨克（H. Sack）等人发明了四辊万能轧机。第一套采用万能机架和轧边机轧制 H 型钢的万能式钢梁轧机，1902 年始建于卢森堡 Arbed – Oifferdange 厂。

型钢轧机经历了轧机布置从横列式、顺列式、布棋式、半连续式、跟踪（水平辊）连续式、平立交替串列连续式；轧机结构类型有二辊轧机、三辊轧机、三辊行星轧机、三辊 Y 形轧机、万能轧机、四辊定径轧机、开式机架轧机、闭式机架轧机、无机架轧机等的发展过程。

7.2　650 型钢轧机

图 7 – 1 为 650 型钢轧机主机座，主机座中上、中、下三个轧辊旋转方向固定不变，在中下辊之间和中上辊之间交替过钢，实现多道次往复轧制。中辊位置固定，上下辊分别通过压下装置和压上装置进行径向调整，以保证孔型的要求。压上、压下均采用手动装置，轧辊在轧制过程中是不调整的，只有在换辊之后和轴瓦磨损时才进行调整。上辊的调整量小，一般采用简单的弹簧平衡。

由于型钢生产具有批量小，多品种，换辊次数比较多，通常采用开式机架。机架盖与机架用斜楔固定，左右机架盖铸成一个整体。在下部的左、右机架用横楔连接，机架坐在轨座上，为了调整轧辊的轴向位置，上、中、下轧辊都设有轴向压板。上、中、下辊的轴承都是开式的，通常采用胶木轴瓦。

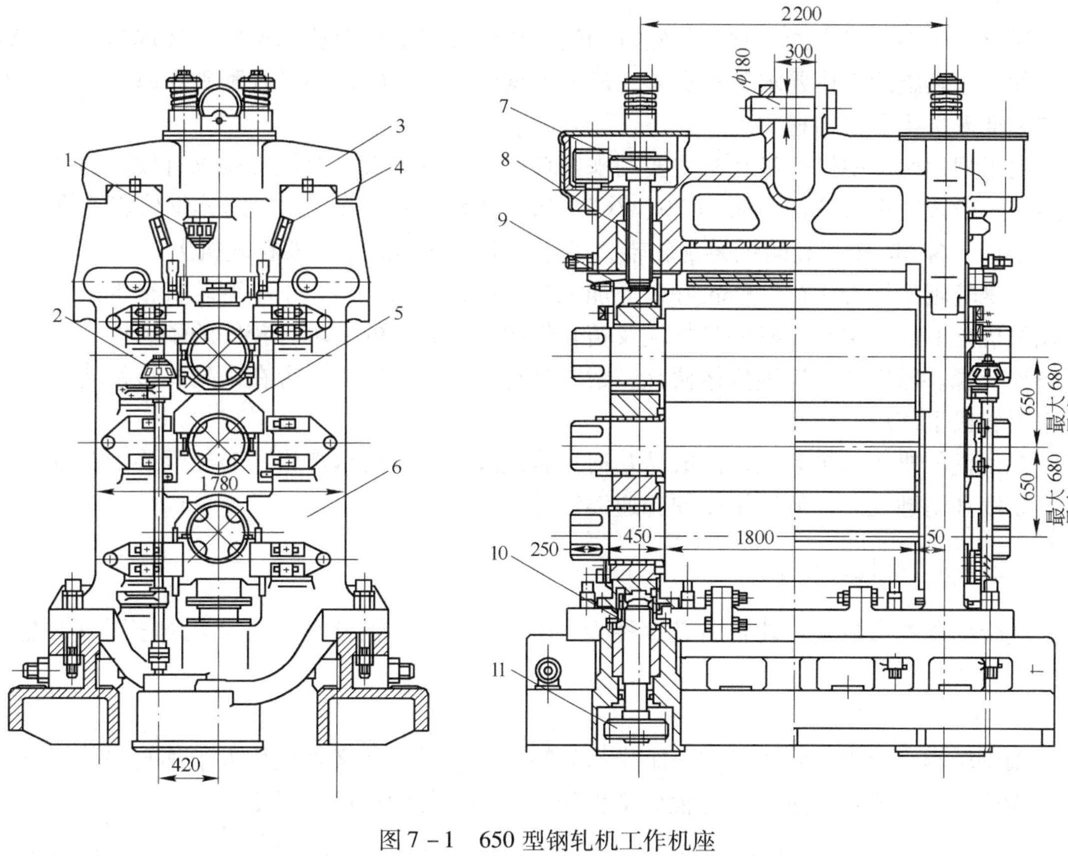

图 7 – 1　650 型钢轧机工作机座

1—压下手轮；2—压上手轮；3—机架盖；4—斜楔；5—“H”架；6—机架；7—压下传动齿轮；8—压下螺丝；9—调整“H”架的斜楔；10—压上螺丝；11—压上传动齿轮

7.2.1　轧辊

7.2.1.1　轧辊结构与特点

650 型钢轧辊的结构如图 7－2 所示，型钢轧辊的辊身上有轧槽，轧槽又称之为孔型。孔型在辊身上的安排及尺寸，取决于型钢轧制工艺要求，辊颈两端有梅花形断面的辊头，以传递扭矩。辊颈安装在轴承中，并通过轴承座和压下装置把轧制力传给机架。

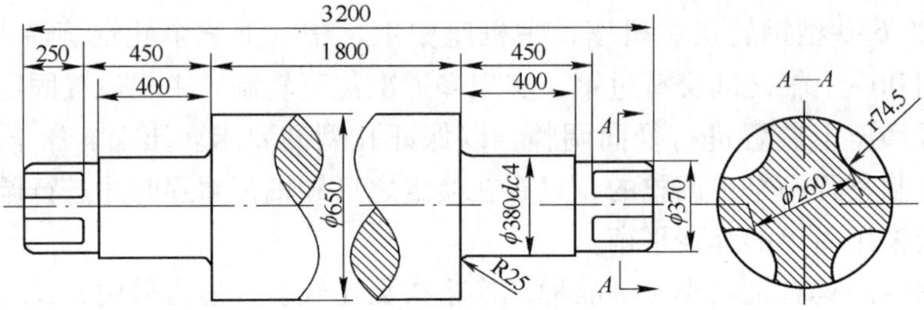

图 7－2　650 型钢轧辊

7.2.1.2　轧辊材料及选用

经过多年的生产实践，对各种轧机的轧辊均已确定了较合适的材料，在选择轧辊材料时，除考虑轧辊的工作要求与特点外，还要根据轧辊常见的破坏形式和破坏原因，按轧辊材料标准来选择合适的材质。

由于型钢生产中第一架轧机主要用来开坯，压下量较大，对轧辊要求有较高的强度和韧性，一般选铸钢或锻钢，如 ZG70、ZG70Mn、ZG8Cr 等。合金元素的铸钢轧辊适合于轧制合金钢；含 Mn 钢及高碳钢铸钢轧辊，多用在轧普碳钢的第一架粗轧机上。

锻钢轧辊的综合机械性能较好，但加工较困难，价格也高，中小型轧机很少采用。型钢轧机机列的后几架轧机机座起粗轧及精轧作用，对轧辊的要求有较好的耐磨性，一般选用铸铁轧辊。球墨铸铁轧辊价格便宜，耐磨且有较高的强度，适合在横列式型钢轧机的第二架粗轧机上使用。

在型钢轧机成品机架上，因成品几何形状及尺寸公差要求严格，对轧辊要求有较高的表面硬度和耐磨性。一般选用冷硬普通铸铁轧辊。

7.2.1.3　轧辊的尺寸参数

轧辊的基本参数是：轧辊名义直径 D、辊身长度 L、辊颈直径 d 和辊颈长度 l、辊头形式及辊头相应的尺寸。

A　型钢轧辊直径

型钢轧辊直径以齿轮座的中心距作为轧辊名义直径，名义直径均大于其轧辊的工作直径，为避免孔型槽切入过深，轧辊名义直径与工作直径的比值一般不大于 1.4。

轧辊工作直径 D 可根据最大咬入角 α（或压下量与辊径之比$\dfrac{\Delta h}{D_1}$）和轧辊的强度要求来确定，轧辊的强度条件是轧辊各处的计算应力应小于许用应力，轧辊的许用应力是其材料的强度极限除以安全系数，通常轧辊的安全系数取为 5。按照轧辊的条件，轧辊的工件直径 D_1 应满足以下式：

$$D_1 \geqslant \frac{\Delta h}{1-\cos\alpha} \tag{7-1}$$

公式中的 α 是最大咬入角，这和轧辊与轧件间的摩擦系数有关。在考虑咬入及强度时，应估计到轧辊的重车率，型钢轧机上一般重车率取为 8% ~10%。型钢轧机辊身长度取决于孔型配置和轧辊的抗弯强度和刚度。粗轧机的辊身较长，以便配置足够数量的孔型；而精轧机尤其是成品轧机轧辊的辊身较短，孔型配置少，这样可提高轧辊刚度和提高产品尺寸精度。通常 L 与 D 均有一定比例，如：

开坯和粗轧机$\frac{L}{D}=2.2\sim3.0$　　　　精轧机$\frac{L}{D}=1.5\sim2.0$

深槽轧辊$\frac{L}{D}=2.4\sim2.8$　　　　浅槽轧辊$\frac{L}{D}=2.6\sim3.2$

650 型钢轧辊 $L=1800\text{mm}$，$\frac{L}{D}=2.7$

B　型钢轧辊的辊颈尺寸

辊颈直径 d 和长度 l 与轧辊轴承形式及工作载荷有关，由于受轧辊轴承径向尺寸的限制，一般按经验数据选取：

三辊式轧机	$d=(0.55\sim0.63)D$	$l=(0.92\sim1.2)d$
四辊式轧机	$d=(0.6\sim0.7)D$	$l=1.2d$
小型及线材轧机	$d=(0.53\sim0.55)$	$l=d+(20\sim50)\text{mm}$
650 型钢轧辊辊颈	$d=1\text{mm}$	$l=400\text{mm}$

C　梅花辊头尺寸

650 型钢轧辊的梅花头尺寸相应为 $d_1=370\text{mm}$；$r_1=74.5\text{mm}$，$l_2=250\text{mm}$；$l_3=300\text{mm}$。

D　轧辊强度核算

由于型钢轧辊，沿辊身长度上布置有许多孔型轧槽。此时有槽轧辊受的外力（轧制压力）可近似地看成集中力如图 7-3 所示。轧件在不同的轧槽中轧制时，外力的作用点是变动的，所以要分别判断不同轧槽过钢时轧槽各断面应力进行比较，找出危险断面。通常对辊身只计算弯曲，对辊颈则计算弯曲和扭转，传动端辊头只计算扭转。

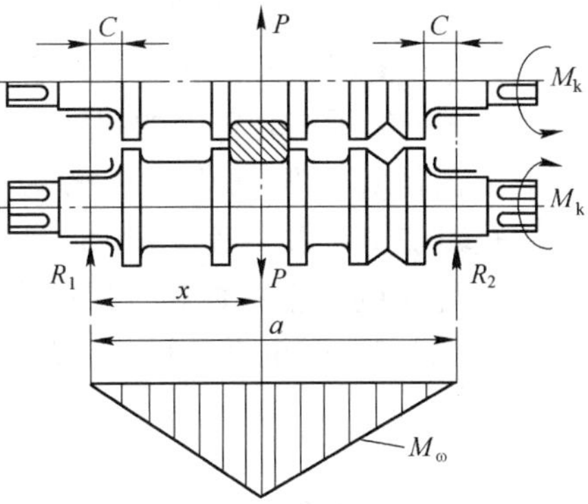

图 7-3　有槽轧辊受力图

（1）辊身弯曲应力计算。由图 7-3 知，轧制力 P 所在断面上的弯矩为：

$$M_\omega = R_1 x = x\left(1-\frac{x}{a}\right)P \tag{7-2}$$

式中　a——压下螺丝中心距。

弯曲应力为：

$$\sigma_{\omega}=\frac{M_{\omega}}{0.1D^3} \quad (7-3)$$

式中　D——计算断面处的轧辊工作直径。

（2）辊颈弯曲和扭转应力计算。辊颈上的弯矩，由最大支反力决定

$$M_n=R\cdot C \quad (7-4)$$

式中　R——最大支反力；

C——压下螺丝中心线至辊身边缘的距离，取为辊颈长度之半 $C=\frac{l}{2}$。

辊颈危险断面的弯曲应力 σ 和扭转应力 τ 分别为：

$$\sigma=\frac{M_n}{0.1d^3} \quad (7-5)$$

$$\tau=\frac{M_k}{0.2d^3} \quad (7-6)$$

式中，M_n 和 M_k 分别为辊颈危险断面处的弯矩和扭矩；d 是辊颈直径；辊颈强度按弯扭合成应力计算。对钢轧辊合成应力，应按第四强度理论计算

$$\sigma_p=\sqrt{\sigma^2+3\tau^2} \quad (7-7)$$

对铸铁轧辊，则按莫尔理论计算

$$\sigma_p=0.375\sigma+0.625\sqrt{\sigma^2+4\tau^2} \quad (7-8)$$

（3）梅花轴头的扭转应力计算。由于最大扭转应力发生在它的槽底部位，如图 7－4所示；

当 $d_2=0.66d$ 时，其最大扭转应力为

$$\tau=\frac{M_k}{0.07d_1^3} \quad (7-9)$$

式中　d_1——梅花轴头外径；

d_2——梅花轴头槽底内接圆直径；

M_k——作用在轧辊上的扭转力矩。

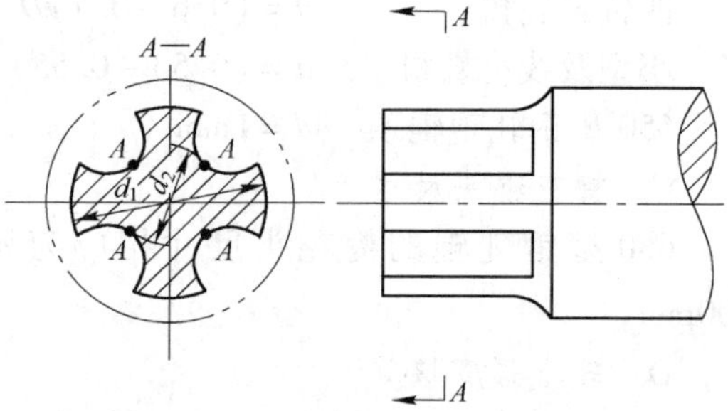

图 7－4　梅花辊头最大扭转应力的部位

由于在计算轧辊强度时未考虑疲劳因素，故轧辊安全系数一般取 $n=5$。

（4）轧辊的安全系数和许用应力。通常轧辊的安全系数取 $n=5$。轧辊材料的强度极限 σ_b 为标准进行安全系数校核，故轧辊的许用应力

$$R_b=\frac{\sigma_b}{5} \quad (7-10)$$

各种轧辊材料的许用应力值表，如表 7－4 所示。

表 7－4　各种轧辊材料的许用应力值表（$n=5$）

强度极限与许用应力	合金锻钢	碳素锻钢	铸　钢	铸　铁	球墨铸铁
强度极限 σ_b/MPa	700～750	600～650	500～600	350～400	400～600
许用应力 R_b/MPa	140～150	120～130	100～120	70～80	80～120

7.2.2　轧辊轴承

型钢轧机的轧辊大部分采用开式的胶木瓦轴承，胶木瓦具有较小的摩擦系数和较高的耐磨性，并且用水润滑时具有足够的承载能力，但弹性变形大，对产品精度要求较高的大、中、小型及线材，已采用滚动轴承或油膜轴承。

650 型钢轧机采用开式胶木瓦。轴瓦配置如图 7－5 所示，中辊由于上、下过钢，轴颈的上、下都有主瓦，上辊仅上部为主瓦，主瓦承受轧制力，其下部为尺寸较小的辅瓦，辅瓦仅承受上轧辊的重量又称为托瓦。

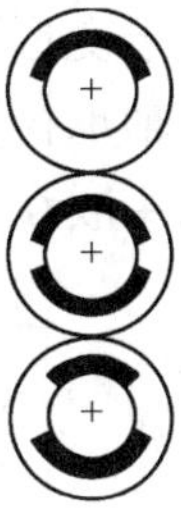

图 7－5　型钢轧机胶木瓦配置

650 型钢轧机的轧辊轴承如图 7－6 所示，五块整体压制径向和轴向胶木瓦分别装在相应的五个瓦座中，除中辊上瓦座 5 的材料为 ZG40Cr 外，其余瓦座为 ZG35，上辊上瓦座 4 通过垫块与压下螺丝端部接触，下瓦座 7 通过拉杆 6（每边一根）挂在平衡弹簧上。为便于换辊，中辊上瓦座 5 是“H”形瓦座（简称 H 架），它向下的两条腿的内侧有凹槽，用于容纳并轴向固定中辊下瓦座 8；它向上的两条腿通过嵌于机架上盖燕尾槽中的斜楔 3 支撑在机架上，当中辊衬瓦磨损时，可通过斜楔 3 进行调整，使 H 形瓦架始终压在中辊辊颈上，中辊的下瓦座 8 直接支靠在机架立柱的凸肩上，下轧辊只有下瓦座 9，它通过垫块 11 直接支在压上螺丝上。

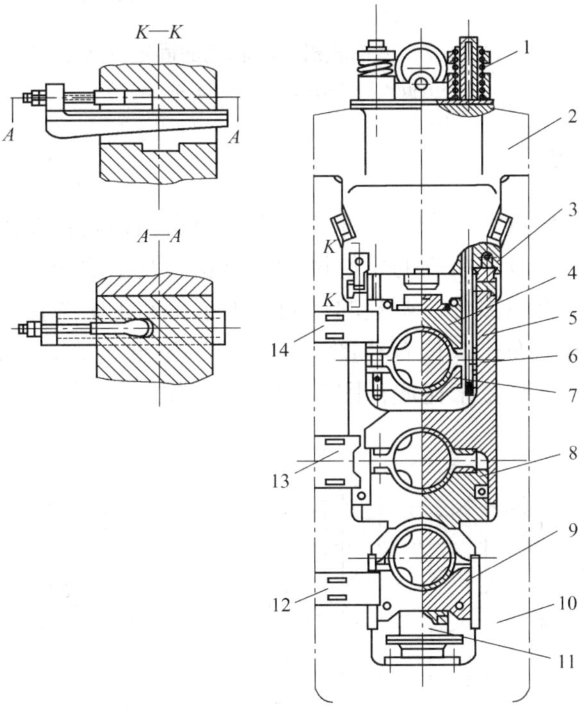

图 7－6　650 型钢轧机的轧辊轴承

1—上辊平衡弹簧；2—机架上盖；3—斜楔；4—上辊上瓦座；5—中辊上瓦座；6—拉杆；7—上辊下瓦座；8—中辊下瓦座；9—下辊下瓦座；10—机架立柱；11—压上装置垫块；12，13，14—轧辊轴调整压板

中辊轴承采用 H 形瓦座的主要优点是取消了老式结构中机架立柱的中辊上瓦座凸台，这不仅简化了机架的加工，而且换辊方便，换辊时上辊部件随同机架上盖一起吊走，H 形瓦座和中辊及其下瓦即可一起吊出，因而缩短了换辊时间。H 形瓦座在使用中由于承受弯矩较大，容易发生变形，造成拆装困难。由于 H 形瓦座的支腿厚度受机架离口尺寸的限制，为了提高其强度和刚度，多采用合金材料，且采用较大腿厚尺寸。为了换辊方便及防止由于变形引起的卡住现象，H 形瓦座与机架窗口间每边留有 0.5～0.75mm 的侧间隙。

轴承衬瓦的固定方式如图 7－7 所示。径向轴瓦 2 通过压板 1 牢固地固定在瓦座中，端瓦 4 嵌在瓦座端面燕尾槽中，其径向由压板 1 固定。

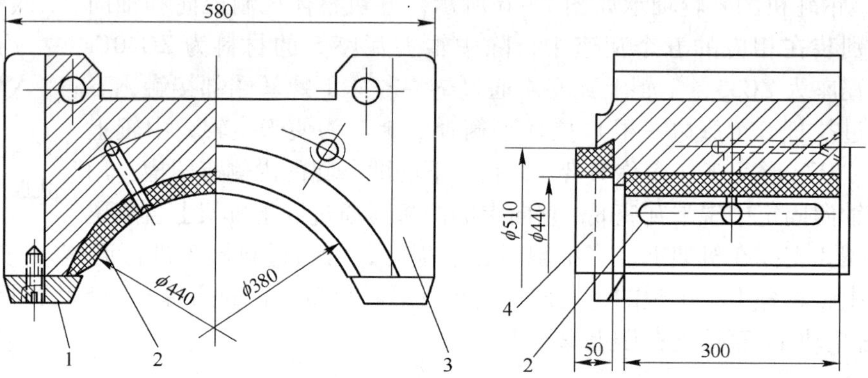

图 7－7　型钢轧机上辊轴瓦的固定方式

1—压板；2—轴瓦；3—瓦座；4—端瓦

7.2.3　轧辊的调整装置

轧辊的调整装置是轧机上一个重要部件，主要用来调整轧辊在机架中的相对位置，用以保证获得所要求的压下量、精确的轧件尺寸、形状以及正常的轧制条件。型钢轧机的轧辊调整分径向及轴向调整两部分，调整的目的是为了得到正确的孔型位置。

如图 7－8（b）为正确孔型位置；图 7－8（a）辊缝过大，必须进行上、下径向调整，它由压下装置或压上装置来完成；图 7－8（c）为上、下轧槽左右没有对中，必须进行左右轴向调整。

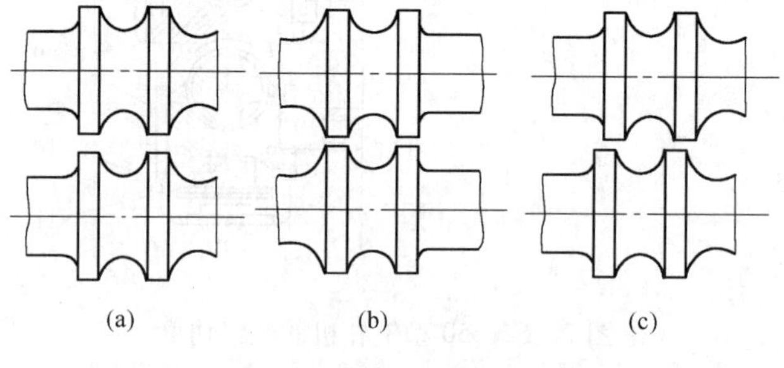

图 7－8　型钢轧机轧辊调整示意图

由于型钢轧机的轧辊不经常调整，其调整工作通常是在换辊、变换产品规格或更换磨损轴承时进行，轧辊移动量小，对调速无要求，通常型钢轧机压下装置几乎全部都是手动慢速调整装置，但在型钢连轧机上，为了保证连轧常数，在轧制过程中也需要进行压下调整，或者在自动化程度较高的轧机上具有自动压下装置时，则必须采用电动压下装置。上轧辊平衡装置采用简单的弹簧平衡。

7.2.3.1　轧辊径向调整装置

A　上辊手动调整装置

常见的手动压下装置有以下四种形式，如图 7－9 所示。

(1) 斜楔调整方式如图 7－9 (a) 所示。

(2) 直接转动压下螺丝的调整方式如图 7－9 (b) 所示。

(3) 圆柱齿轮传动压下螺丝的调整方式如图 7－9 (c) 所示。

(4) 蜗轮蜗杆传动压下螺丝的调整方式如图 7－9 (d) 所示。

目前主要采用图 7－9 (c)、(d) 两种方式。

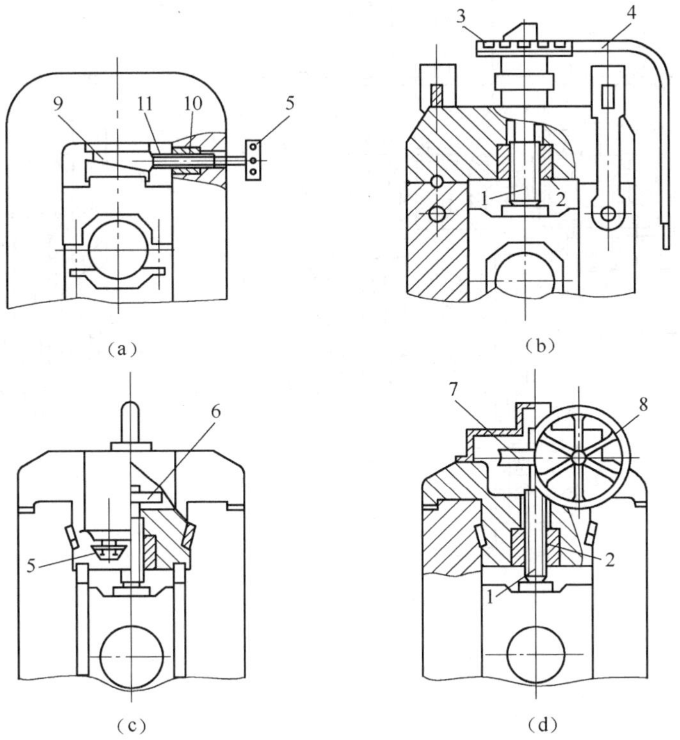

图 7－9　手动压下装置

(a) 斜楔调整方式；(b) 直接转动压下螺丝的调整方式；

(c) 圆柱齿轮传动压下螺丝的调整方式；(d) 蜗轮蜗杆传动压下螺丝的调整方式

1—压下螺丝；2—压下螺母；3—齿盘；4—调整杆；5—调整帽；6—大齿轮；

7—蜗轮；8—手轮；9—斜楔；10—螺母；11—丝杠

B　中辊手动调整装置

三辊型钢轧机的中辊是固定的，中辊调整只是按轴承的磨损程度调轴承的上瓦座，保证辊颈与轴承、轴承衬之间的合适间隙。由于这一调整量较小，常用斜楔机构。典型结构用斜楔压紧“H”形瓦座的方式，这种结构换辊方便，使用较广。

C　下辊手动调整装置

在中辊固定的三辊型钢轧机上，下辊调整的作用与上辊调整装置的作用相同，都是调整辊缝。常见的结构有压上螺丝式和斜楔式。压上螺丝大多采用圆柱齿轮传动，压上螺丝式调整机构的优点是调整量大，但因处于轧机底部，易受水和氧化铁皮的侵蚀，需有较好的密封防护措施。

斜楔式调整量小，结构简单并且不怕水和氧化侵蚀，故经常采用。

650 型钢轧机的上辊压下装置如图 7－10 所示，压下螺丝由与手轮 8 同轴的小齿轮 6 通过中间惰轮 1 及大齿轮 4 来驱动，整个压下装置都装在机架上盖之中，为了简化结构及机架的加工，小齿轮采用滑动轴承 7，中间惰轮轴 3 是不转动的，它与机架上盖采用静配合，为了使转动轻便，惰轮与心轴之间装有滚动轴承 2，大齿轮 4 与压下螺丝 5 的圆柱形尾端为静配合，并用键传递扭矩。

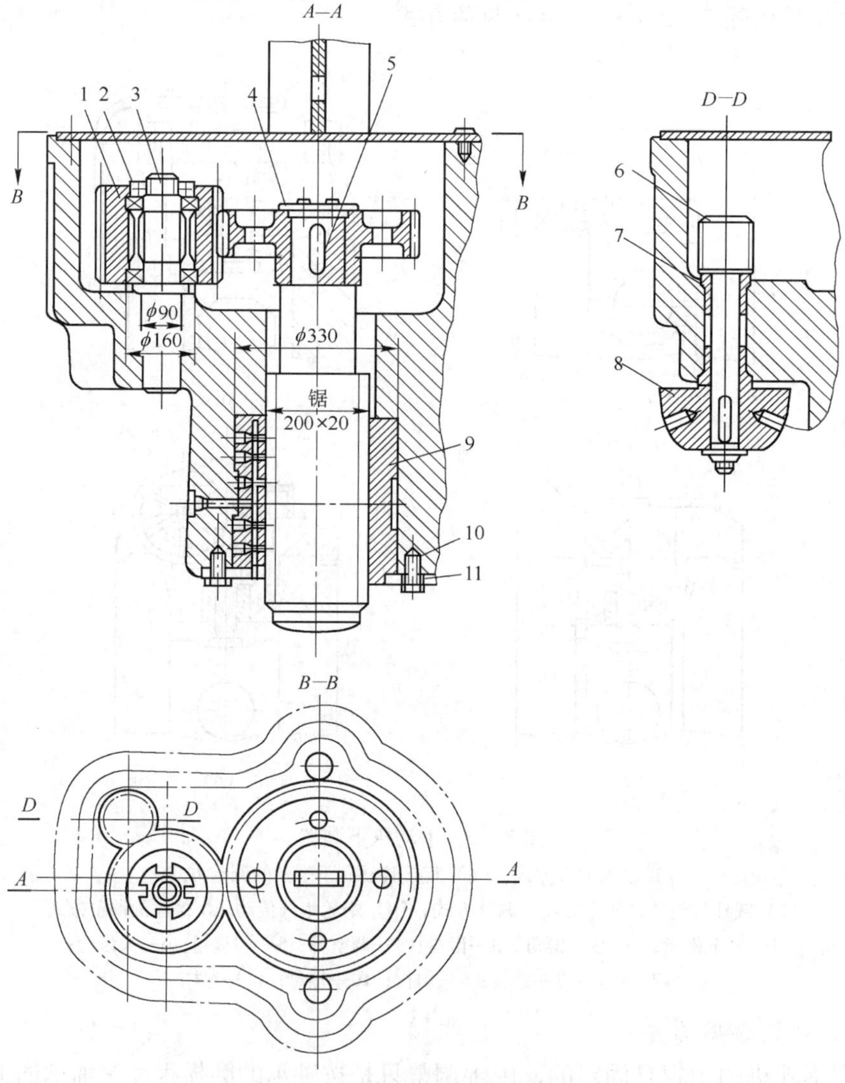

图 7－10　650 轧机上辊压下装置

1—中间惰轮；2—滚动轴承；3—惰轮轴；4—大齿轮；5—压下螺丝；6—小齿轮；7—滑动轴承；8—手轮；9—压下螺母；10—螺丝；11—压板

惰轮的作用主要是加大齿轮中心距，以使留出安置手轮的空间。考虑到压下螺丝要适应新、旧轧辊的调整量，故中间惰轮的齿宽应不小于压下螺丝最大移动量及大齿轮宽度之和。齿轮用甘油润滑。

7.2.3.2　轧辊轴向调整装置

如图 7－6 中装有轴向压板 12、13、14，其作用为对正轧槽，固定轧辊的轴向位置，承受轴向力以及在止推衬瓦磨损时轴向移动轴承座。轴向压板的结构如图 7－11 所示，压板 2 通过其椭圆孔套在穿过机架立柱通孔的锤头螺栓 3 上，旋动调节螺钉 4，可使用压板压紧（或松开）轴承座。在换辊时，将锤头螺栓的螺母松开后，压板可沿其椭圆孔向外移开，这种机构只能单方向（向内）轴向移动轧辊，因此必须在每个轧辊的两端成对设置。当欲使一端的压板向内调整时，另一端的压板必须松开，当孔型在轴向对准后，两边的压板都需压紧，从而使轧辊轴向固定。这种结构比较简单，便于换辊操作。

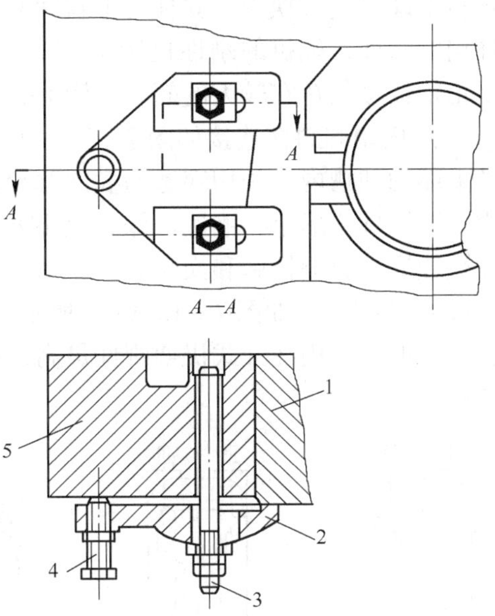

图 7－11　轴向压板调整装置
1—轴承座；2—压板；3—锤头螺栓；4—调节螺钉；5—机架

7.2.4　机架

7.2.4.1　机架的用途

轧钢机机架是轧钢机机座中的重要零件，它用来安装轧辊，轧辊轴承座、轧辊调整装置及导位装置等工作机座中全部零部件，并承受全部轧制力，因而机架要有足够的强度和刚度。由于机架重量大，制造较复杂，一般安全系数取为（$n=10\sim12$）并作为永久使用不更换的零件进行设计。

型钢轧机大、中型采用开式机架，某些小型和线材用闭式机架。

7.2.4.2　机架的分类

常见的开式机架上盖连接方式有五种。

（1）螺栓连接如图 7－12（a）所示。这种连接方式，连接中每个牌坊的上盖用两个螺栓固定在立柱上，其结构简单，但因螺栓较长，变形较大，机架刚度差，并且换辊时，拆装螺丝劳动强度大。

（2）立销和斜楔连接如图 7－12（b）所示。这种连接方式，由于用楔连接代替了螺栓连接，故拆装时相对方便。

（3）套环和斜楔连接如图 7－12（c）所示。这种连接方式，用套环代替螺栓或柱销。套环的下端用横销铰接在立柱上，上端用斜楔将上盖和立柱紧固，换辊时，拆去斜楔，将套环转下即可进行换辊，立柱与上盖间有定位销防止错位。由于套环的断面可大于螺栓或圆柱销的断面，轧机的刚性比图 7－12（a）、（b）两种形式高，但由于套环拉伸变形，加上销轴铰接处存在较大的间隙，因而这种连接形式，刚性也差。

（4）横销和斜楔连接如图 7－12（d）所示。这种连接方式是将机架上盖的下部插在主柱上端的凹槽内，并用穿透的横向圆销连接，再用斜楔楔紧，此种连接结构简单、连接牢固，连接件变形小，刚性较好，换辊方便，但由于楔紧力和轧制冲击力的影响下，横销易发生变形，影响拆卸和换辊。

（5）斜楔连接如图 7－12（e）所示。这种连接方式结构简单，连接紧固，连接件数量少，变形小，用在开式机架刚性最高，换辊方便，使用效果也较好，有取代其他开式机架的趋势。

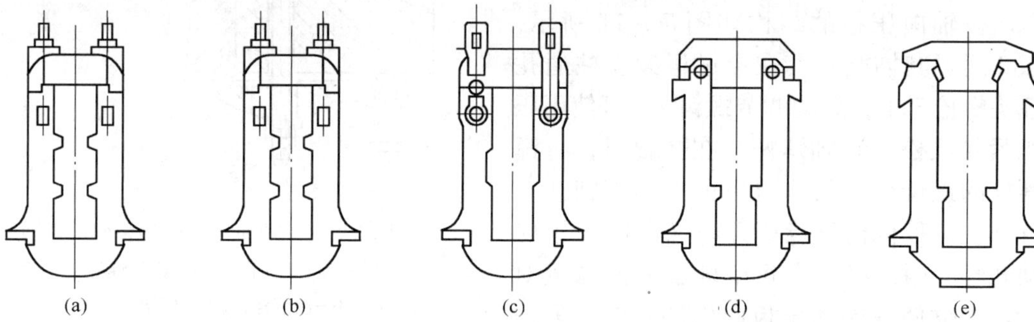

图 7－12　开式机架上盖连接方式

（a）螺栓连接；（b）立销和斜楔连接；（c）套环和斜楔连接；（d）横销和斜楔连接；（e）斜楔连接

7.3　650 型钢连轧车间的工艺过程

型钢生产在钢材生产中占据着较重要的地位。型钢轧机的种类很多，本节着重介绍 650 型钢连轧机组。650 连轧机组由两架 650 立辊轧机和两架 650 水平辊轧机组成，目前是我国最先进的型钢轧机，采用先进的计算机自动控制。

7.3.1　650 型钢连轧车间工艺过程

650 型钢连轧车间的工艺过程是：均热炉→运锭车→800 可逆式初轧机→9000kN 剪切机→45°角翻钢机→650 立辊轧机→650 水平辊轧机→650 立辊轧机→650 水平辊轧机→ϕ1800 热锯机→冷床→型钢矫正机→成品库。

7.3.2　650 立辊轧机

650 立辊轧机如图 7－13 所示，主要由机架、立辊主传装置、压下装置、内机架、内机架平衡升降装置及换辊装置等组成。

7.3.2.1　立辊主传动装置

主传动装置如图 7－14 所示，主要由电动机 1、联轴节 2、传动轴 3、圆锥齿轮减速器 4、立轴 5、齿轮箱 6、立辊平衡液压缸 7、十字轴式万向联轴节 8、连接轴 9、偏头联轴节 10 及立辊 12 等组成。

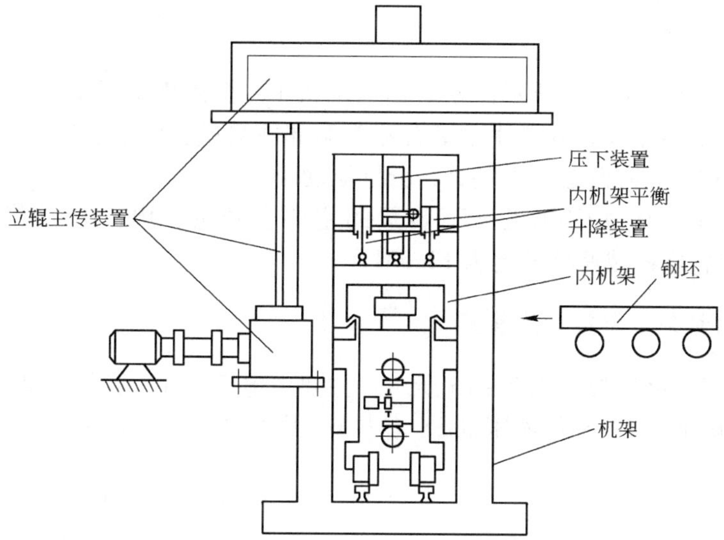

图 7－13 650 立辊型钢轧机

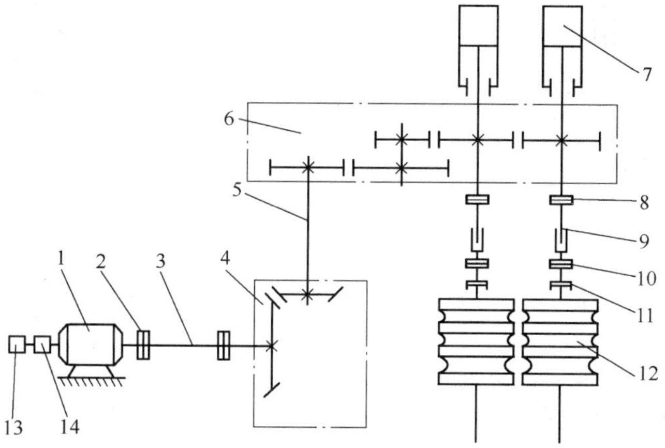

图 7－14 650 立辊轧机主传动装置原理简图

1—电动机；2—联轴节；3—传动轴；4—圆锥齿轮减速器；5—立轴；6—齿轮箱；7—立辊平衡液压缸；8—万向联轴节；9—连接轴（花键伸缩）；10—偏头联轴节；11—立轴联轴器；12—立辊；13—转速自整角发动机；14—转速继电器

主传动电动机安装在地面上，齿轮箱安装在机架上面，电动机通过水平轴、圆锥齿轮减速器及立轴将运动和动力传递到机架上部的齿轮箱。齿轮箱由两级圆柱斜齿轮减速器及齿轮座组成，齿轮座的作用是将运动和动力传给两个立轴。与两立辊相对应齿轮的上面分别安装有两个液压缸，用以平衡连接轴的重量。连接轴中部为花键结构，其伸缩量为1005mm，允许轧辊升降，以便实现不同孔型的轧制。

本溪钢铁公司特钢公司 650 立辊轧机主传动装置的主要参数为：电机功率 1120kW；转速 450～750r/min；下部弧形圆锥齿轮传动；$Z_2/Z_1=37/26$，$i=1.423$；上部两级圆柱斜齿传动，总速比 $i=14.397$；齿轮座中心距 1000mm；平衡液压缸两个，工作压力 $P=7\text{MPa}$。

7.3.2.2　立辊压下装置

立辊压下装置如图7－15所示。主要由电动机1、联轴节2、两级蜗轮蜗杆减速器3和4、压下螺母7、压下丝杠8及手动离合器6等部件组成。压下装置工作原理与其他轧机压下装置基本相同。有两套压下装置，分别驱动两个立辊。

本钢特钢公司650立辊轧机压下装置的主要参数为：电动机功率9.5kW；转速1350r/min；两蜗轮蜗杆减速器速比为12.531。

7.3.2.3　内机架平衡及升降装置

内机架平衡及升降装置如图7－16所示。主要由电动机1、联轴节2、蜗轮蜗杆减速器3、圆柱齿轮减速器4、平衡液压缸5、丝杠6、内机架7等部件组成。

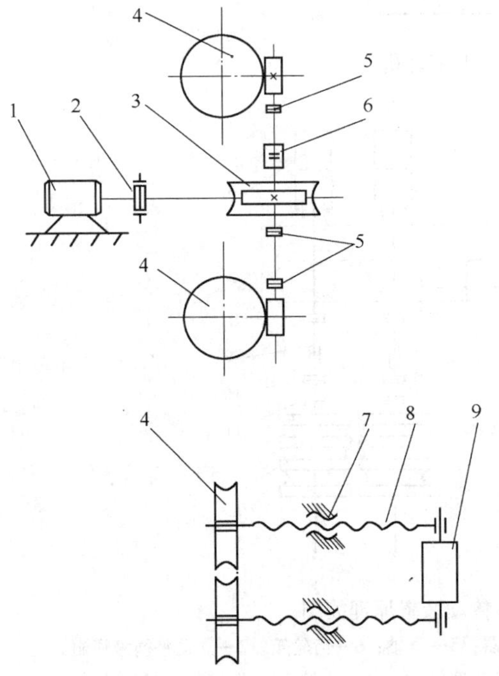

图7－15　立辊压下装置原理简图
1—电动机；2，5—联轴节；3—两级蜗轮蜗杆减速器；4—中间有花键的蜗轮；6—手动切离离合器；7—压下螺母；8—压下丝杠；9—立辊

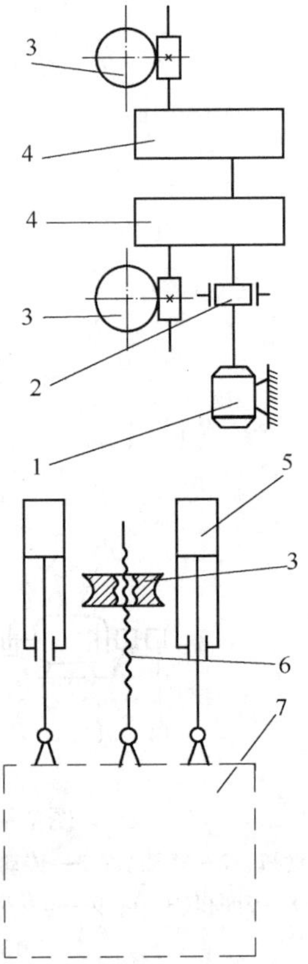

图7－16　内机架平衡及升降装置原理简图
1—电动机；2—联轴节；3—蜗轮蜗杆减速器 4—圆柱齿轮减速器；5—平衡液压缸；6—压下丝杠；7—内机架

平衡液压缸共有四个，每侧各两个，用以平衡内机架的重量，液压缸工作压力10MPa。

内机架中安装有两个立轧辊导卫装置，导卫装置的作用是引导轧件进入两立辊的孔型中。轧辊轴向调整装置的作用是使两轧辊的孔型对正。

在两个立辊上有三组孔型，要实现不同孔型轧制，必须使内机架沿铅垂方向移动，本钢特钢公司650立辊轧机内机架移动量±500mm，内机架升降装置实现了内机架的升降。内机架升降装置的另一个作用是使内机架下移，将内机架下部四个行走轮移至地面轨道上，用以实现换辊。

内机架升降的工作过程为：电动机1带动两台斜齿圆柱齿轮减速器4，又分别带动两台蜗轮蜗杆减速器3，蜗轮的内孔为螺母，蜗轮转动使丝杠6上下移动，从而实现了内机架7的上下移动。

本钢特钢公司650立辊轧机架平衡及升降装置的主要参数为：电机功率6kW，转速575~1150r/min，总速比$i=20$，丝杠为220×20。

7.3.2.4　换辊装置

换辊装置如图7-17所示，主要由液压缸1、锁钩2、内机架3及轨道4组成。

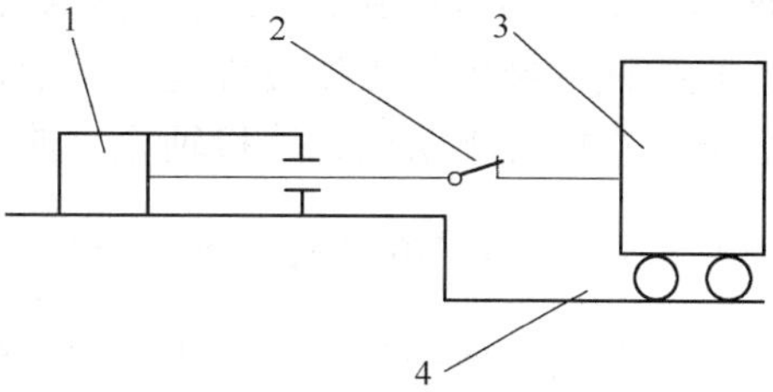

图7-17　换辊装置简图

1—液压缸；2—锁钩；3—内机架；4—轨道

7.3.3　650水平辊轧机

650水平辊轧机如图7-18所示。主要由主传动装置、机架、机架换移装置、压下装置、轧辊平衡装置、轨座等组成。

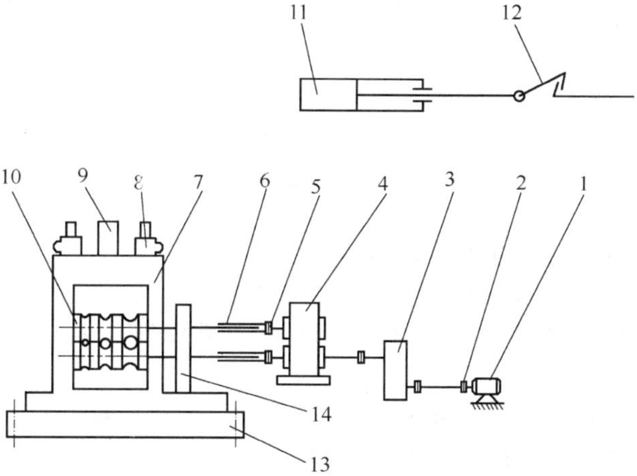

图7-18　650水平辊型钢轧机

1—电动机；2—联轴节；3—减速器；4—齿轮座；5—十字万向联轴节；6—连接轴；7—机架；8—压下装置；9—轧辊平衡液压缸；10—轧辊；11—横移液压缸；12—锁钩；13—轨座；14—连接轴平衡装置

7.3.3.1　主传动装置

主传动装置由电机1、联轴节2、减速器3、齿轮座4、十字万向联轴节5及连接轴6等部件组成。

连接轴6的中部为花键结构，可使机架整体横移。

连接轴的平衡装置采用液压平衡装置。

本钢特钢公司650水平辊型钢轧机主传动装置的主要参数为：最大轧制力4500kN、最大轧制力矩500kN·m、轧辊转速20～40r/min、电机功率1120kW、转速450/750r/min、总速比 i =17.3、连接轴花键伸缩量1000mm。

7.3.3.2　机架横移装置

机架横移装置主要由：横移液压缸11、锁钩12、机架7及轨座13等部件组成。

在轧辊上有三组孔型，轧制线固定，要实现不同孔型的轧制，须横移机架。四架连轧机（两台立辊轧机、两台水平辊轧机）中，每架轧机的轧辊都有三组孔型，可轧制三种规格的型钢，如需轧制其他规格的型钢，四架连轧机均需更换轧辊。

机架横移装置的工作过程是：用锁钩将机架锁住，液压缸工作，使机架及连接轴平衡装置支座在轨座上滑动，连接轴花键伸长或缩短，从而实现了孔型的轧制。

7.3.3.3　压下装置及上辊平衡装置

压下装置主要由压下电动机、蜗轮蜗杆减速器、压下螺丝及压下螺母等组成。

两套压下装置联动，由液压缸实现了两套压下装置的离合。

本钢650水平辊型钢轧机压下装置的主要参数为：压下电机功率7.5kW、转速1350r/min、蜗轮蜗杆减速器的速比 i =33。

上工作辊平衡用1个液压缸，其结构和工作原理与1700热连轧机5缸式平衡装置中上支撑辊平衡基本相同。

思考题

7-1　型钢如何生产，型钢轧机有哪些分类方法？

7-2　确定型钢轧机轧辊的辊身工作直径时要考虑哪些因素？

7-3　型钢轧机中轧辊材料如何要求，根据什么条件选择合适的轧辊材料？

7-4　试分析轧辊强度计算思路。

7-5　型钢轧机中采用胶木轴瓦结构有哪些特点，使用应注意哪些问题？

7-6　轧辊需要哪些调整，轧辊调整达到哪些目的？

7-7　上辊调整机构类型及其特点与适用场合。

7-8　上辊设平衡装置有哪些作用？

7-9　型钢轧机传动装置中采用联合式接轴有何特点及优缺点？

7-10　简述650型钢连轧机组的主要工艺过程。

8 钢管轧机

8.1 钢管生产的概况

钢管分为焊接钢管和无缝钢管两大类。焊接钢管是用带钢焊接而成。而无缝钢管主要是轧制生产，其加工方法有热轧、冷轧、冷拔三大类。

8.1.1 热轧无缝钢管

热轧无缝钢管的生产工艺过程是将实心管坯或钢锭穿孔并轧成符合产品标准的钢管。整个过程有以下两个变形工序。

8.1.1.1 穿孔

穿孔是将实心管坯穿孔成空心毛管。常见的管坯穿孔方法有斜轧（二辊 、狄塞尔、三辊）、压力穿孔和推轧穿孔（PPM）等三种，如图 8－1 所示。另外还有直接采用离心浇注、连铸与电渣重熔等方法获得空心管坯，而省去穿孔工序。

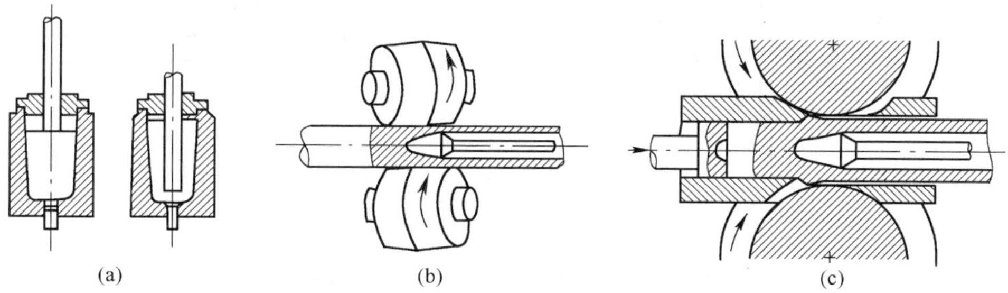

图 8－1　穿孔方法示意图
（a）压力穿孔；（b）斜轧穿孔；（c）推杆穿孔

8.1.1.2 轧管

轧管是将空心毛管轧成接近成品尺寸的钢管。常见的轧管机有自动轧管机、连续式轧管机（全浮动式 MM、限动心棒 MPM）、皮尔格轧管机（周期式轧管机）、三辊轧管机、狄塞尔轧管机、顶管机和钢热挤压机，如图 8－2 所示。

钢管生产中，按产品品种规格和生产能力等要求不同，而选用不同类型的轧管机。采用不同类型的轧管机轧管时，由于轧件的运动条件、应力状态条件、道次变形量和生产率等条件不同，故必须为它配备变形量和生产率等方面相匹配的穿孔及其前后工序设备，因而不同的轧管机就构成了相应的钢管热轧机组。热轧无缝钢管机组也就是以轧管机类型来分类。一个机组的具体名称以该机组生产钢管的最大规格和轧管机的类型来表示。例如，

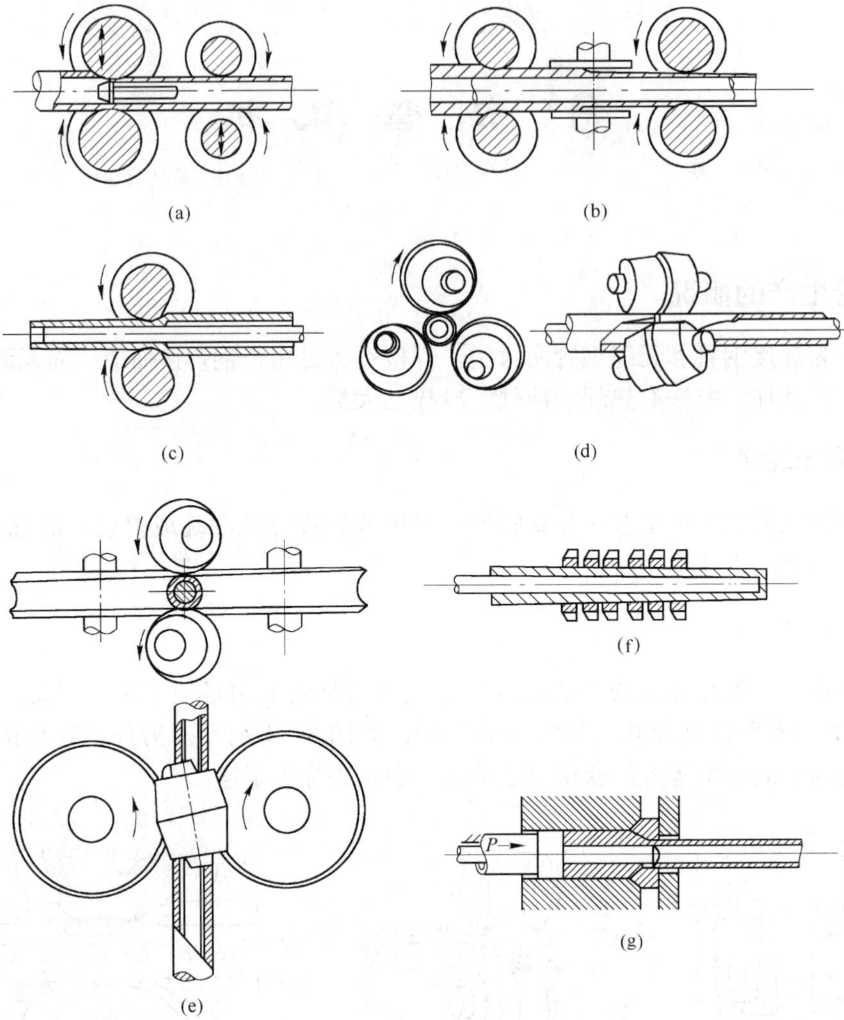

图 8 –2　各种热轧管机轧管方法示意图

（a）自动轧管机；（b）连轧管机；（c）皮尔格轧管机；（d）三辊轧管机；
（e）狄塞尔轧管机；（f）顶管机；（g）热挤压机

ϕ140 自动轧管机组，即机组生产的最大外径为 ϕ140mm；轧管机形式为自动轧管机。同例有 ϕ140 连续式轧管机组、ϕ133 顶管机组、ϕ318 周期式轧管机组等。而钢管热挤压机组则采用挤压机的最大压力或产品规格范围来表示其型号，例如 3150 挤压钢管机组，即挤压机的最大压力为 3150t。

在热轧钢管机组中，为了提高产品质量和扩大机组的产品规格范围，通常在轧管机后面需设置均整机、定径机、减径机或扩径机等钢管轧制设备，如图 8 –3 所示。

8.1.2　钢管的冷加工

钢管冷加工方法有冷轧、冷拔和旋压等三种，如图 8 –4 所示。旋压本质上也是一种冷轧，冷轧管机和旋压机的规格大小用其轧制的产品规格（最大外径）和轧管机形式来

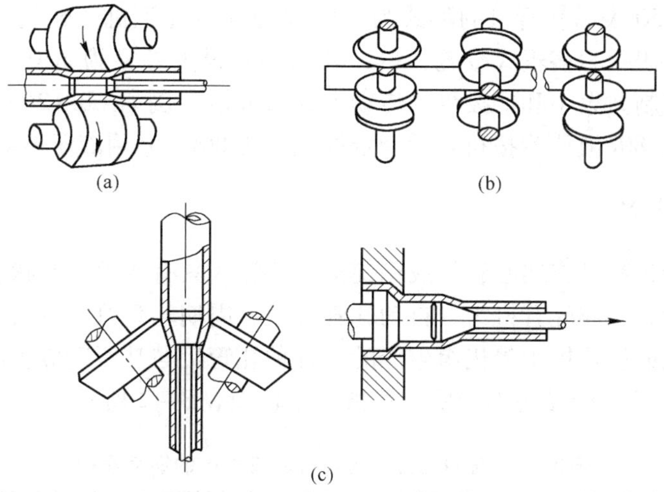

图 8-3　荒管轧制设备示意图

（a）均整机；（b）定、减径机；（c）扩径机

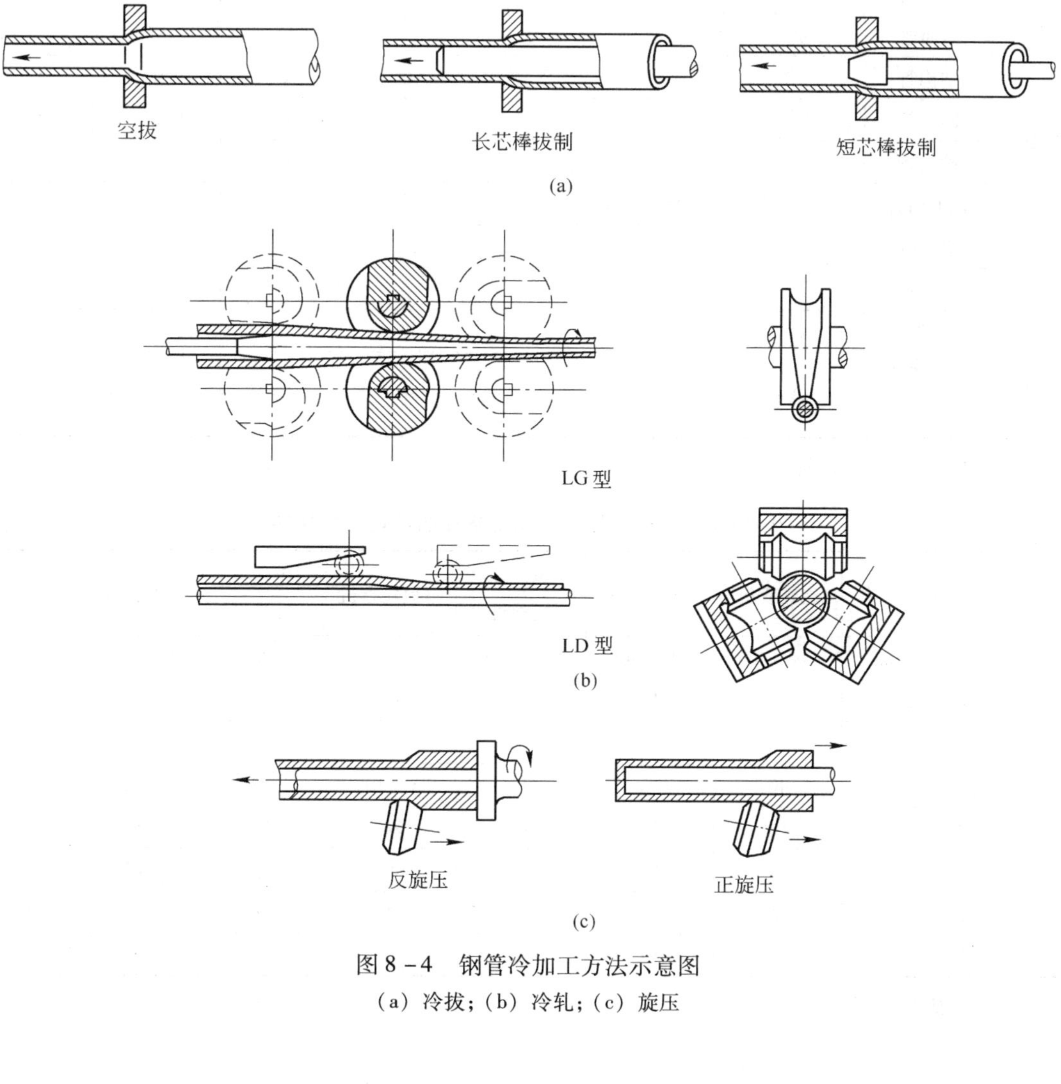

图 8-4　钢管冷加工方法示意图

（a）冷拔；（b）冷轧；（c）旋压

表示。例如 LG－150 表示轧管机的形式为二辊周期式冷轧管机，轧制钢管的最大外径为 ϕ150mm。LD－30 表示为多辊式冷轧管机，轧制钢管最大外径为 ϕ30mm。冷拔机的规格用其允许的额定拔制力大小和冷拔机的传动方式来表示，例如 LB－20 表示为额定拔制力 20t 的链式冷拔机；80t 液压冷拔机表示额定拔制力为 80t，采用液压传动。

8.2　热轧钢管生产

热轧钢管生产过程是将实心管坯或钢锭穿孔并轧成具有要求的形状、尺寸和性能的钢管。热轧无缝钢管是由连轧管机组、自动轧管机组、周期轧管机组、狄塞尔轧管机组、三辊轧管机组、减径或扩径机组等机组生产的。各种轧管机与其所适应生产的钢管品种如表 8－1 所示。各种轧管机产品规格和质量等指标比较如表 8－2 所示。

表 8－1　各种轧管机与其所适应生产的钢管品种

钢　种	品　种	连轧管机（MPM）	自动轧管机	Accu－Roll 轧管机	三辊轧管机	周期式轧管机	顶管机（CPE）	挤压机
碳钢	石油管	√	√	√		√	√	
	地质管	√	√	√		√	√	
合金钢	结构管	√	√	√	√	√	√	√
	锅炉管	√	√	√	√	√	√	√
	输送管	√	√	√	√	√	√	√
	化工用管	√	√	√	√	√	√	√
不锈钢	锅炉管				√			
	化工耐蚀管		√	√		√		√①
	原子能管	√						√
高合金钢	化工用管							√
	原子能管							√

①主要提供冷（轧）坯料。

表 8－2　各种轧管机产品规格和质量等指标比较

指　标	连轧管机	自动轧管机	Accu－Roll 轧管机	三辊轧管机	皮尔格轧管机	顶管机	挤压机
生产最大规格/mm	114～406	100～406	114～406	114～245	660	114～245	1270
最大管长/m	30	15	18	15	36	21～24	
壁厚偏差/%	±6～7	±10	< ±5	±5	±10	±6～7	±10
D/S 比（大于）	40	40	35	25（40）	40	40	
平均生产率/m · min^{-1}	60	36	44	26	12	63	16
表面质量	好	差	好	好	差	好	差
成材率	高	中	高	中	低	中	低
投资	高	中	低	低	中	低	中

注：不包括大顶管。

8.2.1 热轧无缝钢管生产工艺流程

常用的热轧无缝钢管生产方法如表 8－3 所示，其生产工艺流程如图 8－5 所示。

表 8－3 常用的热轧无缝钢管生产方法

生产方法		原料（管坯）	主要变形工序用设备		产品范围			
			穿孔	轧管	外径 D_c /mm①	壁厚 δ_e /mm	D_c/δ_e	轧管机轧后最大长度/m
热轧	自动式轧管机组	圆轧坯	二辊式斜轧穿孔机（曼内斯曼式）或菌式穿孔机	自动式轧管机	ϕ12.7～600.4②	2～60	6～48	10～16
		连铸方坯	推轧穿孔机（PPM）和斜轧延伸机		ϕ165～406	5.5～40.5		
	皮尔格轧管机组	圆锭	二辊式斜轧穿孔机（曼内斯曼式）	皮尔格轧管机	ϕ50～1000	2.25～170	4～40	16～28
		方锭或多角形锭	压力穿孔机和斜轧延伸机					
		连铸方坯	推轧穿孔机和斜轧延伸机					
	连续式轧管机组	圆轧坯	二辊式斜轧穿孔机（曼内斯曼式）	长芯棒连轧管机（MM）	ϕ16～168.3	1.75～25.4	6～30	20～33
		圆连铸坯①	狄塞尔穿孔机或三辊斜轧延伸机					
		连轧方坯	推轧穿孔机和斜轧延伸机		ϕ48～340	3～25	7～30	
	三辊轧管机组	圆轧坯	二辊斜轧穿孔机（曼内斯曼式）或三辊斜轧穿孔机	三辊式轧管机	ϕ21～240	2～45	4～12～（50）	8～10
	狄塞尔轧管机组	圆轧坯	二辊式斜轧穿孔机（曼内斯曼式）	狄塞尔轧辊机（带主动导盘的斜轧机）	ϕ51～108（ϕ39～203）	2～8	4～35	约 15
顶制	顶管机组	方轧坯或方连续铸坯	压力穿孔机和斜轧延伸机	顶管机顶制	ϕ17～1070	3～200	5～30	14～16
挤压	热挤压机组	圆锭或圆坯	压力穿孔机穿孔或钻孔后压力穿孔机扩孔	挤压机挤压	ϕ25～1425	约 2	4.5～25	约 25

①各机组 ϕ50mm 以下的管是通过减径机或张力减径机生产的；
②自动式轧管机组正常最大外径为 ϕ426mm，ϕ660.4mm 的管是用扩径机生产的。

8.2.1.1 管坯

管坯种类的选择包括：

（1）管坯钢的冶炼方法，如电炉、转炉或电渣重熔等。

（2）管坯的加工方法，如铸钢锭、连铸坯、轧制、锻制等。

（3）管坯断面形状，如方形、圆形、多角形等。

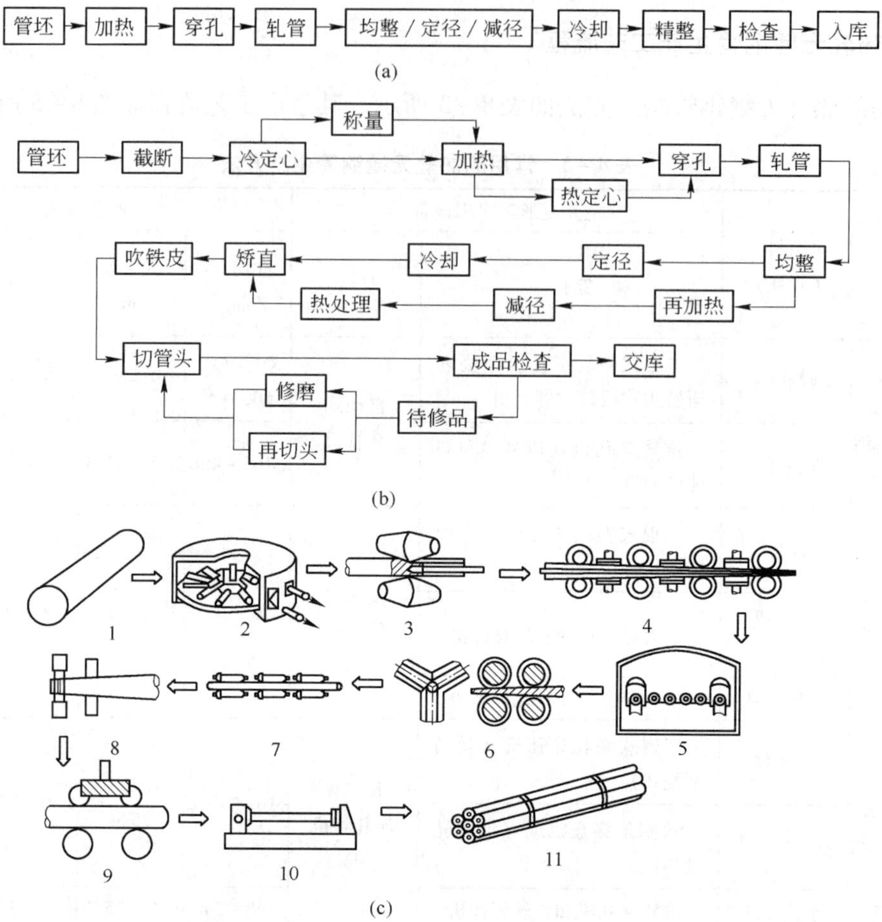

图 8－5　热轧无缝钢管生产工艺流程

（a）通用的生产工艺流程；（b）自动轧管机生产工艺流程；（c）连续轧管机生产工艺流程

1—管坯；2—加热炉；3—穿孔机；4—连轧管机；5—再加热炉；6—张力减径机；
7—矫直机；8—切管机；9—无损探伤；10—水压试验机；11—成品包装入库

对上述三者的选择，主要取决于钢管的品种和穿孔的方法。

对管坯的表面要严格地进行检查和清理。将管坯切成轧制时需要的定尺长度。管坯穿孔前，为改善穿孔时的咬入条件、防止穿孔时穿偏，圆管坯要进行定心，即在前端端面中心钻孔或冲孔。

对管坯加热有三点要求：温度准确、加热均匀、烧损少。管坯加热一般在环形炉中进行，也有采用步进炉的。

8.2.1.2　轧制

钢管的轧制包括穿孔，轧管，均整和定、减径（或张力减径）等工序。穿孔工序是先将实心管坯（锭）穿制成空心毛管，相当于一般热轧中的开坯工序。轧管工序是将毛管减壁延伸，使其壁厚接近或等于成品尺寸，相当于一般热轧中的毛轧（延伸）工序。均整和定、减径（或张力减径）相当于一般热轧中的精轧工序。均整是将轧后的钢管内外表面磨光和均匀壁厚。定径是使钢管外形尺寸精确化，达到更高的尺寸精度和真圆度。减径工序除具有提高钢管外表面质量外，还用于用大管坯生产小口径管；用同一规格的管坯生产多种规格的成品管。各种热轧管机组的轧制工序示例如表 8－4 所示。

表 8－4 各种热轧管机组的轧制工序示意例（○表示设此工序）

机组	→开坯→													毛轧（延伸）→								精轧→					
	水力除鳞	管坯除鳞	涂玻璃粉	二辊斜轧穿孔机	压力穿孔	三辊斜轧穿孔	狄塞尔穿孔	再加热	推轧穿孔	再加热	二辊斜轧延伸	再加热	涂玻璃粉	自动式轧管	皮尔格式轧管	长芯棒连轧管	可控芯棒连轧管	三辊式轧管	狄塞尔式轧管	预制管	挤压	锯头	脱棒	均整	再加热	定径	减径
自动式				○										○										○	○	○	○
				○							○	○		○										○	○	○	○
	○	○						○	○		○			○										○		○	
皮尔格式				○											○							○			○	○	○
					○			○			○				○							○			○	○	○
	○	○							○	○	○				○							○			○	○	○
连轧				○												○							○		○	○	○
						○		○								○							○		○	○	○
							○									○							○		○	○	○
	○	○							○		○						○								○	○	○
三辊式				○														○					○		○	○	○
						○												○					○		○	○	○
狄塞尔式				○															○				○			○	
顶管		○			○					○	○									○			○		○	○	○
挤压			○		○							○	○								○	○					
			○		○							○	○								○	○			○		○

8.2.1.3 冷却和精整

热轧后的钢管温度在 700～900℃，为便于以后的精整，须将其冷却。冷却一般在冷床上进行。冷却工艺视钢种而异。

钢管在各生产工序中可能产生缺陷，为去除这些缺陷，则需要对冷却后的钢管进行精整，有些品种还需要作进一步加工处理。几个典型钢种钢管的精整和加工工序如图 8－6 所示。

8.2.1.4 示例

图 8－7 为法国圣索尔夫厂连轧钢管机组生产流程及顶杆（芯棒）循环示意图。将长

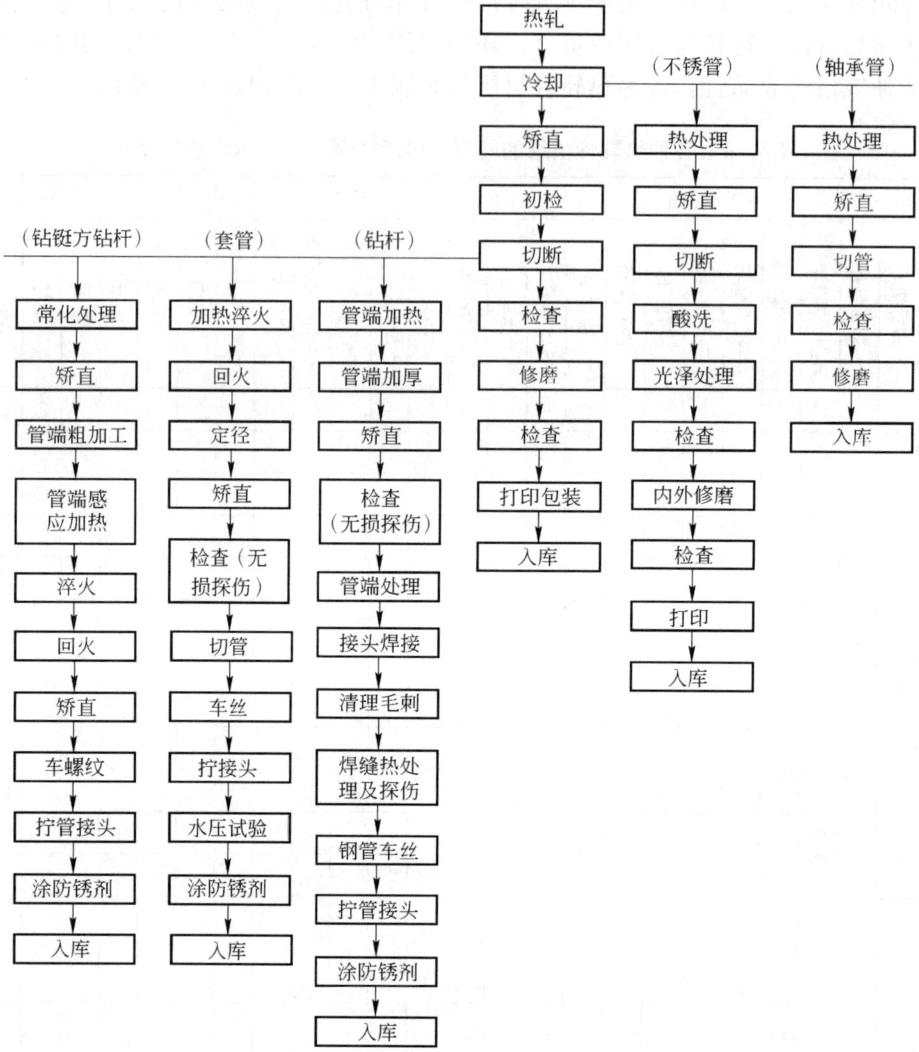

图 8－6　几个典型钢种钢管的精轧工序

12m、ϕ20mm 和 ϕ160mm 连铸圆管坯切断成 1.5～4m 定尺长度。定尺管坯经步进炉加热、液压定心机热定心、高压水除鳞、带有大导盘的卧式二辊穿孔机穿孔成钢管。钢管连同穿孔顶杆一起送入 7 机架连轧管机轧制，顶杆用作连轧时的芯棒。连轧管机轧制时芯棒由链式控制装置控制其速度，限动芯棒操作。但当轧制结束时芯棒与限制装置脱开，随钢管一起轧出，因此，是半限动芯棒操作。脱去芯棒的钢管经锯端头、另一座步进炉再加热、高压水除鳞、24 机架张力减径机（三辊式）减径、齿条式冷床冷却、锯切成定尺 5～16m。之后再经精整、检查、包装、入库等工序。成品管尺寸：ϕ27～127mm、壁厚 2.3～16mm、最大长度 110m。

8.2.2　生产车间及轧机布置

图 8－8 为日本钢管公司京滨厂 400 自动轧管机组车间平面布置图。产品规格：

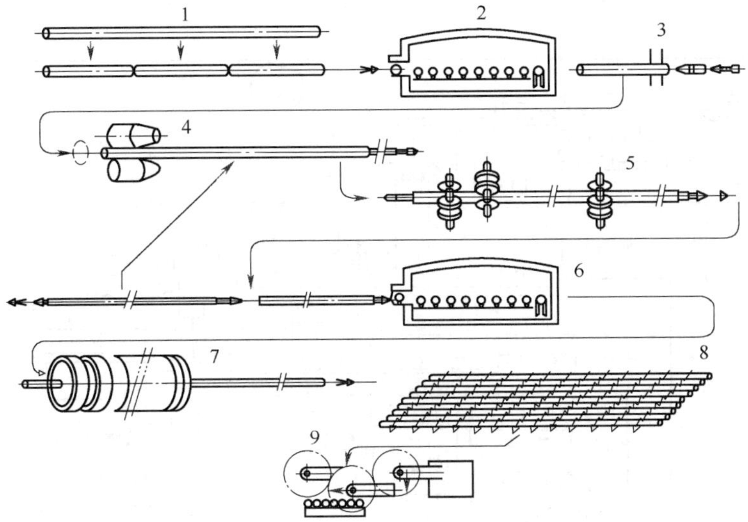

图 8-7 圣索尔夫厂连轧管机组生产过程及顶杆（芯棒）循环示意图

1—管坯切断；2—管坯加热；3—热定心；4—穿孔；5—连轧管；6—再加热；7—张力减径；8—冷却；9—锯断

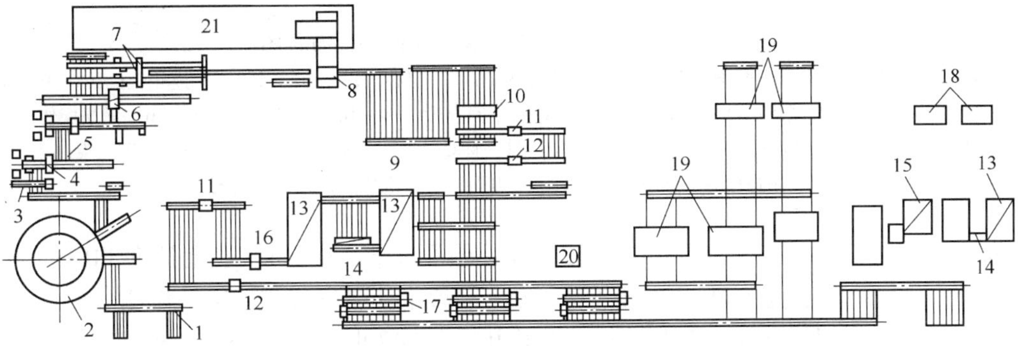

图 8-8 日本钢管公司京滨厂 400 自动轧管机组车间平面布置图

1—上料台架；2—环形加热炉；3—热定心机；4—穿孔机；5—延伸机；6—自动轧管机；7—均整机；8—定径机；9—冷床；10—冷却水槽；11—矫直机；12—磁力探伤机；13—淬火炉；14—淬火槽；15—回火炉；16—定径机；17—切管机；18—车丝机；19—水压试验机；20—磁粉探伤机；21—轧辊间

钢管外径 ϕ152 ~ 406mm、壁厚 4.5 ~ 40mm、最大长度 15m。年生产能力 70 万吨。穿孔机和延伸机是一样的，均采用卧式二辊穿孔机。轧辊最大直径 1400mm、辊身长度 900mm，由两台 3000kW 同步电机传动。轧辊倾斜角可调，最大 150° 自动轧管机是一个单孔型轧管机。轧辊最大直径 ϕ1050mm、辊身长度 560mm，由一台 3500kW 交流电机传动。回送辊最大直径 ϕ660mm、辊身长度 500mm，由一台 410kW 电机传动。均整机是二辊式的，轧辊直径 ϕ1000mm、辊身长度 860mm，由两台 370kW 直流电机传动。轧辊倾斜角固定为 60° 定径机为 7 机架交叉布置，由 150kW 直流电机单独传动，均采用二辊式机架。

图 8-9 为法国圣索尔夫厂连轧钢管车间平面布置图。连铸圆管坯 ϕ120mm 和

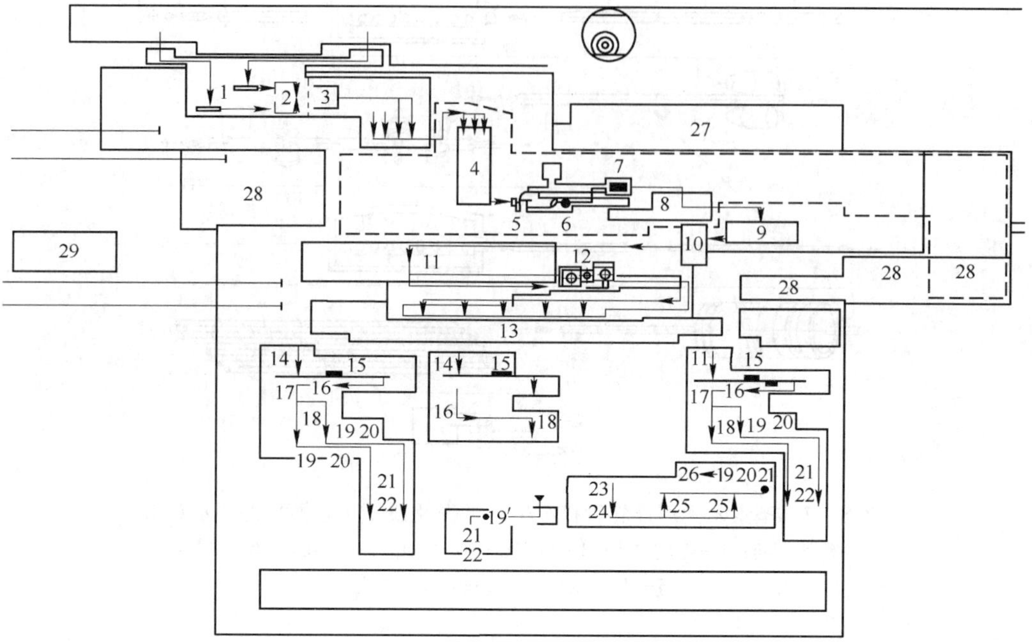

图 8－9　法国圣索尔厂连轧钢管车间平面布置图

1—管坯测长；2—管坯称重；3—管坯锯断；4—步进式加热炉；5—定心机；6—穿孔机；7—连轧管机；8—脱棒机；9—再加热炉；10—张减机；11—冷床；12—锯；13—中间仓库；14—切头；15—矫直机；16—无损探伤；17—切定尺；18—检查；19—测长；20—打印；21—称重；22—打捆；23—倒装；24—水压试验；25—用户检查；26—涂油；27—变电站；28—机修间；29—水处理

ϕ160mm、长 12m。成品管尺寸：ϕ27～127mm、壁厚 2.3～16mm、最大长度 110m。年产量 33 万吨。带有大导盘的卧式二辊穿孔机，导盘上下布置，轧辊在两侧。轧辊直径 ϕ1092mm，与水平面相交 5°～17°。每一轧辊由两台 1470kW 电机经过减速机传动。导盘直径 ϕ2235mm，由 1115kW 电机传动。7 机架连轧管机轧辊直径 ϕ555/450mm，由 10 台电机传动，总容量 13500kW。

图 8－10 为前苏联塔甘罗格冶金工厂周期轧管机组车间平面布置图。车间内布有两套周期轧管机组，原有的是 140～168mm 机组，后建的是 114～168mm 机组。生产钢管直径分别为 140～168mm、114～168mm。年产量约 50 万吨。

图 8－11 为意大利阿尔科雷厂三辊轧管机组车间平面布置图。生产钢管直径为 44～203mm，年产量约 11.5 万吨。

8.2.3　钢管轧机类型和工作原理

热轧无缝钢管的轧制工序是穿孔，轧管，均整和定、减径（或张力减径）等。

穿孔方法分为斜轧穿孔、压力穿孔和推轧穿孔等，其中斜轧穿孔分为菌式穿孔机穿孔、盘式穿孔机穿孔和辊式穿孔机穿孔。辊式穿孔机又分为三辊式、二辊式（分卧式—轧辊左右放置；立式—轧辊上下放置）。各种穿孔方法的比较如表 8－5 所示。

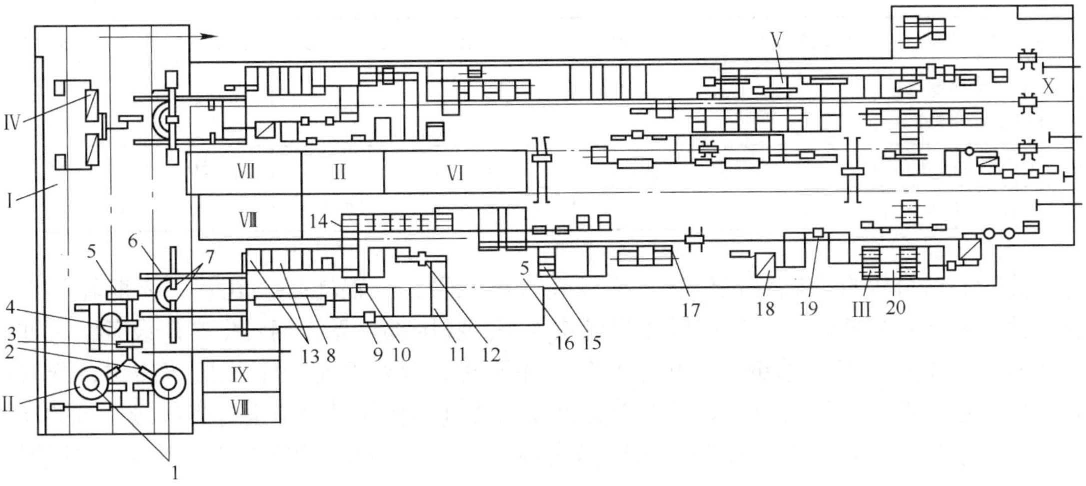

图 8-10 前苏联塔甘罗格冶金工厂周期轧管机组车间平面布置图

Ⅰ—钢锭仓库；Ⅱ—新建的周期轧管机组；Ⅲ—新的钢管精整工段；Ⅳ—原有轧管机组；Ⅴ—原有的精整工段；Ⅵ—管接手工段；Ⅶ—机修间；Ⅷ—主电室；Ⅸ—泵站；Ⅹ—成品库

1—环形炉；2—水力除鳞机；3—水力穿孔机；4—盘式再加热炉；5—延伸机；6—机外插芯棒装置；7—周期轧管机；8—分段快速炉；9—减径机；10—定径机；11—冷床；12—七辊矫直机；13—检查台；14—切管机；15—缝式加热炉；16—卧式管段加厚机；17—钻杆粗车机床；18—步进梁式常化炉；19—七辊矫直机；20—钻杆精车和车丝机

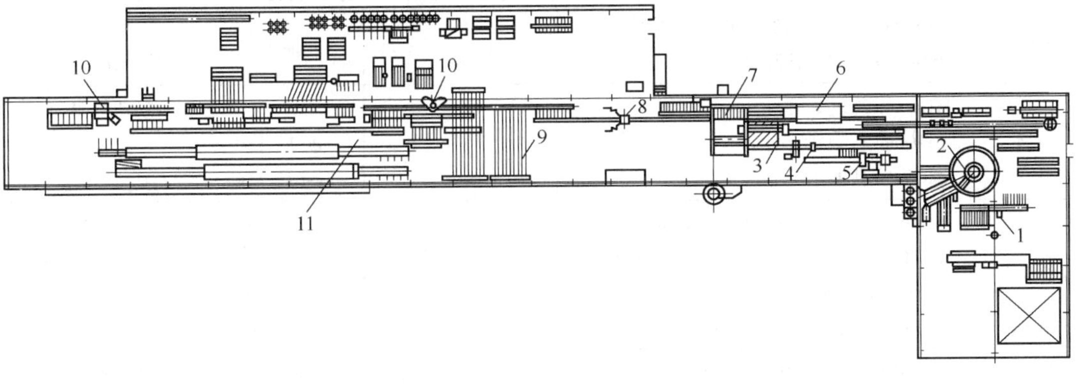

图 8-11 意大利阿尔科雷厂的三辊轧管机组平面布置图

1—冷锯；2—环形加热炉；3—穿孔机；4—三辊轧管机；5—脱棒机；6—再加热炉；7—减径机；8—回转定径机；9—冷床；10—矫直机；11—球化退火炉

表 8-5 各种穿孔方法的比较

项　目	曼式穿孔机	压力冲孔	推轧穿孔	三辊穿孔	狄塞尔穿孔	菌式穿孔
原料种类	轧坯	钢锭、连铸坯	轧坯、连铸坯	轧坯、连铸坯	轧坯、连铸坯	轧坯、连铸坯
原料断面形状	圆	方、圆	方	圆	圆	圆
是否需要配延伸机（二次穿孔）	≥200 轧机需要	要	要	不要	不要	不要

续表 8－5

项　目	曼式穿孔机	压力冲孔	推轧穿孔	三辊穿孔	狄塞尔穿孔	菌式穿孔
最大变形量（包括延伸机）	3.5	2	3.5	3.5	5	6
最大生产率/$m \cdot min^{-1}$	24	10	20	30	50	55
壁厚不均/%	8	10	20	5	5	5

轧管方法分为自动轧管机轧管、连续轧管机轧管、三辊轧管机轧管、周期轧管机轧管、狄塞尔轧管机轧管、三辊行星轧管机轧管等。我国部分无缝钢管生产厂设备情况如表 8－6 所示。我国热轧无缝钢管轧机水平发展不平衡，就好像是一个轧机博物馆，既有比较落后的精度差、产量低的周期式轧管机组和老式自动轧管机组，也有当代最先进的高精度、高产量的连轧管机组（MPM）、精密轧管机组（accu roll）和阿塞尔（assel）轧管机。

表 8－6　我国部分无缝钢管生产厂设备情况

单 位	机　　型	年产能力/万吨	产品规格/mm	备　注
宝钢	ϕ140mm 连轧管机组	50	ϕ32～159	浮动芯棒
天管	ϕ250mm 连轧管机组（MPM） ϕ168mm 连轧管机组（PQF）	50	ϕ114～273	限动芯棒 三辊、限动芯棒
衡管	ϕ89mm 连轧管机组 ϕ273mm 连轧管机组（MPM）	40 50	ϕ25～127 ϕ140～361	半浮动芯棒 限动芯棒
包钢	ϕ180mm 连轧管机组（MINI－MPM） ϕ400mm 自动轧管机组	10 50	ϕ60	限动芯棒 5 机架
鞍钢	ϕ159mm 连轧管机组 ϕ140mm 自动轧管机组 ϕ100mm 狄塞尔机组	 10 8.5	 ϕ57～180 ϕ70～114	限动芯棒 限动芯棒
成都无缝	ϕ180mm 精密轧管机组（accu roll） ϕ216mm、ϕ318mm 周期式［皮尔格（pilger）］轧管机组 ϕ340mm 连轧管机组（PMP）	50	ϕ25～406	限动芯棒
烟台鲁保	ϕ114mm 精密轧管机组（accu roll）	10	ϕ65～118	限动芯棒
大冶钢厂	ϕ170mm 三辊轧管机组（assel）			
武汉 471	ϕ1100mm 顶管机组			管坯八角钢锭

8.2.3.1　二辊斜轧穿孔机

二辊斜轧穿孔机按其辊形不同可分为桶式、菌式和盘式三种。

图 8－12 为桶式二辊斜轧（曼内斯曼）穿孔机工作原理图。该轧机由两个桶形的同向旋转的主动轧辊 1、两个固定不动的导板 2 或随动导辊和一个位于中间的顶头 3 构成一个环形封闭孔型。两个轧辊轴线相对轧制线倾斜一个角度 α，称此角为送进角。两个轧辊轴线相对轧制线的倾角方向相反。由于存在送进角，两个轧辊又同向旋转，故使夹在两个

轧辊中间的管坯5一边旋转，一边前进（螺旋前进）。在管坯被轧辊拽入到和置于两个轧辊之间在顶杆4的支持下的顶头前端相遇为止的一段变形区内，管坯被轧辊在半径方向压缩和在导板方向拉伸，因而在管坯中心形成疏松状态。在此部位放置顶头，靠轧辊和顶头的作用将管坯穿成毛管6。变形过程如图8－13所示。二辊穿孔中管坯的受力情况如图8－14所示。图8－14（a）为穿孔中管坯遇到顶头前的剖面。管坯受到压缩，直径减小，导致在中心部分产生交变压应力和拉应力。在此种应力状态下，会出现管坯中心产生孔腔的趋势。图8－14（b）为管坯已被穿成钢管的剖面。钢管外表面与轧辊和导板接触，而内表面同顶头接触。

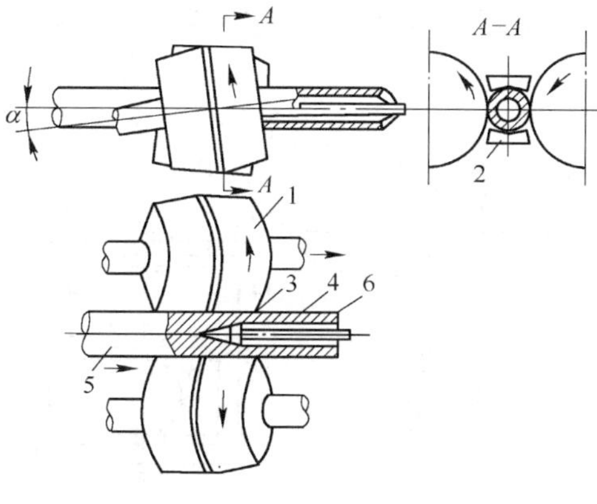

图8－12　桶式二辊斜轧（曼内斯曼）穿孔机
1—轧辊；2—导板；3—顶头；4—顶杆；5—管坯；6—毛管

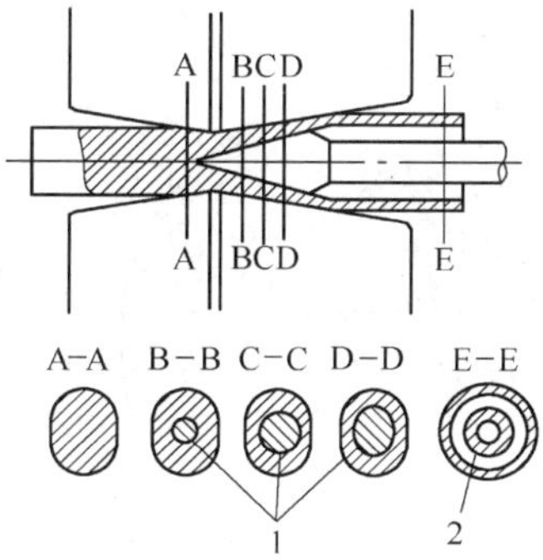

图8－13　穿孔变形过程
1—顶头；2—顶杆

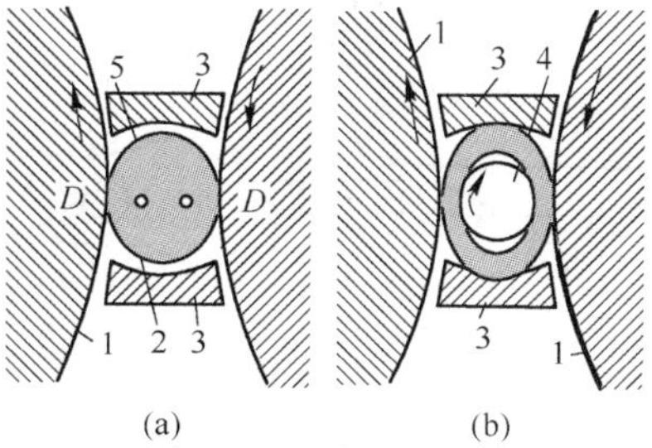

图8－14　二辊穿孔中管坯的受力情况
（a）管坯遇到顶头前的剖面；（b）管坯已被穿成钢管的剖面
1—轧辊；2—管坯；3—导板；4—顶头；5—孔腔

图8－15为狄塞尔穿孔机工作原理图。该轧机是以主动导盘代替固定导板的桶式二辊斜轧穿孔机，其优点是穿孔效率高、金属的可穿性得到提高、导盘散热条件好等。

图8－16为菌式穿孔机工作原理图，因其辊身呈菌形而得名。该轧机是一种除轧辊倾斜一个送进角α外，还带有碾轧角小的二辊斜轧穿孔机。β、γ为轧辊入口、出口锥角。因菌形辊呈顺轧制方向辊径逐渐加大放置，变形区中轧辊轴向分速度能更好地与轧件轴向速度相适应，有利于减少滑动，促进金属纵向延伸和减轻扭转变形。

8.2.3.2　三辊斜轧穿孔机

图8－17为三辊斜轧穿孔机工作原理图。该轧机由三个主动轧辊和顶头构成封闭的孔型，取消了导板。三个轧辊转动方向相同且都与轧制线相交一个角度。三辊穿孔中管坯的受力情况如图8－18所示。由于在二辊穿孔机上管坯受到交变压应力和拉应力作用，导致钢管内表面产生严重的缺陷。而三辊穿孔机，在顶头前管坯中心部分只承受横向压应力。因此，消除了管坯中心被撕裂的趋势。图8－18（a）为穿孔中管坯遇到顶头前的剖面。

图 8-18（b）为管坯已被穿成荒管的剖面。

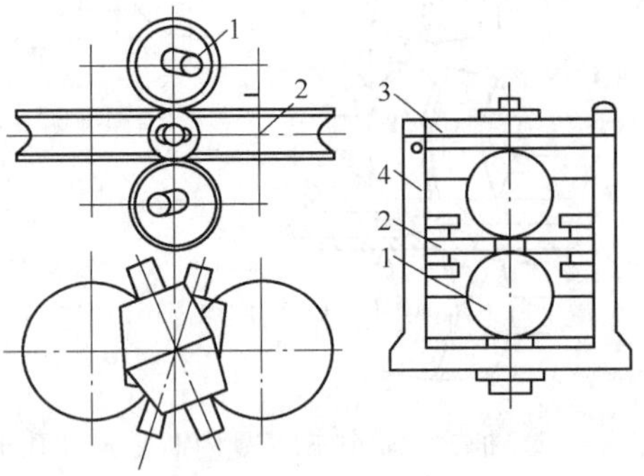

图 8-15　狄塞尔穿孔工作原理图

1—轧辊；2—导盘；3—机架上盖；4—机座

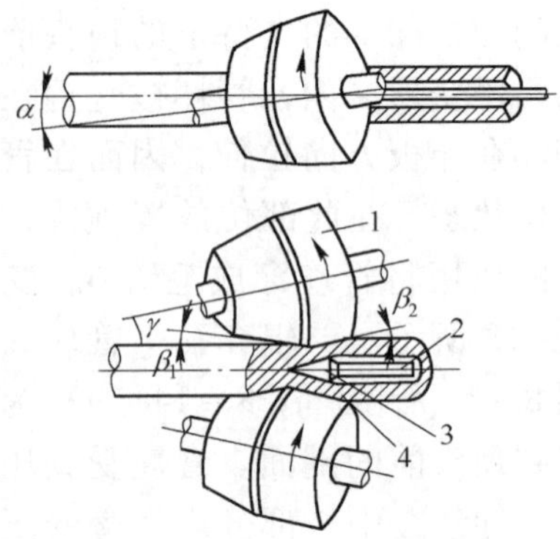

图 8-16　菌式穿孔机工作原理图

1—轧辊；2—顶杆；3—顶头；4—毛管

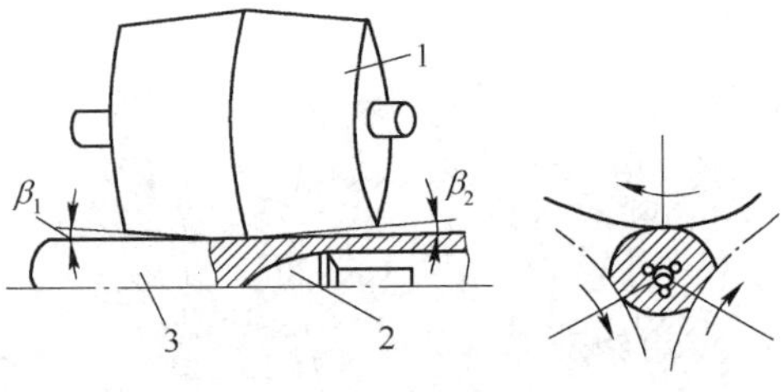

图 8-17　三辊斜轧穿孔机工作原理图

β_1，β_2—轧辊入口、出口锥脚

1—轧辊；2—顶头；3—毛管

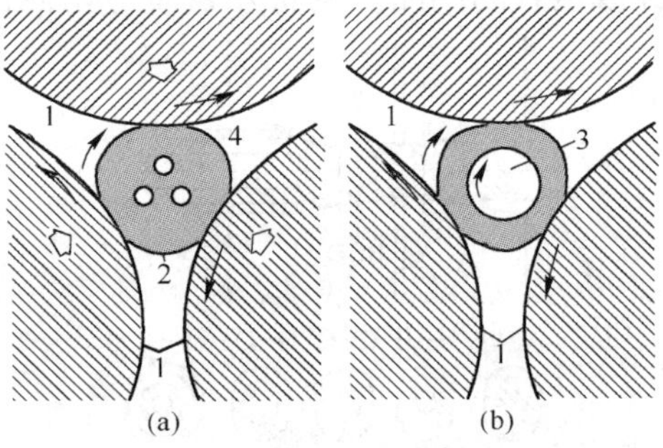

图 8-18　三辊穿孔中管坯的受力情况

（a）管坯遇到顶头前的剖面；（b）管坯已被穿成荒管的剖面

1—轧辊；2—管坯；3—顶头；4—无孔腔

8.2.3.3　推轧穿孔机

图 8-19 为推轧穿孔机（press-piercing mill，简称 PPM）工作原理图。推轧穿孔是以连铸方坯为原料，通过二辊纵轧穿制毛管。轧辊上的圆孔型和由顶杆支固的孔型中的穿孔顶头构成穿孔的孔型。由推料机将加热好的连铸方坯推顶穿过经精确调整好的导入装置而进入轧辊孔型中。首先方坯角部接触轧辊孔型，轧辊给方坯以径向轧制力及由此产生的轴向咬入力。方坯在推入力和咬入力作用下进入孔型轧制。在变形区中，顶头将方坯中心部分金属逐渐挤扩出充满孔型而得到圆形毛管。但推轧穿孔延伸系数较小，穿轧后需经延伸机加工。

8.2.3.4　延伸机

延伸工序是当只靠穿孔工序得不到要求的毛管尺寸时，在穿孔和轧管工序之间增设的，其主要作用是进行毛管的减壁和延伸、减轻毛管壁厚不均、改善毛管内外表面质量以及毛管扩径等。例如：压力穿孔和推轧穿孔的延伸系数很小及穿孔变形量受限制的高合金

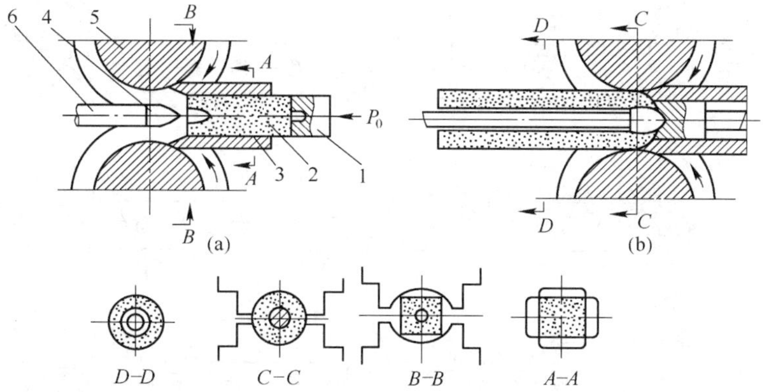

图 8－19 推轧穿孔机工作原理图

(a) 开穿时；(b) 中穿时

1—退料机推杆；2—方坯；3—导入装置；4—穿孔顶头；5—轧辊孔型；6—顶杆

钢，其后一般都设置延伸工序；二辊斜轧穿孔的延伸系数大，但总变形量也大，也需要延伸工序。延伸工序可用两种方法：一是毛管既减壁又减径；二是只减壁不减径甚至扩径。由于后一种方式的工具设计和操作与穿孔基本相同，因此又称它为二次穿孔（将实心管坯穿孔称为一次穿孔）。

延伸机主要采用的是二辊或三辊斜轧机。延伸机与穿孔机结构基本相同，主要在工具设计和工艺制度上有区别。

8.2.3.5 自动轧管机

自动轧管机是一种应用广泛的轧管设备。该轧机由主机、前台和后台三部分组成。主机是二辊不可逆式纵轧机。由上下轧辊轧槽组成圆形孔型和中间放置的顶头构成自动轧管机的环形孔型。为回送钢管的需要，在工作辊后装设了一对高速反向旋转的回送辊，并设有上工作辊和下回送辊快速升降机构。自动轧管机的工作过程如图 8－20 所示。每道次轧制后，从孔型中取出顶头，在上工作辊上升的同时下回送辊也上升，靠回送辊把钢管自动地从轧机后台回到前台。因轧管时，轧完第一道后钢管可在回送辊的作用下自动地从轧机后台回到前台，以便翻转 90°之后第二道轧制，故称自动轧管机。

图 8－21 为双机架串列式自动轧管机的工作过程示意图。

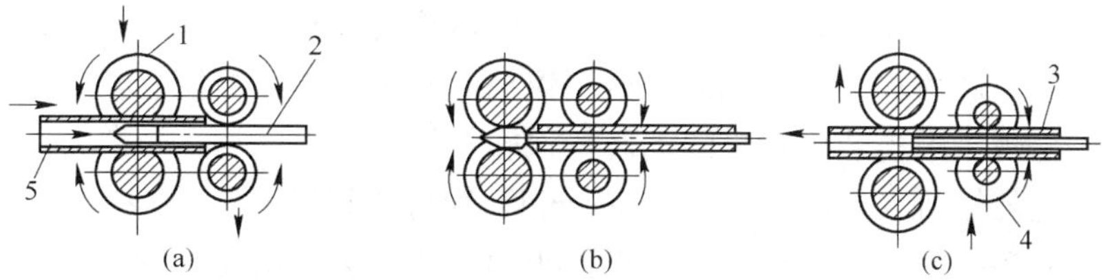

图 8－20 自动轧管机工作过程

(a) 正在轧制；(b) 轧制终了；(c) 毛管回送

1—工作机座；2—带顶头的顶杆；3—管子；4—回送辊；5—毛管

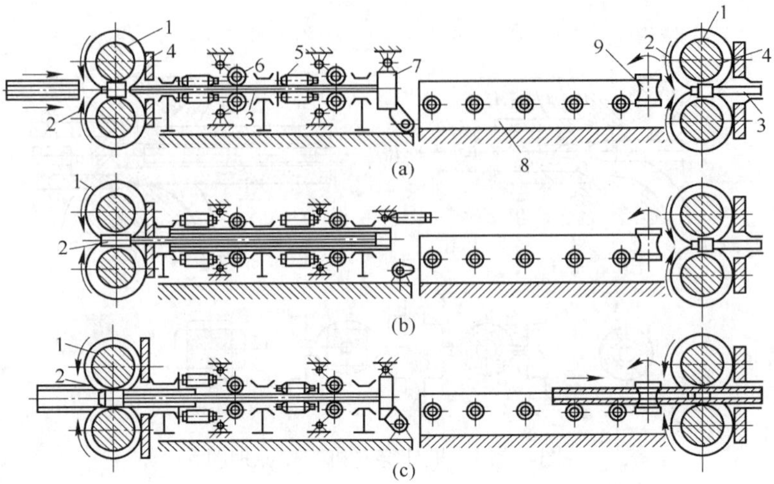

图 8－21　双机架串列式自动轧管机工作过程示意图

(a) 钢管吸入第一机架前的情况；(b) 在第一机架轧完后的情况；(c) 在两个机架中同时轧制的情况
1—轧辊；2—顶杆；3—顶头；4—顶杆夹持器；5—定心辊；6—辊子；
7—止推装置；8—辊道；9—翻转送进立辊

8.2.3.6　连续轧管机

连续轧管机是生产无缝钢管的高效轧机。连轧管是将毛管套在长芯棒上，经过多机架顺次布置且相邻机架辊缝互错90°的连续轧管机轧成钢管。连续轧管机是二辊式纵轧机，依据芯棒运动方式不同可将其分为全浮动芯棒（也称全浮动长芯棒）、限动芯棒和半限动芯棒（也称半浮动芯棒）连轧管机三种类型。20世纪70年代以前连续轧管机均采用传统的全浮动芯棒式，1978年意大利茵西公司设计制造了 ϕ365mm 限动芯棒连续轧管机，法国圣索夫厂建成了 ϕ127mm 半限动芯棒连轧管机，使连续轧管机的发展进入了一个新阶段。

全浮动芯棒连轧管机（mandrea mill，简称 MM）在轧制时，不控制芯棒速度，芯棒随同轧件自由运动。轧管后用脱棒机从钢管中脱出芯棒，芯棒长度接近管子长度。因此，在整个轧制过程中芯棒的速度多次变化。因芯棒速度的变化引起金属流动条件的变化，而金属流动的不规律性又导致了钢管纵向的壁厚和直径变化。此外，芯棒长度大，不但制造困难，且在轧制直径较大的钢管时芯棒的重量也很大，钢管带着过重的芯棒在辊道上运行将会导致钢管破损。全浮动芯棒连轧管机生产的钢管最大直径为177. 8mm。

为解决全浮动芯棒连轧管机轧制时金属流动的不规律性，缩短芯棒长度，解决芯棒制造上的困难，出现了限动芯棒和半限动芯棒连轧管机。

限动芯棒连轧管机（multi－stand pipe mill，简称 MPM）的基本特点就是控制芯棒的运行速度，使芯棒在整个轧制过程中均以低于第一架金属轧出速度的恒定速度前进，避免了不规律的金属流动和轧制条件的变化，可以获得非常好的钢管壁厚公差。其与传统轧管机不同的是在轧线上安有芯棒导向托辊，在轧机前台有芯棒限动、快速往返装置，在轧机后台有二辊式脱管机。限动芯棒连轧管机工艺过程，如图8－22所示，穿孔后的毛管送至

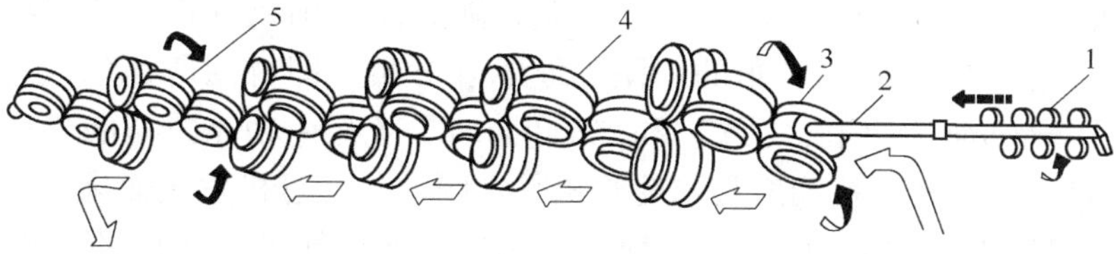

图 8-22 限动芯棒连轧管机组工程

1—芯棒限动装置；2—芯棒；3—毛管；4—连轧管机；5—托管机

连轧管机前台，将涂好润滑剂的芯棒快速插入毛管，穿过机架直至芯棒前端达到成品机架中心线，然后推入毛管轧制，芯棒按规定恒速运行。毛管轧出成品机架后，便直接进入与它相连的脱管脱棒，当毛管尾端一离开成品机架，芯棒便快速返回前台，更换芯棒准备下一周期轧制。

半限动芯棒连轧管机在轧制过程中，对芯棒速度也进行控制，但在轧制结束之前将芯棒放开，像全浮动芯棒连轧管机轧制时一样由钢管将芯棒带出轧机，然后由脱棒机将芯棒抽出，可见其兼有全浮动芯棒和限动芯棒连轧管机的优点，既可缩短芯棒长度，提高管子的质量，又可缩短轧制周期。

通常连续轧管机由 7 ~9 个机架组成。

8.2.3.7 三辊轧管机

三辊轧管机是一种用长芯棒碾轧的斜轧机，工作原理如图 8-23 所示，其中图 8-23（b）。只画出了一个轧辊，另外两个轧辊只画出了其中心线。其结构有两种：一种是阿塞尔（assel）轧管机，另一种是特朗斯瓦尔（transval）轧管机。阿塞尔轧管机由三个转动方向相同的主动轧辊和一根芯棒组成环形封闭孔型，三个轧辊对称布置在以轧制线为形心的等边三角形的顶点，轧辊轴线与轧制线成两个倾斜角度。一个是送进角 α，一个是碾轧角 γ 中。它是靠回转牌坊来改变送进角的，工作轧辊安装在圆锥滚子轴承中，轴承座则安装在两个牌坊中，其中一个固定，而另一个则可绕轧机中心线回转 0° ~25°。转动这个回转牌坊就可以使轧辊倾斜于轧管机的中心线。轧辊回转一个角度可以得到一个送进角。回转角增大则孔型变小，回转角减小则孔型增大。

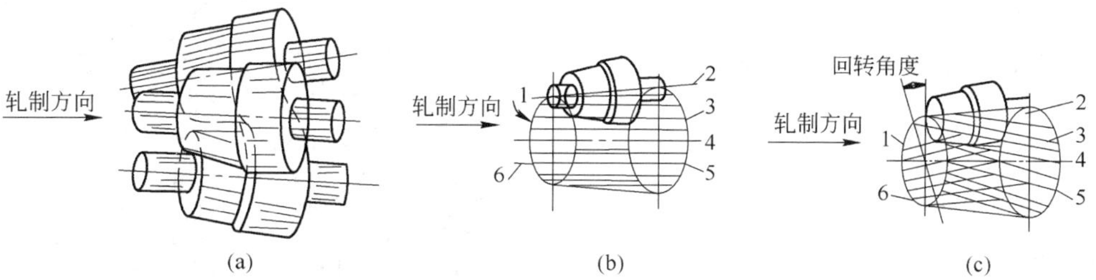

图 8-23 三辊轧管机工作原理

（a）典型的三辊轧管机轧辊布置；（b）牌坊没有回转式时的情况；（c）牌坊回转一个角度时的情况

1—回转牌坊中心线；2—No. 1 轧辊中心线；3—固定牌坊中心线；4—轧机中心线；

5—No. 3 轧辊中心线；6—No. 2 轧辊中心线

1967 年法国瓦卢勒克公司提出了一项专利，随后同英国钢管投资公司按此专利设计制造了可在轧制过程中变换送进角的新型阿塞尔轧管机，即特朗斯瓦尔轧管机，并且用“Lami－nage Transverse”（横轧之意）和“Vallourec”（瓦卢勒克公司的名称）两词字头拼成“ Transval”来命名。特朗斯瓦尔轧管机是由阿塞尔轧管机发展而来，其本质仍是阿塞尔轧管机，不同的是它具有在轧制过程能够迅速变换回转牌坊角度的“转角机构”可用它在轧制过程中实现变送进角、变轧制速度，如图 8－24（a）所示。如在轧制终了前，减小回转牌坊回转角，即减小送进角，这样既降低了轧制速度，又使钢管尾部的管壁稍稍增厚，可防止在钢管尾部产生喇叭口。再如可采用增大回转牌坊回转角获得较大的送进角和轧制速度，可提高生产率。总而言之，通过采用这种新方法可把在阿塞尔轧管机上用全浮动芯棒轧制管，从 $D/S=4\sim10$，扩大到 $4\sim40$，从而使三辊轧管机能够轧制管壁较薄的钢管。同时，即使在生产 $D/S=8\sim10$ 的较厚壁钢管时，生产率高于阿塞尔轧管机，还可提高收得率 4%。该轧管机还可用来生产变断面钢管，如生产两端加厚管和两端壁厚稍薄的管子，如图 8－24（b）所示，在轧制末了时（如在：$z-z$ 处），使回转牌坊按箭头 F 的方向转动（转到 $y-y$ 位置），这就能减少轧制效应，以获得其直径 D_2 大于 D_1 的钢管。

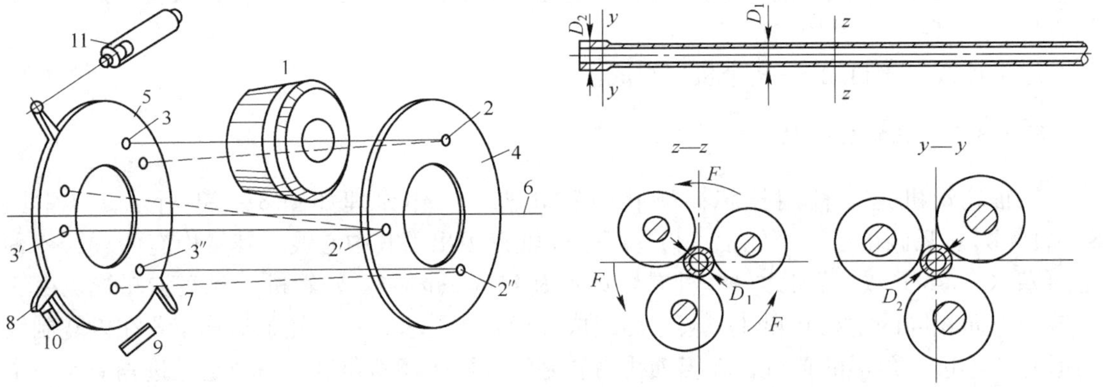

图 8－24　特朗斯瓦尔轧管机工作原理

（a）新型轧管机表示如何改变轧辊间距的工作原理示意图；（b）新型轧管机所轧管子的剖面示意图

1—轧辊；2，2′，2″，3，3′，3″—球面圆心轴承；4—固定牌坊；5—回转牌坊；6—中心线；7，8—回转挡头；9，10—固定挡头；11—液压或气动装置

三辊轧管机的最大特点是轧辊带有台肩，在实现斜轧的同时还进行碾轧。

8.2.3.8　狄塞尔轧管机

狄塞尔（diescher）轧管机（也称主动导盘二辊斜轧轧管机），其结构与常用的二辊斜轧穿孔机类似，只是将固定的上下导板改为驱动回转的大导盘——主动导盘（也称狄塞尔导盘）。工作原理如图 8－25 所示。由轧辊、主动导盘和芯棒组成轧制孔型，轧辊呈

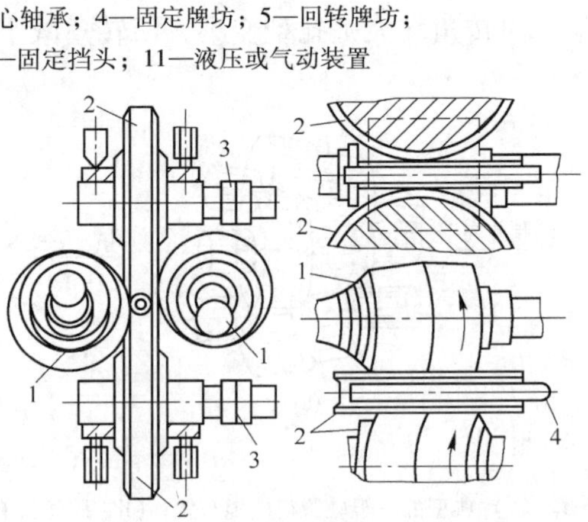

图 8－25　狄塞尔轧管机工作原理

1—轧辊；2—导盘；3—导盘传动轴；4—芯棒

桶形并同轧制线倾斜一个角度，两个轧辊的转动方向相同，是一种用长芯棒的二辊斜轧。轧管时在毛管内穿长芯棒全浮动操作。大圆盘缘面运动速度大于轧件的运动速度，这样可将毛管轧薄并轧光内外表面和减小壁厚偏差。

8.2.3.9 精密轧管机

20 世纪 80 年代，艾特纳标准工程公司将狄塞尔轧管机改为类似于菌式穿孔机的形式，增加了碾轧角和轧辊长度，并改为限动芯棒操作，开发成了精密轧管机（accurate roll），如图 8－26 所示。精密轧管机与菌式穿孔机结构、传动基本相同，但前者用长芯棒，后者用顶头。

8.2.3.10 周期式轧管机

周期式轧管机又称皮尔格（pilger）轧管机，是二辊不可逆轧机。周期式轧管原理是锻轧，相当于锻造——纵轧组合的辊锻，其工作原理如图 8－27 所示。轧辊上刻有变断面的圆孔型，孔型沿轧辊圆周分为两个区域：轧制区（中心角 θ 区）和空轧区（中心角 θ_x 区）。轧制区又可分为三个区：锤头区（脊部）、定径区和出口区，对应的中心角为 θ_α、θ_k、θ_B。锤头区（脊部）孔型半径由空轧区较大值过渡到逐渐减小，用以压缩毛管；定径区孔型半径是不变的，故此不再进行大的变形，主要起定径作用，用以将壁厚不均的部分轧平或精轧；出口区孔型半径开始逐渐增加，使轧辊表面逐渐而平稳地脱开钢管。

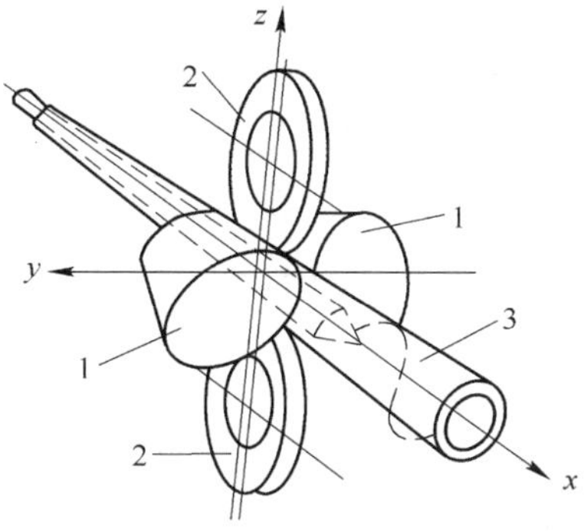

图 8－26 精密轧管机工作原理

1—轧辊；2—大导盘；3—轧件

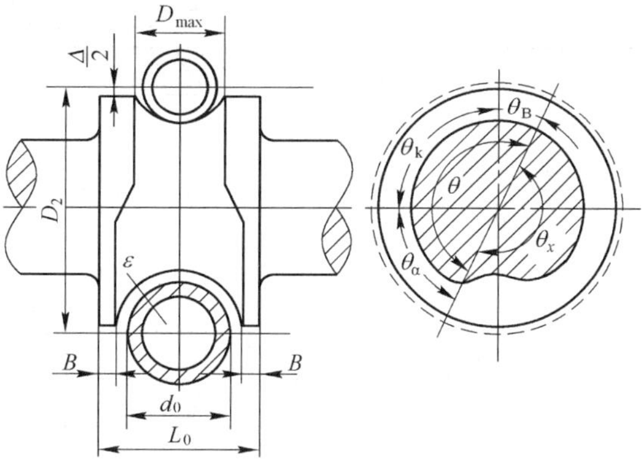

图 8－27 周期式（皮尔格）轧管机工作原理

周期式轧管机工作过程（见图 8－28）：轧辊由电动机通过减速机、齿轮箱和连接轴传动，轧辊旋转方向与轧件（毛管）送进方向相反。由于送入轧件的方向和轧辊旋转方向相反，当轧件被轧辊咬入一个送进量后，就被轧辊朝其旋转方向压出，此时毛管和芯棒一起向后移动，毛管被轧制。轧辊转一周

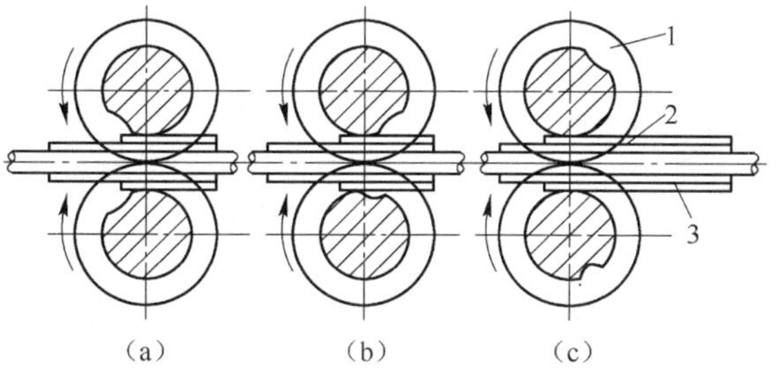

图 8－28 周期式（皮尔格）轧管机工作过程

（a）送进坯料阶段（箭头为送进方向）；（b）咬入阶段；（c）轧制阶段（箭头为轧件运行方向）

1—轧辊；2—芯棒；3—毛管

后，轧辊继续转动，孔型逐渐增大，轧件离开轧辊，孔型空轧部分重新张开，喂料机再将轧件送进轧辊并翻转90°，进行下一周期的轧制。因其轧制过程的周期性，周期式轧管机由此得名。

8.2.3.11　三辊行星轧管机

1974年施罗曼－西马克公司研制成功了三辊行星斜轧机，又称PSW（planet schragewaltwerk）轧机，用于轧制棒材，1977年用于将空心坯轧制成钢管。

用三辊行星轧机作为无缝钢管轧机使用时有许多优点，如表8－7所示，即它生产的钢管壁厚精度高、钢管长、可省去中间加热和再加热、可降低生产成本和基建费用。图8－29为用三辊行星钢管轧机轧管的工艺布置，由穿孔机、延伸机（三辊行星钢管轧机）和精轧机（定径或张力减径机）组成一个连续作业的机组，因在三辊行星钢管轧机中轧件不围绕其中心线转动芯棒，而可以固定在轧机入口一侧，可实现连续轧制。在该轧机问世之前尚未找到能连续轧制无缝钢管的工艺，而这正是该工艺的主要特点。已有的连轧管机虽然也叫连轧，但主要是在一组机架中连轧，而在连轧管机前后还要增加运输设备和再加热炉等。该连续作业机组的工艺过程：将加热好的管坯在穿孔机上穿成空心坯，空心坯完全离开穿孔机后抽出顶头，移动空心坯至三辊行星钢管轧机前台，在此将芯棒插入空心坯中，然后插入芯棒的空心坯被送进三辊行星钢管轧机轧成荒管并得到较大的延伸。三辊行星钢管轧机变形区如图8－30所示。

表8－7　三辊行星轧机（PSW）优点

方　　法	壁厚公差/%	钢管最大长度/m	周期时间/s
三辊轧管机轧管	5	12	30
顶管机顶管	8	18	16
自动轧管机轧管	10	14	20
挤压机挤压管	10	30	30
连轧管机轧管	10	30	15
周期轧管机轧管	10	30	60
PSW轧管机轧管	5	100	60

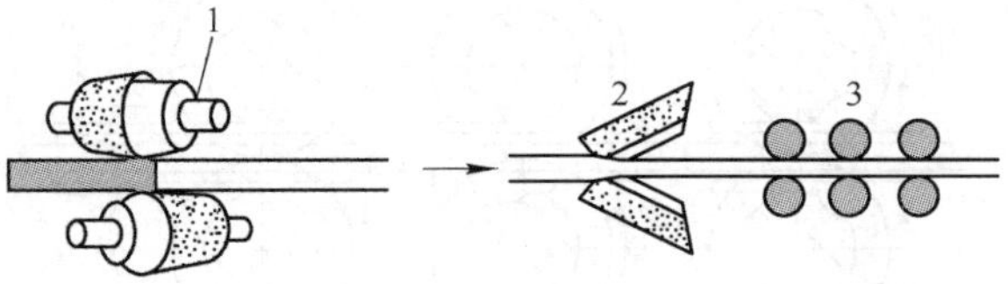

图8－29　应用三辊行星轧管机的工艺布置
1—穿孔；2—PSW轧管；3—定（减）径

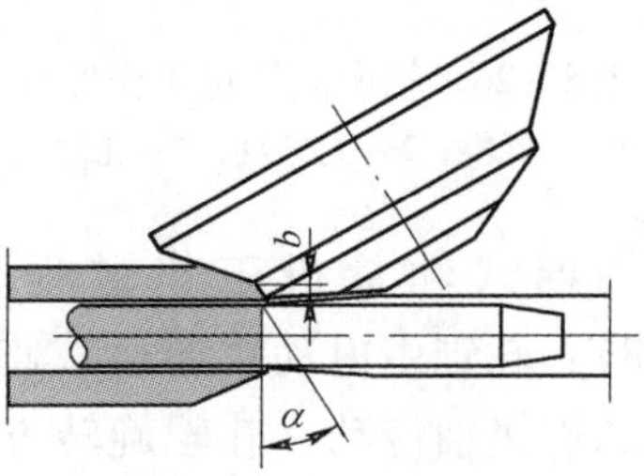

图8－30　三辊行星钢管轧机变形区
α—台肩角度；b—台肩高度

8.2.3.12　定、减径机组

钢管定径、减径和张力减径过程是空心体不带芯棒的连轧过程，轧机通常采用二辊式和三辊式，均由多机架组成，如图 8－31 所示。

在定径、减径和张力减径过程中，钢管的直径和壁厚都发生变化。直径的变化主要取决于轧辊的孔型尺寸，而壁厚的变化则与张力的大小和壁厚与直径之比等因素有关。

钢管定径的目的是将轧后或均整后的钢管，在较小的总减径率和小的单机架减径率条件下轧成具有要求尺寸精度和真圆度的成品管。常用的定径机是由 3～14 个二辊机架组成，轧辊单独传动，相邻机架轧辊轴线相互垂直且与地面呈 45°，如图 8－32 所示。

钢管减径的目的是除了起定径作用之外，还要求有较大的减径率，以实现用大管料生产小口径管。减径机按工作辊数分为二辊式、三辊式和四辊式，如图 8－33 所示。

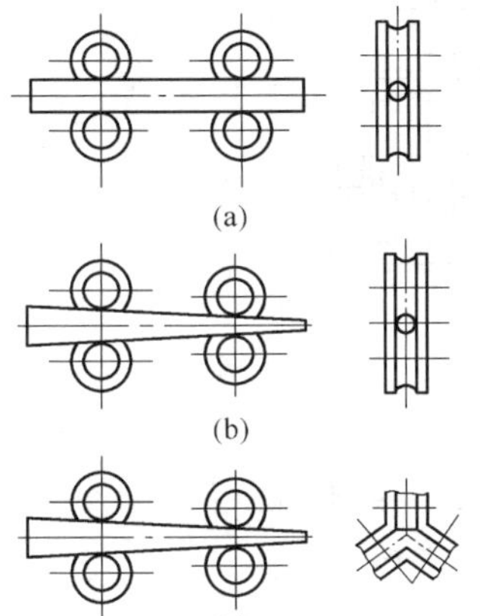

图 8－31 钢管定径、减径和张力减径过程
(a) 二辊定径；(b) 二辊减径；(c) 三辊张力减径

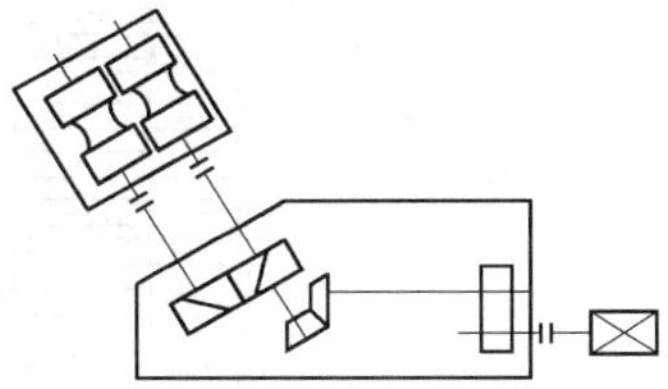

图 8－32 钢管定径机传动简图

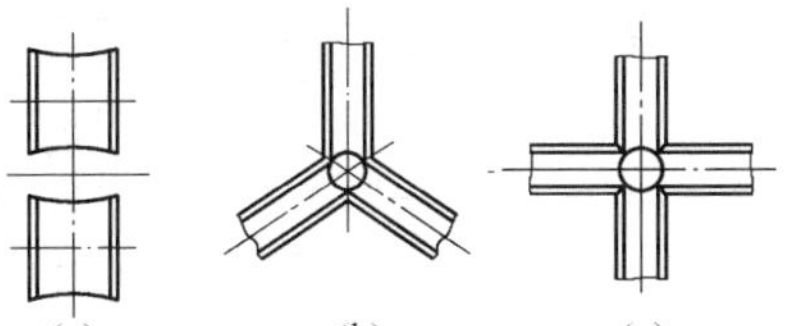

图 8－33 二辊、三辊和四辊式减径机
(a) 二辊；(b) 三辊；(c) 四辊

二辊式减径机结构同定径机，只是减径机机架数较多，一般为 9～25 个。

为解决二辊定（减）径机轧管尺寸精度低的问题，发展了三辊定（减）径机，如图 8－34 所示。三个轧辊轴线相交为 120°，并围成一个等边三角形，由三个轧辊构成轧制钢管的圆孔型。相邻机架按正三角形和倒三角形交错布置，轧辊轴线呈 60°夹角，即相邻两机架 6 个轧辊的轴线投影为一正六边形，保证辊缝之间的金属被均匀轧制，进而保证了定、减径后成品管的表面精度和质量。

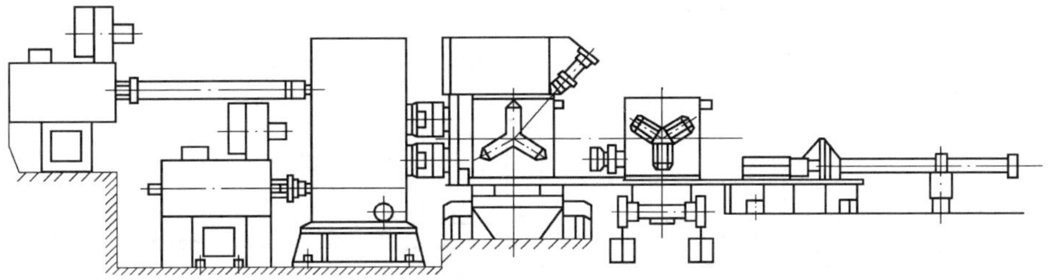

图 8－34 三辊定（减）径机

钢管张力减径的目的是除了起减径作用之外，还要利用各机架之间建立的张力来实现减壁任务。张力是由张力减径机组内，每一机架的转速对前一架而言，以较无拉力状态为高的

速度旋转，从而对管子施加了拉力而产生的。通常张力减径机由 12 ~ 28 个机架组成。

图 8 - 35 为某用于生产 ϕ30 ~ 76mm、壁厚 2 ~ 6mm 钢管的 24 机架三辊张力减径机。

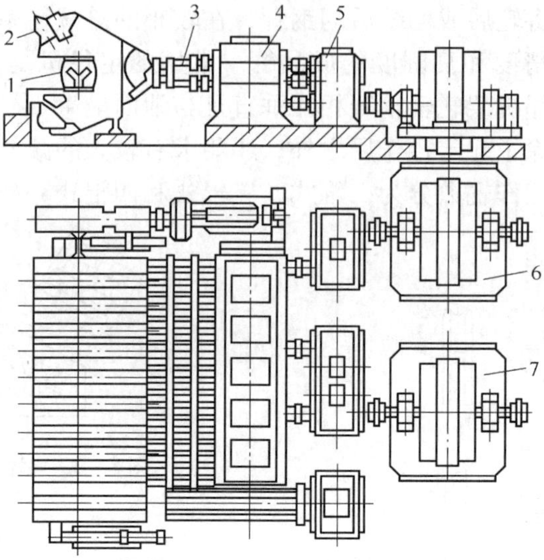

图 8 - 35　三辊张力减径机

1—工作机架；2—液压固定装置；3—万向接轴；4—差动减径机；5—分配减径机；6—主传动装置；7—辅助传动装置

8.2.3.13　均整机

因轧制毛管时伴随有管坯的壁厚减薄、长度增加，使轧制后的毛管存在着不同程度的壁厚不均、管子不圆等缺陷。均整工序的目的是通过在均整机的轧辊、顶头和导板所组成的孔型中，进一步碾轧毛管的内外表面，减小管子的壁厚不均和椭圆度。

均整机工作原理、结构和工艺流程与穿孔机基本相同，只是因工作目的不同，而工具形状不同。目前使用较多的均整机轧辊辊型如图 8 - 36 所示，与其相适应的顶头如图 8 - 37所示。

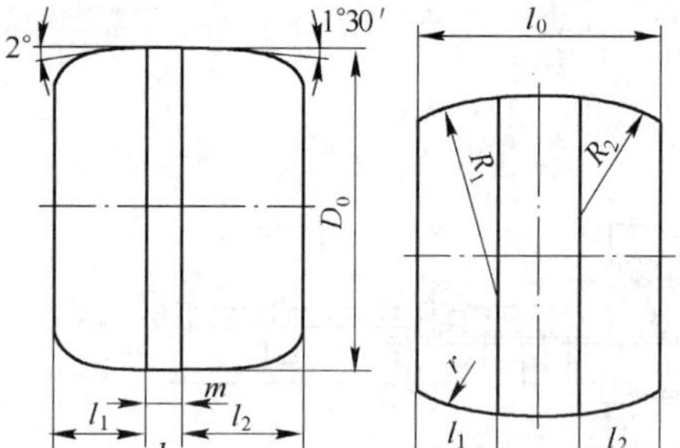

（a）　（b）

图 8 - 36　均整机轧辊常用辊型

（a）锥形轧辊；（b）圆柱形轧辊

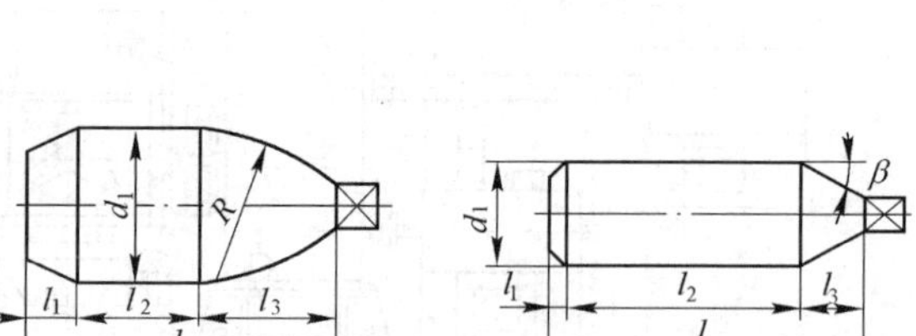

（a）　（b）

图 8 - 37　均整机顶头

（a）圆柱形头；（b）锥形顶头

8.2.4　轧机结构

上一节叙述了各种穿孔、轧管、均整和定、减径机的工作原理。各种钢管轧机的工作原理实质上是斜轧、纵轧或锻轧等轧制方法与不同坯料送进方法、有无芯棒（顶头）及芯棒送进方式等的结合。例如自动轧管机、连续轧管机、定减径机组均是采用了圆孔形纵轧技术，只是自动轧管机在短顶头上轧管，连续轧管机在长芯棒上轧管，而定减径机组则无芯棒轧管。

8.2.4.1　二辊斜轧穿孔机结构

二辊斜轧穿孔机分卧式（轧辊左右放置）和立式（轧辊上下放置）两种。

图 8－38 为主动大导盘二辊立式穿孔机传动简图。立式布置可使两台电机处于同一高度，避免卧式布置使一台电机在地坪以下（又使万向接轴在一个角度下运行而造成较大的磨损），同时导盘位于穿孔机的两侧，便于更换。

图 8－39、图 8－40 为主动大导盘二辊卧式穿孔机主机列图、导盘配置图。二辊式穿孔机主机列包括主电动机（两台串联）、传动机构（减速机、联轴器、万向接轴等）、工作机座。每一轧辊单独传动，是由两台串联的主电机经减速机、联轴器、万向接轴等传动轧辊旋转。两个轧辊旋转方向相同。

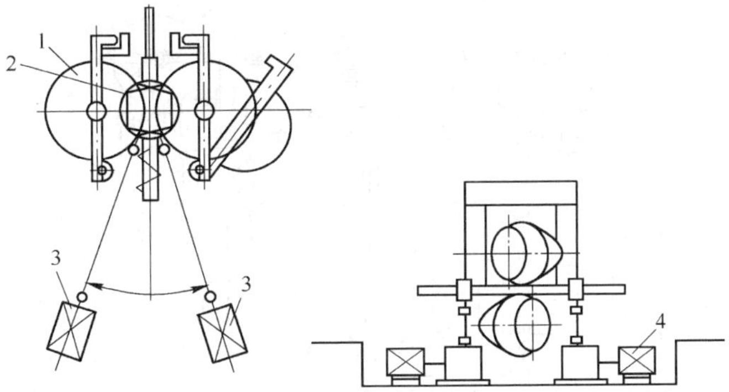

图 8－38　主动大导盘二辊立式穿孔机传动简图

1—圆导盘；2—轧辊；3—主电机；4—导盘传动装置

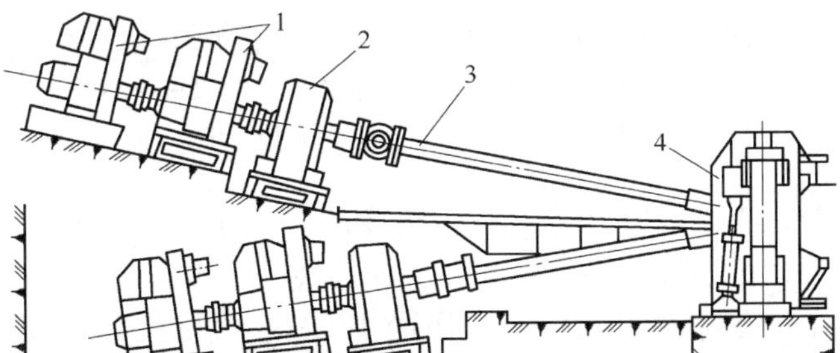

图 8－39　主动大导盘二辊卧式穿孔机主机列图

1—主电机；2—减速机；3—万向接轴；4—工作机座

下面以 ϕ108mm 机组二辊卧式穿孔机工作机座（见图 8－41）为例介绍其结构。

该工作机座的结构包括轧辊、轧辊轴承盒、机架、机架盖、侧压机构、转鼓机构、压鼓机构、上导板调整机构等。

A　轧辊、轧辊轴承盒、机架、机架盖

图 8－42 为辊式穿孔机机架、机架盖、辊系、转鼓、连接板拆分图，每个轧辊的两端辊径置于轴承盒中，同一个轧辊的两个轴承盒由连接板连接在一起，放在圆形转鼓的滑槽内，转鼓置于机架下部的两个圆弧形底座上。

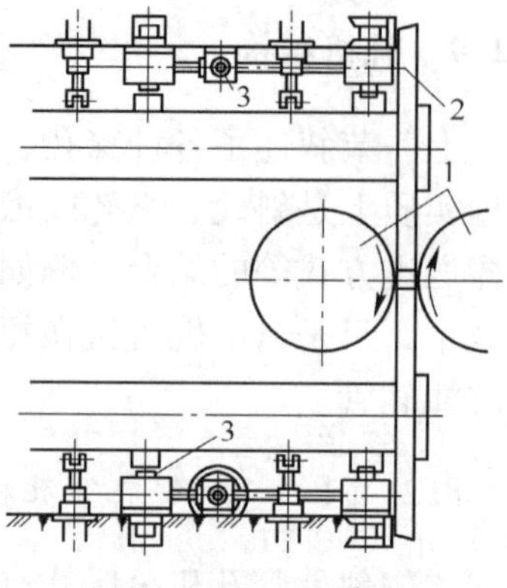

图 8－40　大导盘二辊卧式穿孔机导盘配置图

1—轧辊；2—导盘；3—导盘调整机构

B　转鼓机构、压鼓机构

图 8－43 为转鼓机构、压鼓机构。转鼓机构的任务是调整轧辊的倾斜角度。轧辊置于转鼓内，只要转动转鼓，轧辊便随之转动。转鼓 3 与链条 13 通过接头 19 固接并通过调节螺栓 18 调节松紧。通过转鼓传动系统的电机、两级蜗轮减速机 11 传动链轮 12，带动链条 13 轻微转动，进而转动转鼓调整轧辊的倾斜角度。

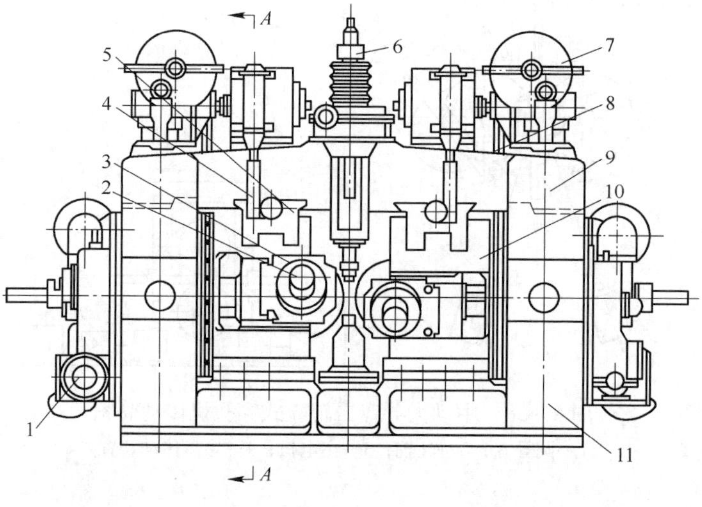

图 8－41　ϕ108mm 机组二辊卧式穿孔机工作机座

1—测压机构；2—轧辊；3—轧辊轴承盒；4—压鼓机构；5—转鼓机构；6—上导板调整机构；7—转鼓转动机构；8—链条；9—机架盖；10—转鼓；11—机架

压鼓机构的任务是将已调整好轧辊倾斜角度的转鼓定位。由装在机架盖上的气缸 10 推动齿条 9 上下移动，齿条推动小齿轮 8 和丝杠 7 转动，带有正反扣的丝杠则带动两个转鼓压块 6，沿机架盖上的燕尾槽内移动，当两个压块相互靠近时，压紧转鼓使其定位。

C　侧压机构

图 8－44 为侧压机构，图 8－45 为轧辊轴承盒与转鼓、侧压丝杠结构关系图。

侧压机构的任务是改变两轧辊之间的距离，保证工艺要求的辊缝，同时还要保证轧辊与侧压丝杠之间无间隙。侧压机构电机通过蜗轮减速机传动三个齿轮 8，使三根丝杠同时

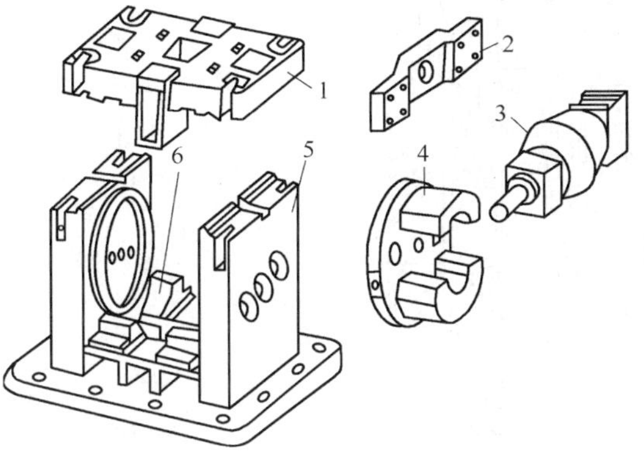

图 8-42 辊式机机座拆分图

1—机架盖；2—连接板；3—辊系；4—转鼓；5—机架；6—圆弧形底座

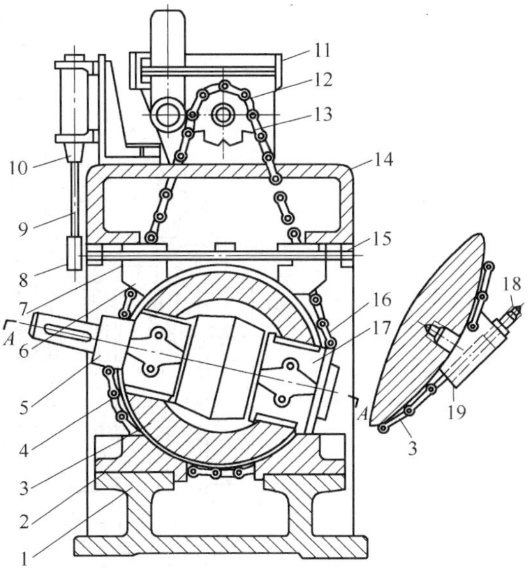

图 8-43 转鼓机构、压鼓机构

1—机架；2—圆弧形底座；3—转鼓；4—左轴承盒；5—轧辊；6—转鼓压块；7—正反扣丝杠；8—小齿轮；9—齿条；10—气缸；11—蜗轮减速机；12—链轮；13—链条；14—机架盖；15—轴承座；16—滑板；17—右轴承盒；18—调节螺栓；19—链条接头

前进或后退，左、右两侧的丝杠 5 穿过转鼓背面的月牙孔（因转鼓在一定范围内转动，见图 8-42），压紧在轴承盒 3 连接板 4 上的推力轴承座 17 上。当齿轮 8 旋转时，由于螺母 15 固定在机架上，故丝杠 5 一面转动一面向前推动连接板 4，辊系在转鼓的滑槽内移动，使两轧辊之间的距离得到调整。两侧丝杆只能使轧辊前移，可通过空心丝杠 14、拉杆 10 及其 T 形头拉动连接板，使轧辊后退。通过卸掉外齿套 12，可实现单侧调整。通过弹簧 16 的预紧力拉住连接板，始终保持连接板与两侧丝杠头部无间隙压紧。

D 上导板调整机构

上导板调整机构 6（见图 8-43）是通过一套杠杠与丝杠螺母传动系统将导板锁紧在导板挂架上，通过蜗轮传动与丝杠螺母传动使安装在机架盖滑槽内的导板挂架上下移动。

E 机架

斜轧机与普通纵轧机机架差别较大，该机架（见图 8-42）相当于一个两头开口的箱形铸件，箱两壁内侧面各有一个圆形凸台与转鼓背面的圆形底座贴紧，箱两壁外侧面各安装一套侧压机构，箱壁上开有三个阶梯孔用以安装侧压机构（见图 8-44）的传动齿轮、螺母等并穿过侧压机构的两根丝杠和一根拉杆。箱底安有两个安装转鼓的圆形座和下导板座。箱体上面单独设一块箱盖—机架盖，箱体与箱盖（机架与机架盖）之间靠止口盖紧并用斜楔和四根拉杆牢固地连成一体，如图 8-45 所示。

8.2.4.2 连续轧管机结构

通常连续轧管机由 7~9 个机架（二辊式纵轧机）组成。相邻机架辊缝互错 90°，即

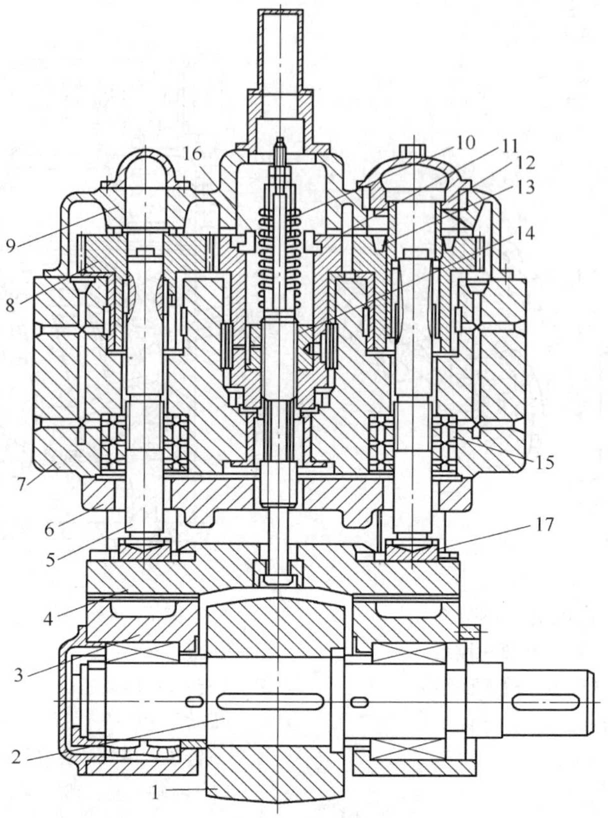

图 8 - 44　侧压机构

1—轧辊；2—轧辊轴；3—轴承盒；4—连接板；5—侧压丝杠；6—转鼓；7—机架；8—传动齿轮；
9—侧压机构传动箱；10—拉杆；11—圆锥齿轮；12—外齿套；13—内齿套；
14—空心丝杠；15—螺母；16—弹簧；17—推力轴承座

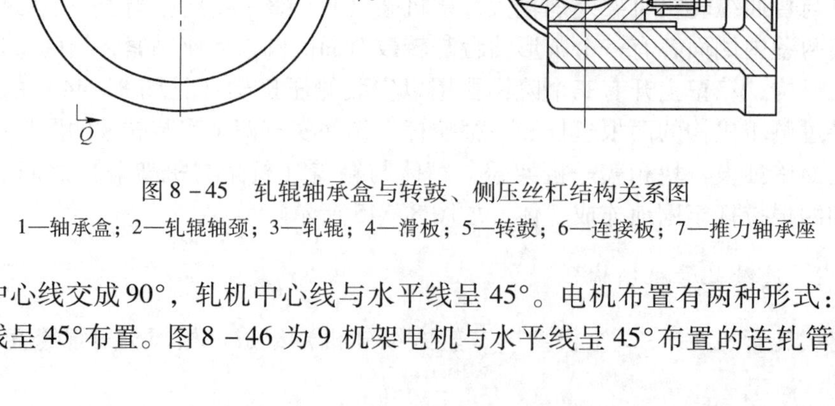

图 8 - 45　轧辊轴承盒与转鼓、侧压丝杠结构关系图

1—轴承盒；2—轧辊轴颈；3—轧辊；4—滑板；5—转鼓；6—连接板；7—推力轴承座

相邻机架中心线交成 90°，轧机中心线与水平线呈 45°。电机布置有两种形式：水平布置和与水平线呈 45°布置。图 8 - 46 为 9 机架电机与水平线呈 45°布置的连轧管机剖面图，

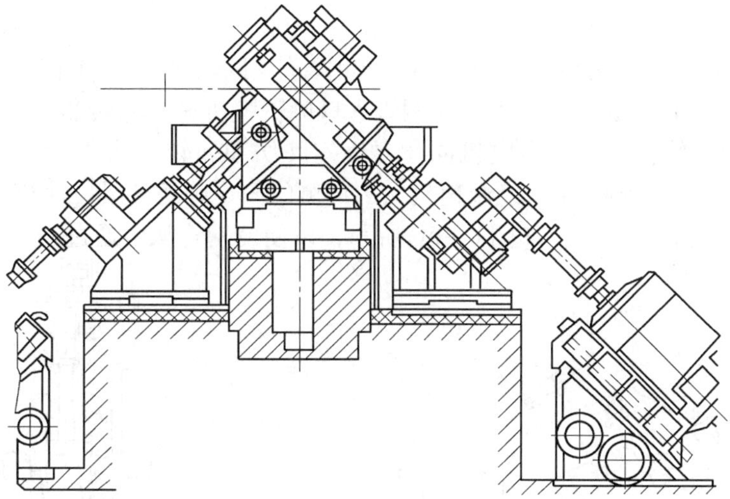

图 8-46　电机呈 45°布置的连轧管机剖面图

主机列包括主电动机、传动机构（减速机、联轴器、万向接轴等）、工作机座。每一架轧机单独传动，是由主电机经减速机（含齿轮座）、联轴器、连接轴等传动轧辊旋转。两个轧辊旋转方向相反。电机与水平线呈 45°布置的显著特点是取消了负载繁重的高速伞齿轮，进而延长了齿轮传动的寿命。

该工作机座的结构（见图 8-47）包括轧辊、轧辊轴承座、机架、压下机构、轴向调整机构等。

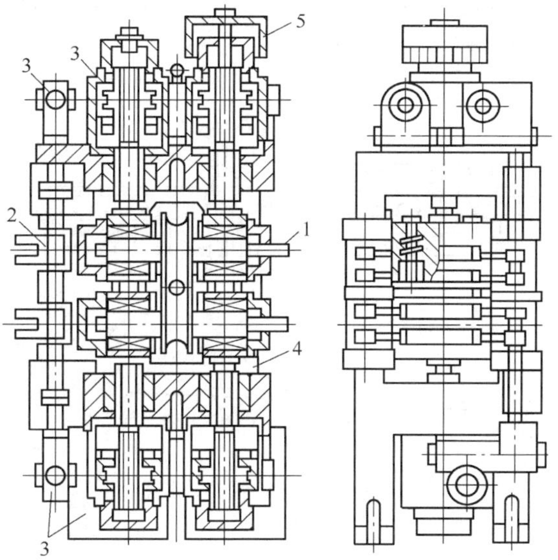

图 8-47　工作机座的结构

1—轧辊；2—轴向调整手柄；3—压下机构；4—机座；5—轧辊开口度指示盘

8.2.4.3　三辊轧管机结构

三辊轧管机结构有两种：一种是阿塞尔（assel）轧管机，另一种是特朗斯瓦尔

(transval) 轧管机。

图 8－48、图 8－49 为生产 ϕ76～190mm 钢管的阿塞尔轧管机工作机座。机座由固定牌坊 A、回转牌坊 B 组成，回转牌坊在钢管入口侧。牌坊最大回转角 25°所得到的送进角（喂进角）约 8°。轧辊开口度是电机同时对固定牌坊和回转牌坊中的三个轴承座进行调整。主电动机（直流 1500kW）经减速机从出口侧的固定牌坊传动三个轧辊。因此，减速机的大齿轮之间要有一个孔，如图 8－50 所示，以便使钢管从中通过。

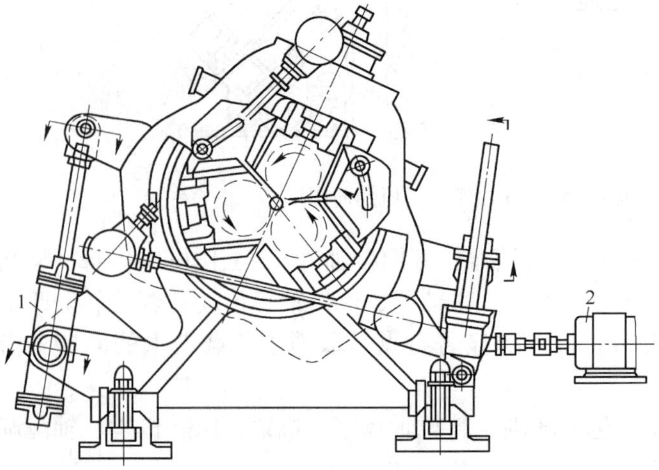

图 8－48　阿塞尔轧管机工作机座（正视）
1—转动回转牌坊液压缸；2—压下电机

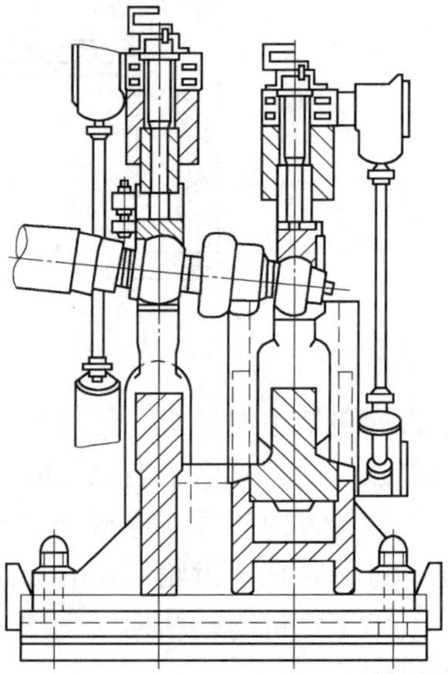

图 8－49　阿塞尔轧管机工作机座
（图 8－48 侧视）

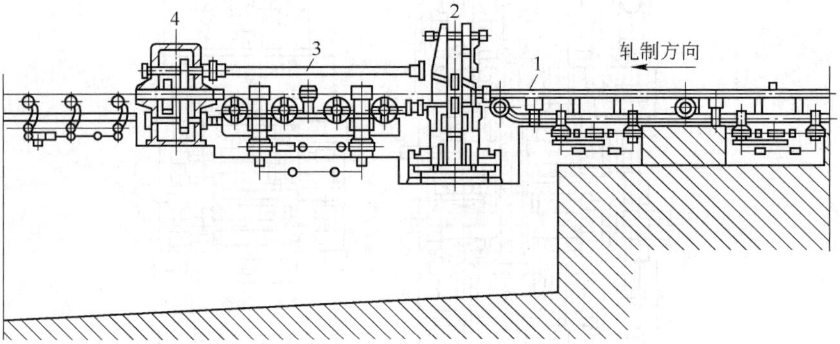

图 8－50　三辊轧管机纵剖面图
1—机前辊道；2—轧管机；3—接轴；4—齿轮座

图 8－51、图 8－52 为特朗斯瓦尔三辊轧管机。轴承座 14、14′和 14″（每个都同样连带着两个活塞 31），可相对于固定牌坊 4 作径向移动，装在回转牌坊 5 中的各轴承 3、3′、3″也可径向移动。每个轴承的下部都做成一个液压缸 15，活塞 16 在缸内移动。由工作腔 17 的压力油保持轧辊的工作位置。由蜗杆 19 转动蜗轮 18，并由同定位螺母 20 啮合的活塞 16 的螺纹杆体固定蜗轮，使各轴承的活塞 16 轴向移动，就可获得轧辊位置的调整。所

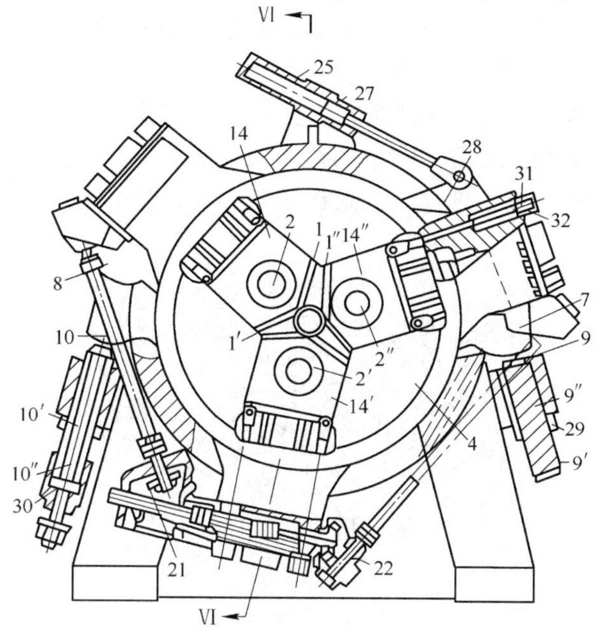

图 8-51 三辊轧管机（特朗斯瓦尔）结构图

1，1′，1″—轧辊；2，2′，2″—球面调心轴承；4—固定牌坊；7，8—回转挡头；9—固定挡头；9′—固定挡头螺杆；9″—固定挡头螺母；10—固定挡头；10′—固定挡头活塞杆；10″—固定挡头活塞；14，14′，14″—轴承座；21，22—锥齿轮副；25，30，32—液压缸；27，31—活塞；28—铰接点；29—锁紧螺母；

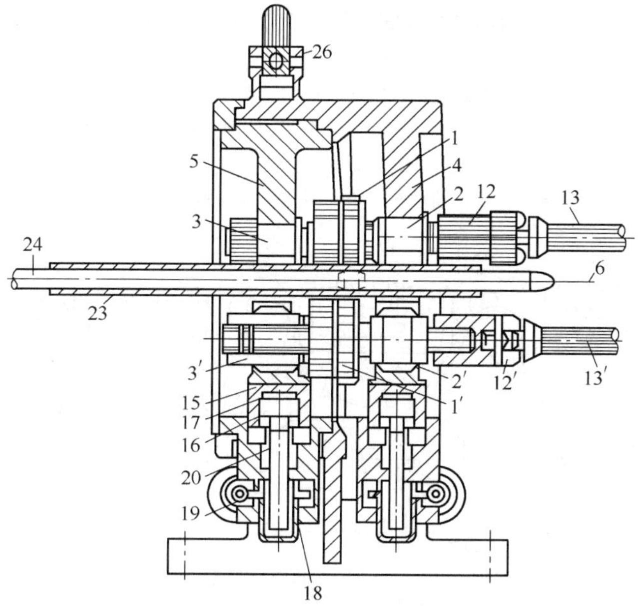

图 8-52 三辊轧管机

1，1′—轧辊；2，2′，3，3′—球面调心轴承；4—固定牌坊；5—回转牌坊；6—中心线；12，12′—联轴套；13，13′—万向接轴；15—液压缸；16—活塞；17—工作腔；18—蜗轮；19—蜗杆；20—定位螺母；23—荒管；24—芯棒；26—回转牌坊液压缸的铰接点

以移动同一机架上各轴承的蜗杆 19，都同锥齿轮副 21 和 22 相连，使轴承 3、3′、3″或 2、2′、2″始终一起动作，相对于荒管 23 的中心线 6 移动同样的距离。回转牌坊 5 由液压缸 25 的活塞 27 移动而回转。回转挡头 7 支挡在固定挡头 9 上，挡头 9 工位通过 9′、9″可调整并由锁紧螺母 29 锁紧。另一回转挡头 8 支挡在固定挡头 10 上，固定挡头 10 支撑在活塞杆 10′上，通过活塞 10″在液压缸 30 中的移动来调整挡头 10 的位置。

图 8－53、图 8－54 为曼内斯曼全开式机架的三辊轧管机结构。三个轧辊 4、5 和 6 工

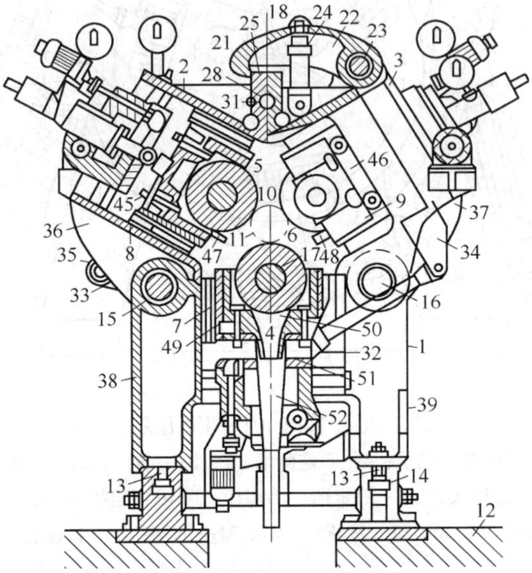

图 8－53　曼内斯曼全开式机架的三辊斜轧机在轧制方向的视图

1，2，3—机架；4，5，6—轧辊；7，8，9—轧辊箱；10—轧制中心线；11—轧件；12—基础；13—螺栓；14—滑座；15，16—机架 2、3 的回转轴；17—轧辊 4 的轴；18—垂直平面；21—夹头；22—曲杆；23—转轴；24—提升液压缸；25—支撑端头；28—圆柱销；31—螺栓装置；32，33—液压缸；34，35—臂杆；36，37—回转机架的外侧面；38，39—固定机架的外侧面；45，46—轴承座；47，48—导板；49—轴承座；50—漏斗；51—漏斗下端；52—排污管

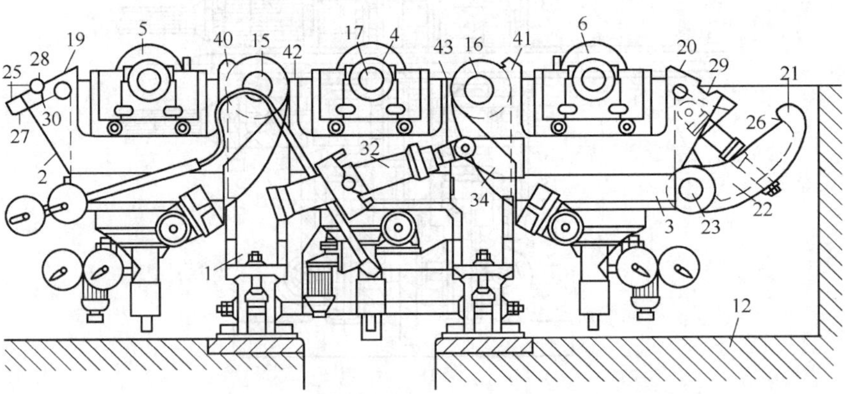

图 8－54　各回转机架部分已朝外回转 120°的视图

1，2，3—机架；4，5，6—轧辊；12—基础；15，16—机架 2、3 的回转轴；17—轧辊 4 的轴；19，20—回转机架的支撑面；21—夹头；22—曲杆；23—转轴；25—支撑端头；26，27—支撑面；28—圆柱销；29，30—半圆柱形切口；32—液压缸；34—臂杆；40，41—挡头；42，43—固定机架 1 的挡面

作时互呈 120°。装有上轧辊 5 和 6 的机架 2、3，可以绕回转轴 15 和 16 转动，侧向回转 120°，三个轧辊呈同一水平面上放置。

8.3　冷轧钢管轧机

钢管冷加工方法包括冷轧、冷拔（见图 8-55）和旋压三种，主要用于生产小直径、精密、薄壁和高强度的管材。冷轧钢管表面光洁、尺寸精确、性能良好、断面形状多、金属利用率高，被广泛用于国防军工、机械、矿山、化工、电力、农机等领域。冷轧钢管工艺是在冷拔钢管工艺的基础上发展而来，它解决了冷拔的道次变形量小、道次多、金属消耗高及变形条件差等问题。

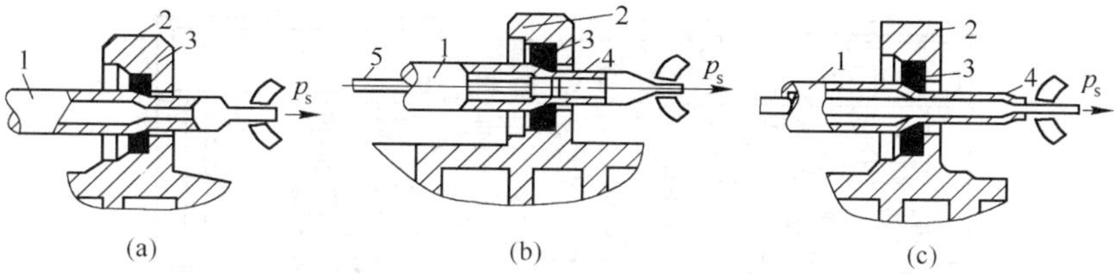

图 8-55　钢管冷拔方法

（a）无芯棒拔制；（b）短芯棒拔制；（c）长芯棒拔制

1—钢管；2—模座；3—拔管模；4—芯棒；5—芯杆

8.3.1　冷轧无缝钢管生产工艺流程

冷轧钢管生产工艺流程如图 8-56 所示，其中酸洗工序是用于原料管和中间热处理后钢管，以便去除氧化铁皮和检查表面质量。润滑（镀铜、涂皂等）工序均是为降低管料和轧辊之间摩擦系数，以降低轧制力。退火工序是为消除硬化、改善性能。

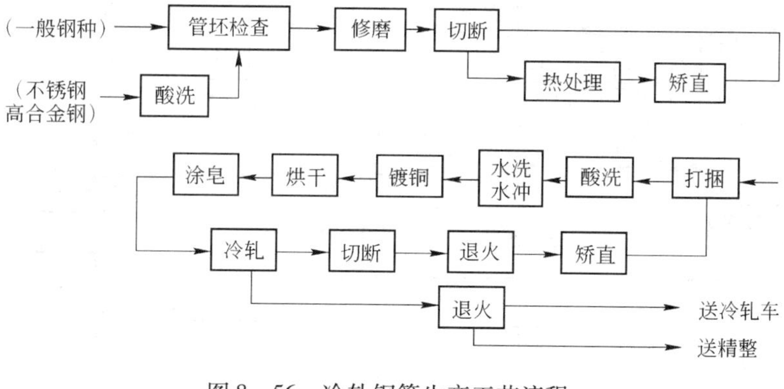

图 8-56　冷轧钢管生产工艺流程

8.3.2　生产车间及轧机布置

冷轧钢管是多工序、多循环的生产过程。车间一般分为冷轧、热处理、酸洗、精整等工段。设备布置分：设备沿车间跨间横向和纵向布置两种，如图 8-57 所示。前者可使设备比较紧凑，但生产不方便，如吊运钢管时必须从设备上面通过。

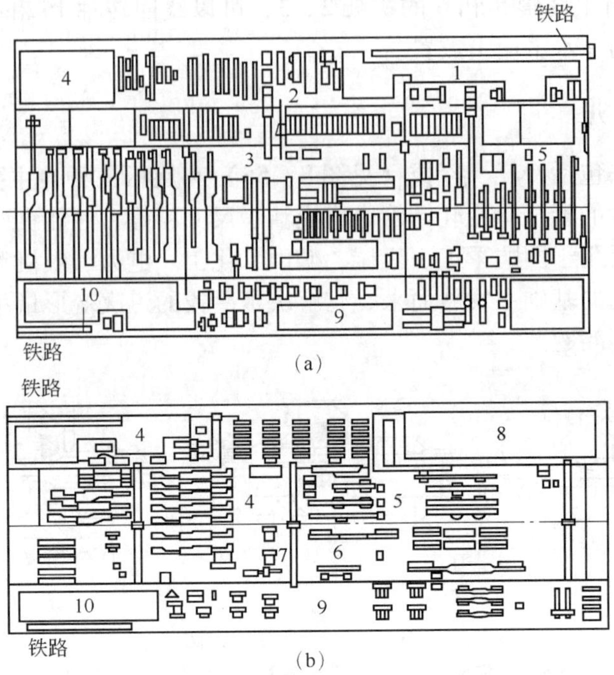

图 8－57　冷轧、拔管车间平面布置

（a）横向布置；（b）纵向布置

1—管坯库；2—管坯准备间；3—酸洗间；4—冷轧管机；5—冷拔管机；6—热处理间；7—半成品精整设备；8—小直径管生产间；9—成品检验间；10—成品库

图 8－58 为冷轧和卷筒拔制钢管车间平面布置。该冷加工作业线由冷轧管机、卷筒冷拔机和履带式冷拔机组成。

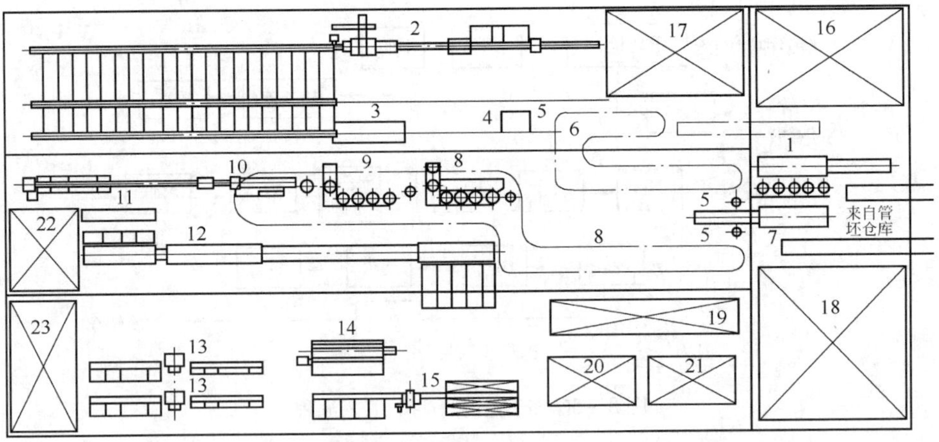

图 8－58　冷轧和卷筒拔制钢管车间平面布置

1—管坯酸洗用的密闭酸洗槽；2—冷轧管机；3—感应退火炉；4—卷取机；5—管卷装卸处；6—架空运输机（退火后）；7—管卷酸洗用的密闭酸洗槽；8—架空运输机（酸洗后）；9—卷筒冷拔机；10—履带式冷拔机；11—脱脂槽；12—退火炉；13—矫直机；14—倒棱机；15—检查设备；16—管坯仓库；17—酸洗管坯仓库；18—成品管仓库和交货；19—酸洗；20—检验；21—润滑；22—冷拔管仓库；23—退火管仓库

冷轧管机平面布置如图 8－59 所示。

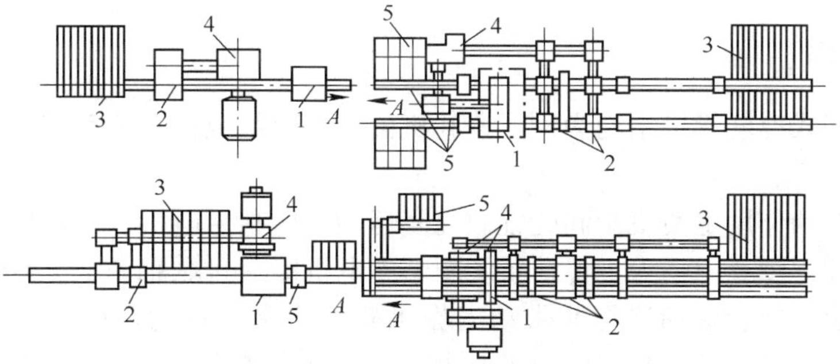

图 8－59 冷轧管机平面布置

A—管子出口方向；1—工作机架；2—送进回转机构；3—受料台；
4—主传动；5—输送和收集台架

8.3.3 钢管轧机类型和工作原理

冷轧钢管轧机分二辊周期式冷轧管机、多辊式冷轧管机和连续冷轧管机。

二辊周期式冷轧管机应用较广泛，其工作原理（见图 8－60）：在工作机架内装有一对轧辊，轧辊孔型是变断面的，工作机架通过曲柄连杆机构做往复运动。两个轧辊在轴头处装有同步齿轮，使两个轧辊同步运转。下辊的轴头上装有直齿轮，它与固定在机架两侧托架上的齿条相啮合，使轧辊在机架往复运动的同时得到转动。

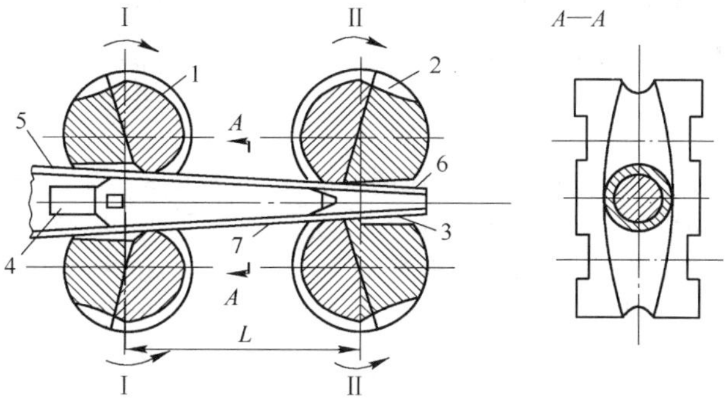

图 8－60 二辊周期式冷轧管机工作原理

1—轧槽块；2—轧辊；3—锥形芯棒；4—芯杆；5—管料；6—成品管；7—工作锥

轧制时，毛坯管 5 套在锥形芯棒 3 上，用轧辊 2 的轧槽块 1 进行轧制。孔型起点的尺寸相当于毛坯管 5 的外径，而其末端尺寸相当于成品管 6 的外径。当工作机架在原始位置（I 位置）时，管坯被送料机构向轧制方向送进一段距离 *L*（送进量）。轧制开始，工作机架向前移动，已送进这一段管坯被轧辊和芯棒构成的逐渐减小的环形孔型轧制（减径和管壁压下）。当工作机架到前面的极限位置（II 位置）时，管料同芯棒一起回转 60°～90°。机架返回，孔型再一次将已轧部分进行均整。一个轧制周期结束。

因周期式冷轧机与周期式［皮尔格（pilger）］热轧机轧管法很相似，所以也称为冷轧皮尔格轧机。其区别是：冷轧机的工作机架做往复运动，锥形芯棒固定不动，且管料可全部被利用。

8.3.4　轧机结构

以二辊周期式冷轧管机结构为例。该轧机由三部分组成：主传动装置、工作机座和送进回转机构。

主传动装置的作用是使机架和轧辊做往复运动，包括主电机、减速机、曲柄连杆机构和齿轮齿条系统。图 8－61 为主传动系统图。主电机 1 通过联轴节 2、主减速机 3 带动曲柄轮 9 转动，曲柄轮、带动连杆 8 带动工作机架 6 作水平移动。齿轮 5（装在上辊轴头上）与齿条 4（固定在机架两侧托架上）相啮合，使轧辊随机架往复运动的同时得到转动。图 8－62 为主传动曲柄连杆结构。

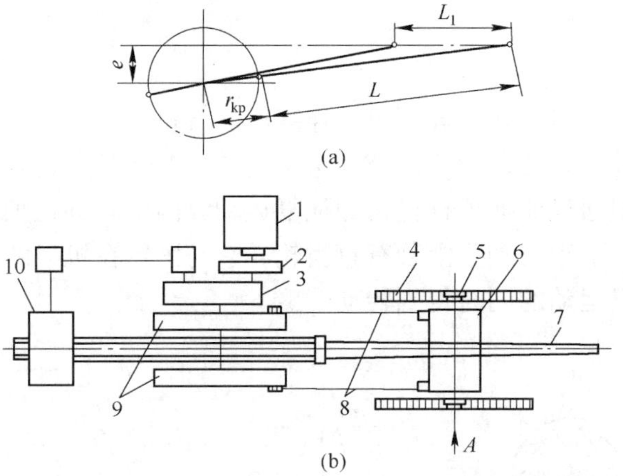

图 8－61　二辊周期式冷轧管机主传动系统图
（a）曲柄连杆机构简图；（b）主传动简图
1—主电机；2—联轴节；3—主减速机；4—齿条；
5—齿轮；6—工作机架；7—管子；
8—连杆；9—曲柄轮；10—送进回转机构

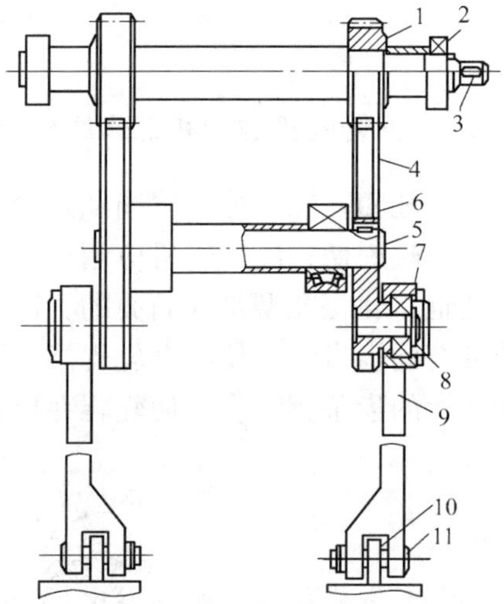

图 8－62　主传动曲柄连杆结构图
1—主动齿轮；2，6—滚动轴承；
3—曲柄连杆机构的传动轴；
4—曲柄齿轮；5—曲柄齿轮轴；
7，10—销钉座；8，11—销钉；9—连杆

工作机座结构如图 8－63 所示，机座包括机架、轧辊（轴头带有齿轮）及其轴承、轧辊调整装置等。机架 5（铸造或焊接件）上的凸耳用于同传动机构的连杆相连。上辊轴头装有主动齿轮 10，上、下辊轴头装有从动齿轮（同步）11、22。螺栓 4、斜楔 7 用于调整上轧辊垂直移动。轧辊的轴向移动是靠机架两侧压板 6、盖板 23 和螺钉 8 松紧来调整。轧槽块 18 是通过中心螺丝 17 固定在轧辊上的。

送进回转机构的作用是当机架在后极限位置时送进管料（送进量 3～40mm）、在前极限位置时回转管料（回转角 60°～90°）。送进回转机构工作原理见二辊周期式冷轧管机传动系统，如图 8－64 所示。在送进回转机构中，卡盘是较重要的部件，用于将送进、回转运动传给管料、管子和芯棒杆。卡盘有以下 4 个：

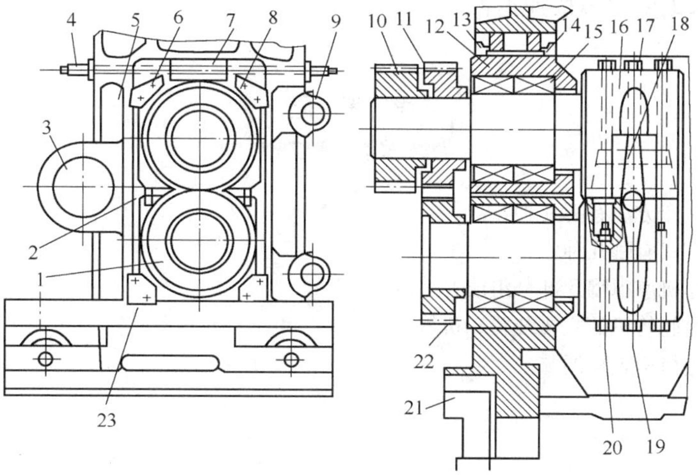

图 8－63　XIT55 冷轧管机工作机架的结构

1—滚轮；2—平衡弹簧；3，9—凸耳；4，20—螺栓；5—机架；6—压板；7，19—斜楔；8—螺钉；
10—主动齿轮；11，22—从动齿轮；12—轴承座；13—剪切环；14—冲头；15—滚动轴承；
16—工作轧辊；17—中心螺丝；18—轧槽块；21—凸台；23—盖板

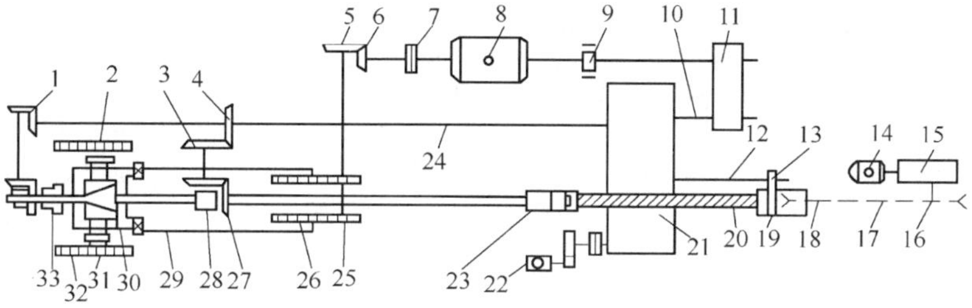

图 8－64　二辊式冷轧管机的传动系统

1，34—伞齿轮副；2—轧辊；3，4，13，25，26—齿轮；5，6—伞齿轮；7—接手；8，14，22—电动机；9—制动器；
10—凸轮轴；11，15—减速器；12—轴；16，17，18—链条；19—芯棒杆卡盘；20—递进螺丝；
21—递进回转机构；23—管料卡盘；24—传动轴；27—伞齿轮副；28—中间卡盘；
29—连杆；30—工作机架；31—主动齿轮；32—齿条；33—前卡盘

（1）送进管料的管料卡盘 23。

（2）转动管料的中间卡盘 28。

（3）转动管子的前卡盘 33。

（4）转动芯棒杆的芯棒杆卡盘 19。

工作机架 30 通过主电机 8、接手 7、伞齿轮 5、6、齿轮 25、26 及连杆 29 做往复运动。装在上辊轴头的主动直齿轮 31 与固定在机架两侧托架上的齿条 32 相啮合，使轧辊 2 随机架往复运动的同时得到转动。送进回转机构 21 的凸轮轴 10，通过主电机 8、减速机 11 转动。传动轴 24 传动伞齿轮 4、3 和伞齿轮副 27 转动中间卡盘 28；传动伞齿轮副 1、34 转动前卡盘 33；传动递进螺丝 20，使管料卡盘 23 向轧制方向移动；传动装有齿轮 13 的轴 12，齿轮 13 同芯棒卡盘 19 上的齿轮啮合，使芯棒杆卡盘转动。

芯棒杆卡盘 19 通过电动机 14、减速器 15、链轮链条 16、17、18 传动。送进螺丝和管料卡盘由电机22传动做快速返回。

思考题

8－1　无缝钢管的生产方法有哪几种?

8－2　钢坯的穿孔方式有哪几种?

8－3　穿孔机的工作机座由哪几部分组成?

8－4　论述二辊式冷轧管机的主要装置和机构。

8－5　轧辊的侧压进机构怎样调整。

9 短应力轧机

9.1 短应力轧机的结构原理

9.1.1 短应力轧机的组成

短应力轧机的组成部分主要包括：

（1）支座。用以把轧机整体安装在机座上，并限制轴承座的水平摆动。

（2）轧辊。轧件在其中进行轧制变形。

（3）轧辊轴承。支撑轧辊，承载轧制力，较其他轴承有更高载荷、更易损坏。

（4）轴承座。安装轧辊、轴承、压下螺母、平衡机构。

（5）轧辊径向调整。用来调整轧辊辊缝。

（6）轧辊轴向调整。用来轴向调整轧辊位置。

（7）平衡机构。抬起上辊、消除间隙减小冲击。

（8）自位机构。均衡轴承载荷，延长轴承使用寿命。

9.1.2 短应力轧机的特点和结构

9.1.2.1 短应力轧机的特点

普通轧机轧制应力回线为：轧件→轧辊→轴承→轴承座→压下螺丝→机架→轴承座→轴承→轧辊→轧件，如图 9－1 所示。

短应力轧机轧制应力回线为：轧件→轧辊→轴承→轴承座→压下螺丝→轴承座→轴承→轧辊→轧件，如图 9－2 所示。

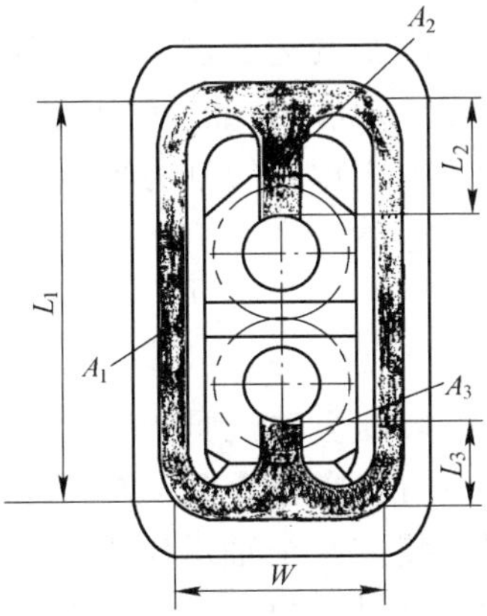

图 9－1　普通轧机应力回线

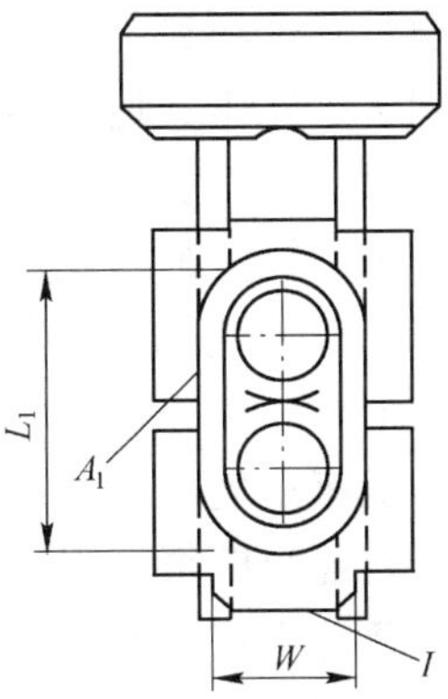

图 9－2　短应力轧机应力回线

(1) 短应力轧机和普通轧机相比减少了机架，取消了压下螺丝，轧制应力回线缩短了1/2，短的应力线保证了轧钢机的高刚度，如图9－3所示，相同的轧制力时，短应力轧机的弹跳变形小；与胶木瓦轴承的老式轧机相比，轴承的弹跳、磨损也小；因此轧机刚度大，调整容易，工作状况稳定，易于实现负公差轧制。

(2) 实现了对称调整，由于轧机的四根立柱是正、反螺纹，使上、下轧辊对称调整，轧制线不变。

(3) 整体更换辊系，减小了在线换辊时间，作业率高。

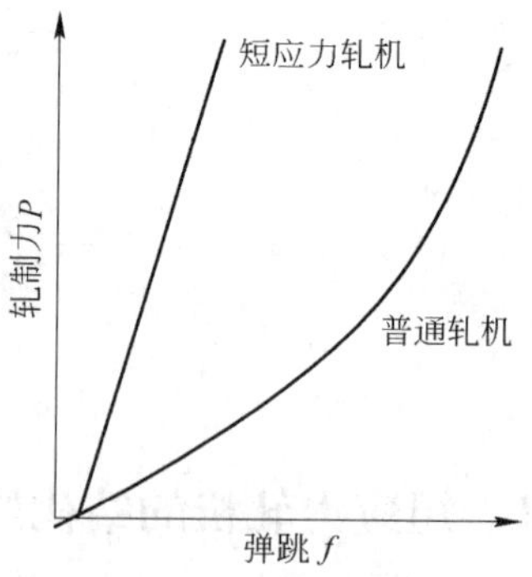

图9－3 载荷弹跳曲线

(4) 采用同步弹簧平衡，平衡力大小不变；平衡弹簧置于轴承座内，结构紧凑。

(5) 轴向固定调整和轴承座自位机构相互干涉影响，既降低了轴向刚度，容易造成窜辊，又使四列短圆柱轴承边部偏载，降低轴承寿命。

9.1.2.2 短应力轧机的结构

(1) 辊系由四根立柱、两个轴承座、两个轧辊、压下螺母、平衡弹簧、球面垫等组成，调整辊缝时，转动立柱，其正反螺纹使压下螺母升降，从而带动轴承座和轧辊的升降，达到调整辊缝大小的目的。压下螺母上面设有一个平衡螺母和平衡弹簧，用以消除轴承座与球面垫之间、球面垫与压下螺母之间、压下螺母的螺纹与立柱的螺纹之间的间隙，减小过钢时的冲击。压下螺母下面是球面垫，用来保证立柱和轴承座的铰链连接，以降低轴承受力时的边缘负荷。轧钢机的径向刚度，就由这个辊系确定。为了保证径向刚度，装配时一定要消除各接触零件间的间隙，调整螺母的定位螺栓要严格按要求进行装配。

(2) 径向调整装置的主要部分是一个蜗轮箱。蜗轮与两根用牙嵌离合器连接的蜗杆啮合，四个中间齿轮通过花键套与四根立柱相连。蜗杆的外端安装大、小手轮两个，拉或推小手轮可使离合器合上或分开，便可做到辊缝的两端同时调整或一端单独调整。

(3) 轴向固定与调整，短应力线轧机的轴向固定方式是支撑座通过螺栓与基础相固定，扁方柱通过6个螺钉与支撑座固定，轴向固定端轴承座在两边通过2对球面垫与扁方柱轴向压靠固定，轧辊又通过推力轴承和轴承座轴向固定。短应力线轧机的轴向调整是齿圈齿套式，通过旋转带有外螺纹的齿套，借助轴承座端盖的内螺纹使推力轴承外环轴向运动，从而通过推力轴承的滚动体推动轴承内环及轧辊轴向运动。

例：Pamini 320型短应力线轧机

A 结构组成

轧机工作机座由轧机拉杆装配、轧辊装配、轧机底座装配、轧机压下装置等组成。

轧机拉杆装配由四根高强度和高刚度合金钢拉杆、左右支撑各2个、左右旋调整螺母各4个及4个弹性阻尼体等组成，左右旋调整螺母分别安装在4个轴承座内，4个弹性阻尼体分别平衡上下轴承座，压下装置安装在拉杆的顶部，轧机拉杆装配安装在轧机底座上，轨座位于轧机底座下部，用地脚螺栓固定在土建基础上，用以支撑轧机工作机座等，并利用在轨座上的锁紧缸将轧机工作机座固定在轨座上，用以承受轧制力，轧机横移时将锁紧缸松开，待轧机调整好位置后，用锁紧缸将机架固定在轨座上。

轧辊装配由上、下工作辊系组成，包括上、下工作辊、轴承座、轴承等，轧辊采用低镍铬钼球墨冷硬铸铁材质，轴承座为ZG35CrMo。轴承包括：四列圆柱滚子轴承，双向双列推力圆锥滚子轴承，双向双列推力圆锥滚子轴承安装在轧辊操作侧，用以承受轴向力，不承受径向力。四列圆柱滚子轴承承受轧制力。当轧辊直径不同时采用轧辊轴承座相对于轧线对称调整，不需要任何垫片。

轧机压下装置安装在拉杆顶部，由蜗轮、蜗杆传动系统，液压压下马达及人工手柄等组成，液压马达在轧机传动侧实现轧机的快速压下调整，手柄由人工进行微调，具有足够的传动比，不允许在负载时进行压下调整，手柄调整后，应将手柄取下，防止伤害人身安全。

轧辊轴向调整采用蜗轮/蜗杆结构，安装在操作侧。

轧辊平衡采用弹性阻尼体平衡，弹性阻尼体安装在上、下轧辊轴承座之间，用以消除轴承和螺纹间隙，保证最大的机架刚性。

B 320轧机特点及参数

（1）320轧机工作机座结构特点：

刚度高，精度好，承载能力大；

轴向调整方便，轴向游隙小；

设备结构紧凑，重量轻；

轧辊开口度对称调整，轧机调整时轧制中心线始终不变，调整方便；

换辊快，轧机的作业率高。当轧机移出轧制线后，用天车直接吊起整套轧机，换辊时间短，速度快；

轧辊轴承采用四列短圆柱轴承，轴承承载能力大，精度高；

轧辊轴承座具有较好的自卫性，可最大限度地改善轴承的受力状况，提高轴承的使用寿命；

轧辊间距调整采用低速液压马达驱动—手动复合调整方式，调整灵活、更方便。

（2）320轧机性能参数：

轧机型式：二辊式；

机架型式：短应力线轧机；

最大轧制力：2800kN；

轧辊辊身直径：ϕ330/ϕ300mm；

轧辊辊身长度：500mm；

轧辊材质：低铬钼球墨冷硬铸铁；

轧辊轴承：四列短圆柱轴承；

轧机轴向调整量：±3.5mm；

轧辊平衡方式：弹性阻尼体平衡；

压下装置结构形式：液压马达/手动复合压下；

传动中心距：174/325mm；

传动比：50.186；

手柄每转一圈压下行程：0.159mm；

液压马达转速：5 ~320r/min；

液压马达工作压力：10MPa。

C　维护说明

（1）检查内容，如表 9 -1 所示。

表 9 -1　检查内容

检查部位	检查内容	检查标准	检查周期	检查者
轧机工作机座夹紧装置	各连接螺栓	不松动	1 次/日	维修工
轧　机	压下装置	上下移动灵活	1 次/班	维修工
	轴承	转动无杂音无升温	1 次/班	维修工
	机架紧锁装置	不松动	1 次/班	维修工

（2）常见故障及排除方法，如表 9 -2 所示。

表 9 -2　常见故障及排除方法

名　称	故障情况	故障原理	排除方法	处理者
轧辊轴承	过热	①缺油	补充润滑油	维修工
		②装配间隙不当	调整装配间隙	维修工
压下装置	转不动	①到极限位置咬死	脱开连接，单侧手动松开	维修工
		②马达油路故障	修复故障元件	维修工

9.1.3　短应力轧机连接轴

9.1.3.1　常用的接轴种类

短应力线轧机常用的接轴主要有以下几种：

（1）弧形齿接轴。这种接轴的结构如图 9 -4 所示。

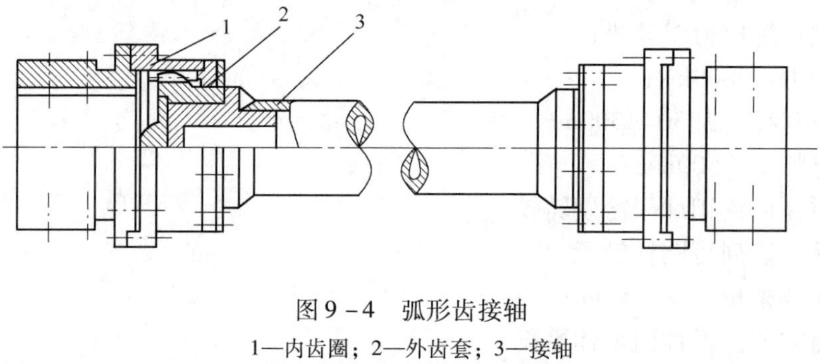

图 9 -4　弧形齿接轴

1—内齿圈；2—外齿套；3—接轴

（2）十字头万向接轴。这种接轴的结构如图 9 -5 所示。

（3）鼓形尼龙棒接轴。这种接轴的结构如图 9 -6 所示。

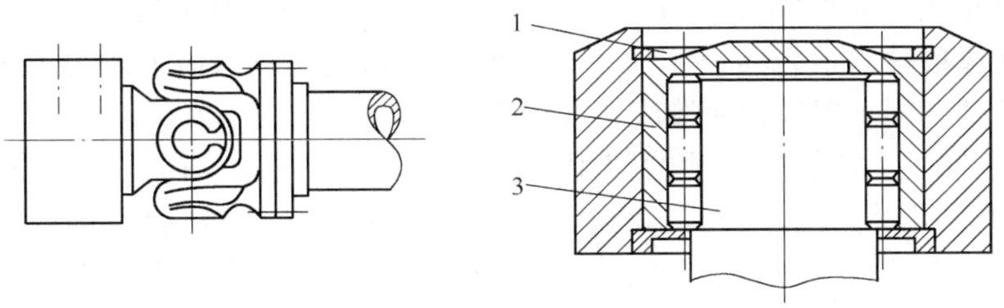

图9－5 十字头万向接轴

1—卡环；2—滚针；3—轴销

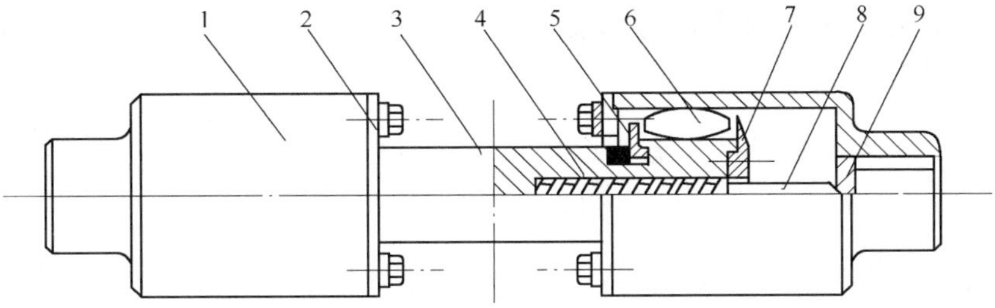

图9－6 鼓形尼龙棒接轴

1—轴套；2—挡盖；3—接轴；4—平衡弹簧；5—挡环；6—尼龙棒；7—内挡盖；8—顶头；9—顶块

9.1.3.2 接轴的发展

接轴对轧钢生产和轧机发展有着重要影响。

在老式横列式轧机上，反围盘经常发生操作故障，其中原因之一是梅花接轴的不同步性，使轧件产生弯头而不进入轧机。加之，在使用中冲击和振动大噪声严重，因此，推动了人们对同步接轴的研制。于是相继出现了双节十字头万向接轴、弧形齿接轴（见图9－7）等同步接轴。

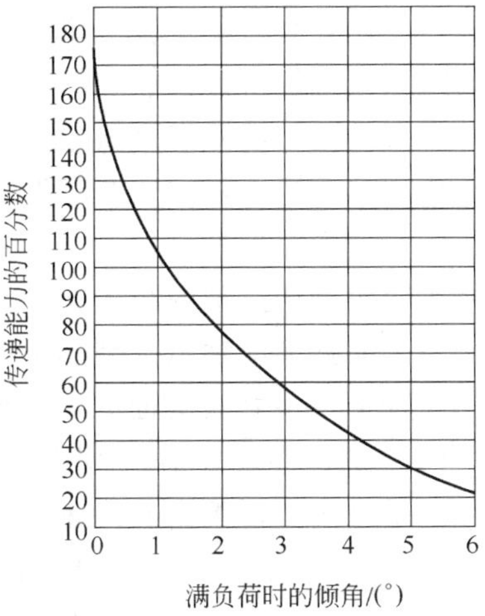

图9－7 弧形齿接触的载荷曲线

随着轧制速度的提高，对接轴的结构和制造要求更加严格。接轴的不同步性和动平衡不合要求都会导致轧辊的传动端产生周期性振动，对轧机传动系统中的设备危害很大，甚至使轧机无法生产。

但是无论哪种接轴都有其速度限制。因为传动系统中由于接轴产生的振动无法消除。因此轧制速度进一步提高，迫使人们又研制出不带接轴的机型——高速线材轧机。

9.1.3.3 三种接轴的比较

如上所述，三种接轴均属于同步接轴。在使用中，承载能力，允许的倾斜角度和使用寿命则各不相同。

（1）允许的倾斜角度。三种接轴中十字头万向接轴的允许的倾斜角度最大为30°；弧形齿接轴的允许倾斜角一般为6°；鼓形尼龙棒的允许倾斜角度为6°。

（2）承载能力。生产实际证明十字头万向接轴的承载能力相当于同直径的弧形齿接轴。鼓形尼龙棒接轴的承载能力则低于上述两种。当载荷较大时鼓形尼龙棒接轴可产生上、下轧辊接轴不同步现象，而造成轧件头部弯曲。

（3）使用寿命。尼龙棒接轴的使用寿命较长。弧形齿接轴的寿命不稳定，一般为1～2年，但也有几个月的。影响弧形齿接轴寿命的主要原因是制造误差大，材质热处理不好。每瞬间只有少数齿在工作，而且是点接触，齿的受力情况不好，齿的磨损很快。当齿在磨损到一定程度时导致整套接轴报废。鼓形尼龙棒接轴的磨损情况比弧形齿接轴均匀，磨损较慢，且磨损到一定程度后只要滚槽仍可使用，可更换尼龙棒继续使用。十字万向接轴的寿命要比滑块万向接轴长，比弧形齿接轴长，一般可用到1～2年。总之，十字头万向接轴是较为理想的接轴。近年来已形成系列，并配有快装、可伸缩型，受到用户欢迎。

9.1.3.4　三种接轴的结构及有关系数

A　弧形齿接轴

弧形齿接轴是三种接轴中应用最早，在1918年开始使用，但30年后才用于轧机上。弧形齿接轴主要由内外齿套所组成。

弧形齿接轴的内齿与外齿之间的摩擦仍为滑动摩擦。减少摩擦的措施，一方面是使用高黏度的润滑脂，注意密封和清洁；另一方面应设法提高齿面硬度，提高硬度的最好办法是进行氮化处理。氮化层深度达到0.125～0.25mm。采用淬火办法容易引起齿的变形，反而降低接轴的寿命和能力。

弧形齿接轴的允许倾斜角，最大为6°，一般推荐使用倾角为1°30′～2°30′。倾斜角度大，传递的扭矩下降，效率降低，磨损快，寿命短。

B　十字头万向接轴

十字头万向接轴的结构如图9－5所示。

为了缩减滚动轴承类型的十字头万向接轴的结构尺寸，改用滚针轴承。

滚针十字头万向接轴按十字头轴承座的结构可分为螺栓固定式和整体叉头式两种。

（1）螺栓固定式结构如图9－8所示。这种结构的优点是拆装方便。缺点在于螺栓松动，这是万向接轴常见的损坏形式，也是导致其他损坏形式的主要起因。

（2）整体叉头十字头万向接轴结构如图9－5所示。这种结构的主要优点是：整体叉头，整体强度高，传递扭矩大，无螺栓。因此避免了螺栓的松动和断裂，且增加了关节部分可利用的空间。

（3）装卸方便。最初研制的整体叉头结构装卸不便。经过不断改进，现在的整体叉头结构装卸均方便。如图9－8所示，用工具将卡环收缩即可取出滚针，省时省力，与用螺栓连接相比，仅用六分之一的时间可装卸完毕，深受用户欢迎。

目前，国内有多家生产十字头万向接轴，如SWB型、SWC、SWZ型等。现给出SWC的有关数据如表9－3所示。

十字头万向接轴与其他虎克关节一样，单关节使用时其传动角速度是一个不等速运动。传动时其单关节导前滞后的关系如图9－9所示。

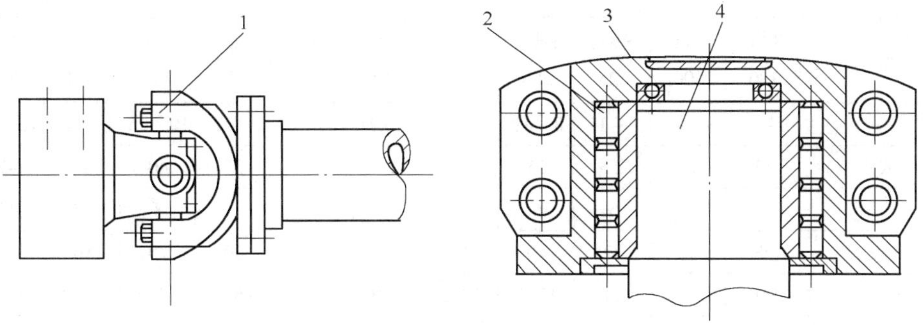

图 9－8 螺栓固定式，十字头万向接轴
1—螺栓；2—滚针；3—轴承；4—轴销

表 9－3 基本参数与主要尺寸

	型式	型号项目	SWC 180	SWC 200	SWC 225	SWC 250	SWC 265	SWC 285	SWC 315	SWC 350	SWC 390	SWC 440	SWC 490	SWC 550
型式项目	A 型	基本长度 L	980	1020	1060	1170	1170	1285	1380	1406	1570	1735	1885	1955
		伸缩量 S	100	120	140	140	140	140	140	150	170	190	190	240
		重量/kg	83	115	152	219	260	311	432	610	804	1122	1468	2154
	B 型	基本长度 L	700	740	770	840	840	920	990	1040	1110	1290	1320	1450
		伸缩量 S	60	85	110	160	180	226	320	440	590	820	1090	4560
		重量/kg	400	440	480	560	560	640	720	776	860	1040	1080	1220
	C 型	基本长度 L	48	66	90	130	160	189	270	355	510	690	970	1330
		伸缩量 S	700	740	790	870	870	960	1070	1155	1270	1470	1530	1700
		重量/kg	65	90	120	173	220	250	355	485	665	920	1240	1765
	D 型	基本长度 L	960	1000	1070	1190	1190	1310	1445	1520	1740	1940	2110	2285
		伸缩量 S	100	120	140	140	140	140	140	150	170	190	190	240
		重量/kg	92	126	168	238	280	340	472	660	886	1230	1625	2368
通用项目	回转直径 D		180	200	225	250	265	285	315	350	390	440	490	550
	公称转矩/kN · m		25	35.5	40	63	71	90	125	180	255	355	500	710
	疲劳转矩/ kN · m		12.5	18	20	31.5	35.5	45	63	90	125	1250	355	
	轴线折角 β/(°)		15	15	15	15	15/6	15	15	15	15	15	15	15
	D_1 (js11)		155	170	196	218	240	245	280	310	345	390	435	492
	D_2 (H7)		105	120	135	150	160	170	185	210	235	255	275	320
	D_3		121	140	152	168	168	194	219	267	267	325	325	426
	L_m		100	110	120	140	140	160	180	194	215	260	270	305

续表 9 – 3

	型式	型号项目	SWC 180	SWC 200	SWC 225	SWC 250	SWC 265	SWC 285	SWC 315	SWC 350	SWC 390	SWC 440	SWC 490	SWC 550
通用项目	$n-d$		8 – 17	8 – 17	8 – 17	8 – 19	8 – 19	8 – 21	10 – 23	10 – 23	10 – 25	10 – 28	16 – 31	16 – 31
	K		17	18	20	25	25	27	32	35	40	42	47	50
	t		5	5	5	6	6	7	8	8	8	12	12	
	b (hg)		28	32	32	40	40	40	40	50	70	80	90	100
	g		8.0	9.0	9.0	12.5	12.5	15.0	15.0	16.0	18.0	20.0	22.5	225.5
	增长 100mm 质量/kg		2.8	3.9	4.9	5.3	5.3	6.3	8.0	15.0	15.0	21.7	21.7	34

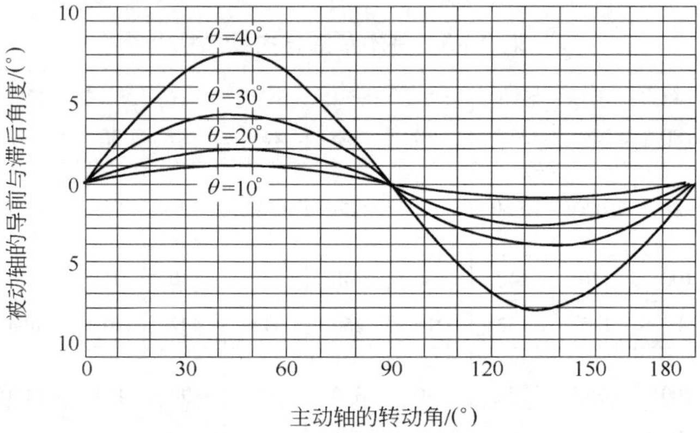

图 9 – 9　滚针轴承十字头万向接轴传动轴角速度变化曲线

为了消除此现象，可同时采用双关节，这样主动轴和从动轴就可以同步转动。

十字头万向接轴的传动效率与轴倾角有关，也与载荷有关，其相互关系如图 9 – 10 所示。

十字头万向接轴在使用中的主要问题是叉头破损。另外，由于动平衡不合要求而使短应力线轧机产生振动。在这种情况下可换成汽车用万向接轴。

C　鼓形尼龙棒接轴

鼓形尼龙棒接轴是我国湘钢线材厂有关技术人员根据钢球万向接轴的原理研制成的。其构造如图 9 – 6 所示。其基本特点是把钢球万向接轴中的钢球换成尼龙棒。好处是尼龙棒接轴精度要求低，较钢球易于制造，而钢球接轴所用的钢球为轴承钢，加工工艺和热处理要求较高，内、外套也应符合轴承的加工精度和性能要求。尼龙棒的强度、刚度、韧性均较高；而且具有低蠕变性、高耐磨性、化学稳定性好；减振、抗冲击、消声、自润滑性能好等优点。

实践证明，这种接轴使用效果良好。

在推广短应力线轧机的早期，就是使用这种接轴的。在使用中发现两个问题：

（1）装卸时间长且经常脱落。这是由于最初的结构不尽合理所致。后来，经过改进后形成了图 9 – 11 的结构，装卸均方便。

（2）咬入时上、下轧辊转动不同步。当轧制规格较大或变形抗力较大的轧件时，出现咬入时上下轧辊，转动不同步现象，造成轧件弯头。

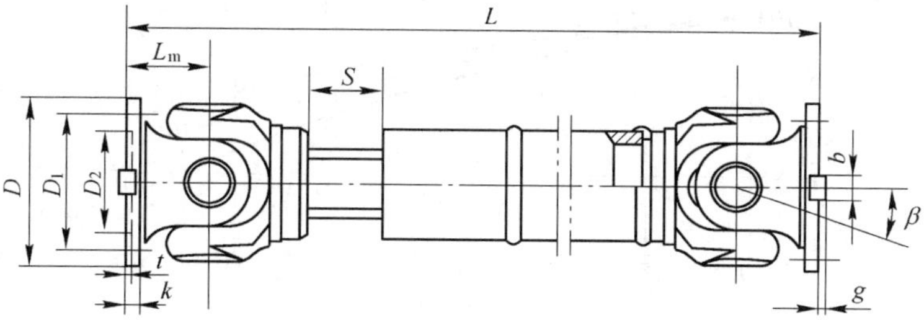

(a)

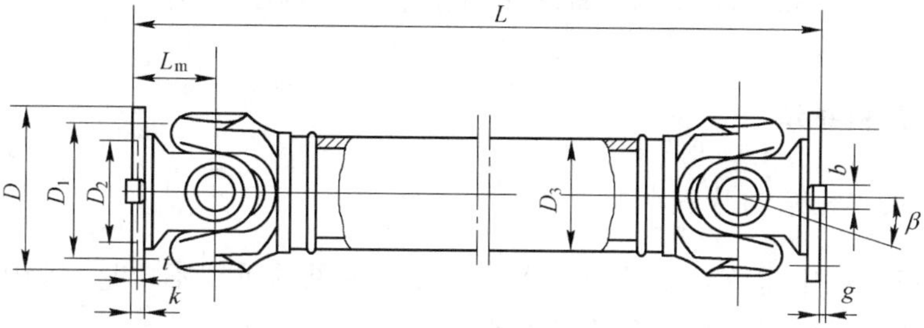

(b)

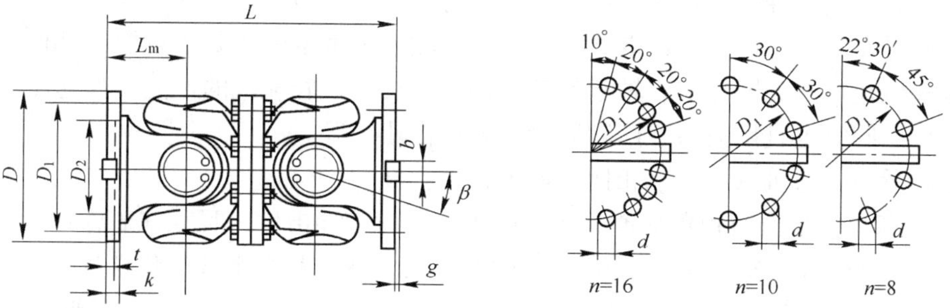

(c)

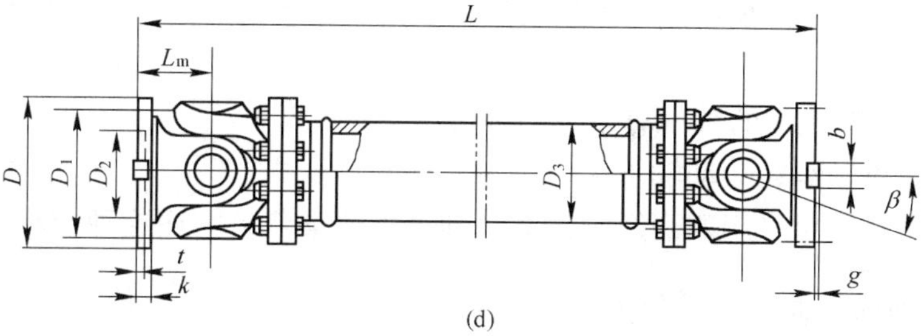

(d)

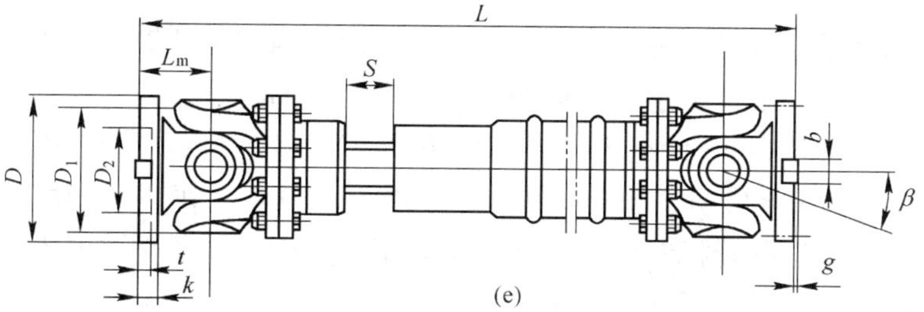

(e)

图 9-10 整体叉头十字头万向接轴

（a）可伸缩型；（b）无伸缩型；（c）双关节单元型；（d），（e）双法兰可伸缩型

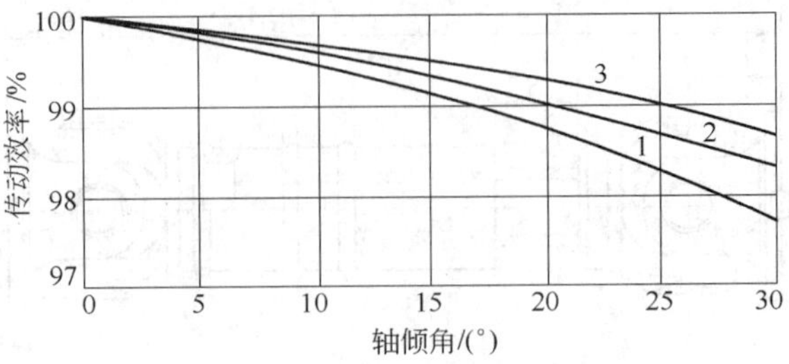

图 9-11 3000r/min 时接轴在各种倾角的传动效率曲线

9.1.4 短应力轧机轴承

9.1.4.1 轧辊轴承的特点

轴承在轧机结构中占有重要地位。人们对轧辊轴承的重视不单是因为轴承中消耗一定的能量，更重要的是轧机的精度和刚性在很大程度上也取决于轴承。

许多新式轧机的轴承座就是轧机的半个牌坊。如无牌坊轧机就是用四个紧固的轴承座代替了轧机的左、右牌坊。无论老式或新式轧机轴承及轴承座都属于重要零部件。轴承往往是限制轧机速度的关键环节。轴承的工作性能直接关系着轧机的性能，如速度、允许的轧制压力等，同时也直接关系着产品质量、轧机作业率等。

轧辊轴承与普通机械用轴承相比有如下特点：

（1）负荷重，单位面积负荷值大于 40MPa，负荷带冲击性，且往往工作速度较高。

（2）工作条件恶劣，轧辊温度高，温度变化大，并且常有水及氧化铁皮侵入。

（3）拆装频繁。因为轧机换辊频繁，轴承的拆卸就很频繁，这就要求轴承与轧辊的配合易于拆卸和安装，换辊后能马上投入运行。只有轴承寿命高，工作可靠才可能保证轧机的作业率。

小型、线材轧机使用的轴承有以下两种类型：

（1）液体摩擦轴承；滚动轴承。

（2）短应力线轧机采用四列短圆柱滚动轴承，故本节只阐述这种轴承。

9.1.4.2 四列短圆柱滚动轴承的特点与结构

轧机用的滚动轴承通常有三种：四列圆锥滚子轴承，四列圆柱滚子轴承和自动调心滚子轴承。其中，四列圆柱滚子轴承与其他两种相比有明显的特点。

四列短圆柱滚子轴承在 20 世纪 50 年代初，国外就已经普遍地应用在轧钢机上。而我国则是在 70 年代末，80 年代初，才有了初步的发展。1980 年，国内研制成功了变窄型四列短圆柱滚子轴承，使这种轧机专用轴承在我国轧钢行业中得到了更多的推广应用。

四列短圆柱滚子轴承具有下列几个主要特点：

（1）四列短圆柱滚子轴承的磨损程度低于其他各类轴承，尤其适合于高速场合。如果具备适当的润滑条件，其最高速度可达 25~45m/s。

（2）四列短圆柱滚子轴承的截面高度小，相同的辊身直径，可容纳辊颈的直径最大，因而可提高负重能力。

（3）该类轴承寿命长，有半无限轴承之称谓。变窄型四列短圆柱滚子轴承与球面滚子轴承相比，其寿命可提高3倍以上。

（4）安装拆卸方便。内圈可以分离，且可以互换装配，因而可以预先套在辊颈上，随轧辊一起装进轴承座内。内圈与辊颈之间采用紧配合，可避免内圈爬动以至辊颈严重磨损而破裂。

（5）四列短圆柱滚子轴承不能承受轴向负荷，所以该轴承可以充分地适应沉重的径向负荷，而由其他轴承承担轴向负荷。因此具有较高的负重能力，且能保持较长的寿命。

四列短圆柱滚子轴承的结构如图9－12所示。它由两个外圈、两个保持架、四排滚子和一个内圈组成。装配以后，两个外圈、两个保持架和四排滚子组成一个不可分拆的整体。内圈可以分离，并且能互换装配。两个外圈是成对使用。

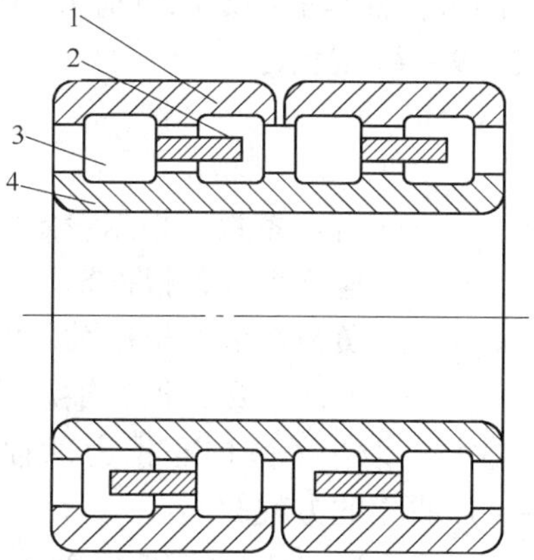

图9－12　四列短圆柱滚子轴承结构图

1—外圈；2—保持架；3—滚子；4—内圈

四列短圆柱滚子轴承的额定寿命由下式计算：

$$L=\frac{106}{60n}\left(\frac{C}{P}\right)^{\varepsilon} \qquad (9-1)$$

式中　L——轴承的额定寿命，h；

C——轴承额定动负荷；

ε——寿命指数，取10/3；

n——轴承转速；

P——每个轴承承受的径向负荷，通过轧制力来计算。

9.1.4.3　短应力线轧机的轴承选择

短应力线轧机是以其刚度为主要特点，因而对轧辊轴承的要求尤为严格。这种轧机选择的轴承是四列短圆柱滚子轴承。同时这种轧辊专用轴承的优点，在短应力线轧机上，也得到了充分的发挥。

如前所述，四列短圆柱滚子轴承只能承受径向负荷，轴向负荷须由其他轴承来承受。能够承受轴向负荷的轴承有许多种，短应力线轧机选择的是双半外圈向心推力球轴承。这种推力轴承的接触角为35°。其最大的特点是它不但可以承受双向轴向负荷，而且能够精确控制轧辊的轴向位置。双半外圈向心推力球轴承的另一个主要特点，是在承受相同的轴向负荷情况下，轴承所占的轴向尺寸最小。这就为轴承座结构的紧凑，打下了良好的基础。这也是轧钢机对轧辊轴承的主要要求条件之一。

当然，如果轴向尺寸不受限制，或要求不高，也可以选用其他推力轴承，并采取成对使用的方式。例如某些型式的短应力线轧机，就是采用成对的推力轴承，来承受轧辊的轴向负荷的。

需要说明的是：双半外圈向心推力球轴承的适用范围，是中等轴向负荷的情况。所以，下面给出此种轴承所能承受的、最大轴向负荷的计算方法。

轴承的当量动负荷 P 由式（9－2）计算：

$$P = XF_r + YF_a \tag{9-2}$$

式中 F_r——实际径向负荷；

F_a——实际轴向负荷；

X——径向系数，可查表；

Y——轴向系数，可查表。

前面已说过，这种推力轴承仅承受轴向负荷，即 $F_r=0$，

$$F_a = \frac{P}{Y} \tag{9-3}$$

同时，轴承的额定动负荷 C 可以从轴承样本中查到。其与轴承当量动负荷的关系可由式（9－4）表示：

$$C = \frac{f_h \cdot f_F}{f_n \cdot f_T} \cdot P \tag{9-4}$$

式中 f_h——寿命系数，根据设定的轴承寿命（小时数）查表；

f_n——速度系数，根据轴承的转速查表；

f_F——负荷系数，根据轴承的负荷种类查表；

f_T——温度系数，根据轴承的工作环境温度查表。

这样，双半外圈向心推力球轴承所能承受的最大轴向负荷，则可由式（9－2）、式（9－4）联立的方程解出。

综上所述，短应力线轧机轴承的承载特性是：四列短圆柱滚子轴承仅承受来自轧辊的径向负荷；双半外圈向心推力球轴承仅承受来自轧辊的轴向负荷。它们的联合作用，极大地提高了轴承的承载能力。

双半外圈向心推力球轴承的游隙值，在轴承厂是可以按要求生产的。游隙过大，将会使轧辊产生轴向窜动。为便于掌握轴承的尺寸精度，现将双半外圈向心推力球轴承轴向游隙的测量方法，简单介绍如下：

如图9－13所示。使轴承内圈向下达到最大的位置，并将百分表调整到接触零位，然后将轴承内圈向上移动，使之达到最大位置。这时百分表上指针摆动的数值，就是轴向游隙的最大值。测量时，应在圆周上测取3个点，然后取其平均值即可。

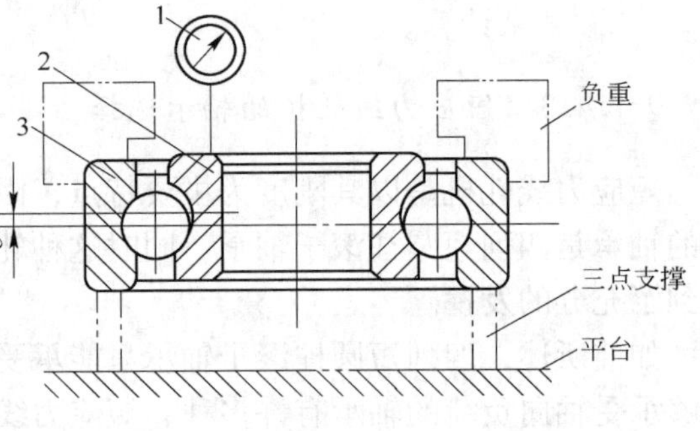

图9－13 测量双半外圈向心推力球轴承轴向游隙 δ

1—千分表；2—内圈；3—外圈

9.1.4.4 轴承内圈的加热器

前面说了四列短圆柱滚子轴承的内圈，是预先安装在轧辊辊颈上的。要安装内圈，就要先把内圈加热使其膨胀，然后套在辊颈上。通常用油煮的方法，就可以办到。但在轧辊报废后，就得把轴承内圈拆下来（一般情况下内圈的寿命要比轧辊的寿命长），这就比较困难了。为此，轴承厂家研制出了轴承内圈加热器，很好地解决了这个困难。

轴承内圈加热器是一种高频感应加热器，其原理是利用感应电流的趋肤效应，使轴承的内圈与轧辊轴颈之间产生温差，即内圈温升很快，轴颈的温升很慢。这样，内圈与轴颈之间就产生了较大的间隙，从而可顺利地进行轴承内圈的拆卸。

轴承内圈加热器主要由控制柜、感应线圈两部分组成。

与其他的轴承加热器比较，这种高频感应加热器，在拆装轧辊轴承内圈时，有许多独到之处。许多厂家优先择用：

（1）整个设备体积小，重量轻。控制柜无需固定地脚，可置于现场。加热时可以用控制柜上的按钮操作，也可以在感应线圈的按钮上操作。所以，一个人即可以进行并完成整个工作。

（2）加热时间短、效率高，安装内圈时，内圈加热时间一般为25～35s；拆卸内圈时，加热时间稍长些，一般为50～60s。

（3）只要加热温度不高于材料的退火温度，加热的时间是可以随意选择的，但一般控制在180s之内，且可调。

（4）加热温度比较均匀，这对于内圈的拆卸或安装是很重要的。

（5）设有自动退磁电路，能使轴承内圈在加热后自动退磁，从而防止铁屑等吸附在内圈上，影响轴承的精度和寿命。

9.1.5 润滑剂

为了减小摩擦损耗，在摩擦副之间均须使用润滑剂。通常，摩擦副对润滑剂的基本要求是：较低的摩擦系数，良好的吸附与楔入能力，一定的内聚力，较高的纯度，抗氧化稳定性好，无研磨和腐蚀性，有较好的导热能力和较大的热容量等。

9.1.5.1 选择润滑剂的一般原则

润滑剂的选用要考虑四个方面的情况。即工作范围、周围的环境、摩擦副的表面状况和润滑装置的特点。

工作范围指摩擦副两摩擦面的相对运动速度、运动副的负荷或压强，以及运动中是否有冲击负荷或往复与间歇运动。

周围环境指工作温度，环境的潮湿条件以及尘屑、化学气体等。

摩擦副表面的间隙、加工精度、空间位置（水平或垂直安装）等也是选用润滑剂要考虑的。

润滑的方式、采用润滑装置的不同，也影响着润滑剂的选用。

轧机滚动轴承使用的润滑剂为润滑脂。对润滑脂的选择，应着重考虑如下的3个原则：

（1）两摩擦面相对运动的速度愈高，其形成油楔的作用也愈强，故高速运动时选用针入度较大的润滑脂，反之，在低速运动时，应选用针入度较小的润滑脂。

（2）环境温度低时，应选用针入度较大的润滑脂。反之，则选用滴点较高的润滑脂。

（3）润滑脂有较强的抗水能力，可在潮湿的条件下使用。但在此条件下不能选用钠基脂，因为钠基脂不耐水，与水合成乳化液而流失。

9.1.5.2　润滑脂的主要质量指标及其使用意义

润滑脂的主要质量指标包括：

（1）滴点。指润滑脂从不流动态转变为流动态时的温度。表示润滑脂流失的温度，可作为润滑脂使用温度上限的依据。

（2）针入度。指150g的标准圆锥体沉入脂试样，经过5s钟后所达到的深度。用来鉴定润滑脂的稠度指标，即表示润滑脂的软硬程度。

（3）水分指含水量的百分比。除钙基脂外，其他多数脂中的水为有害成分，应严格限制。

（4）皂分。作为稠化剂的金属皂含量。一般地说，皂分高，机械安定性好，但启动力矩增大。

（5）机械杂质。这是不允许有的，会造成机械严重磨损和擦伤。

（6）灰分。包括制皂的金属氧化物、基础油的无水物和原料碱里的杂质。

（7）分油量。指在规定的条件下（温度、压力、时间）从润滑脂中析出油的量。表示润滑脂的胶体安定性，也是评价润滑脂的主要指标之一。

9.1.5.3　短应力线轧机轴承润滑脂的选用

轧机的轴承通常是在高温、多尘和水淋、重载条件下工作的，其润滑条件大多较恶劣，油脂变质快，又因设备必须连续运转，停机损失大，通常轴承润滑用油量大，更换经济损失更大。因此，选用优质轴承润滑剂，减少轴承的磨损与损失，对延长轧机轴承的使用寿命和提高企业的经济效益具有很大的作用。

A　润滑脂的以往使用情况

短应力线轧机普遍推广应用后，其滚动轴承润滑脂的选用，成为各厂家的重要课题。他们相继选用过：二硫化钼锂基脂、特效锂基脂、高压延基脂等。但都存在着几个方面的不足：

（1）抗挤压、耐磨、黏附性能差。轴承滚道内不能形成脂膜，滚动体与滚道磨损快。

（2）抗淋水能力差。乳化流失快，甩脂现象严重，需24h加脂一次，降低了设备作业率。

（3）大量油脂溢出，消耗量大，严重污染环境。由此看来，寻求一种抗挤压、耐磨、抗淋水、防锈、黏附力强的轧辊轴承专用润滑剂是十分必要的。

B　轧辊轴承专用润滑脂的选择

轧辊轴承专用润滑脂以多效锂基润滑脂为好。这种润滑脂我国已有几家工厂生产。该种轴承润滑脂除具有挤压锂基脂的特性外，其耐高温、抗水淋、抗乳化黏附性强等优点尤为突出。其技术指标达到和超过了日本挤压锂基脂的指标，填补了国内轧机专用润滑脂的空白。目前已被国内钢铁企业广泛采用。这种润滑脂的配制情况如下：

（1）基础油选择。润滑脂选用了精制的高黏度润滑油作为基础油，以保证其在高温重负荷下能够形成流体动力润滑膜。同时考虑到锂基润滑脂对添加剂的感受性较好，易做成多效用润滑脂，又选用锂皂为调化剂，且经多元酸复合成为复合性锂基脂。

（2）添加剂。在选用添加剂方面，从减轻或消除公害考虑，排除了铅及铅化物。从国外添加剂发展的情况来看，已由硫铅型发展到了硫氮型。因此，选用了硫磷氮型添加剂。此种添加剂含硫磷化合物，在低温下容易与金属发生物理与化学吸附，在高温下容易分解，并与铁生成低剪切性的硫化铁膜，从而防止了两个金属面的烧结和磨损，提高了润滑脂的抗负荷能力。这一点，经X衍射试验和几十家钢铁企业的实际应用均已得到证明。

由于氮能与金属生成配位键，牢固地吸附在金属表面上，从而起到了良好的防锈蚀作用和油性剂作用，氮化物与硫磷化合物相反生成的络合物，具有很好的疏水性，从而保证了润滑脂具有良好的抗水性能。

鉴于上述基础油和添加剂的选择和配制，从而赋予了这种轧辊轴承润滑脂的下述特性：

（1）耐高温。经对润滑脂试验测定，滴点在276℃以上（标准250℃以上）能满足高温，重负荷轴承之需要。

（2）抗挤压。该脂经试验机测定，OK值大于40MPa（标准大于35MPa），使用周期能够达到672h，比其他润滑脂的使用周期提高6倍以上。

（3）耐磨损。该脂在压力4MPa、时间30min、转速1500r/min、常温的条件下，四球磨损试验，磨损度为0.329。该脂在使用15天后，轴承与滚道接触面光滑无损。

（4）防锈蚀。在高温、潮湿和高速运转的情况下，能长期工作，轴承不受侵蚀，使用该脂半年后，对轴承和辊颈进行检查，无锈蚀现象。

（5）抗水淋。国内几家钢铁厂实际应用证明，该脂在有大量冷却水喷淋的情况下，从未发生过乳化流失现象。

（6）黏附性强。该脂经实践证明，在轴承中黏附力强，损失很少，能清除环境的污染，因而使油对水质的污染降低到了国家规定的要求之内。

这种轧辊轴承润滑脂与其他润滑脂的使用对比如表9－4所示。研究对比情况，可得出结论：轧辊轴承专用润滑脂的性能是比较优良的。

表9－4 轧辊轴承润滑脂与其他润滑脂使用性能对比表

项　目	名　称						
	加脂周期 h/次	加脂数量 g/次	润滑效果	黏附型	抗水性	污染	抗挤压
二硫化钼锂基脂	24	600	很差	差	极差	严重	不好
特效锂基脂	24	600	差	差	一般	严重	一般
高温压延基脂	24	600	差	差	一般	严重	一般
轧辊轴承专用润滑脂	168～672	350	好	强	好	较好	较强

9.1.6 短应力轧机预装间设计

由于短应力线轧机的辊组预装是在轧制线外进行。因而须建一个预安装操作间（简称预装间）。预装间不宜放在车间主厂房内，因为主厂房内粉尘大，导致轴承磨损严重。应把预装间放在主厂房之外。预装间的设计包括位置的选择、平面布置、轴承加热器、装配架、轧辊架等。

9.1.6.1 预装间位置的选择

预装间位置的选择条件是距轧制线近，拆装后的辊组运送方便；具有一定的吊装手段；无灰尘污染等。实践证明，选在轧钢车间的副跨且靠近导卫装置和轧辊存放位置较好。

9.1.6.2　预装间的平面布置

预装间的平面布置是以短应力线轧机辊组装配架为主体进行的。预装间的面积大体在 $200m^2$ 左右。

9.1.6.3　轴承加热器的选用

短应力线轧机所采用的轴承加热器是高频感应加热器。它可以大大减轻轴承拆装人员的劳动强度，提高拆装质量和拆装速度，并且不污染环境。

9.1.6.4　辊组装配架

辊组装配台架是短应力线轧机安装过程中，轴承座拆装的必备装置。它分为立式装配台架和卧式装配台架两种。

A　立式装配台架

立式装配台架是由轴承座放置架和辊组装配台架组成，如图 9－14 所示。其中轴承座放置架是由 7 号角钢焊接而成，结构较简单。它的作用是将拆掉轧辊的轴承座置于其上，使吊装方便且不被地面灰尘污染。辊组装配台架主要由架体、V 形轧辊存放窗口、调整丝杠、定位板、调整手轮等部分组成。其中底座和架体主要由钢板焊接而成。它的主要用途是将旧的辊组置于架上，并拆卸，然后重新组装新的辊组。图中所示轴承座放置架和辊组装配台架是 GY－P300 型短应力线轧机专用的。其他形式如 GY－P250、GY－P450 的短应力线轧机所用装配台架，均可参照该形式进行设计。

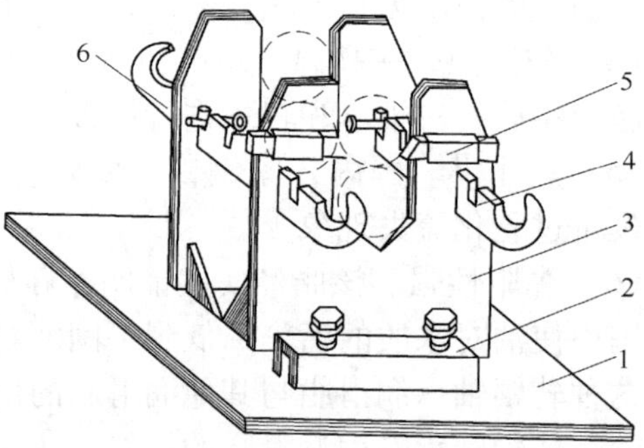

图 9－14　短应力线轧机轧辊轴承立式装配台架
1—底板；2—高低调整螺栓；3—辊架；
4—扒板；5—定位板；6—固定销子

B　卧式装配台架

卧式装配台架（见图 9－15）是由立式装配台架演变而来的。它的主要优点是工人操作方便、台架结构简单，容易制作。操作人员拆装轴承座比较安全。这种形式的装配台架已被许多厂家所采用。

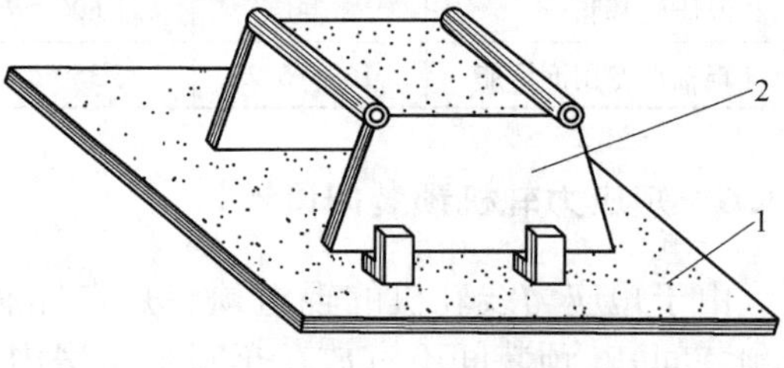

图 9－15　短应力线轧机轧辊轴承卧式装配台架
1—底板；2—装配台架

9.1.6.5　预安装人员的培训

短应力线轧机的预安装质量好坏直接影响轧钢生产的正常进行，而且对产品的精度和轧机特性的发挥也是至关重要的。而保证预安装质量的关键是预安装操作人员的素质的高低。为此必须在预安装前派骨干人员到使用较熟练的厂家进行培训，并组成精干的预安装小组。

9.2 短应力线轧机主要故障产生原因及处理方法

实践证明，在生产过程中，由于轧机的加工质量、装配质量或使用不当等原因，短应力线轧机可能出现这样或那样问题而影响轧机的正常生产。因此了解和掌握这些可能出现的问题及其防治办法是十分必要的。下面将一些常见的问题及其防治办法，分别加以叙述。

9.2.1 轧辊轴向窜动及其防治

9.2.1.1 轴向窜动的原因

轴向窜动的原因如下：

（1）轧辊轴承装配系统的加工和装配质量是影响轧辊轴向窜动的直接因素。辊组系统各零部件的相互装配关系，可分为两条装配线，即图 9 - 16 中的外装配线 *A* 和内装配线 *B*。一般说来，只要组成两条装配线的零件加工质量符合要求，装配线不间断，轧辊轴向窜动是不会发生的。外装配线 *A* 的各部件，靠两端盖压紧。在这条线上的薄弱环节是推力球轴承。由于其游隙范围较大，在轴承磨损严重后，或者选用的轴承游隙为上限时，就会产生轧辊轴向窜动。

内装配线 *B* 是通过止退垫锁紧的。在这条装配线上，易造成轧辊轴向窜动的主要原因是：辊颈弧面或挡圈 12 加工精度不合格，形成两者在圆弧以外的部位产生间隙或周期性摆动。造成的原因主要是轴承内圈热装不到位，轧辊辊身端面加工不良等。

（2）轴向调整机构的防松效果不好，轴向调整套筒回松，也会产生轴向窜动。

（3）轧机侧面、安装于端盖内、轴向顶在长方柱上的四个紧定螺钉回松，可引起轴向窜动。

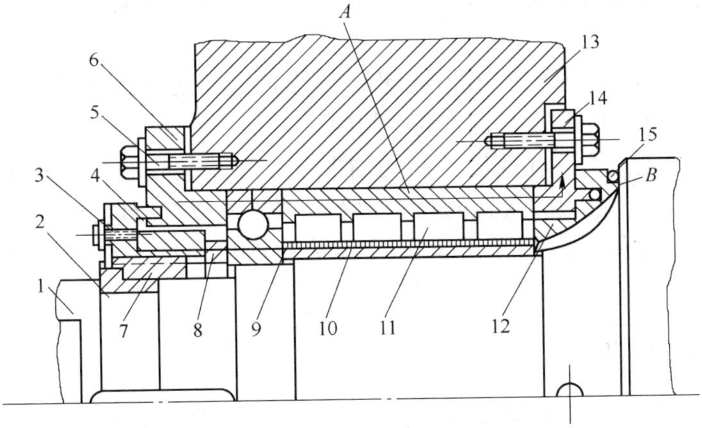

图 9 - 16 短应力线轧机轴承装配

1—轧辊；2—止退半环；3—止退垫；4—螺纹压圈；5—紧固螺栓；6—压盖；7—螺纹圈；8—挡环；9—推力轴承；10—轴承内圈；11—四列短圆柱轴承；12—挡圈；13—轴承座；14—内压盖；15—“O”形橡胶圈

9.2.1.2 轴向窜动的防止措施

针对上述导致轧辊轴向窜动的原因，在实践中，总结出了有效地防止措施。

（1）对外装配线的外端和推力轴承外套之间的间隙，采取适当的措施加以消除，即可解决由于这条装配线引起的轴向窜动。

（2）对内装配线，要保证组成这条线的各部件的加工质量合乎要求；保证螺纹压圈与挡圈及轴承外端之间抵紧。这样，可使内装配线成为不间断的连续整体，从而消除了由于内装配线引起的轴向窜动。

（3）上紧轴向调整机构中，固定螺母。

（4）拧紧轴向顶在长方柱上的四个紧定螺钉。

概括起来说，防止轧辊轴向窜动应主要掌握三个环节。首先，辊系内部的连接链是否真正消除了间隙。这里有备件的制造质量问题，也有安装质量问题，尤其要注意轧辊辊颈的圆弧尺寸，各阶梯距离，辊身处的端面跳动量等。其次，辊系与相关的连接是否牢固。轴向调整螺栓有时出现假压紧现象；最后是坚持严格的管理制度、检查制度和赏罚制度。这一条至关重要。道理都懂了，来了备件也不检查，安装不认真，照样出现窜动。

此外，轴向窜动在使用时间上也有一些规律。一般是开始使用时，由于大家重视，严格把关，通常不会出现窜动。在使用一段时间后就出现窜动。这时就要认真按照上述几方面原因去解决，直到彻底解决为止。特别是一些厂家在地脚板锈蚀严重的情况下，如辊系内部间隙已消除则毛病往往出在辊系与其他件的连接上，即整体刚度上。

9.2.2　轧机轴承座产生不规则振动及其防治

短应力线轧机在运行中有时出现不规则的振动，其产生原因主要有：

（1）轴承座与支撑座安装不好可导致上下两个轴承座沿轧制线方向整体水平振动。应确保四个轴承座的相对位置，按需要修磨支撑座内侧滑板的厚度，并将其镶到支撑座上，以保证其与轴承座间的配合符合要求。

（2）平衡弹簧断裂或疲劳失效可导致轴承座的一侧上下振动，可及时更换弹簧或在两轴承座之间塞入橡胶垫。

（3）压下立柱与支撑座安装不当或螺纹套与支撑座之间铜垫处间隙过大可导致上下轴承座整体垂直振动。应重新安装或调整间隙。

（4）接轴的甩动过大。在速度较高的情况下，由于接轴的甩动造成轧机轴承座的振动。这是由于接轴倾角过大和接轴的动平衡不合要求所致，应调整好主机列中各连接轴线的水平线高度，尽量保持倾斜角度不超过接轴的许用角度，和选用动平衡合乎要求的接轴。

9.2.3　轧机调整困难及其排除

短应力线轧机的径向和轴向调整在正常情况下时非常容易进行的。但有时也会出现调整困难（一般常常是在使用一段时间之后发生），其主要原因是：

（1）调整杆发生弯曲。轧机在拆装及换辊过程中，经常需要整体吊起，起吊的位置不合适，易使调整杆发生弯曲，造成调整困难。

（2）立柱轴进水。轧辊轴向调整，是通过轴承箱与立柱轴的相对位移（+2mm）来实现的。因受密封圈性能的限制，立柱轴与密封圈间存在着比较大的间隙，轧辊冷却水及氧化铁皮比较容易地流入轴承箱立柱轴孔中，造成压下调整和轴向调整困难。

（3）立柱轴底脚进水。

防治办法：

（1）调整杆发生弯曲的情况，其防治办法是在轧机的两个上轴承箱的侧面，焊接上起吊耳子，使轧机吊装平稳可靠。

（2）对于立柱轴进水的情况，其防治办法是，将上下两轴承箱间的密封作成套筒嵌入式，上轴承箱上部的密封，采用防水、防尘橡胶套。

（3）对于立柱轴底脚进水的情况，在底脚底部钻一透孔，使进入底脚的水自行流出，消除因积水而锈蚀的现象。

9.2.4 辊组拆装困难及其防治

辊组拆装的主要问题是：

组安装容易产生的问题，是把单片轴承座装到轧辊上时，发生不易套进的困难。其主要原因，是上、下轴承座中心距与两轧辊中心距的误差过大。

（1）防治的办法：

1）组装前，先根据装配台架上两轧辊中心距，调整好上、下轴承座的距离，使二者的误差尽可能小。

2）组装用的吊车或电葫芦，在升降和左右移动时，均应具有微动功能，以防止安装时轴承歪斜导致套入困难。

（2）辊组拆卸可能发生困难是：

1）螺纹压圈不易拆卸下来。其原因是螺纹压圈上的拆卸专用小孔小，容易损坏。防治的办法，是使用专门的拆卸手轮。这个拆卸手轮既能有效地转动螺纹压圈，又能保护装卸孔不被破坏。

2）单片轴承座从轧辊上拆卸下来困难。如果不是因为轴承烧坏，则困难的主要原因，是吊车或电葫芦拆吊轴承座动作过大过快，导致歪斜卡住。解决的办法是使用具有微动功能的吊车或电葫芦，慢慢开动拆卸，并辅以适当的晃动，则能顺利拆下来。

9.2.5 烧轴承的主要原因及防治

9.2.5.1 烧轴承的主要原因

DP300、350 短应力线轧机轴向固定调整和轴承座自位机构相互干涉影响，既降低了轴向刚度，容易造成窜辊，又使四列短圆柱轴承边部偏载，降低轴承寿命。原因如下：

四列短圆柱轴承的内环是热装在轧辊辊颈上，外环安装在轴承座内，当带钢轧制时轧辊辊身要受弯变形发生挠曲，而辊颈的轴线会相对水平位置回转一个角度，轴承内环也会随辊颈回转；而外环是安装在轴承座内，如保持位置不变，那么轴承内外环之间的间隙就不是矩形而是楔形，这样四列短圆柱轴承工作时就会偏载，寿命急剧下降。所以要提高轴承寿命，必须解决轴承偏载问题，轴承均载自位问题以及赋予轧机自位机构和性能问题还没有引起世人的足够认识和重视。

四列滚动轴承置身于辊系中，轴承的服役寿命远低于其固有寿命（手册设计、出厂寿命），短寿命率竟达 50% ~90%、造成每年巨额经济损失，严重困扰正常生产。

对于轴承固有寿命和服役寿命不等现象，国内外专业技术人员和学者进行了长期深入的研究、不断优化滚动轴承内部结构、润滑冷却、密封、防振特性、提高安装质量等以适应轴承体环境、缩小两种寿命不同的差距。但是要靠轴承内部结构的优化、润滑冷却条件的改善和安装科学化加以解决是有限度的。可以说潜力已基本挖尽。摆脱困扰的新途径就是使轴承每列均载且不超载性能。

轧机四列滚动轴承服役寿命并不是单纯决定于轴承自身结构形式、安装质量、润滑冷却和密封优化程度，而且还取决于由轧辊、轴承座、支座、轴向调整机构、压下装置等组成的载体特性。人们习惯地认为压下螺丝与轴承座间的球面垫能保证四列滚动轴承自位均载，这是误解。因为，球面垫只是机架窗口内轴承座与压下螺丝间的运动副，不能保证轴承座随轧辊辊颈的倾斜而摆动。应该指出，本具有自位性能的载体所致的四列滚动轴承偏载属异常偏载，其偏载系数一般超过 2 以上。它是每一列滚子选用而形成的径向间隙不等造成的。DP300、350 轧机不具有自动防止异常偏载和超载的能力。

9.2.5.2　解决措施

（1）不对轧机进行零件、结构改造的情况下，可采用如下办法：

1）按规定时间使用轴承，不超期使用。

2）安装前轴承质量检验。

3）正确安装轴承、合理调整间隙。

4）加强轴承检查，合理有效润滑。

5）合理制定压下量、开轧温度。

6）正确调整平衡力，减少轧制冲击。

7）合理调整长方柱上的四个紧定螺钉的间隙（拧得过紧易烧轴承）。

（2）对轧机的自位机构进行改进：

1）调整压下螺母下面的主球面垫的球面方向（由凹变凸、球心由上方变下方）及球心位置。

2）调整长方柱两侧球面垫的球面方向（由相对变向内）及球心位置，使球心与主球面垫的球心为同一点。

3）这样能保证轴承座能随轧辊弯曲而摆动，自位机构得到改进。

（3）对轧机进行零件、结构进行改造：

对轧机的轴向固定机构进行改造。将上下二个轧辊的轴承座通过凸球面齿轮垫和螺母装配于带有左右螺纹的立柱上，凸球面齿轮垫与装配于轴承座镗孔内的内齿轮块啮合成为以轧辊轴承座为主支件的双铰—滑副空间自位机构。如图 9－17 所示。当轧辊同时承受轧制力和水平力场合，轴承座随轧辊弯曲弹性变形而倾斜相应的角度，使多列滚动轴承各列均载；轧辊卸荷时，轴承座随轧辊弹性变形的恢复而旋回原位。内齿轮块相对轴承座可以通过压板和螺钉加以调整，以消除与凸球面齿轮垫的啮合

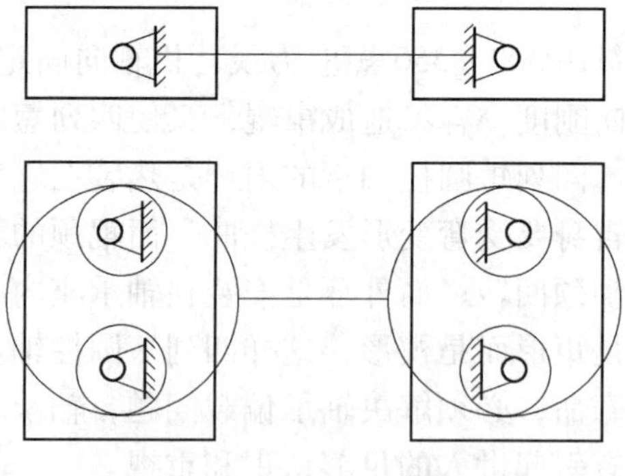

图 9－17　空间自位机构杆系图

侧隙。轧辊轴向力的传递点位于轧辊轴线之间，以消除双支点引起的附加力矩，提高轧机的轴向刚度。轧机由原来轴承座刚性支座变为铰链支座，增加了轧辊的弯曲挠度。

对轴承座施加不同约束，使轴承座分别处于自位与不自位两种情况，用 BEARING 边界元专用程序计算轧辊轴承的负荷特性。可以看出，轴承座在自位情况下，轧辊轴承各列负荷轴向分布趋于均载；轴承座在不自位情况下，轧辊轴承各列负荷轴向分布明显偏载，且靠近辊身一列所负荷最大，几乎承担全部径向负荷的一半以上。在计算轴承寿命时，应以受载最大的一列来评价整个轴承的服役寿命。可见，偏载可以大大缩短轴承寿命。

9.3 DP300、DP350 轧机拆检装配修理标准

9.3.1 使用

（1）各生产班必须按规定时间使用精轧机，不准超时使用，便于减少轴承烧损。

（2）在使用过程中发现问题要在跟踪卡上写明各个部位存在问题以便拆检维修。

（3）使用者不得随意拆除精轧机上的部件。

（4）在使用过程中发现轧机左右摆动，上下跳动或轴承异响冒烟时应该立即更换。

9.3.2 拆检

（1）在拆检前必须认真核实追踪卡反馈信息，对准轧机号进行拆检各个部位。

（2）对因事故下线的轧机随卡及时汇报检修人员检修，该机不准放在备用现场。

（3）拆检轧机时，对推力、四列轴承认真清洗、检查，保持内外套以及珠粒无损坏现象，发现问题应及时更换解决。

（4）检查各传动部位时一定要手调是否灵活、可靠，螺栓有无松动。

（5）需更换的部件要在跟踪卡上认真填写和记录。

9.3.3 组装

（1）组装前必须判断准确，该机能否组装，各部位定位要好，方可组装。

（2）组装时要适当添加锂基脂（3 号）轧辊轴肩挡圈上的 V 形密封必须上正，不准脱槽并且良好无损。

（3）组装时轧辊的配比一定要按规定配比，并在跟踪卡上写清上下辊辊径。

（4）组装完毕要认真检查各部位是否良好，无误后方可吊入备用现场。

9.3.4 修理

（1）修理精轧机时认真查看跟踪卡和记录，按时间准确及时修理。

（2）精轧机使用时要定期润滑，修理以便延长寿命。

（3）修理不能头痛医头，脚痛医脚，按规定时间修理、润滑以便保证良好的作业性能。

（4）修理后各个部位和更换的部件都要认真、按要求数据记录，存档保存。

（5）修理完好的轧机在调试时应从最低参数为佳，调试完毕无误后方可投入再使用。

思 考 题

9－1 画出短应力线轧机轧制应力回线。
9－2 轧机径向调整原理（从手轮→轧辊）？
9－3 轧机的同步弹簧平衡原理。
9－4 轧机轴向调整原理。
9－5 分析轴向窜动原因。
9－6 分析烧轴承的原因。
9－7 轧机轴承座不规则振动原因有哪些？
9－8 轧机的易损零件有哪些？
9－9 短应力线轧机的拆装路线？

10 剪 切 机

10.1 剪切机的类型及功能

轧钢车间所生产的产品，除带钢卷和线材盘外，一般都要切成定尺长度。钢材的定尺长度，一般按部颁标准确定，也可以按订户要求确定。根据轧件断面形状及端面质量要求的不同，所采取的切断方法也不同。剪切机通常用来切断方坯、扁坯、钢板和一些条形钢材，其生产率一般应大于轧钢机的生产率，以确保正常生产。

轧钢车间用的剪切机，根据刀片的形状配置方式以及被剪轧件情况的不同，可分为以下几类：

（1）平行刀片剪切机。这种剪切机的两个刀片是彼此平行的，如图 10－1（a）所示，通常用于横向热剪初轧坯（方、板坯）和其他方形、矩形断面的钢坯，故又称为钢坯剪切机。这类剪切机有时也用两个成形刀片冷剪轧件（例如圆管坯及小型圆钢等），此时刀刃的形状与被剪轧件的断面形状应相适应。

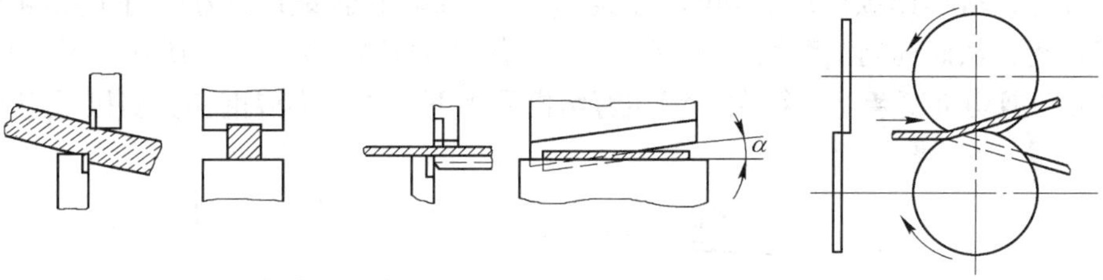

(a) (b) (c)

图 10－1 剪切机刀片配置简图

（a）平行刀片剪切机；（b）斜刀片剪切机；（c）圆盘式剪切机

（2）斜刀片剪切机。这种剪切机的两个刀片一个水平另一个倾斜，相互成一定角度安装如图 10－1（b）所示。上刀片一般是倾斜的，其斜角为 1°～6°。此类剪切机常用于冷剪和热剪钢板、带钢、薄板坯及焊管坯等，有时亦用来剪切成束的小型钢材。

（3）圆盘式剪切机。这种剪切机的两个刀片均为圆盘状如图 10－1（c）所示，主要用于纵向剪切钢板及带钢的边，或者将钢板和带钢纵向剪切成几部分。

（4）飞剪。这种剪切机用于横向剪切运动着的轧件，即刀片在轧件移动的同时将轧件切断。此类剪切机一般安装在半连续式和连续式轧机作业线上，用来剪切轧件的头、尾和切定尺。

平行刀片和斜刀片剪切机都有两种基本类型：

（1）上切式剪切机，上刀片是活动的，下刀片是固定的。

（2）下切式剪切机，两刀片都是活动的，但剪切动作由下刀片的运动来实现。

此外，根据机架与刀片相对位置的不同，又可分为闭式剪切机（其机架位于刀片的两边，一般都是尺寸比较大的剪切机）和开式剪切机（其机架位于刀片的一边，一般都是小尺寸的剪切机）。

上切式剪切机的下剪刃固定不动，上剪刃向下运动进行剪切。它通常采用曲柄连杆机构，其特点是运动和结构简单。主要缺点是被剪切轧件易弯曲，剪切断面不垂直，以致影响剪切后轧件在辊道上的顺利运行；当剪切厚度大于 30～60mm 的钢材时，需要在剪切机后增设摆动辊道，如图 10－2 所示。由于摆动辊道比较笨重，在剪切厚度大的钢材时，一般已经不采用这种剪切机了。

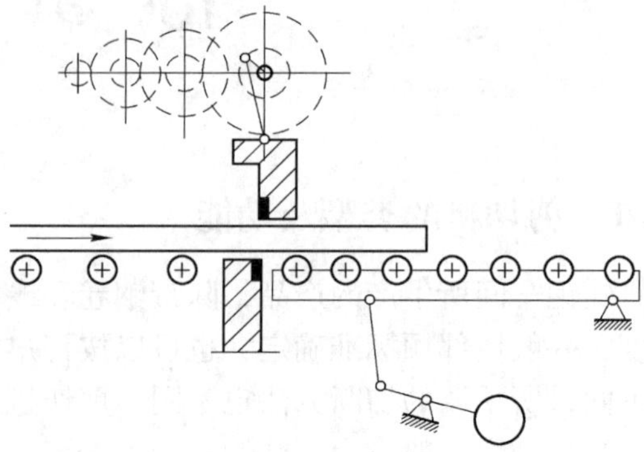

图 10－2　上切式剪切机及摆动台简图

下切式剪切机的两个剪刃都运动，剪切过程是通过下剪刃上升来实现的；它广泛用于剪切断面大于 30～60mm 的初轧坯和其他轧件等剪切开始时，上剪刃先下降，在几乎达到与钢坯接触时停止，其后下剪刃上升进行剪切；切断钢坯后，下剪刃首先下降回到原来位置，接着上剪刃上升恢复原位，一次剪切过程完成。这种剪切方法具有下述优点：在剪切时，被剪轧件高于辊道水平面如图 10－3 所示，因此不用设摆动辊道；剪切长轧件时，钢材不会弯曲；活动压板保证剪切断面比较垂直；机架不承受剪切力；由于能缩短剪切周期的间隙时间，从而提高了剪切生产率。因此，钢坯剪切机多采用下切式。下切剪切机在结构上比上切剪切机复杂。一般大型钢坯剪切机采用下切式，小型钢坯剪切机采用上切式。

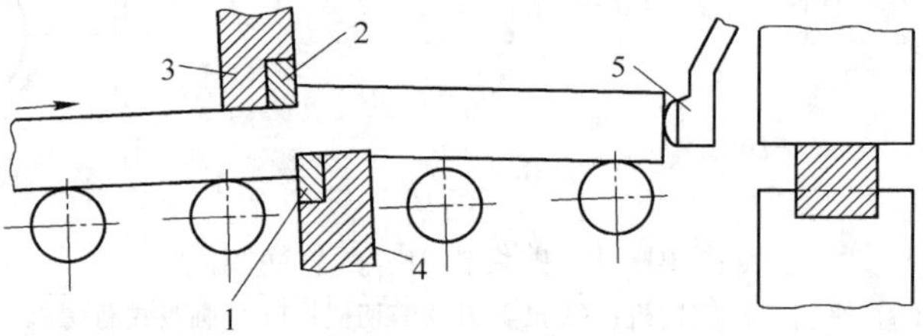

图 10－3　下切式剪切机简图

1—下刀刃；2—上刀刃；3—上刀架；4—下刀架；5—挡板

10.2　平行刃剪切机

该剪切机的上下两个刀片是彼此平行的，通常用于横向热剪切初轧方坯和板坯以及其他方形及矩形断面的钢坯，故又称为钢坯剪切机。此类剪切机有时也用于剪切冷态下的中小型成品型材。也可用制作成型的剪刃剪切非矩形面的轧件。平行刃剪切机按其剪切方式可分为上切式和下切式两种。

10.2.1　上切式平行刃剪切机

上切式平行刃剪切机的特点是下剪固定不动，剪切轧件是靠上剪刃的运动来完成。这种剪切机结构简单，重量较轻。主要缺点是剪切时轧件易弯曲、剪切断面不垂直，以致影响剪切后的轧件在轨道上顺利运行。因此，在剪切轧件厚度大于30mm的坯料时，需在剪切机前装设压板，在剪切机后装设摆动台或摆动轨道如图10－4所示。剪切时，上剪刃压着将被剪断的钢坯一起下降，迫使摆动轨道也下降，当剪切完毕，摆动轨道在其平衡装置的作用下，随上剪刃上升而回到原始位置。这种剪刃的上下移动，多采用曲柄连杆机构，其典型结构形式有曲柄连杆式剪切机和曲柄活连杆式剪切机。

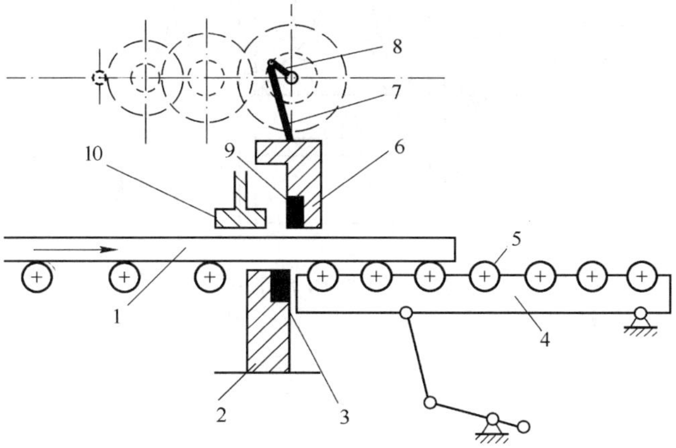

图10－4 曲柄连杆上切式剪切机示意图

1—轧件；2—下刃台；3—下剪刃；4—摆动轨道装置；5—轨道；6—上刃台；7—连杆；8—曲柄；9—上剪刃；10—压板

10.2.1.1 曲柄连杆上切式剪切机

图10－4为曲柄连杆上切式剪切机结构简图。该剪切机的上下剪刃9、3分别安装在上刃台6和下刃台2上。下刃台安装在机架下部，上刃台通过连杆7随曲柄8转动而上下移动，实现剪切。

为使轧件的切断面垂直，防止轧件剪切时翘起，该剪切机设有液压压板装置10。剪切机前设有切头推出机和机前轨道，在剪切机后设有定尺机、摆动轨道等辅助设备。为减少更换剪刃时间，在剪切机操作侧设有快速换剪刃装置。

10.2.1.2 活动连杆上切式剪切机

0.7MN冲剪机。冲剪机的主要特点是结构简单，重量轻，体积小，操作灵活，生产能力高，能适应中型开坯车间生产的需要。

0.7MN冲剪机的构造如图10－5、图10－6所示。它是由电动机、传动装置、剪切机构、快速升降机构和操纵机构组成。电动机安装在地基上，传动装置采用二级减速，第一级为皮带传动，大皮带轮14起飞轮作用，第二级为开式齿轮传动，大齿轮16由键固定在主轴18上。

剪切机的机架是用ZG35制成的闭式框架，主偏心轴18是用45号钢锻成的。偏心轴装在两个滑动轴承中，右侧的轴承是整体的，用螺栓固定在机架的上横梁上；左侧轴承是

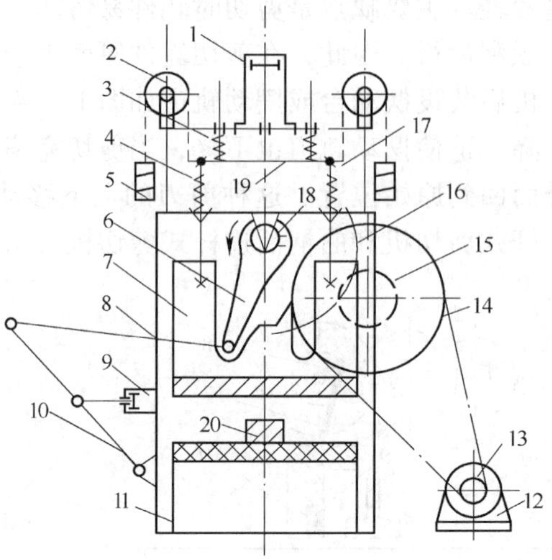

图 10 - 5　0. 7MN 冲剪机简图

1—气缸；2—链轮；3，4—缓冲弹簧；5—平衡重锤；6—连杆；7—上刀架；8—机架；9—小气缸；10—杠杆；11—下刀架；12—电动机；13—小皮带轮；14—大皮带轮；15—小齿轮；16—大齿轮；17—吊杆；18—偏心主轴；19—横梁；20—轧件

对开的。在主轴的偏心上装有连杆 6，它们之间装有轴套。连杆的下端为圆顶（或称连杆头），它不与上刀架 7 联结在一起，而是空垂在上刀架凹槽中。上刀架装在机架导轨中，可上下垂直移动。上刀架的形状较复杂如图 10 - 7 所示，在刀架中部留有凹槽和一个凸台 A，下部固定有刀片，所以不能使上刀架向下移动。下刀架 11 是固定在机架上不动的。

0. 7MN 冲剪机由于改变了离合机构，用气缸操纵连杆代替一般牙嵌离合器或摩擦离合器，因此操作速度快，有效剪切次数高，生产能力大大提高。它通过小气缸 9 和杠杆 10，操纵连杆 6，当需要剪切时，将连杆推至上刀架凸台上，使上刀架随连杆一起向下移动。此外，上刀架有一套快速升降机构，它通过吊杆 17 与横梁 19 连接。当气缸 1 的活塞上下移动时，通过横梁和吊杆使上刀架快速升降。在横梁的两端，通过链轮 2 上的链条各挂一个重锤 5，以平衡上刀架的重量。横梁与机架之间也装有缓冲弹簧 4。有了这一套快速升降机构，在剪切机一定开口度条件下，可减小曲轴的偏心距，所需的驱动力矩也减小了。因此，剪切机构结构简单，重量轻。

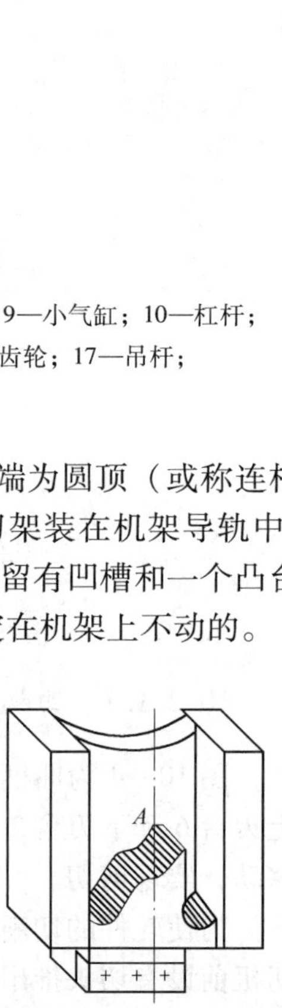

图 10 - 6　0. 7MN 冲剪机上刀架示意图

0. 7MN 冲剪机的剪切过程，如图 10 - 7 所示。剪切前，操纵气缸使上刀架快速升到原始位置，此时，电动机处于长期运转状态，连杆在上刀架凹槽中摆动如图 10 - 7（a）所示。当钢坯进入上、下刀片之间时，操纵中央气缸使上刀架快速下降压住钢坯如图 10 - 7（b）所示，然后操纵小气缸把连杆头推到上刀架凸台上。上刀架在曲轴，连杆的作用下向下运动，剪切钢坯如图 10 - 7（c）所示。剪切完毕后，操纵小气缸 9 把连杆拉至上刀架凹槽中，并操纵中央气缸使上刀架快速升至原始位置如图 10 - 7（a）所示，准备下一次剪切。

0. 7MN 冲剪机与其他上切式剪切机一样，在剪切机的后面没有摆动台。同时，由于没有压板装置，剪切断面的平直性较差。这种冲剪机由于存在着冲击力，以及与上刀架凸台接触的偏心活动连杆相对摩擦频繁。因此零件磨损较快，寿命较低。

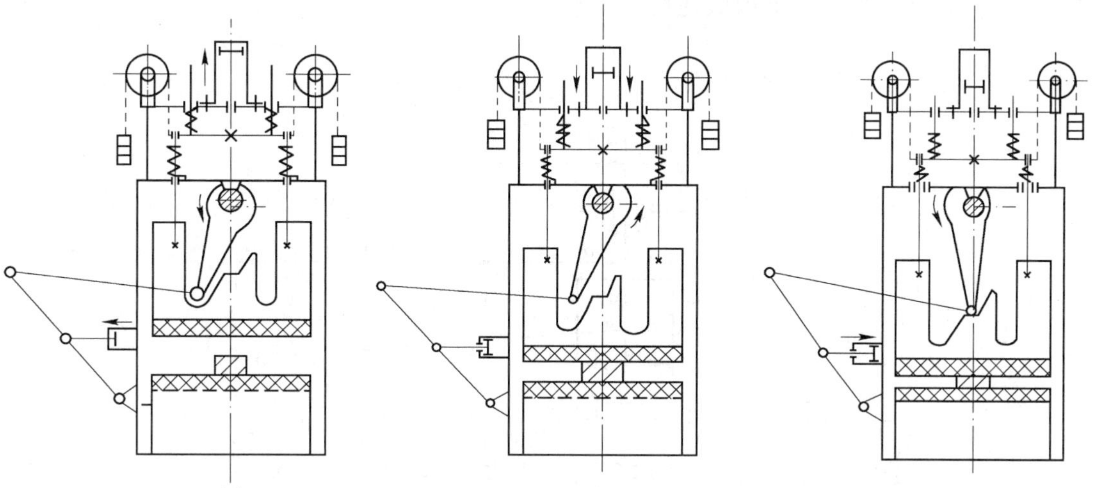

图 10－7　0.7MN 冲剪机工作过程示意图

(a) 上刀架上升；(b) 上刀架下降压住钢坯；(c) 小气缸将连杆头推到凸台上后进行剪切

10.2.2　下切式平行刃剪切机

下切式平行刃剪切机的上、下两剪刃都是运动的，但轧件被剪断是由下剪刃上升来完成的。该种剪切机广泛用于剪切厚钢坯。剪切时，上剪刃先下降，当达到距轧件上表面尚有一定距离时，停止下降。其后下剪刃上升进行剪切，切断轧件后，下剪刃先下降，当降到原始位置时，上剪刃上升复位，实现一次剪切。这种剪切机在剪切时由于将轧件抬离轨道面，因此在剪切机后不需设置摆动台或摆动轨道；剪切长轧件时，不易弯曲和易保证剪切断面较垂直。并可缩短剪切间隙时间，提高剪切次数。下切式剪切机在结构上比上切式剪切机复杂。根据结构形式不同，主要有曲柄杠杆剪切机和浮动偏心轴剪切机。

10.2.2.1　曲柄杠杆剪切机

这种剪切机的钢坯剪切过程是由下剪刃来完成的，一般均做成开式的。此种剪切机由于结构简单、操作方便，使用可靠，生产率较高而得到了广泛的应用。在国内各厂使用的此种剪切机按剪切能力划分为有 2.5MN、7MN、9MN 等三种。国外有 20MN 曲柄杠杆剪切机，用以剪切方坯与扁坯。这些不同剪切能力的剪切机其结构形式基本相同，只是电动机形式（交流或直流）与工作制度（连续工作制或启动工作制）稍有差别。图 10－8 表示了 9MN 曲柄杠杆剪切机构简图。

剪切机由剪切机构（包括上刀调整机构），传动系统，压板装置三部分组成。

如图 10－8 所示，上刀台通过铰链与上剪股相连，根据剪切钢坯尺寸，可调整上刀台行程，这是通过一套蜗杆、蜗轮、螺丝螺母等专门机构实现，调整范围为 30～260mm。为了消除上刀台与上剪股连接处的间隙以及吸收运动转换时产生的动负荷，在上刀台的顶端装有弹簧。上刀台与下剪股做成一体，下剪股的一端与曲柄轴相连接如图 10－9 所示，另一端支撑在机架上，为了缓冲，在支撑处放有枕木块，剪切机构的全部重量通过此支点和曲柄轴支托在机架上。上剪股在机架中滑动。

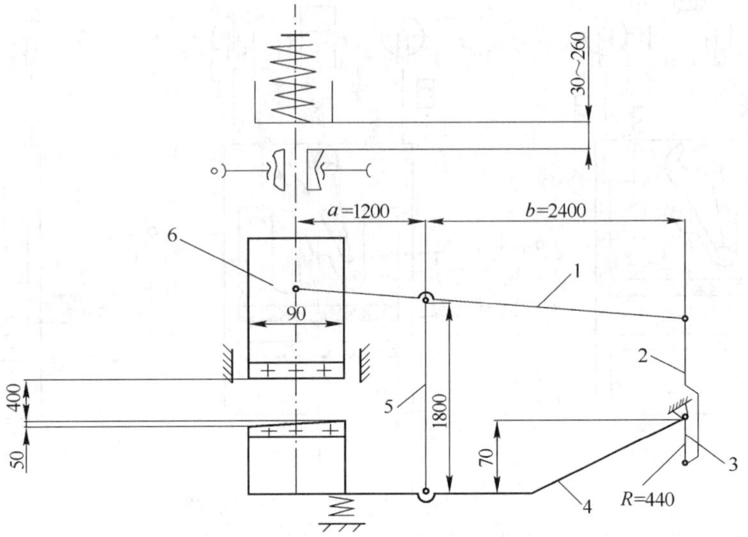

图 10－8　曲柄杠杆剪切机结构简图

1—上剪股；2—曲柄连杆；3—曲柄轴；4—下剪股；5—连接上下剪股的连杆；6—上刀台

曲柄轴由电动机通过三级减速齿轮传动如图 10－9 所示。电动机工作制度为启动工作制，根据剪切钢坯尺寸的不同，可采用圆周工作循环与摆动式工作循环，这样就缩短了空行程时间，提高了剪切机的生产率。

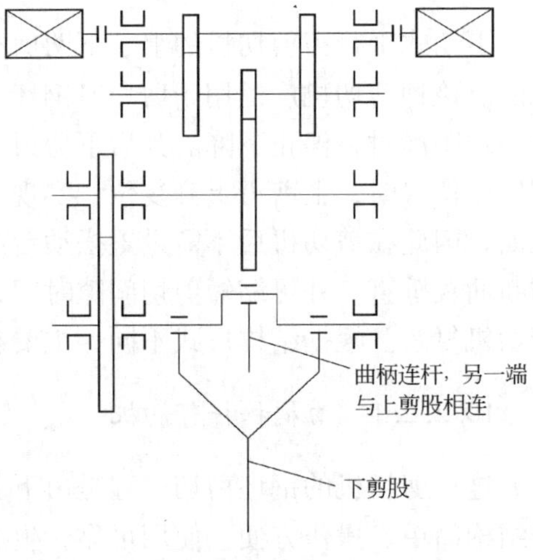

图 10－9　曲柄杠杆剪切机传动系统简图

剪切机的压板装置是弹簧压板，压板装置固定在上刀台上，与上刀台一起上下，剪切时依靠弹簧的变形使其在上刀台不动时与下刀台一起上升，故这种压板的弹簧工作圈数较多，一般均采用四组弹簧串联使用。此种压板装置较简单，但压板力是随着剪切过程的进行而逐渐增大的，开始时压板力可能不够，甚至压不住钢坯，这是它的缺点。

剪切机构中间的空间较宽大，可以在这里装置切头推下设备。

剪切机的剪切过程可分为两个阶段，即上刀台下降与下刀台上升并把钢坯剪断。图 10－10（a）表示剪切机的原始状态。当电动机启动后，曲柄旋转，上刀台及上剪股由于自重作用，始终存在着向下运动的趋势。下剪股系统向上运动的趋势受到连杆及下剪股重量的阻碍，故曲柄旋转后，很显然是上剪股绕 D 点转（剪股连杆有微小摆动），上刀台下降，直至缓冲弹簧受到止动装置的阻碍为止如图10－10（b)所示。上刀台下降的行程是根据钢坯断面高度预先调整好止动装置位置，其调整的原则是上刀台下降后，使上刀台与

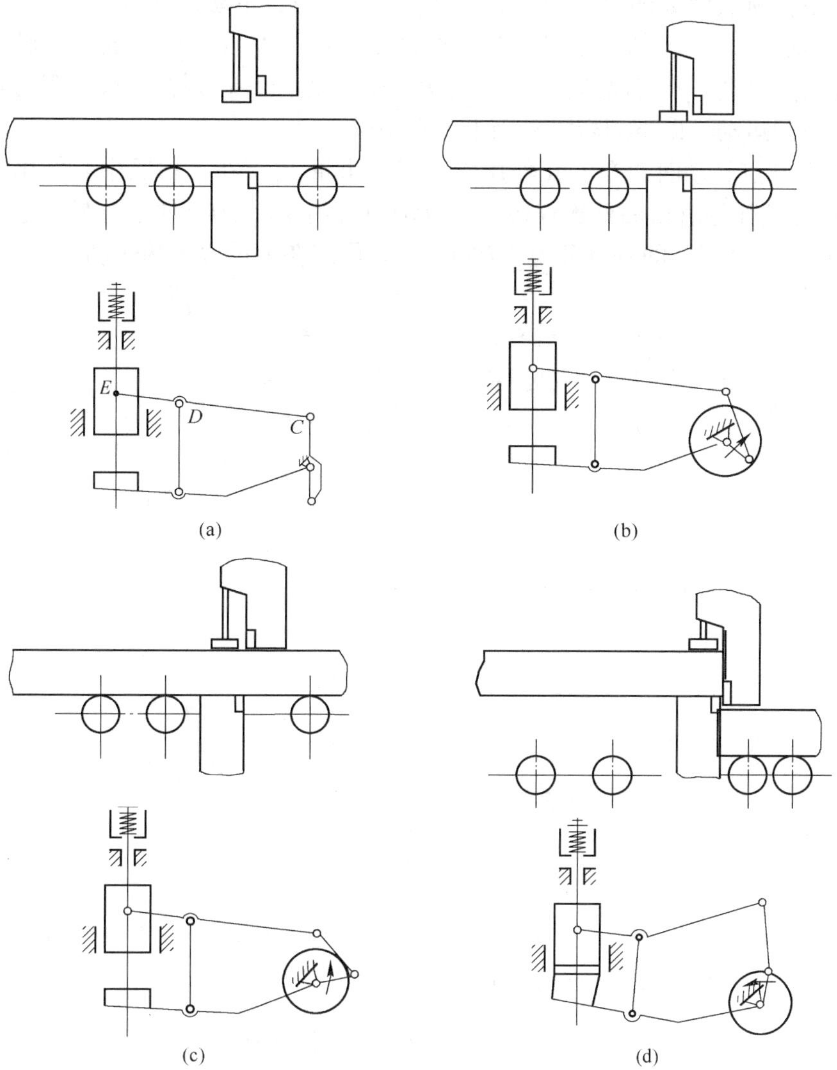

图 10－10 曲柄杠杆剪切机工作原理
（a）原始状态；（b）上刀下降结束；（c）下刀上升；（d）下刀继续上升剪切轧件

钢坯保持有一段距离，而压板此时则已压着钢坯，这是运动的第一阶段。

当上剪股由绕 D 点转过渡到绕 E 点转时，下刀台开始上升如图 10－10（c）所示。下刀台与钢坯接触后便和压板等一起上升进行剪切。曲柄轴转 180°时剪切完了如图 10－10（d）所示。继续转动时，下刀台下降至原始位置后，上刀台与压板开始上升回原始位置。

六连杆剪的剪切机构自由度等于 2，其杆件的运动按理说是不定的。但由于最小阻力定理的补充条件，使此剪切机具有确定的运动。下面按最小阻力定理来分析运动的两个阶段及其转换条件。

取上剪股为分离体。当剪切机曲柄旋转后，如果上剪股绕 D 点转动，即以 D 点为支点旋转时如图 10－11（a）所示，则下刀台不动，上刀台下降。如果上剪股绕 E 点转动，

即以 E 点为支点旋转时如图 10－11（b）所示，则上刀台不动，下刀台上升。因此，只要分别求出上剪股绕 D 点转动时作用在上剪股的驱动力 $(P_C)_D$，以及绕 E 点转动时作用在上剪股的驱动力 $(P_C)_E$，若能满足 $(P_C)_D \leqslant (P_C)_E$ 的条件，则根据最小阻力定理，就可实现第一阶段的运动，即下刀台不动而上刀台下降。

上剪股绕 D 点转动时，在 E 点作用着上刀台重量 G_1。在上剪股中心作用着上剪股重量 G_2。在 C 点则作用着由曲柄连杆传来的驱动力 $(P_C)_D$。为了便于分析，忽略连杆摆动角度的影响，以 $(P_C)_D$ 的垂直分力 $(P'_C)_D$ 作为作用在上剪股上的驱动力。

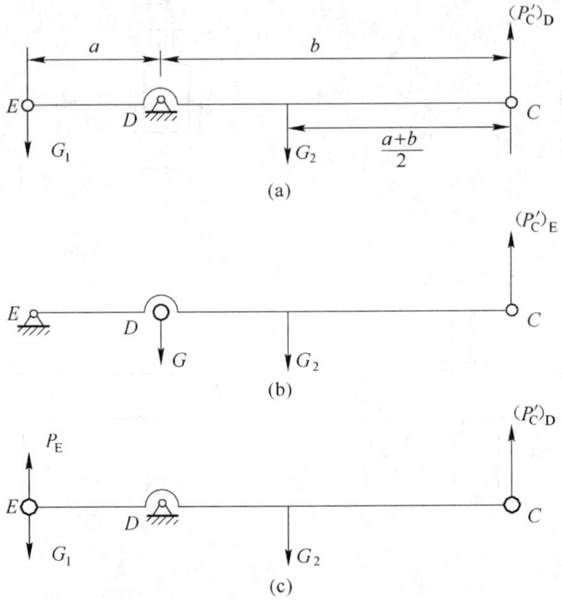

图 10－11　上剪股受力图

（a）绕 D 点转动时；（b）绕 E 点转动时；（c）当缓冲弹簧与止动装置接触后，绕 D 点转动时下刀上升

若对 D 点写出力矩平衡方程式，则

$$(P'_C)_D b = G_2\left(b - \frac{a+b}{2}\right) - G_1 a$$

如设 $b=2a$，则

$$(P'_C)_D = \frac{1}{4}G_2 - \frac{1}{2}G_1 \tag{10-1}$$

式中　G_1——上刀台重量，N；

G_2——上剪股重量，N；

$(P'_C)_D$——当上剪股绕 D 点转动时，曲柄连杆作用在上剪股 C 点上的垂直分力，N；

a——上剪股上 ED 之间的距离，m；

b——上剪股上 DC 之间的距离，m。

若上剪股绕 E 点转动，上剪股除了在其中心作用着上剪股重量 G_2 外，在 D 点还作用着下剪股及连接上下剪股的连杆的重量 G 在 C 点则作用着由曲柄连杆传来的驱动力（P_C）E 的垂直分力 $(P'_C)_E$。

对 E 点写出力矩平衡方式，则

$$(P'_C)_E \cdot (a+b) = G \cdot a + G_2\frac{a+b}{2}$$

如设 $b=2a$，则

$$(P'_{\mathrm{C}})_{\mathrm{E}}=\frac{1}{3}G+\frac{1}{2}G_2 \tag{10-2}$$

式中 G——下剪股及连接上下剪股的连杆推算到 D 点的重量，N；

$(P'_{\mathrm{C}})_{\mathrm{E}}$——当上剪股绕 E 点转动时，曲柄连杆作用在上剪股 C 点上的垂直分力，N。

由式（10-1）和式（10-2）可见

$$(P'_{\mathrm{C}})_{\mathrm{D}}<(P'_{\mathrm{C}})_{\mathrm{E}} \tag{10-3}$$

根据最小阻力定理，此时，上剪股绕 D 点旋转，使上刀台下降。随着上刀台的下降，当缓冲弹簧与止动装置接触后，则在 E 点增加了一个作用力 P_{E}，如图 10-11（c）所示。当作用力 $P_{\mathrm{E}}>G_1$，并仍以 D 点取矩时，则

$$(P'_{\mathrm{C}})_{\mathrm{D}}b=G_2\left(b-\frac{a+b}{2}\right)+(P_{\mathrm{E}}-G_1)a \tag{10-4}$$

如 $b=2a$，则

$$(P'_{\mathrm{C}})_{\mathrm{D}}=\frac{1}{2}P_{\mathrm{E}}+\frac{1}{4}G_2-\frac{1}{2}G_1 \tag{10-5}$$

式中 P_{E}——止动装置对 E 点的作用力，N。

显然，随着 P_{E} 的增加，力（$P_{\mathrm{C}})_{\mathrm{D}}$ 也相应增大。当力（$P'_{\mathrm{C}})_{\mathrm{D}}$ 增大到大于力（$P'_{\mathrm{C}})_{\mathrm{E}}$ 时，根据最小阻力定理，上刀台将停止运动，而上剪股将绕 E 点转动，使上刀台上升。

根据 $(P'_{\mathrm{C}})_{\mathrm{D}}>(P'_{\mathrm{C}})_{\mathrm{E}}$ 的条件，则

$$P_{\mathrm{E}}>\frac{2}{3}G+G_1+\frac{1}{2}G_2 \tag{10-6}$$

式（10-6），即为上剪股从绕 D 点转动，转换为绕 E 点转动时的瞬心转换条件。

考虑到在瞬心转换时，上刀台因速度变化所产生的动负荷以及作用力 P_{E}，都由弹簧变形所吸收，故在设计止动装置的弹簧时，其最大工作负荷应为上述动负荷及作用力 P_{E} 之和。

10.2.2.2 浮动偏心轴式剪切机

这种剪切机有三种形式：上驱动机械压板式，下驱动机械压板式，下驱动液压压板式。

浮动偏心轴剪切机的偏心轴转动中心在各个瞬时是不同的，它与外界阻力有关。机械压板浮动偏心轴剪切机与液压压板浮动轴剪切机的运动规律及其瞬时转动中心的转换条件不完全相同。前者决定于各运动件的重量分配，后者取决于液压平衡系统的控制。下面仅介绍使用较广泛的液压压板浮动轴剪切机，关于机械压板浮动偏心轴剪切机可参阅有关文献。

1150 初轧车间的大型浮动轴剪切机目前趋向于采用液压压板结构形式，图 10-12 为 16MN 液压压板浮动偏心轴剪切机结构简图。

剪切机由剪切机构、压板机构、刀台平衡机构，机架和传动系统组成。如图 10-12 所示，剪切机构由偏心轴 6、下刀台 7、连杆 8、上刀台 10 及心轴 11 组成。上下刀台上装有刀片 13 和 14；上下刀台通过连杆 8 连接起来。当偏心轴旋转时，靠液压系统的控制，上刀台 10 先下降一个距离，然后下刀台 7 上升进行剪切。剪切时，上刀台在机架 9 的垂

直滑道中上下运动，而下刀台则在上刀台的垂直滑道中运动。剪切钢坯时的剪切力由连接上下刀台的连杆 8 承受，剪切力不传给机架，机架只承受由扭矩产生的倾翻力矩。

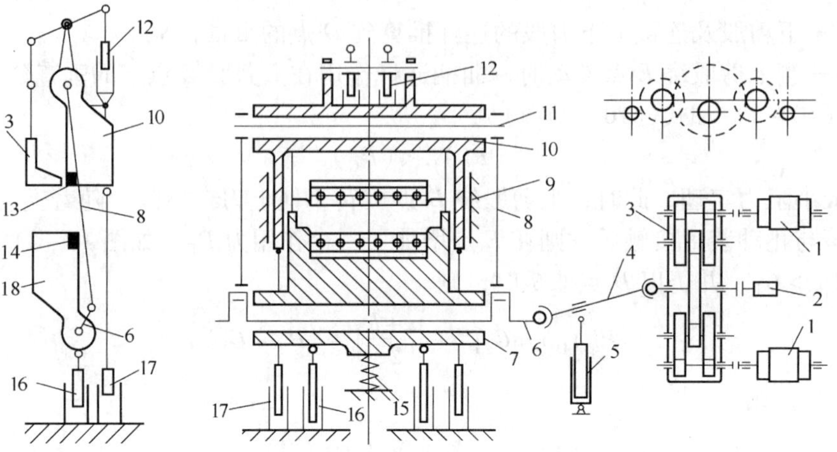

图 10 – 12　液压压板浮动偏心轴剪切机结构简图

1—电动机；2—控制器；3—减速机；4—万向接轴；5—接轴平衡缸；6—偏心轴；7—下刀台；8—连杆；9—机架；10—上刀台；11—心轴；12—压板液压缸；13—上刀片；14—下刀片；15—弹簧；16—下刀台平衡缸；17—上刀台平衡缸；18—压板

压板机构由液压缸 12 和压板 18 组成，整个机构都装在上刀台上，剪切时靠液压缸产生的压力通过杠杆把钢坯夹持在压板和下刀台之间，以防止钢坯倾斜。

上下刀台及万向接轴分别由液压缸 17、16 和 5 来平衡，为了实现剪切机构确定的运动规律和平衡空载负荷以及防止剪切时在连杆两端铰链处产生冲击，上刀台采用过平衡，下刀台采用欠平衡。

图 10 – 13 表示了剪切机剪切过程，从运动过程来看实际上是三个阶段：

（1）上刀下降一个不大的距离，如图 10 – 13（b）所示，此时下刀不动，上刀下降的距离由上刀台平衡液压系统来控制。

（2）上刀停止，下刀上升并剪切钢坯，上升至最高位置时与上刀有一定重叠量（15mm），然后下刀下降至最低位置，如图 10 – 13（c）、（d）所示。

（3）下刀停止，上刀上升至原始位置，如图 10 – 13（e）所示，完成一次剪切。

剪切机构按平面机构分析是属于自由度为 2 的偏心连杆机构。为使机构具有要求的确定运动，需要依靠上下刀台的平衡条件和附加的约束来获得。上刀是过平衡状态，下刀是欠平衡状态。

剪切机构实现上述运动规律，完全是由液压系统来控制。

主轴开始旋转时，存在着两种可能的运动（见图 10 – 14）：一是以 A 点为旋转中心时，上刀下降、下刀不动；另一个是以 B 点为旋转中心时，上刀不动，下刀上升。究竟如何运动，应按最小阻力定律确定。现以主轴为平衡对象，分析其力的平衡条件。

设绕 A 和 B 点旋转时的阻力矩分别为 M_A 和 M_B，若使上刀先下降，其条件应是：$M_A < M_B$。

为分析方便起见，认为 A、B 处力的作用方向均为垂直的（由于连杆较长，这样简化

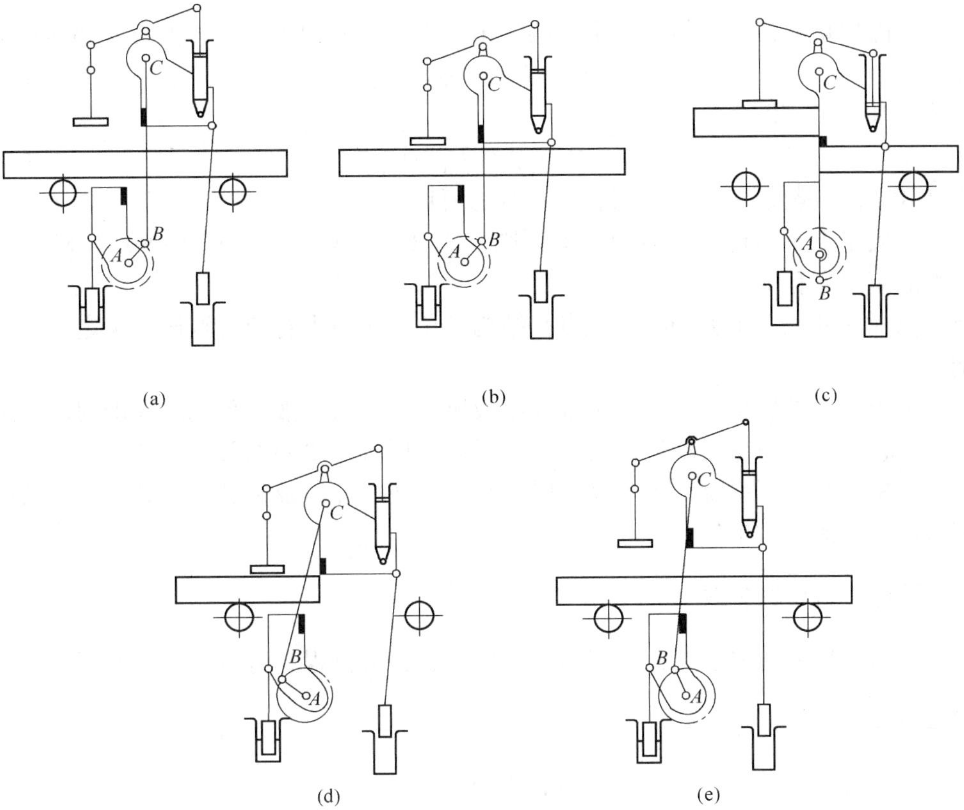

图 10－13 剪切过程简图

（a）原始位置；（b）上刀下降；（c）上刀停止，下刀上升至最高位置；
（d）下刀下降至最低位置；（e）上刀复位

是允许的）。因而上式可写成：

$$(Q_1 - G_1)R\sin\alpha < (G_2 - Q_2)R\sin\alpha$$

即 $$(Q_1 - G_1) < (G_2 - Q_2) \qquad (10-7)$$

式中 Q_1，Q_2——上刀台与下刀台的平衡力；

G_1，G_2——上刀及下刀系统的重量。

第一阶段的运动根据主轴转角行程自动关闭上刀平衡系统液压管路而结束，此时上刀被迫停止下降。因而此时主轴只能绕 B 点旋转（$M_B < M_A$）。旋转中心从 A 到 B 的转换开始了运动的第二阶段，即下刀上升至最高位置后再下降到原位。主轴继续沿同一方向旋转，而下刀已不能下降，此时旋转中心又从 B 转换到 $A(M_A < M_B)$，从而开始了第三阶段的运动——上刀上升到原始位置。

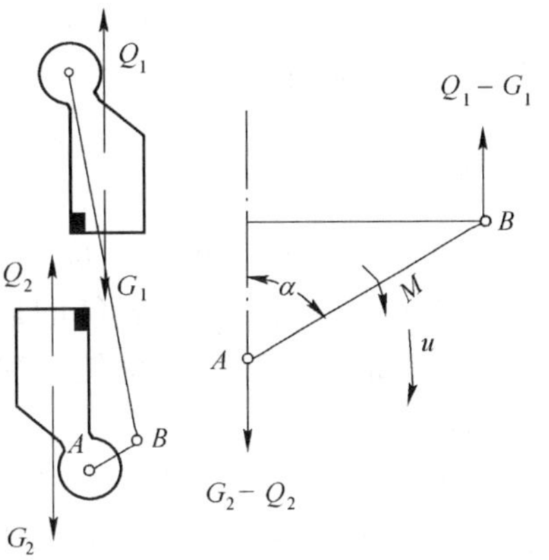

图 10－14 剪切机构运动分析简图

第二、第三阶段由于上刀与下刀已分别处于强迫静止状态，机构只有一个活动度，运动是确定的。而在第一阶段则具有两个活动度，其运动则必须由上下刀的平衡条件来决定。

为了消除剪切时由于铰接间隙引起的冲击，下刀台必须欠平衡，上刀台必须过平衡，即

$$Q_1 > G_1 \qquad Q_2 < G_2 \tag{10-8}$$

从式（10－8）得

$$Q_1 + Q_2 < G_1 + G_2 \tag{10-9}$$

式（10－9）是使整个剪切机构不上浮的条件。

以上是确定上下刀台平衡力的基本原则。式（10－8）和式（10－9）是确定上下刀台平衡力的基本方程式。

液压压板浮动偏心轴剪切机的优点是结构简单，压板力有液压缸压力决定，可以保证压住钢坯。

必须指出，这类剪切机的平衡系统采用液压平衡，对于液压系统的冲击问题要给以充分的注意。在上、下刀台运动转换时，上刀平衡液压管路要突然关闭与开启，容易引起较大的水锤现象。当液压系统设计不完善时，较大的液压冲击及偏载将会导致刀台及机架振动，使剪切机不能正常工作。

10.2.3　平行刃剪切机参数

平行刃剪切机的主要参数为剪切力、剪切功、剪刃行程、剪刃尺寸和剪切次数。

10.2.3.1　剪刃行程

剪刃行程可按下式确定，如图 10－15 所示。

$$p = H_1 + s + \varepsilon_1 + r \tag{10-10}$$

式中　H_1——辊道上平面至压板下平面间距离，$H_1 = h + 50 \sim 75$mm，其中 h 为轧件的最大截面高度，50～75 是保证翘头轧件通过所留的余量；

s——上、下剪刃的重叠量，可在 5～25mm 内选取；

ε_1——压板低于上剪刃的数值，一般取 5～25mm；

r——辊道上平面高出下剪刃的数值，一般可取 5～20mm。

10.2.3.2　剪刃尺寸

剪刃尺寸包括长度、高度和宽度。这些尺寸主要根据被剪切轧件的最大断面尺寸来选取。剪刃长度可按下述经验公式确定。

对于剪切小型方坯的剪切机，考虑经常同时剪切几个小断面轧件，则有：

$$L = (3 \sim 4) B_{max} \tag{10-11a}$$

式中　B_{max}——轧件的最大宽度，mm。

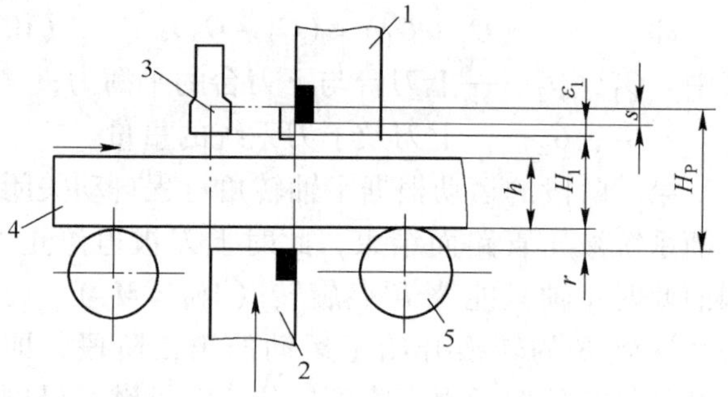

图 10－15　下切式剪切机剪刃行程示意图

1—上剪刃；2—下剪刃；3—压板；4—轧件；5—辊道

对于剪切大、中型方坯的剪切机，则有：

$$L = (2 \sim 2.5) B_{max} \tag{10-11b}$$

对于剪切板坯的剪切机，则有：

$$L = B_{max} + (100 \sim 300) \tag{10-12}$$

剪刃横断面高度及宽度可按下述经验公式确定：

$$h' = (0.65 \sim 1.5) h_{max} \tag{10-13}$$

$$b = \frac{h'}{2.5 \sim 3} \tag{10-14}$$

式中 h'——剪刃横断面高度，mm；

h_{max}——轧件横断面最大高度，mm；

b——剪刃横断面宽度，mm。

剪刃一般做成 90°，四个刃可轮换使用。剪刃常用的材料是 3Cr2W8，HRC ≥ 50；55CrNiW，HB = 380 ~ 420。剪刃除做成整体的外，为节约合金，有的做成焊接组合式，即剪刃本体用 45 号钢做成，剪刃用合金钢堆焊在本体上。

10.2.3.3 剪切次数

剪切次数是表示剪切机生产能力的一个重要参数。有理论剪切次数和实际剪切次数之分。理论剪切次数是指每分钟内剪刃能够不间断地上下运动的周期次数。实际剪切次数是指每分钟内剪切机实际完成的剪切周期数，即实际剪完轧件段数。

对于同一台剪切机来说，实际剪切次数总是小于理论剪切次数，因为在两次剪切之间，还要完成一些剪切的辅助工序，如把轧件运到剪切区、定尺机下降、剪切完后定尺机抬起、把剪下的轧件送出剪切区等。这些辅助工序都要占用一定时间，使剪切机在每次剪切后都有一定的停歇时间，才能进行下一次剪切。显然，实际剪切次数同操作水平和辅助工序的机械化程度有关，同时与被剪轧件断面的大小有关。

设计剪切机，应按理论剪切次数来考虑，这是因为在轧制线上的剪切机，其生产能力需要比轧机生产能力大一定的百分数，另外，考虑到轧机生产能力进一步提高时，剪切机应有潜力可挖，但理论剪切次数必须以实际所能达到的剪切次数为依据。如果把理论剪切次数取得太低，则剪切机的生产能力将不能满足生产要求，若取得太高，与实际次数相差太多，又会导致电机容量增大，从而增加了设备重量。安装在轧制线上的剪切机，其理论剪切次数应能保证在轧制周期时间内，剪切完轧件所规定的全部定尺及切头、切尾。理论剪切次数可按轧机生产率的要求参考表 10－1 所列数据选定。

表 10－1 剪切机能力与剪切次数关系

剪切机公称能力/MN	1.0	1.6	2.5	4.0	6.3	10	16	(20)	25
理论剪切次数/次 · min^{-1}	20 ~ 30	20 ~ 30	18 ~ 30	14 ~ 18	12 ~ 16	10 ~ 14	7 ~ 12	7 ~ 12	5 ~ 8

随着轧制生产技术的不断提高，对剪切机的剪切次数相应地提出了增大的要求，如现场希望小型轧钢车间所用剪切机的理论剪切次数达 40 ~ 60 次/min。小型剪切机理论剪切次数的提高，主要受离合器结构类型的限制。当用牙嵌式离合器时，若理论剪切次数太高，便难以进行工作。为此，应使用效果更好的电磁式摩擦离合器。或者不采用离合器。如某厂 70t 偏心压杆式热剪切机，由于不用离合器，其理论剪切次数达 47 次/min，实际剪切次数为 25 次/min。

热剪切机基本参数系列见表 10－2。

表 10 – 2　热剪切机基本参数

序号	分类	剪切机公称能力 /MN	剪刃行程 /mm		剪刃长度 /mm		坯料最大宽度 /mm		剪刃横断面尺寸 /mm		剪切行程次数 /次 · min^{-1}
			方坯	板坯	方坯	板坯	方坯	板坯	h'	b	
1	小型	1.0	160		400		120		120	40	18 ~ 25
2		1.6	200		450		150		150	50	16 ~ 20
3	中型	2.5	250		600		190	300	180	60	14 ~ 18
4		4.0	320		700		240	400	180	70	12 ~ 18
5		6.3	400		800		300	500	210	70	10 ~ 14
6		8.0	450		900		340	600	240	80	8 ~ 12
7		10	500	350	1000	1200	400	900	240	80	8 ~ 12
8		(12.5)	600	400	1000	1500	500	1200	270	90	6 ~ 10
9	大型	16	600	400	200	1800	500	1500	270	90	6 ~ 10
10		(20)	600	450	1400	2100	500	1600	300	100	6 ~ 10
11		25	600	450		2100		1600	300	100	3 ~ 6

10.2.3.4　剪切力

剪切力是剪切机的一个重要参数。选择剪切机时，在确定剪切机结构形式之后，根据剪切轧件最大断面尺寸，确定需要的剪切力，由于该力在轧件剪切过程中是变化的，故首先分析轧件的剪切过程。

A　轧件剪切过程分析

轧件在剪切过程中，可分为两个阶段，即压入和滑移阶段。如图 10 – 16 所示，在剪刃与轧件接触后，随两剪刃靠近，压入轧件，使轧件产生塑性变形，并在由剪刃对轧件的压力 P 组成的力矩 Pa 作用下，使其沿图示方向转动。但轧件在转动中，受到由剪刃侧面给轧件的推力构成的力矩 Tc 阻挡，力图阻止轧件转动。剪刃逐渐压入，压力 P 增加到等于沿剪切断面的剪切力时，剪切过程由压入阶段过渡到滑移阶段，此时剪刃对轧件的压力 P，即为剪切该轧件的剪切力；轧件转动角度，当增加到某一角度 γ 后，轧件停止转动，此时作用于轧件的两力矩平衡。

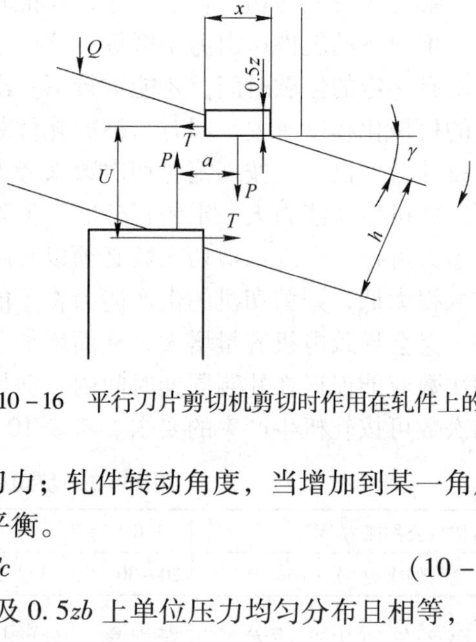

图 10 – 16　平行刀片剪切机剪切时作用在轧件上的力

$$Pa = Tc \tag{10-15}$$

假设在压入阶段，剪刃与轧件接触表面 xb 及 $0.5zb$ 上单位压力均匀分布且相等，即

$$\frac{P}{xb} = \frac{T}{0.5zb} \tag{10-16}$$

式中　b——轧件宽度；

z——剪刃压入轧件宽度。

$$T = P\frac{0.5z}{x} = P\tan\gamma \tag{10-17}$$

由图 10 – 16 几何关系，得

$$a = x = \frac{0.5z}{\tan\gamma} \tag{10-18}$$

$$c = \frac{h}{\cos\gamma} - 0.5z \tag{10-19}$$

将式（10－17）、式（10－18）、式（10－19），代入式（10－15），可得轧件转动角 γ 与压下深度 z 的关系式

$$\frac{z}{n} = 2\tan\gamma \cdot \sin\gamma \approx 2\tan^2\gamma \tag{10-20}$$

$$\tan\gamma = \sqrt{\frac{z}{2h}}$$

由此可知，压入深度 z 越大，轧件转角 γ 也越大，致使轧件剪切断面质量下降和侧推力 T 增加，使刃台与机架滑道磨损增加。因此，为了减少 γ 角，一般剪切机均装有压板装置。

力 P 与压入深度的关系，压入阶段压力 P 为

$$P = pbx = pb\frac{0.5z}{\tan\gamma}$$

式中 p——单位压力。

将式（10－20）代入得

$$P = pb\sqrt{0.5zh} \tag{10-21}$$

设以 ε 表示相对切入深度，$\varepsilon = \frac{z}{h}$ 代入上式得

$$P = pbh\sqrt{0.5\varepsilon} \tag{10-22}$$

由上式可知，若认为压入阶段单位压力 p 为常数，则总压力 P 随 z 值增加，即按图 10－17 所示的抛物线 A 增加，直到轧件沿整个剪切断面开始滑移，压力 P 达到最大剪切力 P_{max}。

滑移阶段剪切力 P 为

$$P = \tau b\left(\frac{h}{\cos\gamma} - z\right) \tag{10-23}$$

式中 τ——被剪切轧件单位剪切抗力。

若 τ 为常数，P 应按图 10－17 上直线 B 随 z 增加而减少。但实际上 P 力按图中曲线 C 变化，这说明 τ 并非为常数，而是随 z 增加而减少，其原因是金属内部原有缺陷及位错增大。

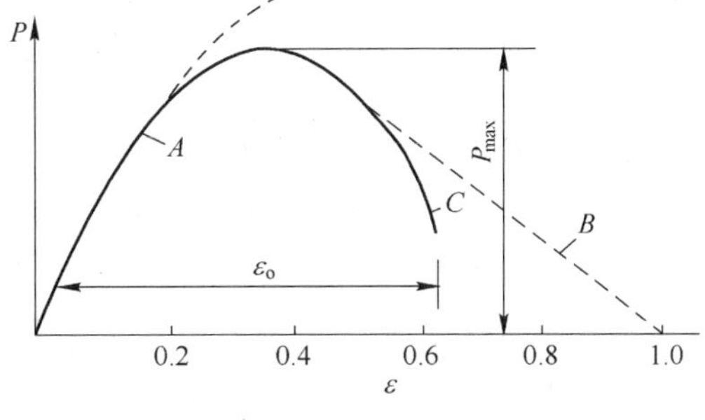

图 10－17 剪切力与相对切入深度的关系

从上述分析可知，轧件在剪切过程中，压入阶段，随压入深度增加，压力 P 增大，当达到最大值时，轧件沿剪切断面开始滑移，即由压入阶段转为滑移阶段，在此阶段中，随压入深度增加，剪切力在减少，当压入深度达一定值时，轧件断裂。为确定轧件在剪切过程中，剪切力的大小，需求出被剪切轧件的单位剪切抗力。

B　单位剪切阻力的确定

单位剪切阻力 τ，在前述的剪切过程分析中可知，并非常数，它与被剪切材料本身性能、剪切温度、相对切入深度、剪切速度等因素有关。

单位剪切阻力可通过剪切力试验曲线和理论计算得到，这里仅介绍试验曲线。该曲线是通过不同钢种，在不同温度条件下进行剪切试验，将所测得的剪切力 P 除以试件原始断面积 F，将压入深度 z 除以试件原始高度 h，便可得出单位剪切抗力 τ 与相对切入深度 ε 的关系曲线 $\tau = f(\varepsilon)$。此曲线即为单位阻力剪切曲线。图 10－18 表示了在冷剪时的单位剪切阻力曲线，其中包括三种有色金属。这些材料的化学成分及力学性能列于表 10－3。图 10－19 则为热剪切时的单位剪切阻力曲线。

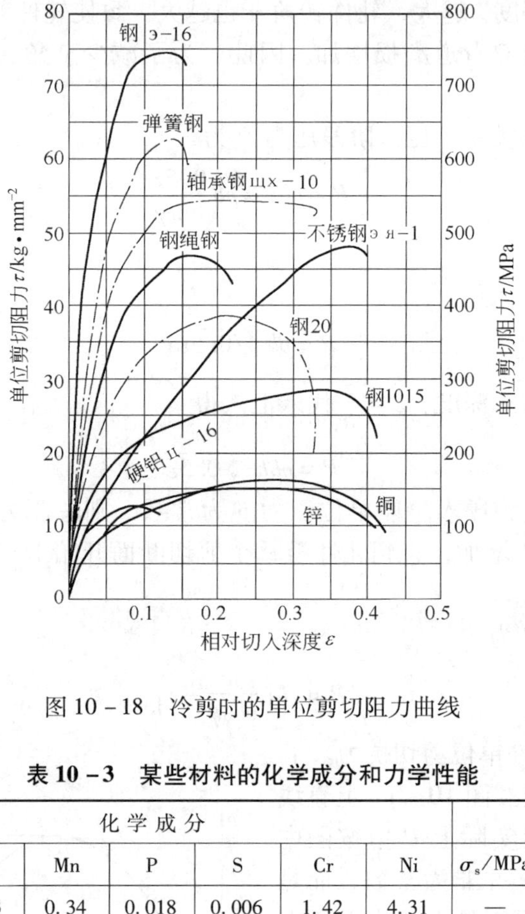

图 10－18　冷剪时的单位剪切阻力曲线

表 10－3　某些材料的化学成分和力学性能

钢　号	化学成分							力学性能			
	C	Si	Mn	P	S	Cr	Ni	σ_s/MPa	σ_b/MPa	δ/%	ψ/%
э－16	0.16	0.23	0.34	0.018	0.006	1.42	4.31	—	1150	9	45
弹簧钢	0.75	0.31	0.63	0.028	0.02	0.15	—	585	1008	10.8	30
轴承钢	0.4	0.33	0.55	0.024	0.027	1.1	0.13	448	838	16.6	63
不锈钢（эя－1）	0.14	0.7	0.5	0.02	0.02	1.3	8.5	—	600	45	60
钢绳钢	0.47	0.23	0.58	0.027	0.03	0.05	—	354	673	19.7	44
20	0.2	0.24	0.52	0.026	0.03	0.04	—	426	537	21.7	69
1015	0.15	0.2	0.4	0.04	0.04	0.2	0.3	150	380	32	55

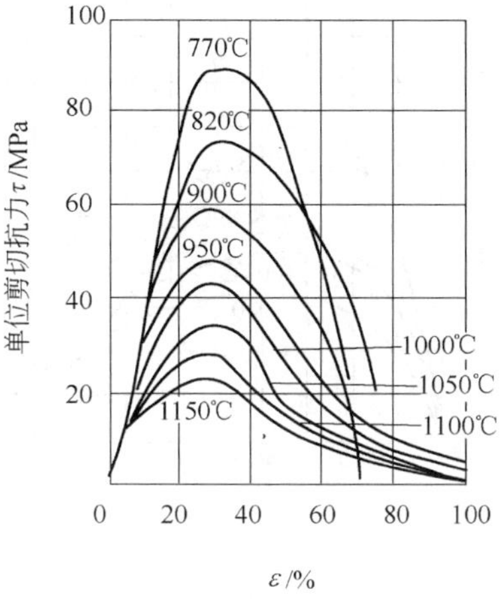
单位剪切抗力τ/MPa
100
80
60
40
20
0
20
40
60
80
100
ε/%
770℃
820℃
900℃
950℃
1000℃
1050℃
1100℃
1150℃

（a）

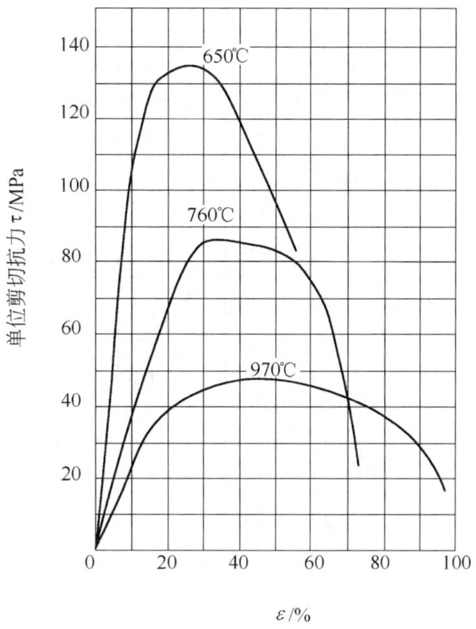
单位剪切抗力τ/MPa
140
120
100
80
60
40
20
0
20
40
60
80
100
ε/%
650℃
760℃
970℃

（b）

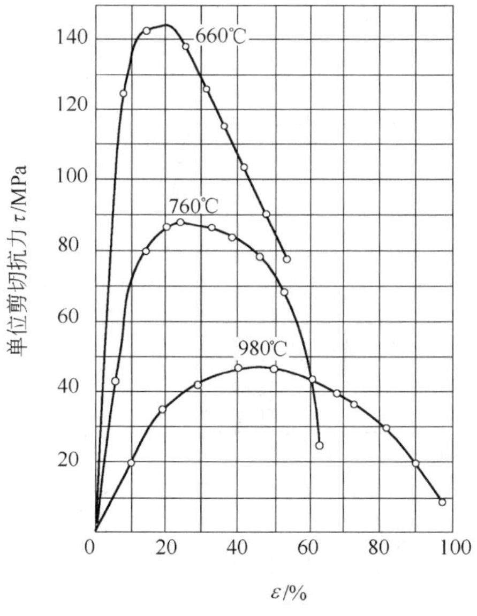
单位剪切抗力τ/MPa
140
120
100
80
60
40
20
0
20
40
60
80
100
ε/%
660℃
760℃
980℃

（c）

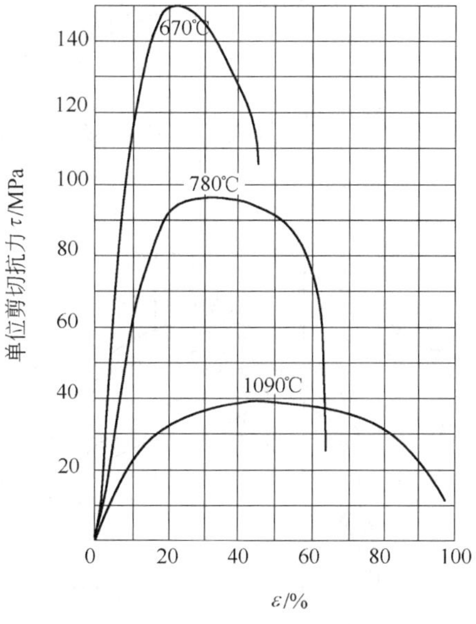
单位剪切抗力τ/MPa
140
120
100
80
60
40
20
0
20
40
60
80
100
ε/%
670℃
780℃
1090℃

（d）

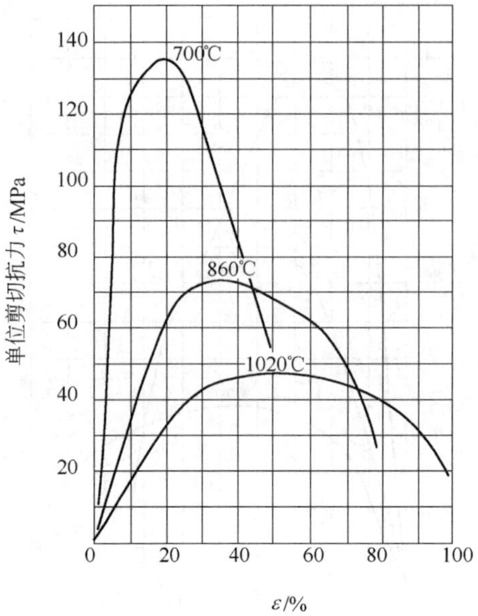
单位剪切抗力 τ/MPa
700℃
860℃
1020℃
ε/%

（e）

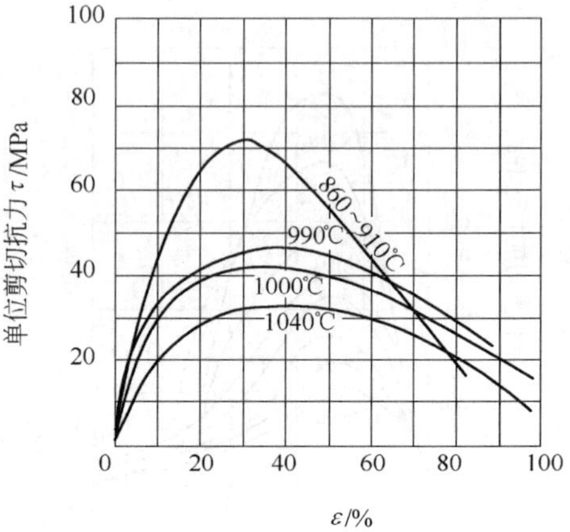
单位剪切抗力 τ/MPa
860～910℃
990℃
1000℃
1040℃
ε/%

（f）

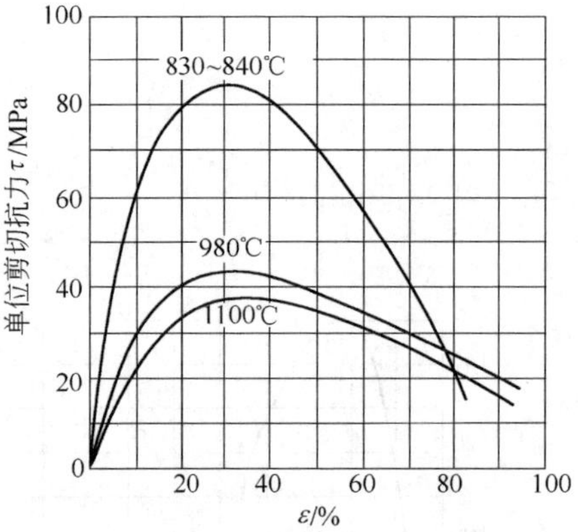
单位剪切抗力 τ/MPa
830～840℃
980℃
1100℃
ε/%

(g)

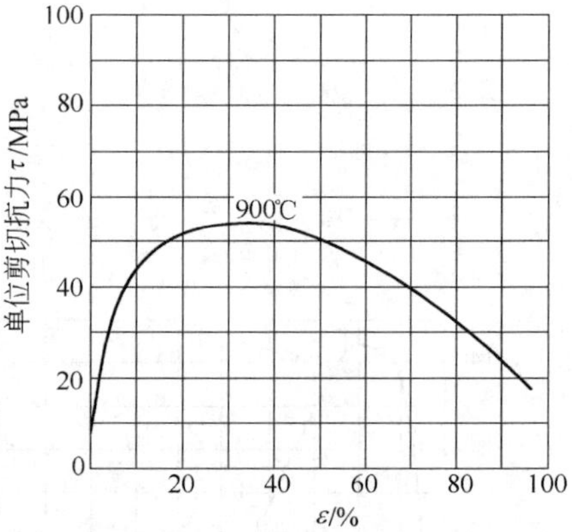
单位剪切抗力 τ/MPa
900℃
ε/%

(h)

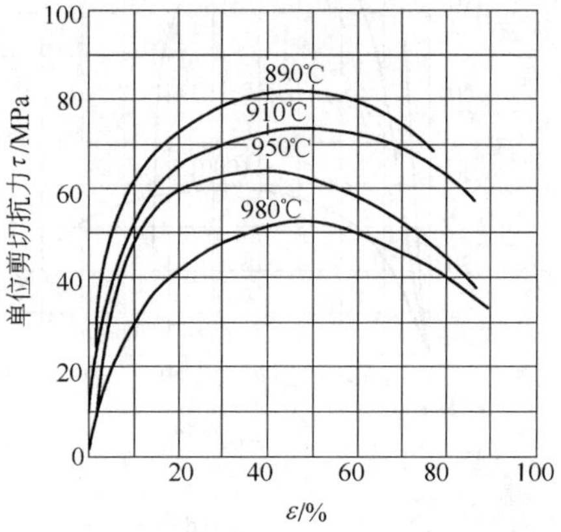
单位剪切抗力 τ/MPa
890℃
910℃
950℃
980℃
ε/%

（i）

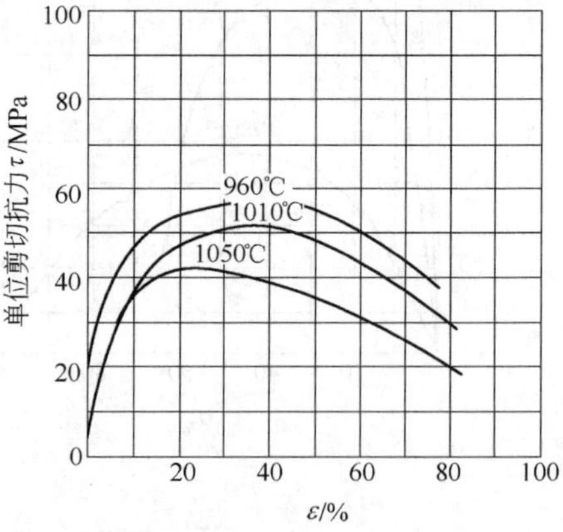
单位剪切抗力 τ/MPa
960℃
1010℃
1050℃
ε/%

（j）

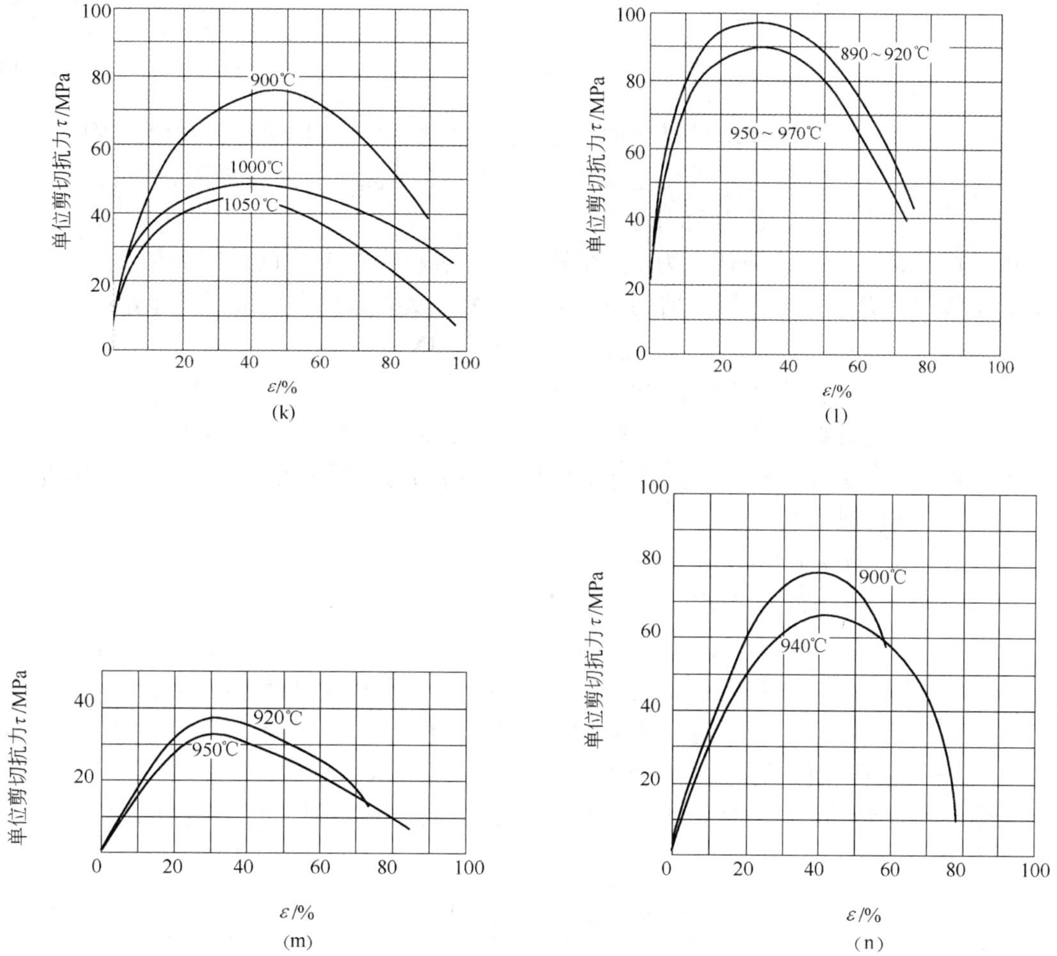

图 10－19 热剪时单位剪切阻力曲线

(a) 低碳钢 w(C)＝0.13%～0.2%；(b) 20 钢；(c) 钢绳钢；(d) 轴承钢；(e) 弹簧钢；(f) 15 钢；(g) 35 钢；(h) 45 钢；(i) 12CrNi3A 钢；(j) 20CrNi3A 钢；(k) 35CrMnSiA 钢；(l) D22 矽钢；(m) T07 钢；(n) 18CrNiWA 钢

从剪切抗力曲线图可见，材料强度限 σ_b 越高，剪切抗力越大，剪断时的相对切入深度 ε_0 越小，即金属断的越早，对同一种材料来说，剪切时温度越高，剪切抗力越小，与之对应的剪断时相对切入深度越大。剪断时的相对切入深度 ε_0 表征了金属塑性的好坏，ε_0 大表示塑性好。

剪切力可用下式计算：

$$P = \tau F \text{ MN} \tag{10-24}$$

式中 F——被剪轧件原始断面面积，m^2；

τ——单位剪切抗力，MPa。

若所剪切的轧件没有剪切抗力曲线时，其剪切抗力 τ 和相对切入深度 ε，可用下式求得。

$$\tau = \tau' \frac{\sigma_b}{\sigma'_b} \tag{10-25}$$

$$\varepsilon = \varepsilon' \frac{\delta}{\delta'} \tag{10-26}$$

式中　σ_b，δ，ε——所剪切轧件材料的强度极限、伸长率和刀片瞬时相对切入深度；

σ'_b，δ'，τ'，ε'——与所剪轧件相近单位剪切抗力曲线材料的强度极限、伸长率、单位剪切抗力和相对切入深度。

式（10－24）中单位剪切抗力 τ，在轧件剪切过程中是变化的，即剪切力是变化的，其中最大剪切力 P_{max}，即为所选剪切机的公称能力，最大剪切力可按下式计算：

$$P_{max} = K\tau_{max}F_{max}\ \text{MN} \tag{10-27}$$

式中　F_{max}——被剪轧件最大原始断面面积，m^2；

τ_{max}——被剪轧件材料在相应剪切温度下的最大单位剪切抗力，MPa；

K——考虑剪刃磨钝、剪刃间隙增大而使剪切力提高的系数，其值按剪切机能力选取。

小型剪切机（$P<1.6$MN），取 $K=1.3$；

中型剪切机（$P=2.5\sim8$MN），取 $K=1.2$；

大型剪切机（$P>10$MN），取 $K=1.1$。

若所剪切轧件材料无单位剪切抗力试验数据，可按下式计算最大剪切力。

$$P = 0.6K\sigma_{bt}F_{max}\ \text{MN} \tag{10-28}$$

式中　σ_{bt}——被剪轧件材料在相应剪切温度下的强度极限，MPa。

系数 0.6 是考虑单位剪切抗力与强度限比例系数，不同钢种在不同温度下的强度极限，如表 10－4 所示。

表 10－4　各种金属在不同温度下强度极限 σ_t　　（MPa）

钢种 \ t/℃	1000	950	900	850	800	750	700	20℃（常温）
合金钢	85	100	120	135	160	200	230	700
高碳钢	80	90	110	120	150	170	220	600
低碳钢	70	80	90	100	105	120	150	400

按上式计算后，参考现有系列标准选定剪切机的能力。

10.2.3.5　剪切功计算

为近似确定剪切机功率，可按下式计算剪切功：

$$A = \int F\tau \mathrm{d}z = \int F\tau h \mathrm{d}\varepsilon = Fh\int \tau \mathrm{d}\varepsilon \tag{10-29}$$

令 $a = \int \tau \mathrm{d}\varepsilon$，$a$ 称为单位剪切功。它等于单位剪切抗力曲线 $\tau = f(\varepsilon)$ 个所包围的面积，即剪切高度为 1mm，断面为 1mm^2 轧件所需的剪切功。

某些材料的 a 值可由表 10－5、表 10－6 查得。

表 10-5 热剪各种金属时 τ_{max}、ε_0 和 a 值

钢 种	温度/℃	τ_{max}/MPa	ε_0	a/N · mm^{-2}	$\frac{\tau_m}{\tau_{max}}$
钢 20	650	137	0.65	66	0.74
	760	88	0.72	47	0.74
	970	48	1.0	32	0.67
钢绳钢	660	145	0.55	56	0.70
	760	91	0.65	44	0.74
	980	45	1.0	32	0.71
轴承钢	670	150	0.45	54	0.80
	780	96	0.65	49	0.79
	1090	38	1.0	30	0.79
弹簧钢	700	133	0.5	47	0.70
	860	74	0.8	44	0.75
	1020	48	1.0	35	0.73

表 10-6 冷剪各种金属时 τ_{max}、ε_0 和 a 值

材 料	τ_{max}/MPa	$\frac{\tau_{max}}{\sigma_b}$	ε_0	a/N · mm^{-2}	$\frac{\tau_m}{\tau_{max}}$
钢 θ-16	750	0.65	0.16	97	0.81
弹簧钢	610	0.61	0.16	74	0.76
轴承钢（ⅢX-10）	540	0.64	0.33	150	0.84
不锈钢（эя-1）	470	0.79	0.40	124	0.66
钢绳钢	460	0.69	0.23	85	0.80
钢 20	380	0.70	0.35	104	0.78
钢 1025	280	0.74	0.41	97	0.84
铜	160	0.80	0.42	57	0.85
锌	150	0.91	0.41	52	0.84
硬铝（д16-M）	130	—	0.13	13	0.77

若所需轧件查不到 a 值，可用下式确定 a 值

$$a = \tau_m \varepsilon_0 \tag{10-30a}$$

式中 τ_m——平均单位剪切抗力 $\tau_m = (0.75 \sim 0.85)\tau_{max}$，$\tau_{max}$值可由表 10-5 和表 10-6 选取；

ε_0——剪断时相对切入深度。

如果这些数值不能在单位剪切抗力曲线上查出，可用所剪切材料的强度极限 σ_b 和伸长率 δ 近似求得，即

$$\tau_m = K_1 \sigma_b \tag{10-30b}$$

$$\varepsilon_0 = K_2\delta \tag{10-31}$$

$$a = K_1\sigma_b K_2\delta \tag{10-32a}$$

取系数 $K_1 = 0.6$，$K_2 = 1.2 \sim 1.6$，则

$$a = (0.72 \sim 0.96)\sigma_b\delta \tag{10-32b}$$

10.3 斜刀、刃剪切机

10.3.1 斜刀片剪切机的类型

斜刀片剪切机主要用于纵向、横向剪切钢板。为了减少剪切时的负荷，通常将上刀片做成一定的倾斜角度。

开式斜刀片剪切机有一侧部开口机架，被剪轧件从开口处横向进入。这种剪切机用于冷剪薄板坯和小型钢材。

闭式斜刀片剪切机有两个机架，在两个机架之间装有上刀架。这种剪切机被广泛用于轧钢车间，用来剪切钢板和带钢等。

10.3.2 斜刃剪切机结构

斜刃剪切机按剪切方式，亦可分为上切式和下切式。上切式斜刃剪常用于独立机组或单独使用。下切式斜刃剪多用于连续作业线上，进行切头、切尾或分切。

10.3.2.1 上切式斜刃剪切机

这类剪切机采用电动机传动较多。根据传动系统特点，可分为单面传动，双面传动，下传动等形式。

单面传动斜刀片剪切机［见图 10－20（a）］因其结构简单，制造方便，应用较为广泛。上刀台的运动是通过电动机、三角皮带、齿轮和曲柄连杆机构而实现的。为了制造方便，一般用一根直轴和两个偏心套筒组成曲柄轴。

双面传动斜刀片剪切机［见图 10－20（b）］的特点是曲轴短，受力好，制造方便。但装配较困难，特别是两对齿轮同步问题要求较严格。此类剪切机大多用于大型钢板剪切机。

下传动斜刀片剪切机［见图 10－20（c）］可使剪切机高度低、重量轻。例如，钢板焊接结构的剪切机，其重量可减轻。而铸造结构的剪切机，则可减轻 30%。这种剪切机的缺点是机架不宜做成带凹口的 C 形结构，使剪切时观察不便。

随着液压技术的发展，上切式斜刀片剪切机也采用液压传动。

为了提高剪切质量，在上切式斜刀片剪切机中，也出现了上刀台作摆动或滚动的剪切机。

摆动上切式斜刀片剪切机（见图 10－21）的上刀台不是作直线往复运动，而是围绕一圆心作圆弧往复摆动。由图可见，上刀台 1 下端通过支点 O 与机架铰接，作为摆动支点。支点 O 比下刀台高一个距离 E。上刀台上端 O' 铰接于曲柄连杆上。当曲柄转动时，通过连杆使上刀台绕支点 O 摆动。由于上刀台摆动半径较大，刀片剪刃处的摆动轨迹近似于直线，相当于倾斜剪切，可以获得较好的剪切质量。

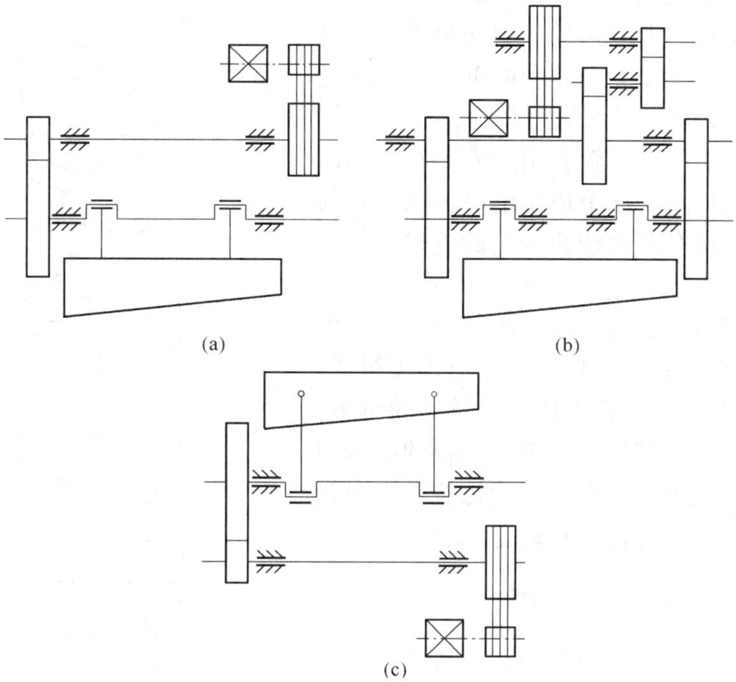

图 10－20　电动机传动的上切式斜刀片剪切机
（a）单面传动；（b）双面传动；（c）下传动

摆式剪切机上刀台的运动，也有采用液压传动的。

滚切式斜刀片剪切机（见图 10－22）是用来剪切厚钢板的。具有弧形刀刃的上刀台由两根曲轴带动。由于两根曲轴相位不同，使弧形刀片左端首先下降，直到与下刀片左端相切。然后，上刀片沿下刀片滚动，当滚动到与下刀片右端相切时，完成一次剪切。

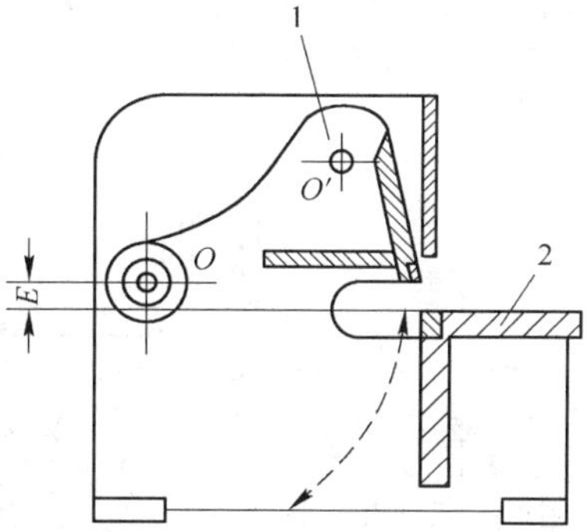

图 10－21　摆动上切式斜刀片剪切机简图
1—上刀台；2—下刀台

滚切式剪切机的弧形上刀刃是在平直的下刀刃上滚动剪切的，上刀刃相对钢板的滑动量小，钢板划伤小。而且，上下刀片的重叠量可根据被剪钢板厚度调整，可以保证钢板平直度，切下的板边弯曲也较小。

简单介绍一下一种典型的上切式剪切机25×2000 钢板剪切机。

图 10－23 为 25×2000 钢板剪切机总图。

这种剪切机可冷剪厚度达 25mm，宽度达 2000mm 的钢板，最大剪切力为 1.3MN。该机为上刀片倾斜的上切闭式剪切机。

剪切机的主要部件有：机架 1，剪切机构 2，传动装置 3，压板装置 4，挡板 5。剪切机有两个立柱，上面与横臂相连，下面与下刀片的横梁相连。两个立柱、横臂和横梁都是铸钢的。传动上刀片的曲轴装设在机架立柱的两个轴承内，上刀架悬置在两个连杆的曲轴上，这两个连杆可使上刀架做往复运动，刀架可在机架立柱的导板内上下移动，剪切机由一个电动机（功率 115 马力，转速为 1440r/min）通过三角皮带和三级齿轮传动装置来带动。

传动装置最后一个齿轮自由地安装在曲轴的一端。在剪切轧件时，这个齿轮借摩擦离合器与曲轴连接。摩擦离合器由按钮控制的电磁铁推动与曲轴连接。

剪切时，钢板被剪切机的压板压住，压板由弹簧缓冲器和安装在上刀架上的四个压头组成，上刀架由曲柄传动。为了得到一定长度的钢板，在剪切机后面设置有挡板，被剪切钢板的前端顶在此挡板上，挡板可以由手轮转动螺旋传动装置来调整，挡板的位置有指针和刻度。

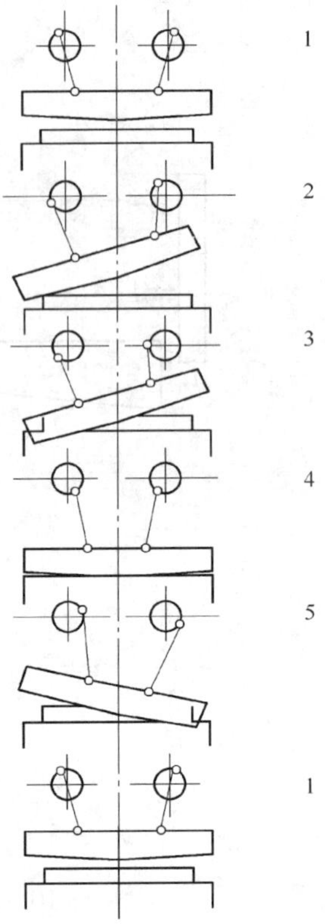

图 10－22　滚切式斜刀片剪切机的剪切过程

1—起始位置；2—剪切开始；3—左端相切；4—中部相切；5—右端相切

10. 3. 2. 2　下切式斜刃剪切机

电动机传动的下切式剪切机，一般采用偏心轮组成的曲轴使下刀台做往复直线运动。近年来，液压传动的下切式斜刀片剪切机，得到广泛的应用。这种剪切机有以下优点：

（1）结构简单、紧凑、重量轻。

（2）剪切动作平稳。

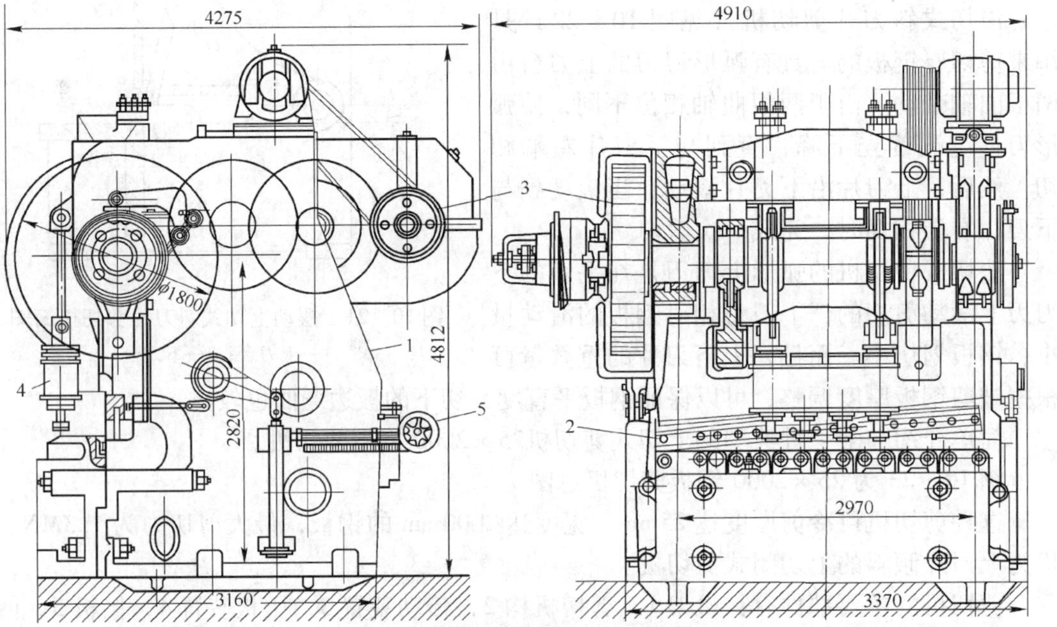

图 10－23　25×2000 钢板剪切机总图

1—机架；2—剪切机构；3—传动装置；4—压板装置；5—挡板

（3）能自动防止过载。但是，液压传动的下切式剪切机生产率低，油泵电动机功率比电动机传动的功率大，而且要考虑液压缸同步问题。

图 10－24 所示为采用液压缸串联同步的液压传动下切式斜刀片剪切机简图。当下刀台 4 上升时，液压油先进入液压缸 5 的下油腔，液压缸 2 的上油腔则与回油管相连，只要使液压缸 2 活塞下部的面积与液压缸 5 上部的面积相等，就可实现下刀台两个液压缸同步的运动要求。

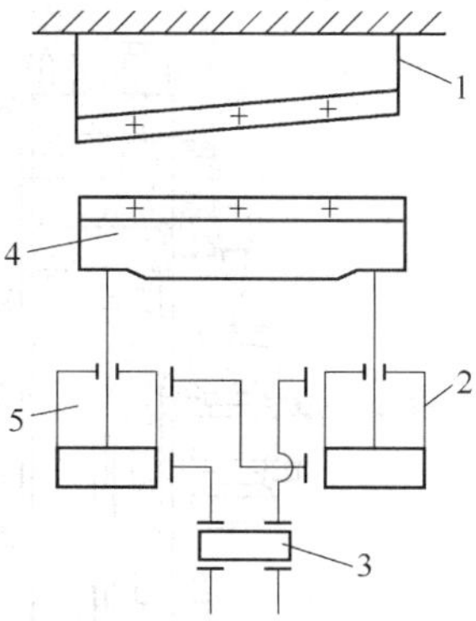

图 10－24 采用液压缸串联同步的液压传动下切式斜刀片剪切机简图
1—上刀台；2—液压缸；3—换向阀；4—下刀台；5—液压缸

下切式斜刃剪切机通常是上刀片固定，由下刀片运动而进行剪切的。但是，近年来在平整机组中，为了能调整剪切位置，出现了上、下两个刀片都运动的下切式斜刃剪切机。

液压斜刀片剪切机具有结构简单，剪切平稳，设备重量轻等优点，其主要技术性能见表 10－7。

表 10－7 液压斜刀片液压剪切机主要性能

名称	剪切钢板			剪刃斜度	最大剪切力	下刀架			上刀架最大开口度	压板压力	液体单位压力
	最大厚度	宽度	长度			最大行程	工作行程	上升速度			
数量	34mm(900℃) 40mm(1000℃)	750 ~ 1550mm	1200mm	2°30′	2MN	270mm	180mm	50m/s	700mm	9kN	1.2MPa

图 10－25 是用于 1700 热轧带钢连轧机的斜刀片液压剪切机。它设置在粗轧机和精轧机组间的辊道上。为了防止精轧机组或卷取机发生事故，在轧制线上设置了一台下切式液压剪切机，将不能继续轧制的钢板切成定尺，并收集到轧制线侧面的台架上。这种剪切机的特点，是轧机停轧时才工作。因此在正常轧制时，要求它不影响轧件通过。设备中采用了上刀架摆起机构。上刀架摆起后，剪刃与辊道上表面间有 70mm 的开口度，为避免剪切过程中轧件压辊道，因而采用了下切式，并使下剪刃在剪切前低于辊道面 100mm。这样就保证了轧制时正常过钢。

由图 10－25 可知，下切式液压剪切机由下刀架、上刀架、液压缸和机架四部分组成。工作时由固定液压缸 5 使斜销插紧，固定上刀架，保持剪切时的正确位置。剪切完了，固定液压缸将斜销抽回。上刀架 3 在摆动缸 1 推动下，通过曲柄 2 摆起 90°，达到最大开口度，从而保证正常过钢，同时减少了辐射热对压板弹簧的影响。上刀架上装有弹簧压板 4。剪切时下刀架 6 托起轧件上移，先与压板接触。下刀架继续上升，弹簧被压缩后，产生压板力。这样，既防止剪切时钢板旋转，也避免剪切完了轧件砸辊道。

下刀架 6 是靠液压缸活塞的推力，在机架 10 的导向槽中；向上滑动来完成剪切。一般来说，液压缸的行程就是剪切机的工作行程。但由于剪刃停在辊道下 100mm 处，因此下刀架的全部行程中有 100mm 的空引程。在下刀架滑道上，有固定刀片的刀座 7。刀座和下刀架间用螺栓紧固。当需要更换剪刃或调整剪刃间隙时，松开螺栓 12，转动螺栓 11，使刀座沿下刀架的滑道滑动。由于滑道间有 1∶100 的斜度，所以刀座移动时，下剪刃相对

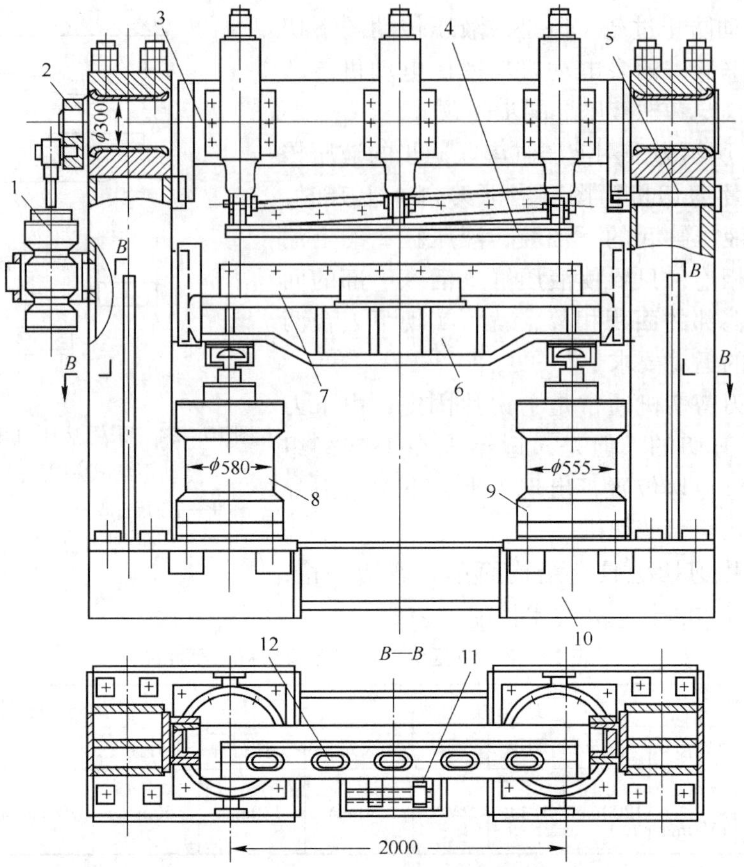

图 10-25　下切式液压剪切机

1—摆动缸；2—曲柄；3—上刀架；4—压板；5—固定液压缸；6—下刀架；
7—下刀座；8—主动缸；9—从动缸；10—机架；11，12—螺栓

上剪刃的横向位置发生变化，从而可调整剪刃间隙。剪刃间隙最大变化量是 1mm。这种剪刃间隙的调整机构，结构简单，调整方便，但加长了剪刃长度，使机架变宽。

液压缸是液压剪的原动件。两个液压缸推动下刀架完成剪切。一个主缸 8 和另一个从动缸 9 相串联，并靠补油回路来保证同步。油液首先进入主缸下腔，推动主缸活塞上移，上腔油排出后，进入从动缸下腔，从动缸活塞上移时，从动缸上腔的油液排回油箱。在不漏油的情况下，只要两串联腔截面积相等，主缸和从动缸就能实现同步剪切。采用串联回路的两个缸作用力相等，主缸按剪切机最大剪切力设计。

10.3.3　斜刃剪切机参数

斜刀片剪切机一般都将上刀片做倾斜面的，下刀片做成水平的。其主要目的在于减少刀片和轧件的剪切接触长度，从而降低剪切力，使剪切机的体积减小，并简化结构。斜刃剪切机的主要参数为剪切力、剪切功、剪刃倾角、剪刃长度、剪刃行程和剪切次数。

10.3.3.1　剪刃倾斜角的大小

刀片的倾斜角 α 愈大，剪切时的剪切力愈小，但使刀片行程增加。最大的允许倾斜

角 α_{max}受钢板与刀片间的摩擦条件的限制，当 $\alpha > \alpha_{max}$时，钢板就要从刀口中滑出而不能进行剪切。剪刃倾斜角的大小主要根据剪切板带材的厚度来确定，用于剪切薄板的斜刃剪，倾斜角较小，一般取 1°~3°；用于剪切板材较厚的斜刃剪，倾斜角较大，但不超过 10°~12°。近年来有些斜刀片剪切机上刀片做成有双边倾斜角的，此时 α_{max}将不受摩擦条件的限制，上刀片采用双倾斜角后，剪切时钢板能保持在中间位置。另外，倾斜角的大小对剪切质量也有影响（尤其是对厚钢板）。当 α 很小时，在钢板剪切断面出现撕裂现象。为了改善剪切质量和扩大剪切机的使用范围，有的剪切机倾斜角做成是可以调整的。

10.3.3.2 剪刃长度、行程

剪刃长度按剪切最大板宽确定。一般按下式选取

$$L = B_{max} + (100 \sim 300)\,\text{mm}$$

式中 B_{max}——被剪切板带最大宽度。

斜刃剪剪刃行程、除应具有平刃剪剪刃的行程外，还应考虑由于剪刃倾斜所引起的行程增加量，即：

$$H = H_p + H_1 = H_p + B_{max}\tan\alpha \tag{10-33}$$

式中 H_p——按式（10－26）计算的剪刃行程；

B_{max}——被剪切板带最大宽度；

α——剪刃倾斜角。

斜刃剪切次数的选择，相似于平刃剪。

剪刃侧向间隙是影响板带材剪切质量的重要因素。间隙太小，会使剪切力增加，并加速剪刃磨损；间隙太大，易使剪切面与板带表面不成直角且粗糙。该间隙的大小与被剪切的材质和厚度有关。一般取剪刃间隙为被剪切板带材厚度的5%～10%。

10.3.3.3 剪切力与剪切功

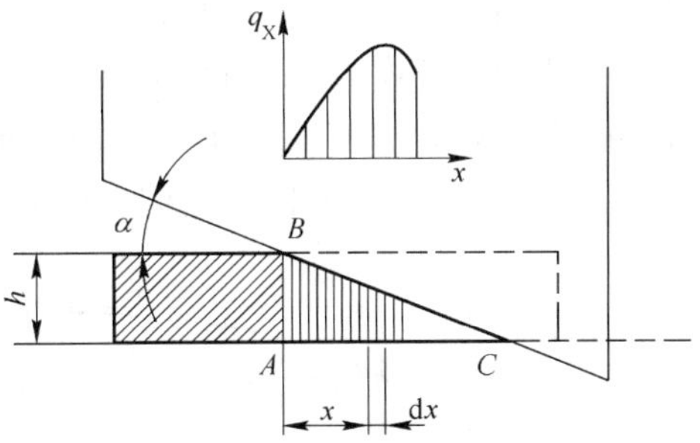

图 10－26 斜刀片剪切机剪切钢板时，轧件作用在刀片上的压力

从图 10－26 可见，斜刃剪由于剪刃倾斜布置，轧件在剪切时，剪刃与轧件接触长度，仅是断面长度的一部分，这样使剪切力减小，电动机功率及设备重量也相应减小。

斜刃剪剪切力的计算方法有多种。下面仅介绍目前常用的 B. B. 诺萨里计算公式。

剪切力由三部分组成：

$$P = P_1 + P_2 + P_3 \tag{10-34}$$

式中 P_1——纯剪切力；

P_2——剪刃作用于被剪掉部分产生的弯曲力；

P_3——板材受剪刃压力产生的局部碗形弯曲力。

参照平刃剪剪切力的计算方法，由图 10－21 可见，实际剪切面积只限于 ABC 内划阴影线部分，设 q_x 为作用在单位长度剪刃上的剪切力，则作用在宽度为 dx 微分面积上的剪切力为

$$\mathrm{d}P_x = q_x\mathrm{d}x = \tau h\mathrm{d}x \tag{10-35}$$

式中　h——板材厚度。

剪切区内任一点的相对切入深度为

$$\varepsilon_x = \frac{x}{h}\tan\alpha \tag{10-36}$$

式中　α——剪刃倾斜角度。

由式（10－36）知 ε 和 x 成直线关系变化，则可认为斜刃剪上沿剪刃与轧件接触线上剪切力曲线 $q_x = f(x)$（图 10－21）和平刃剪的曲线 $\tau = f(\varepsilon)$ 的关系相似。

由式（10－36）得：

$$\mathrm{d}x = \frac{h}{\tan\alpha}\mathrm{d}\varepsilon \tag{10-37}$$

将 dx 代入式（10－34）并积分得纯剪切力为

$$P_1 = \frac{h^2}{\tan\alpha}\int\tau\mathrm{d}\varepsilon = \frac{h^2}{\tan\alpha}a \tag{10-38}$$

式中，单位剪切功 a 值可按平刃剪剪切不同材料的 a 值选取，见表 10－3 和表 10－4。冷剪时，a 可用下式求得，一般取式中 $K_1 = 0.6$，$K_2 = 1$。即

$$a = K_1\sigma_b K_2\delta = 0.6\sigma_b\delta \tag{10-39}$$

$$P_1 = \frac{h^2}{\tan\alpha}0.6\sigma_b\delta \tag{10-40}$$

考虑 P_2、P_3 诺萨里导出公式为

$$P = P_1\left[1 + \beta\frac{\tan\alpha}{0.6\delta} + \frac{1}{\dfrac{100\delta}{\sigma_b y^2 x}}\right] \tag{10-41}$$

该式第二项为力，系数可据 $\lambda = \alpha_n\tan\alpha/\delta h$ 求出的值，再由图 10－27 查出，λ 式中的 α_n 为板材剪下的宽度。当剪下的宽度 α_n 较大，且 $\lambda \geqslant 15$ 时，可取极限值 $\beta = 0.95$。

方程式中第三项为 P_3，该项中的 $y = \Delta/h$，为剪刃侧向间隙与被剪板材厚度之比值。当 $h \leqslant 5$mm 时，取 $\Delta = 0.07h$；当 $h = 10 \sim 20$mm 时，取 $\Delta = 0.5$mm。x 为考虑压板作用的系数。$x = c/h$ 式中 c 为剪切面到压板中心线的距离，如图 10－28 所示。初步计算可取 $x = 10$。

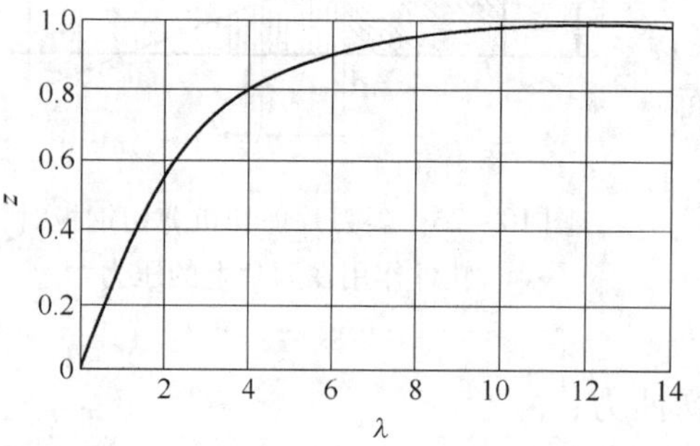

图 10－27　系数 Z 与 $\lambda = \alpha_n\tan\alpha/\delta h$ 的变化关系

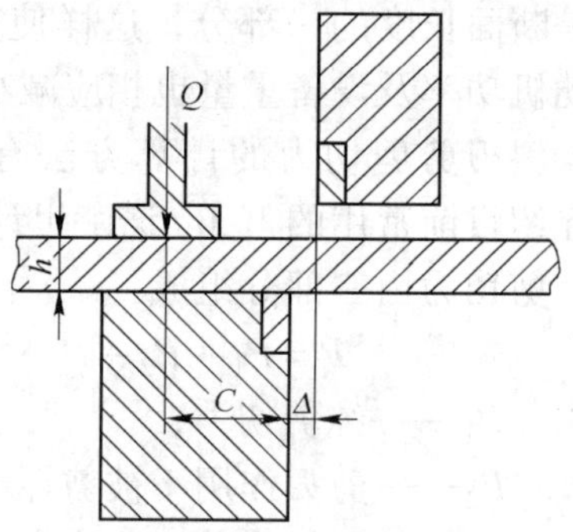

图 10－28　压板与刀片侧间隙示意图

考虑剪切机在使用过程中剪刃变钝的影响，故按上式计算的总剪切力尚应增大 15%～20%。

斜刃剪剪切功计算，剪切功为

$$A = Ph_x = Pb\tan\alpha \tag{10-42}$$

式中 h_x——剪刃假定剪切行程，$h_x \leqslant b\tan\alpha$；

b——被剪切板材宽度；

α——剪刃倾斜角。

10.4 圆盘式剪切机

10.4.1 圆盘式剪切机的用途和分类

圆盘式剪切机通常设置在精整作业线上，用来纵向剪切运动着的钢板，将钢板边缘切齐或切成窄的带钢。根据用途和结构，可分为两对刀片的圆盘剪和多对刀片的圆盘剪。两对刀片的圆盘剪一般用于剪切钢板的侧边，每个圆盘刀片是悬臂固定在单独的传动轴上。这种圆盘剪用于中厚板的精整加工线、板卷的横切机组和连续酸洗等作业线上。多对刀片的圆盘剪是剪切带钢的，用于板卷的纵切机组、连续退火和镀锌等作业线上，将板卷切成窄带钢，作为焊管坯料等。其多对刀片一般固定在两根公用的传动轴上，也有少数的圆盘剪刀片固定在单独的传动轴上。为了使已切掉板边的钢板在出圆盘剪时能够保持水平位置，往往将上刀片轴相对下刀片轴错开一个不大的距离，如图 10－29（a）所示，或者将上刀片直径做得比下刀片直径小些，如图10－29（b）所示。为使已切去的铜板从圆盘剪出来时处于水平位置，防止钢板向上翘曲；通常在圆盘剪前面靠近刀片的地方，安设有压辊。

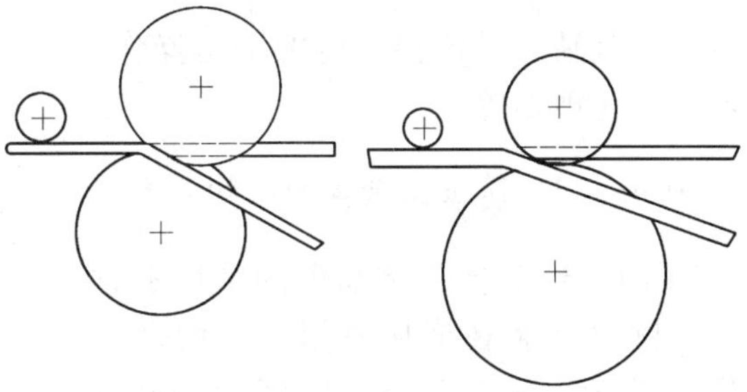

图 10－29 使钢板保持水平位置的方法

（a）上刀片错开一个不大距离；（b）上、下刀片直径不同

10.4.2 圆盘式剪切机的结构

10.4.2.1 厚板圆盘式剪切机

图 10－30 两对圆盘剪的结构示意图。它用来冷剪厚为 4～25mm，宽为 900～2300mm 钢板的侧边。刀片 1 是由功率为 138kW、转速为 375r/min 的电动机，通过减速机、齿轮座和万向连接轴 2 来传动的。为了剪切不同宽度的钢板，左右两对刀片的距离是可以调整的。它是由一台功率 5kW、转速为 905r/min 的电动机，通过蜗轮减速机和丝杠使其中一对刀片的机架移动进行调整的。上下刀片径向间隙的调整，是由功率 0.7kW，转速为 905r/min 的电动机经蜗杆蜗轮传动 4，使偏心套筒 3（其中安装着刀片轴）转动实现的。刀片的侧向间隙由手轮通过蜗杆蜗轮传动 5，使刀片轴轴向移动来调整。上刀片轴相对下刀片轴移动一个不大的距离；是由手轮通过蜗轮传动机构 6，使装有刀片轴的机架绕下刀片轴作摆动来实现的。为了减少钢板与圆盘刀刃间的摩擦；每对刀片与钢板中心成一个不大的角度 $\beta = 0°22'$，如图 10－31 所示。

圆盘剪在连续剪切钢板的同时，对其切下的板边要进行处理。在圆盘剪后面设置有碎边机，将板边剪成碎段；然后滑到专用的槽中。此外，对于薄板板边，也有用废品卷取机

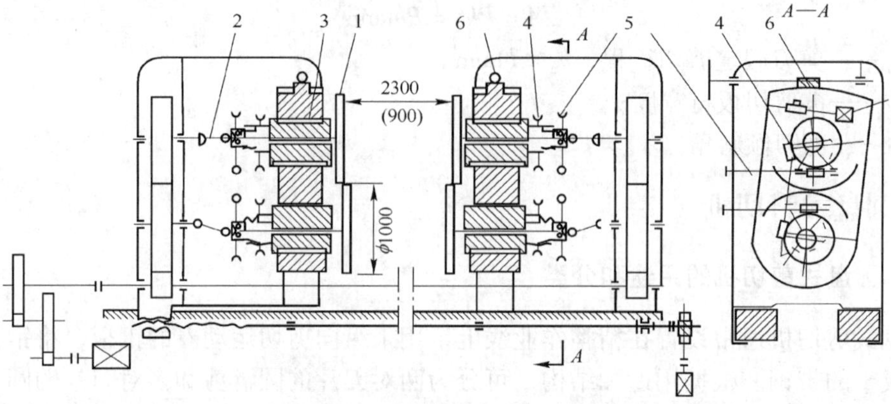

图 10－30　圆盘剪的结构示意图

1—刀片；2—万向接轴；3—偏心套筒；4—改变刀片间距离的机构；
5—刀片列向间隙机构；6—上刀片轴的移动机构

处理的，其缺点是需要一定的手工操作，卸卷时停止剪切等。

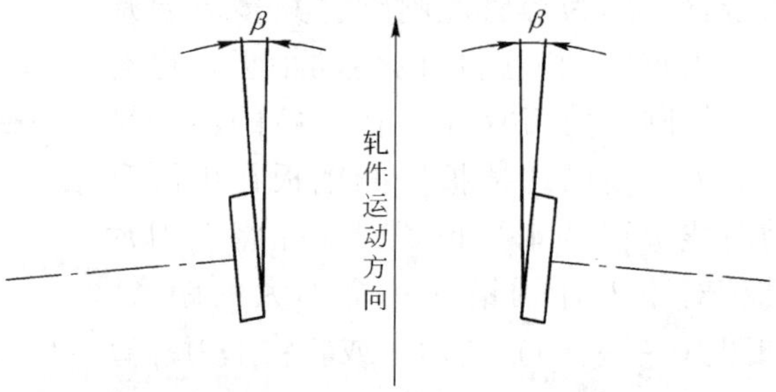

图 10－31　圆盘剪刀片倾斜示意图

10.4.2.2　薄板圆盘剪的结构

图 10－32 为薄板圆盘剪的结构示意图。该圆盘剪装在横切机组上，用来剪切厚度为 0.6～2.5mm、宽度为 700～1500mm 的带钢。剪刃线速度 1～3m/s。

如图 10－32 所示，电动机 1 通过减速器 2 同时转动两对刀盘，上刀盘与齿轮 12 相连，下刀盘与齿轮 13 相连；齿轮 8、10、12、13 直径相等，而且齿轮 8 与 12、8 与 10 及 10 与 13 之间用连杆相连，以保持各齿轮中心距不变，因而在调整上刀盘（径向）时各齿轮仍能很好地啮合。

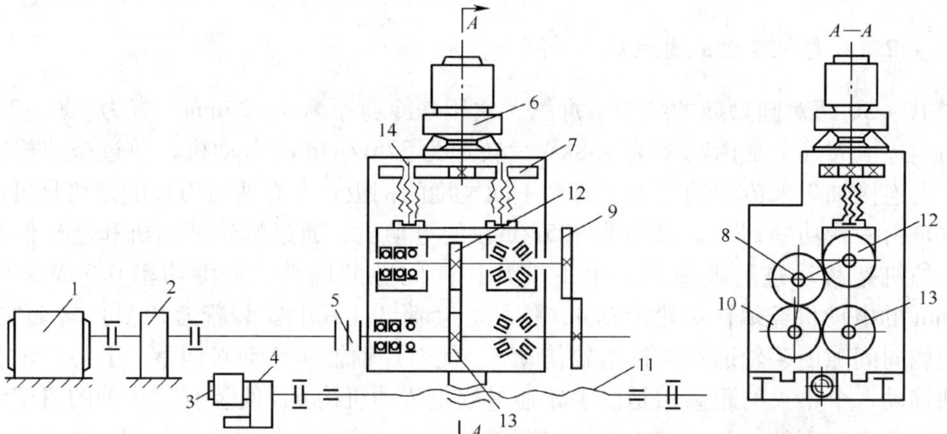

图 10－32　薄板圆盘剪结构示意图

1，3—电动机；2，4—减速器；5—离合器；6—摆线针轮减速器（带电动机）；7—径向调整减速齿轮；
8，10，12，13—齿轮；9—刀盘；11—丝杠；14—调整螺丝

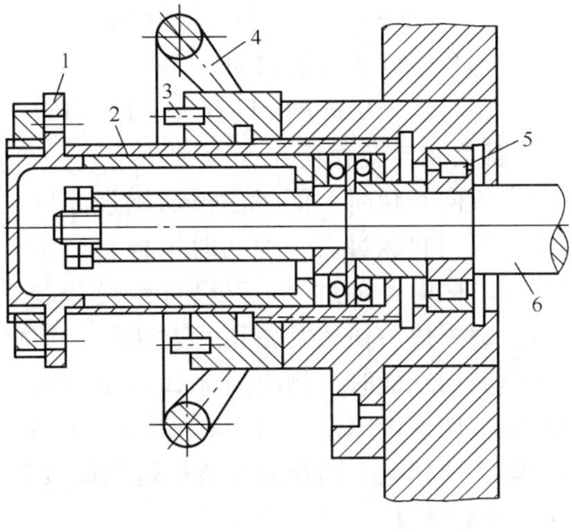

图 10－33 右下刀盘侧向间隙调整装置
1—挡环；2—螺纹套筒；3—圆销；
4—手轮；5—轴承；6—下刀盘轴

在剪切机下部设置了机架横移机构，它由功率为 1kW 的电动机 3 通过行星减速器 4 传动丝杆。丝杆左右两端螺纹方向相反，因而可带动左右两机架沿导轨做相同或相反方向的移动，从而达到调整剪切带钢宽度的目的。

刀盘径向调整是通过带电动机的减速器 6、调整减速齿轮 7 及调整螺丝 14 带动上刀盘轴的轴承座沿架体内滑道上下移动。

图 10－33 表示刀盘侧向间隙调整机构。侧向间隙的调整是通过下刀盘的轴向移动来实现的。调整时，首先将手轮 4 从螺纹套筒上旋出，并向后拉使圆销 3 插入挡环 1 的圆孔中；转动手轮，带动挡环与螺纹套筒一起转动，从而使下刀盘轴做轴向移动。调整好以后，将手轮前推并旋紧，则将下刀盘轴锁紧。下刀盘轴支撑在允许有少量轴向移动的圆柱滚子轴承 5 上，由于侧间隙调整量很小（最大 0.24mm），故轴承允许的轴向移动量能满足调整量的要求。

10.4.3 圆盘式剪切机参数

10.4.3.1 结构参数

圆盘式剪切机主要结构参数为圆盘片尺寸、侧向间隙和剪切速度。

A 盘刀片尺寸

圆盘刀片尺寸包括圆盘刀片直径 D 及其厚度 δ。

圆盘刀片直径 D 主要决定于钢板厚度 h，其最小允许值与刀片重叠量 S 和最大咬入角 α_1 有下列关系

$$D = \frac{h + s}{1 - \cos\alpha_1} \tag{10-43}$$

刀片重叠量 S 一般根据被剪切钢板厚度来选取。采用的刀片重叠量 S 与钢板厚度 h 的关系曲线。随着钢板厚度的增加，重叠量 S 愈小。当被剪切钢板厚度大于 5mm 时，重叠量 S 为负值。

式（10－43）中最大咬入角 α_1，一般取为 10°～15°。α_1 值也可根据剪切速度 v 来选取如图 10－34 所示。

当咬入角 $\alpha_1 = 10° \sim 15°$时，圆盘刀片直径通常在下列范围内选取

$$D = (40 \sim 125)h \tag{10-44}$$

其中大的数值用于剪切较薄的钢板。

减小圆盘刀片直径可减小圆盘剪的结构尺寸，但最小圆盘刀片直径受轴承部件结构尺寸的限制。在结构尺寸允许情况下，应尽量选用小直径的圆盘刀片。当剪切厚钢板（h = 40mm）时，圆盘刀片直径可按下式选取

$$D = (22 \sim 25)h \qquad (10-45)$$

圆盘刀片厚度 δ 一般取为

$$\delta = (0.06 \sim 0.1)D \qquad (10-46)$$

B　圆盘刀片侧向间隙 Δ

确定侧向间隙时，要考虑被切钢板厚度和强度。侧向间隙过大，剪切时钢板会产生撕裂现象。侧向间隙过小，又会导致设备超载、刀刃磨损快，切边发亮和毛边过多。

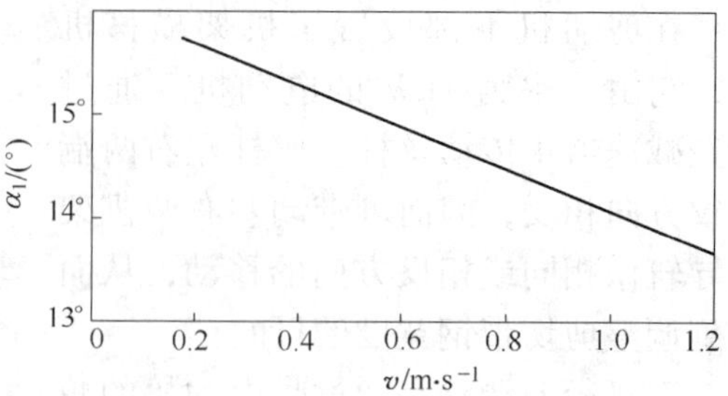

图 10－34　圆盘刀片咬入角与剪切速度的关系曲线

在热剪切钢板时，侧向间隙 Δ 可取为被切钢板厚度 h 的 12% ~16%。在冷剪时，Δ 值可取为被切钢板厚度 h 的 9% ~11%。当剪切厚度小于 0.15 ~0.25mm 时，Δ 值实际上接近于零，要把上下圆盘刀片装配得彼此接触，甚至带有不大的压力。

C　剪切速度 v

剪切速度 v 要根据生产率、被切钢板厚度和力学性能来确定。剪切速度太大，会影响剪切质量，太小又会影响生产率。常用的剪切速度可按表 10－8 来选取。

表 10－8　圆盘剪常用的剪切速度

钢板厚度/mm	2 ~5	5 ~10	10 ~20	20 ~35
剪切速度/m · s^{-1}	1.0 ~2.0	0.5 ~1.0	0.25 ~0.5	0.2 ~0.3

10.4.3.2　剪切力与剪切功率

作用在一个刀片上的总剪切力由两个分力所组成，即

$$P = P_1 + P_2 \qquad (10-47)$$

式中　P_1——纯剪切力；

P_2——钢板被剪掉部分的弯曲力，是由于剪切伴随着钢板的复杂弯曲而产生的，特别对于较窄的钢板更为显著，如图 10－35 所示。

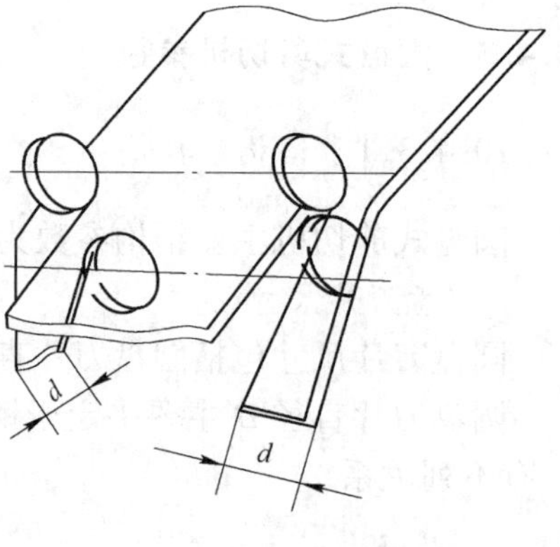

图 10－35　圆盘剪切机剪切板边示意图

纯剪切力 P_1 的确定在原则上与斜刀剪类似，如图 10－36 所示。

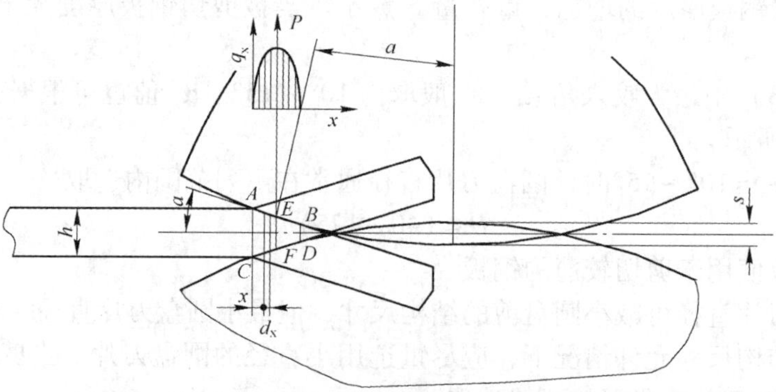

图 10－36　在圆盘剪上剪切金属时的压力图

假定实际剪切面积只局限于弧 AB 及 CD 之间，因为在 BD 线之外剪切的相对切入深度大于 ε_0，即剪切过程已彻底完成了。其次，将弧 AB 和 DC 视为弦。作用于宽度为 dx 的微小面积上的剪切力为

$$dP_1 = q_x dx = \tau h dx \tag{10-48}$$

式中 q_x——作用在接触弧 AB 水平投影单位长度上的剪切力。

由相对切入深度知

$$\varepsilon = \frac{2x\tan\alpha}{h}$$

微分后得

$$dx = \frac{h}{2\tan\alpha} d\varepsilon$$

式中 α——弦 AB 与 CD 间夹角的一半。

所以纯剪切力为

$$P_1 = \int \tau h dx = \frac{h^2}{2\tan\alpha}\int \tau d\varepsilon = \frac{h^2}{2\tan\alpha} a \tag{10-49}$$

式中，a 值可利用平行剪单位剪切功数据。

在圆盘剪上冷剪时，a 值可按下式求得

$$a = K_1 \sigma_b K_2 \delta = \sigma_b \delta$$

式中，取系数 $K_1 \cdot K_2 = 1$。

总剪切力计算公式为

$$P = P_1 \left(1 + Z_1 \frac{\tan\alpha}{\delta}\right) \tag{10-50}$$

上式中第二项为分力 P_2。系数 Z_1 决定于被剪掉的板边宽度与板厚的比值 d/h，如图 10－37 所示。

当 $d/h \geqslant 15$ 时，Z_1 的数值趋近于渐近线 $Z_1 = 1.4$。

考虑到刃口磨钝的影响，一般将计算的剪切力增大 15%～20%。为了保证剪切质量，剪边不出毛刺，当钢板厚度大于 3mm 时，刃口变钝的允许半径 $r = 0.1h$。

剪切时刀片的侧向推力不超过剪切力的 5%。

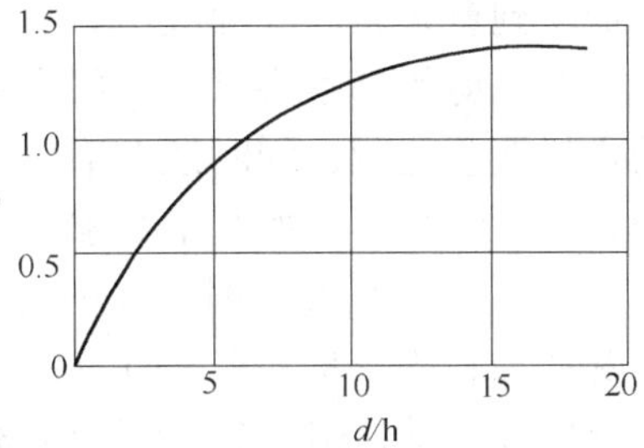

图 10－37 被剪切钢板的相对宽度与系数的关系

圆盘剪上的剪切功率可根据作用在刀片上的力矩来确定。在上下刀片直径、速度相等而且都驱动时，则与简单轧制情况相似，合力 P 垂直作用在刀片上，这时转动一对刀盘所需力矩为

$$M_1 = PD\sin\alpha \tag{10-51}$$

式中 D——刀片直径。

如图 10－29 所示，假设合力 P 的作用点在弦 AB 和 CD 中间，则 α 可按下式求得

$$EF + D\cos\alpha = D - s$$

或

$$\cos\alpha = 1 - \frac{s + EF}{D}$$

式中　s——刀片重叠量。

又

$$EF=(1-\frac{\varepsilon_0}{2})h$$

所以

$$\cos\alpha=1-\frac{s+h(1-\frac{\varepsilon_0}{2})}{D} \tag{10-52}$$

驱动圆盘剪的总力矩为

$$M=n(M_1+M_2)\ \text{N}\cdot\text{m} \tag{10-53}$$

式中　n——刀片对数；

M_2——一对刀片轴上的摩擦力矩，$M_2=Pd\mu$，其中 d 为刀片轴轴颈的直径，μ 为刀片轴轴承处的摩擦系数。

圆盘剪电动机功率按下式确定

$$N=\mu_1\frac{2Mv}{1000D\eta}\ \text{kW} \tag{10-54}$$

式中　μ_1——考虑刀片与钢板间摩擦系数，$\mu_1=1.1\sim1.2$；

v——钢板运动速度，m/s；

η——传动系统效率，$\eta=0.93\sim0.95$。

10.5　飞剪

10.5.1　飞剪的概况

横向剪切运动轧件的剪切机叫做飞剪机，简称飞剪。飞剪可设置在连续式轧机的轧制作业线上，剪切轧件的头部与尾部或将轧件剪切成定尺长度；飞剪也可设置在独立的横切机组上，将钢卷剪切成一定长度的单张钢板或规定重量的钢卷。随着连续式轧机的发展，飞剪得到愈来愈广泛的应用。

对飞剪的基本要求。定尺飞剪应保证良好的剪切质量，即定尺精确、切面整齐和较宽的定尺调节范围，同时还要有一定的剪切速度，因而飞剪机的结构和性能，在剪切过程中，必须满足下述的基本要求：

（1）在剪切轧件时，飞剪剪刃在轧件运动方向的瞬时分速度 v_x 应该与轧件运动速度 v_0 相等或稍大。即：$v_x=(1\sim1.3)v_0$，应以同步速度进行剪切；若 $v_x<v_0$ 则剪刃将阻碍轧件的向前运动，造成轧件弯曲，甚至引起轧件缠刀事故；若 v_x 比 v_0 大得多，剪刃将使轧件产生较大的拉应力，影响轧件的剪切质量，同时增加飞剪的冲击负荷或使轧件在夹送辊上打滑，造成定尺长度的误差并损伤轧件的表面。

（2）根据产品品种规格的不同和用户要求，同一台飞剪上应能剪切多种规格的定尺长度，并且长度尺寸公差与剪切断面质量应符合国家有关规定。

（3）能满足轧机和机组生产率的要求。

10.5.2　飞剪的用途和分类

用于横向剪切运动着的轧件的剪切机称为飞剪。随着连续式钢板轧机、型钢轧机和钢坯轧机的发展和飞剪生产率的提高，飞剪的应用也越来越广泛。

飞剪的类型较多，应用较广泛的有：圆盘式飞剪、双滚筒式飞剪、曲柄回转式和摆式飞剪等。

10.5.2.1 圆盘式飞剪

这种飞剪一般应用在小型轧钢车间内。它安装在冷床前，对轧件进行粗剪，使进入冷床的轧件不至于太长；或者安装在精轧机组前，对轧件进行切头，以保证精轧机组的轧制过程顺利地进行。飞剪由两对或多对圆盘形刀片组成，圆盘的轴线与钢材运动的方向约成60°，如图10－38所示。飞剪圆周速度的选取，应使钢材运动方向的分速度与钢材运动速度相等。飞剪在原始位置时，钢材沿入口导管在飞剪左方前进。当钢材作用到旗形开关或光电管上时，入口导管与钢材向右偏斜，钢材进入两圆盘中间进行剪切。当下刀片下降后，导管使钢材回到原始的左面位置，此后下刀片重新又上升。此类飞剪的缺点为切口是斜的，但对于切头或者冷床前粗剪轧件影响不大。由于这种剪切机工作可靠，结构简单，剪切速度可达10m/s以上，因而在小型轧钢间得到了广泛的应用。

10.5.2.2 双滚筒式飞剪

双滚筒式飞剪广泛地应用于剪切在运动中的型钢和钢板，其工作原理如图10－39所示。

在两个转动的滚筒上，径向固定着两个刀片。沿辊道移动着的轧件，在通过两个滚筒中间时，即被相遇的两个刀片剪切。刀片的圆周速度应稍大于轧件的运动速度，否则剪切时，轧件在进口处要发生弯曲。

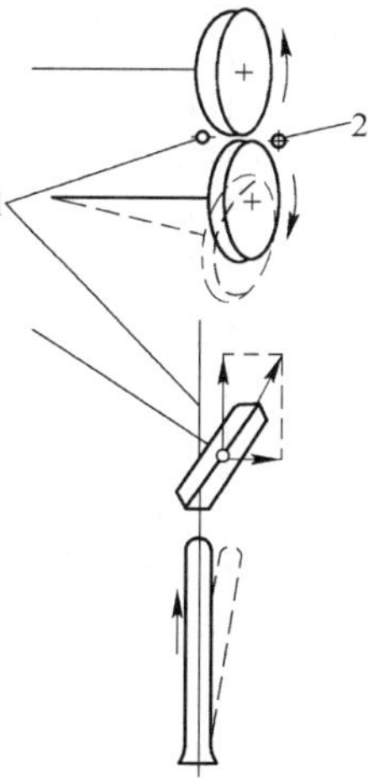

图10－38　剪切小断面钢材圆盘式飞剪简图

1—剪切前钢材位置；2—剪切后钢材位置

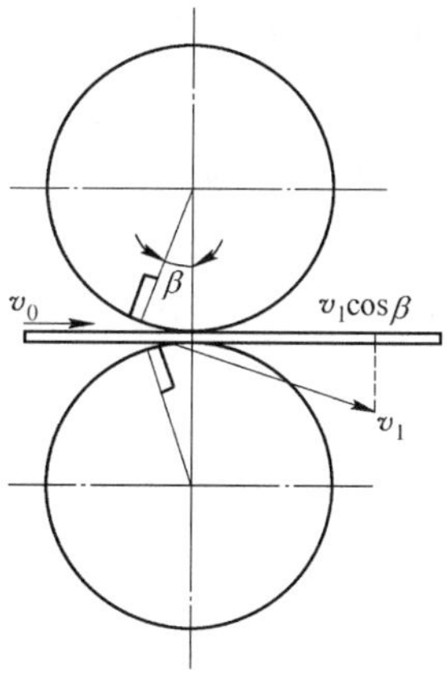

图10－39　双滚筒式飞剪简图

若以 v_1 表示剪刃的圆周速度，v_0 表示被剪轧件的运动速度，β 为咬入角，则

$$v_1 \geqslant \frac{v_0}{\cos\beta}$$

$$\cos\beta = 1 - \frac{h+s}{D_1} \tag{10-55}$$

式中 h——被剪轧件厚度；

s——剪刃的重叠量；

D_1——飞剪的滚筒直径（由剪刃的尖端算起）。

滚筒式飞剪是应用很广泛的一种飞剪。它装设在连轧机前、后或横切机组上，用来剪切厚度小于12mm的钢板或小型型钢。当作为切头飞剪使用时，其剪切厚度目前已达45mm。由于这种飞剪的刀片作简单的圆周运动，它可以剪切运动速度高达15m/s以上的轧件。图10－40是某厂小型车间设计制造的简易滚筒式飞剪结构示意图。它安装于320机列与250机列之间的输送辊道上，用来对运动着的轧件进行切头或切除有缺陷的部分。刀片1装在滚筒2上，滚筒2由电动机12经皮带轮11和齿轮9传动。为了减少电动机容量，在减速齿轮的高速轴上装有飞轮10。刀片1的线速度等于或略大于轧件4的运动速度。轧件进入滚筒之间是通过回转喇叭口5实现的。轧件不剪切时，它由输送辊道经回转喇叭口送向轧机。当轧件需要切头可剪切有缺陷部分时，可扳动手柄3，通过拉杆6，回转喇叭口5以立轴13为中心，向飞剪的滚筒方向回转，使轧件进入滚筒剪切。松开手柄，在弹簧7的作用下，回转喇叭口恢复原位。此类飞剪由于剪切区刀片不是作手行移动，因而在剪切厚轧件时，剪后轧件端面不平。若作为成品定尺飞剪，以剪切小型型钢和薄板为宜。

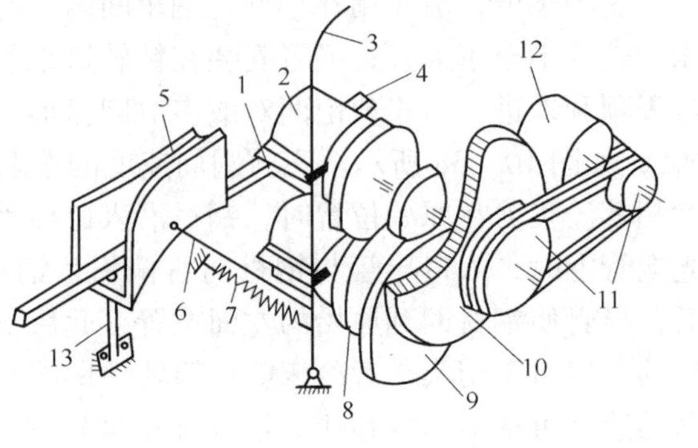

图10－40 简易滚筒式飞剪

1—刀片；2—滚筒；3—手柄；4—轧件；5—回转喇叭口；6—拉杆；7—弹簧；8—齿轮箱齿轮；9—减速器齿轮；10—飞轮；11—皮带轮；12—电动机；13—立轴

这种飞剪的缺点是：剪切厚轧件时端面不平整（对剪切薄轧件影响不大）；剪切宽钢板时，剪切力较大。因此，这种飞剪适用于剪切高速轧件的小型型钢和薄板。

10.5.2.3 曲柄回转式飞剪

它的剪切机构由四连杆机构组成，剪刃在剪切区域内作近似的平面运动，并与轧件表面垂直。所以，轧件被剪切的断面比较平直。图10－41是曲柄回转式飞剪的结构示意图。飞剪的剪切机构由刀架、偏心套筒和摆杆等组成。刀架1作成杠杆形状，其一端固定在偏心套筒上，另一端则与摆杆2相连，摆杆2的摆动支点是铰链连接在立柱3上。当偏心套筒（曲柄）转动时，刀架作平移运动，固定在刀架1上的刀片能垂直或近似垂直于轧件。在剪切钢板时，可以采用斜刀刃，以便减小剪切力。这种飞剪的缺点是结构复杂，

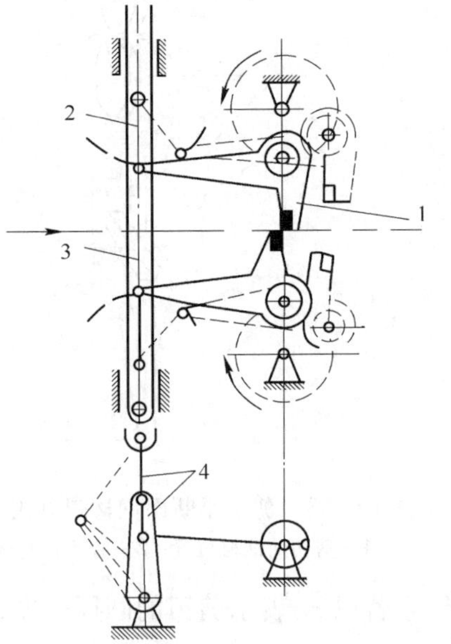

图10－41 曲柄回转式飞剪结构示意图

1—刀架；2—摆杆；3—能升降的立柱；4—空切机构的曲折杆

剪切机构的动载特性不良，刀片的移动速度不能太快。一般用于剪切厚度较大的钢板或钢坯。

10.5.2.4　摆式飞剪

在连续式钢板轧钢车间的横切机组中，有时采用这种飞剪。此飞剪的刀片亦作平移运动，剪切板材质量较好。图 10－42 是摆式飞剪示意图，其上刀架固定在摆动机架 4 上。摆动机架 4 支撑在主轴 1 的偏心上。在主轴 1 上共有两对偏心，其中，另一对偏心通过连杆 7 与下刀架 6 相连，下刀架 6 可以在摆动机架 4 的滑槽内滑动。由于主轴 1 上的两对偏心位置相差 180°，当主轴 1 转动时，上刀架随机架 4 下降，而下刀架上升，完成剪切动作。但是，它只能剪切静止不动的轧件。为了能够剪切运动的轧件，就要使摆动机架能够往复摆动。摆动机架下部与一个偏心杆铰链连接，偏心轮装在后轴 3 上。后轴 3 通过小齿轮 10、齿条 9 和同步圆盘 8 与主轴 1 相连。当主轴 1 转动时，就可以通过同步圆盘 8、齿条 9、小齿轮 10 和后轴 3 上的偏心连杆，使机架 4 以主轴 1 为中心往复摆动。此时，刀架作平移运动，实现摆式飞剪的剪切工作。

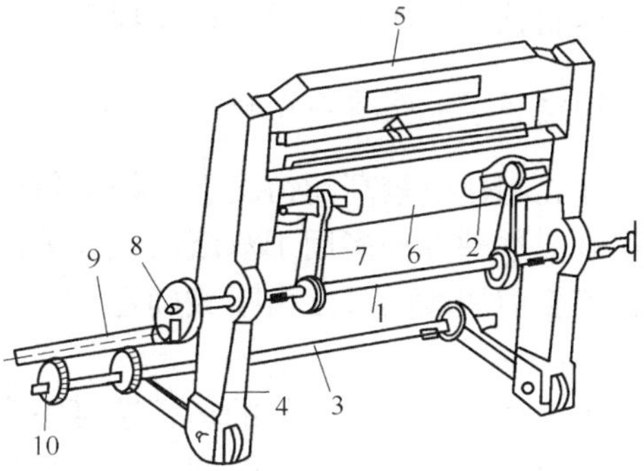

图 10－42　摆式飞剪示意图

1—主轴；2—连杆连接轴；3—后轴；4—机架；5—上刀架；6—下刀架；7—连杆；8—圆盘；9—齿条；10—小齿轮

10.5.3　剪切长度的调节

根据工艺要求，飞剪要将轧件剪成定尺长度，还要能剪切多种定尺长度。因此，要求飞剪的剪切长度能够调整。

10.5.3.1　启动工作制

这种工作制用于剪切轧件的前端和剪切定尺长度。在热轧机上工作的曲柄式飞剪，一般都在飞剪后面设有光电管，它与飞剪的距离为 L_ϕ，如图 10－43 所示。当带钢的前端通过光电管时，光电管发出脉冲信号，并借助于电动机与光电管之间电路里的时间继电器，飞剪开始启动；发出的脉冲信号使刀片恰好在带钢走到受剪部位时进行剪切。此时，被切下的轧件长度可按下列公式确定

$$L = L_\phi + v_0 t_j \qquad (10-56)$$

式中　L_ϕ——自光电管到飞剪机中心线的距离；

v_0——轧件前进的速度；

t_j——飞剪由启动到剪切的时间。

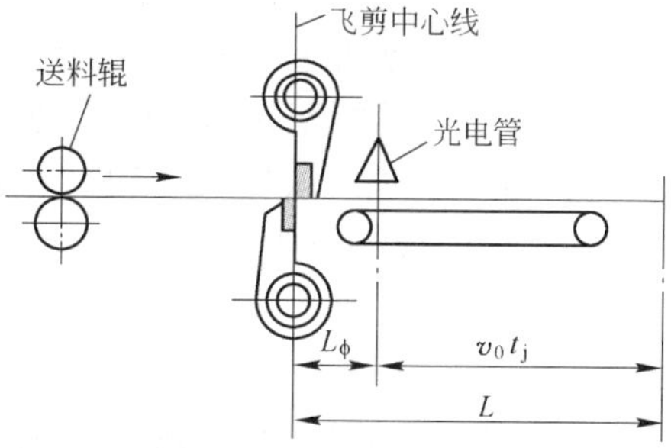

图 10－43　自动启动飞剪的光电管位置

由式（10－56）可以看出，改变轧件长度的方法有两个：

（1）在时间继电器不变的条件下，用变换 L_{Φ} 的大小，即移动光电管位置。

（2）在光电管位置不动的条件下，采用特殊的时间继电器来改变时间 t_j。此继电器装在脉冲发生器和飞剪传动装置之间的电路上。

当剪切轧件的前端较短时，可能出现上值小于 $L_{\Phi}+v_0t_j$ 的情况。在这种情况下，光电管必须安在飞剪的前面。当两次剪切的时间间隔足以使飞剪加速和停止动作时，用上述的工作制就可以切头或切成长度较大的定尺。

10.5.3.2 连续工作制

在轧制速度较高的情况下，即当每剪切一次才启动一次电机已来不及时，则采用连续工作制。这种方法多用于双滚筒式飞剪。如果飞剪两滚筒的直径相等，被剪轧件以等速运动，那么剪切段的长度由下式确定

$$L=v_0t \tag{10-57}$$

由上式可知，当轧件的运行速度不变时，在飞剪上剪切的轧件长度只同相邻两次剪切的间隔时间有关，而这一时间 t 决定于刀片的转数和每一转的剪切次数，即

$$t=\frac{60K}{n_0} \tag{10-58}$$

式中　K——在相邻两次剪切时间内刀片的转数，即所谓空切系数；

n_0——两次剪切时间间隔内，刀片每分钟的平均转数（即当滚筒的直径不相等时，主动滚筒的转速，将数值 n_0 称为飞剪转数）。

轧件的运动速度与送料辊的转速呈线性关系

$$v_0=\frac{\pi d_s n_s}{60} \tag{10-59}$$

式中　d_s——送料辊直径；

n_s——送料辊每分钟的转数。

一般送料辊和飞剪本体之间有刚性机械联系，而且全部由一台电动机驱动。现将飞剪和送料辊的转速分别以电动机的转数来表示

$$n_0=\frac{n}{i_1}\quad n_s=\frac{n}{i_2} \tag{10-60}$$

式中　n——电动机每分钟转数；

i_1——由电动机至飞剪的传动比；

i_2——由电动机至送料辊的传动比。

将式（10-60）、式（10-59）和式（10-58）代入式（10-57），便可得到飞剪所剪切轧件长度的最终公式

$$L=\frac{\pi d_s k_{i_1}}{i_2} \tag{10-61}$$

根据式（10-61），在有刚性机械联系的条件下，要改变轧件长度，可以来用两种方法：

（1）改变相邻两次剪切之间刀片所转的圈数，即改变空切系数 K；

（2）改变送料辊与飞剪之间转速比，即改变比值 $\frac{i_1}{i_2}=i$。

根据飞剪的实际工作情况，由于采用了多级减速机等原因，要无限制地变更转速比 i 是不可能的，这个数值的变化范围最多可达 2～2.3 倍。为了能够满足用户所要求的总长度范围，除了改变转速比值外，还需改变飞剪的空切系数 K。

在双滚筒式飞剪上，改变 K 值的办法是：保持滚筒的原来直径，而改变工作刀片的数量；或者把滚筒换成另外一种直径。改变双滚筒式飞剪空切系数 K 的几种方案，如图 10－44 所示。图 10－44 中前三个方案（a、b 和 c）是改变刀片数量来得到不同的 K，而第四个方案 d 是采用改变工作刀片的数量和更换不同直径的滚筒相结合的办法。

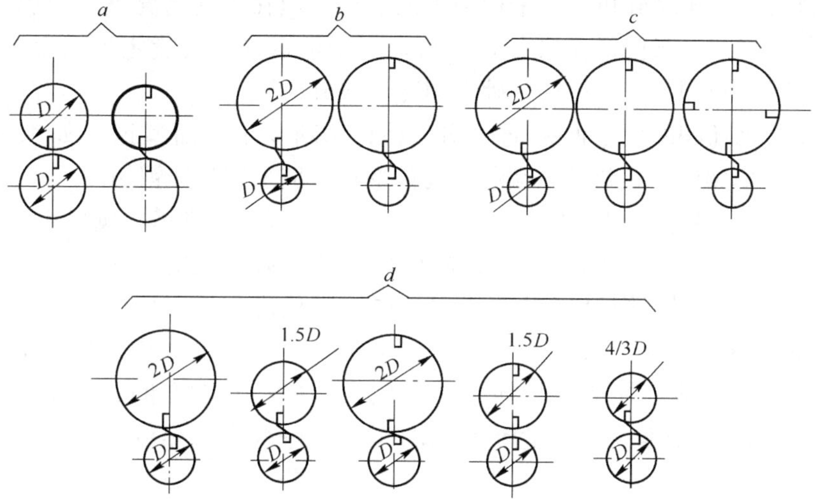

图 10－44　同双滚筒式飞剪刀片分布有关的空切系数值

思　考　题

10－1　剪切机的分类有哪些，主要特点和用途是什么？

10－2　圆盘式剪切机由哪几部分组成，叙述其原理和调整方法。

10－3　叙述摆式飞剪的工作原理。

11 锯切机械

轧制后的钢坯或成品，必须切除头、尾、缺陷或切成定尺长度。成品轧件主要的切断方式为剪断或锯切。中型轧机主要采用热锯或热剪。但在下列情况下也采用冷锯或冷剪。如钢材切定尺和取样，某些产品（如鱼尾板，军用扁钢等）交货定尺很短，在轧机后作业线上按倍尺进行热切。在倍尺的基础上用冷剪剪成定尺。

一般说来，钢坯和简单断面型钢采用热剪；切断复杂断面型钢（如工字钢、槽钢、轻轨等）时，要求两端平直整齐，端部不允许变形，应采用热锯锯切。

生产薄板坯时，有的厂用热剪，有的厂用热锯，有的厂则剪、锯联合使用。用剪切机则金属收得率高，不产生锯屑火花，操作环境比较好。但需要单独设置剪切线或飞剪机，设备较复杂。用锯则金属损耗较大，锯屑难处理，增加锯片修磨工作量。但在同时生产型钢的情况下生产薄板坯，用锯并不增加设备，也能满足生产需要，还是可取的。凡是专业生产薄板坯或薄板坯生产量较大的中型轧钢车间，宜设置单独的薄板坯剪切线或飞剪；凡是薄板坯产量不太大的车间，一般采用热锯较好，这样不需增加设备。

锯切时为保证质量和安全应注意以下几方面：

（1）保证锯片有足够的冷却水，钢材切头切尾应及时清除掉，以保护锯片。

（2）锯切定倍尺长度时，挡板距离应考虑热钢允许偏差和收缩量 1.1% 左右。第一条钢锯切后应测量实长并重新调整挡板距离。生产中应经常检查定尺挡板是否松动。

（3）当轧件温度较低时，进锯速度要减慢，防止打坏锯片。

（4）不得使用缺齿、卷口或有裂纹的锯片。

（5）锯片安装不得偏心，以免运转时发生振动。

（6）锯切某些容易淬裂的钢种，锯片不应浇水。

轧件热锯切温度应根据轧件终轧温度及运输距离远近来确定，一般锯切温度不应低于700℃。

钢坯在热剪时的温度不应低于 800℃，严禁剪切低温钢，以确保剪机不在超负荷状态下工作。

11.1 锯切机的类型及功能

热锯切机（简称热锯机）被广泛地用来锯断非矩形断面的各种型钢、管坯、薄板坯等，主要用于成品的切断（包括切头、切尾）及锯切取试样。

中型型钢车间所用的热锯机主要有 ϕ1500 热锯机及 ϕ1800 热锯机，但大量采用的还是 ϕ1500 热锯机。热锯机是按照所用锯片的最大直径命名的。

根据锯片的送进方式，热锯机可分为：

11.1.1　摆式热锯机

这种锯（见图11－1）占地面积小。但因为是摆动进锯，故锯切行程有限，且刚度差、振动大，现在已不再制造。

11.1.2　杠杆式热锯机

这种锯（见图11－2）结构简单。其缺点是从切口中出屑困难，又不易用水从锯齿中冲掉切屑。故仅使用于生产率低的小型车间，或专用于小端面轧件的取样。

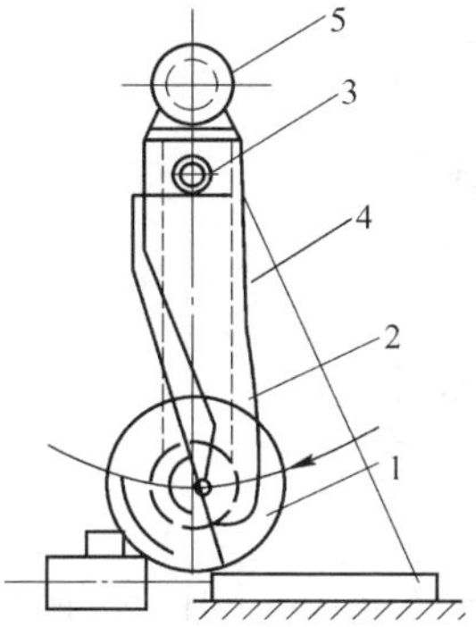

图11－1　摆式锯
1—锯片；2—摆动架；3—摆动轴；
4—机架；5—电动机

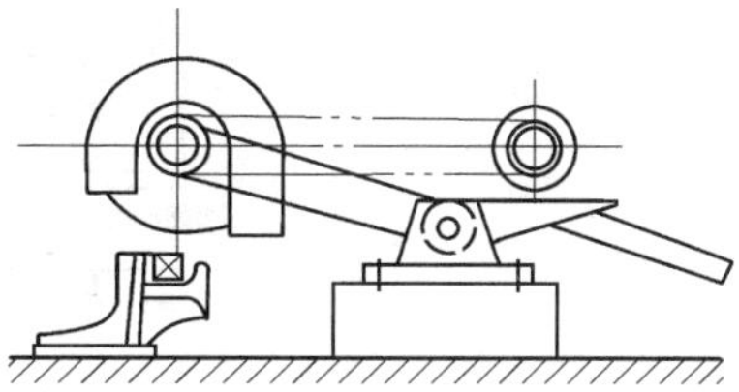

图11－2　杠杆式锯

11.1.3　滑座式热锯机

滑座式热锯机（见图11－3）的主要特点是：装有锯片7的上滑台4，可沿装于下滑座3上的滑动—导轨或滚轮向辊道方向移动。与摆式锯、杠杆式锯比较，滑座式锯锯片横向振动小、效率高、行程大而工艺性能好，并且结构比较完善，得到广泛的应用。

在滑座式热锯机中又分为具有横移机构的移动式热锯机和没有横移机构的固定式热锯机。

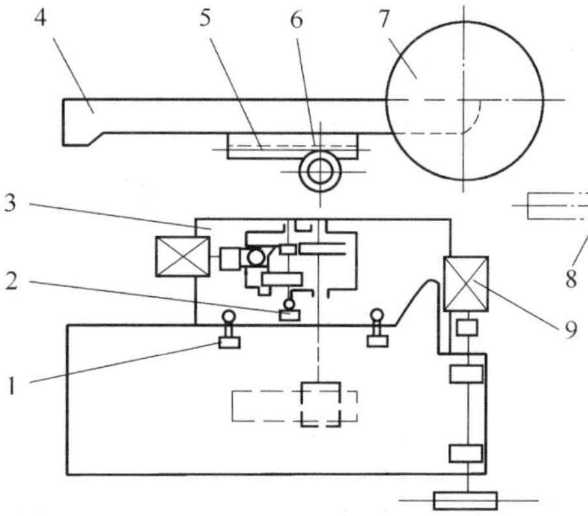

图11－3　滑座式锯机示意图
1—行程开关；2—行程控制器；3—下滑座；4—上滑台；
5—齿条；6—送进齿轮；7—锯片；
8—辊道；9—锯片电动机

11.1.4　四连杆式热锯机

这是一种比较新式的锯切机（见图11－4）。它的锯片送进方式是采用四连杆式送进机构进行的，由于送进机构的特点，可以保证锯片基本水平送进，因而具有行程大、摩擦小、平稳可靠的优点，它是一个值得推荐的锯切机类型。

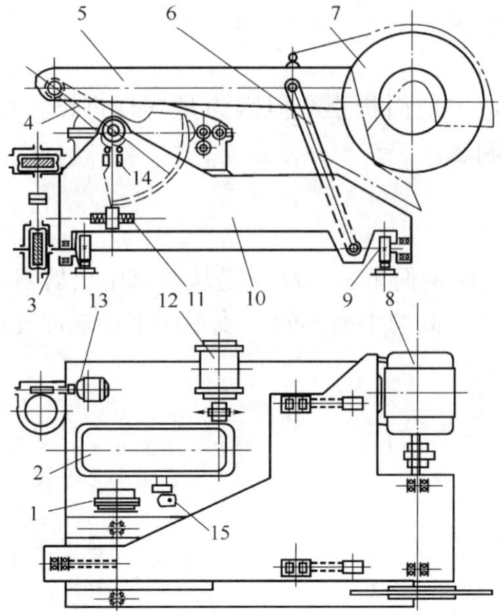

图 11－4　四连杆式热锯机示意图

1—安全联轴器；2—送进减速机；3—横移减速机；4—曲柄；5—锯架；6—摇杆；7—锯片；8—锯片电动机；9—行走轮；10—锯座；11—缓冲器；12—送进电机；13—横移电动机；14—行程开关；15—行程控制器

11.2　锯切机的主要参数

热锯机的基本参数可分为两大类：结构参数和工艺参数，主要包括锯片直径 D、锯片厚度 s、锯片行程 L、锯齿形状及锯片圆周速度 v、锯机生产率等。

11.2.1　结构参数

11.2.1.1　锯齿形状

合理的锯齿形状应该满足下列条件：锯齿强度好，锯切能耗少，噪声低，制造修齿方便，齿尖处不易形成切屑瘤等。常用的齿形有狼牙形、鼠牙形和等腰三角形三种，如图 11－5 所示。

综合比较上述三种齿形的工作性能，经工业性实验研究分析，鼠牙形齿形最好，其次为狼牙形齿形。

11.2.1.2　锯片直径 D

它是热锯机最主要的结构参数，常以锯片直径 D 作为热锯机的标称，如 ϕ1500mm、ϕ1800mm 热锯机等。

锯片直径 D 决定于被锯切轧件的断面尺寸。要保证锯切最大高度的轧件时，锯轴、上滑台和夹盘能在轧件上面自由通过，如图 11－6 所示。同时，为使被锯切断面能被完全锯断，锯片下缘应比辊道表面最少低 40～80mm（新锯片可达 100～150mm）。

初选锯片直径 D 时，可按被锯切的最大轧件高度用以下经验公式计算：

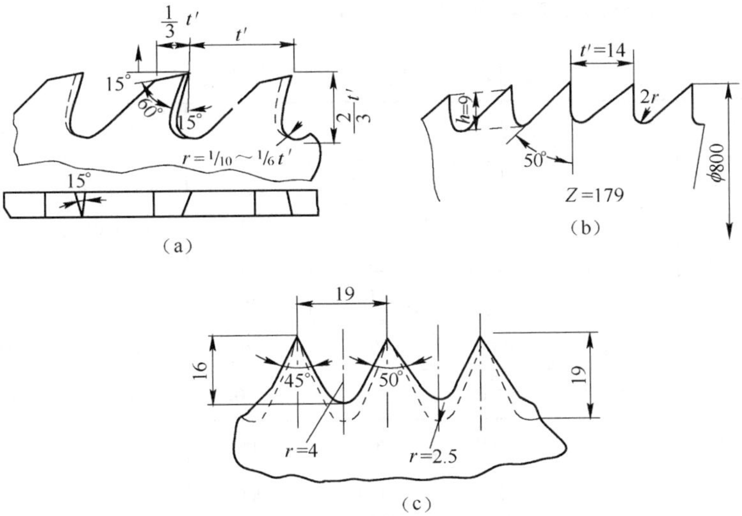

图 11－5　热锯机锯齿形状

（a）狼牙形；（b）鼠牙形；（c）等腰三角形

锯切方钢　$D=10A+300\text{mm}$　（A 为方钢边长）

锯切圆钢　$D=8d+300\text{mm}$　（d 为圆钢直径）

（11－1）

锯切角钢　$D=3B+350\text{mm}$　（B 为角钢对角线长度）

锯切槽钢、工字钢　$D=C+400$　（C 为钢材宽度）

根据计算的锯片直径值，参考有关系列标准加以最后确定。锯片直径的允许重磨量为5%～10%。

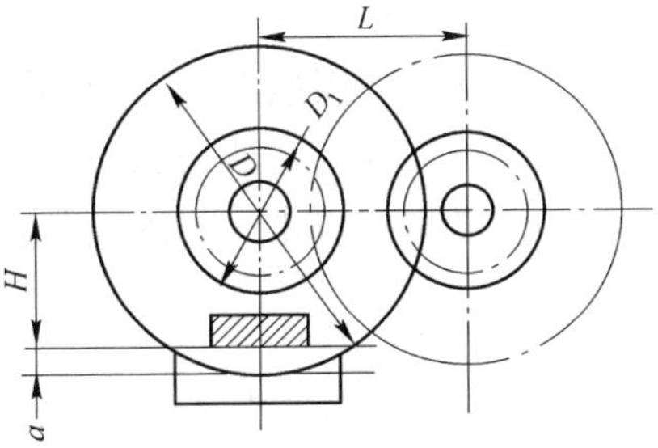

图 11－6　锯片直径与轧件的关系

11.2.1.3　锯片厚度 s

锯片厚度 s 过大，将增加锯切功率损耗；s 过小，将会降低锯片强度，并增加锯切时锯片的变形。一般按以下经验公式选择

$$s=(0.18\sim0.20)\sqrt{D} \tag{11-2}$$

式中　D——锯片直径，mm。

11.2.1.4　锯片厚度 D_1

锯片用夹盘和螺栓夹紧装在锯轴上。当锯片直径一定时，夹盘直径 D_1 过大，锯片能锯切的轧件最大高度减小；D_1 过小，锯切时锯片变形和轴向振动加大，导致锯片寿命降低。一般按以下经验公式选择

$$D_1=(0.35\sim0.50)D \tag{11-3}$$

11.2.1.5　锯片行程 L

锯片行程 L 由被锯切轧件的最大宽度和并排锯切轧件的最多根数而定。送进机构的行程应大于锯片行程 L。

某些热锯机的基本结构参数如表 11－1 所示。

表 11－1　某些热锯机基本参数

锯片直径 D/mm		锯片厚度 δ/mm	锯片行程 L/mm	锯轴高度 H/mm	最大夹盘直径 D_1/mm	被据切轧件		
名义直径	重磨后最小直径					最大高度 h/mm	最大宽度 b/mm	
							D 为最小直径时	D 为名义直径时
1000	900	6	800	410	500	120	450	470
1200	1080	7	1000	490	570	160	560	600
1500	1350	8	1200	625	750	200	660	740
1800	1620	9	1400	760	900	260	730	880
2000	1800	10	1500	850	900	350	730	930

11.2.2　工艺参数

11.2.2.1　锯片圆周速度 v

提高锯片圆周速度 v，可以提高锯机生产率。但是随着 v 的增加，由于离心力而引起的径向拉应力也将增加，从而降低了锯齿的锯切能力。因此，一般应用的锯片圆周速度 v 在 100～120m/s 以下，最大不超过 140m/s。

11.2.2.2　锯片进锯速度 u

锯片进锯速度 u 应根据轧件断面大小来确定，大断面所用的进锯速度小。同时还要与锯片圆周速度 v 相适应。如果 v 过低而 u 过高，切削厚度增加，锯切阻力将增加；相反，如果 v 过高而 u 过低，切削厚度太薄，锯屑容易崩碎成为粉末，将使锯齿齿尖部分迅速磨损。一般取 $u=30\sim300$mm/s。

11.2.2.3　锯机生产率 A

A 是热锯机的一项主要工艺参数，它关系到热锯机的锯切质量，也是计算热锯机锯切力和锯切功率的主要参数。一般以每秒锯切轧件的断面面积表示，其值如表 11－2 所示。

表 11－2　锯机的秒生产率

锯切温度/℃	秒生产率 A（当锯片直径为下值时）/$mm^2 \cdot s^{-1}$			
	ϕ2000	ϕ1800	ϕ1500	ϕ1100
700～750	4000～6000	3500～5500	3000～5000	2000～4000
800～850	5000～7000	4500～6500	4000～6000	3500～5500
900～950	7500～9000	7000～8500	5000～7000	4500～6500
1000	8500～10000	7500～9000	6000～8000	5000～7000

11.3 热锯机

11.3.1 热锯机的类型

根据锯片送进方式的不同，热锯机可分为下列几种形式。

11.3.1.1 固定式热锯机

这种热锯机无横移机构也无送进机构，锯切时用气动小车将轧件送往锯片。设备简单、重量轻，生产率较高，但气动小车常将轧件推弯，使切口断面和轧件轴线不垂直，影响产品质量。

11.3.1.2 摆式热锯机

这种锯机结构简单，如图 11 -7 所示。在车间占地较少，但锯切行程小、振动大，现很少采用。

11.3.1.3 杠杆式热锯机

这种锯机结构简单（见图 11 -8）、操作方便，但机架刚度差，生产效率低，多用于小型车间取样用。锯切时，机架的摆动一般用液压缸或曲柄连杆机构传动。

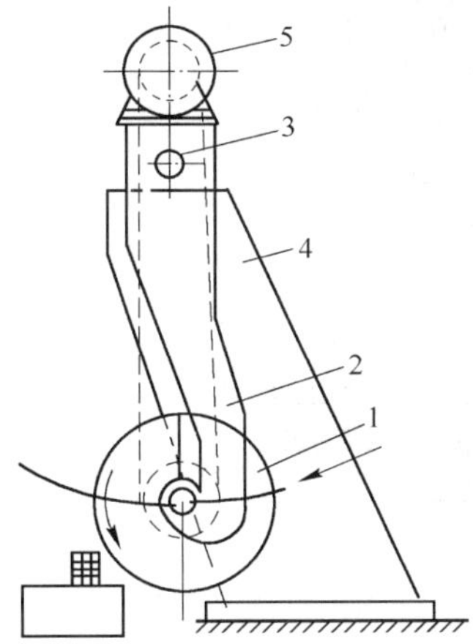

图 11 -7 摆式锯机简图

1—锯片；2—摆动架；3—摆动轴；4—机架；5—电动机

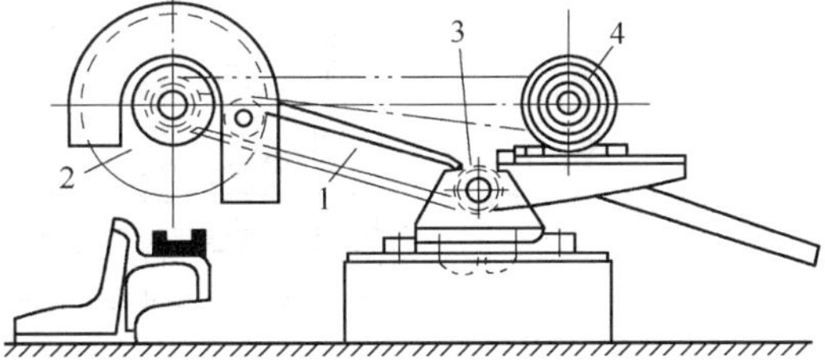

图 11 -8 杠杆式锯机简图

1—摆动框架；2—锯片；3—摆动轴；4—电动机

11.3.1.4 滑座式热锯机

这种锯机锯片横向振动小，效率高，行程大，如图 11 -9 所示，在大中型型钢车间得到广泛应用。

11.3.1.5 四连杆式锯机

锯片采用四连杆机构水平送进，行程大，摩擦小，平稳可靠。多用在大型、轨梁轧钢车间。

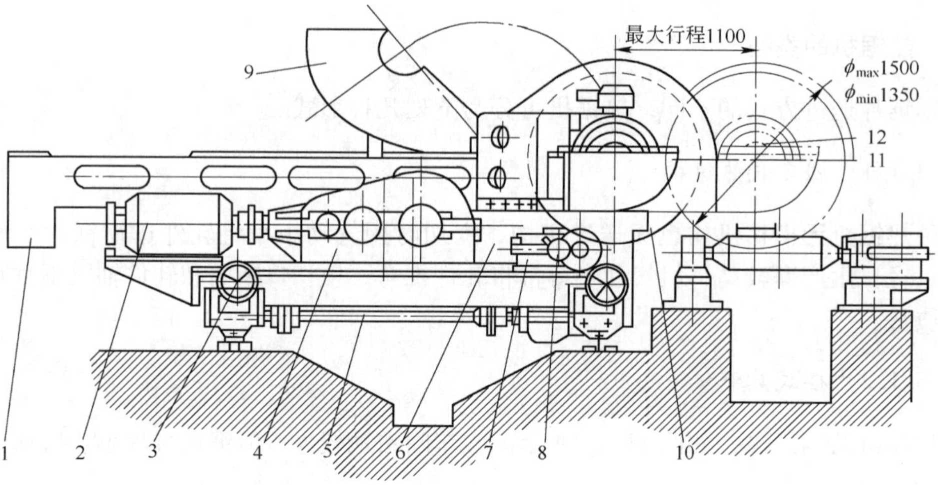

(a)

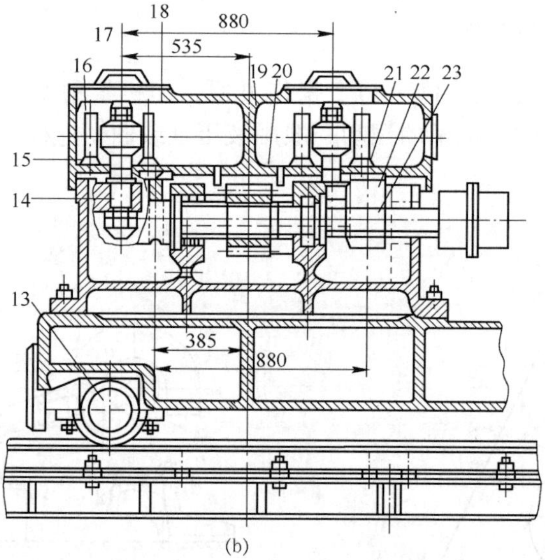

(b)

图 11－9　ϕ1500mm 滑座式热锯机

（a）外形图；（b）送进机构剖视图

1—上滑台；2—送进电动机；3—夹轨器；4—送进减速机；5—行走轮轴；6—下滑座；7—横移减速机；8—横移电动机；9—锯片罩；10—锯片；11—水箱；12—锯片电动机；13—被动行走轮；14—压辊轴；15—上滑板；16—上压辊；17—V 形支撑辊；18—V 形滑板；19—送进齿轮；20—送进齿条；21—平滑板；22—平支撑辊；23—支撑辊辊轴

11.3.2　热锯机的结构及工作原理

11.3.2.1　滑座式热锯机

热锯机主要由三部分组成：锯切机构，送进机构和横移机构。

图 11－9（a）、（b）是我国自行设计制造的 ϕ1500mm 滚轮送进滑座式热锯机的结构图。

锯片直径：$D=1500\sim1350$mm，锯片厚度：$\delta=8$mm。

A 锯切机构

锯片的传动方式有两种：电动机直接传动和经三角皮带间接传动。前者因其传动效率高，空载能耗少，大型热锯机都采用这种方式。但是，电动机工作时受到热态轧件的热辐射影响，必须采取防护措施；第二种传动方式的电动机离热轧件较远，改善了电机的环境温度，不需专门的防护措施，且锯片直径与圆周速度不受电机轮廓尺寸和转速的影响。这台滑座式热锯机的锯片采用电动机直接传动，并在电动机周围设有水箱和水帘进行冷却和防护。

锯片轴的装配如图 11－10 所示。锯片轴 7 靠锯片一端的轴承受有较大的径向力，采用两个双列向心球面滚子轴承 6，靠电机一端的轴承设计成可以游动的，以适应锯片轴受高温后的热膨胀。轴承采用稀油循环润滑。为了防止稀油溢出和冷却水的进入，由高速旋转的甩油环 11 与不动的轴承端盖 8 组成油沟式密封，如果有少许油溢出，可由端盖下方的孔流出经管路回收。

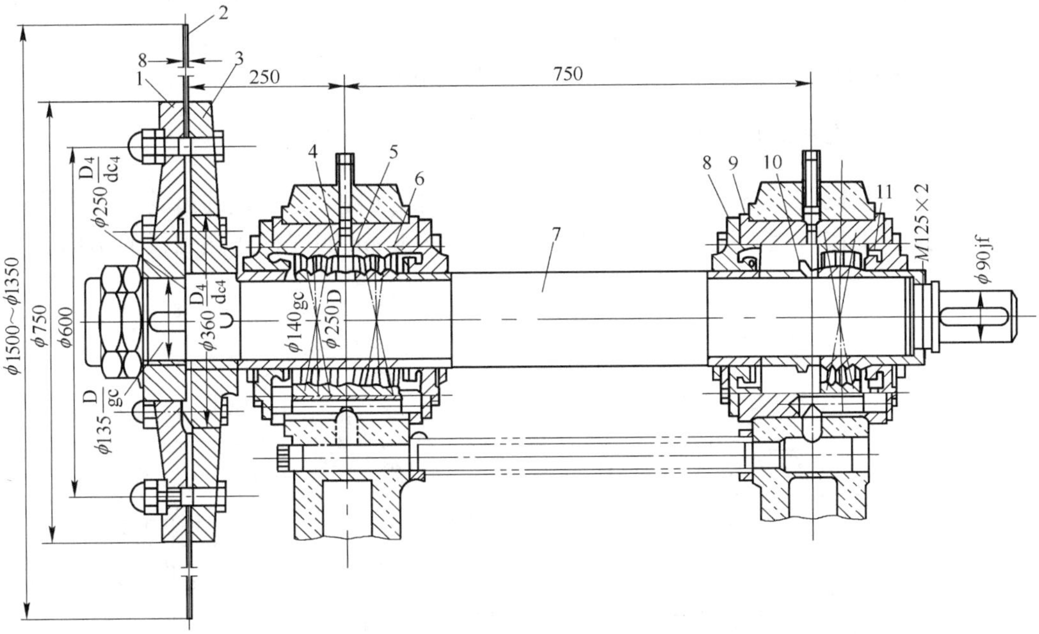

图 11－10 锯片轴的装配图

1—外夹盘；2—锯片；3—内夹盘；4，5—间隔环；6—滚动轴承；7—锯片轴；8—端盖；9—轴套；10—油环；11—甩油环

为了便于更换锯片，锯片 2 用内夹盘 3 和外夹盘 1 装于轴的悬臂端。夹盘的作用是使锯片对准中心，保证锯片平面的平直，消除锯片的轴向摇摆，并使锯片与锯片轴牢固连接。由于锯片轴转速很高，要求转动尽量平稳，夹盘和锯片在轴上装好之后，要作静平衡实验，严格平衡，并在内外夹盘和相应螺栓上做上记号，便于以后对号安装。锯片通常是用具有高强度和良好塑性的高锰钢 65Mn 制成。锯片热处理后的表面硬度为 HRC31～35，齿面淬火硬度 HRC＞45。

为了减少锯齿磨损提高使用寿命，在锯机工作时，要用低压水冷却锯片和冲击粘在锯齿上的锯屑。为使锯屑和水不四处飞散，并防止锯片可能发生破裂而飞起的事故，锯片都装有防护罩。

B　送进机构

送进运动是由电动机 2 经减速机 4 的低速轴传动送进齿轮 19，推动固定于上滑台的齿条 20 来实现。电动机可以根据所锯切轧件的断面自动调整送进速度，保持锯切过程的平稳并防止过载。

上滑台 1 靠 17、22 共六个滚轮支托在下滑座 6 上滚动，靠近锯片一侧的三个滚轮 17 做成1200 的“V”形槽，与它接触的滑板 18 做成1200 的“V”形凸台，用以防止下滑台在送进时的侧向移动。另一侧的三个滚轮为圆柱形，便于制造、安装和调整。为了保证上滑台在送进时运行平稳，又不过多地加重上滑台重量，在上滑台内装有四对压辊 16，每对压辊的压辊轴 14 的下端，用螺母分别固定在下滑座相应的孔中。

C　横移机构

使锯机沿轧件轴向移动，用来调整锯机间的距离，以满足轧件不同定尺长度的要求。它由电动机 8 通过齿轮、蜗轮减速机 7 及圆锥齿轮传动轴 5，传动两端的两个主动车轮使锯机在轨道上行走而实现。采用车轮式的横移机构，必须装设将热锯机夹紧在轨道上的夹轨器 3，以防止热锯机在工作时因行走轮移动而改变轧材的定尺长度。

11.3.2.2　四连杆式热锯机

四连杆式热锯机的设备重量比滑座式热锯机轻，而且装设有开式的齿轮、齿条传动以实现锯机送进，工作行程也比较大。图 11 - 11 为 ϕ1800mm 四连杆式热锯机的结构图。

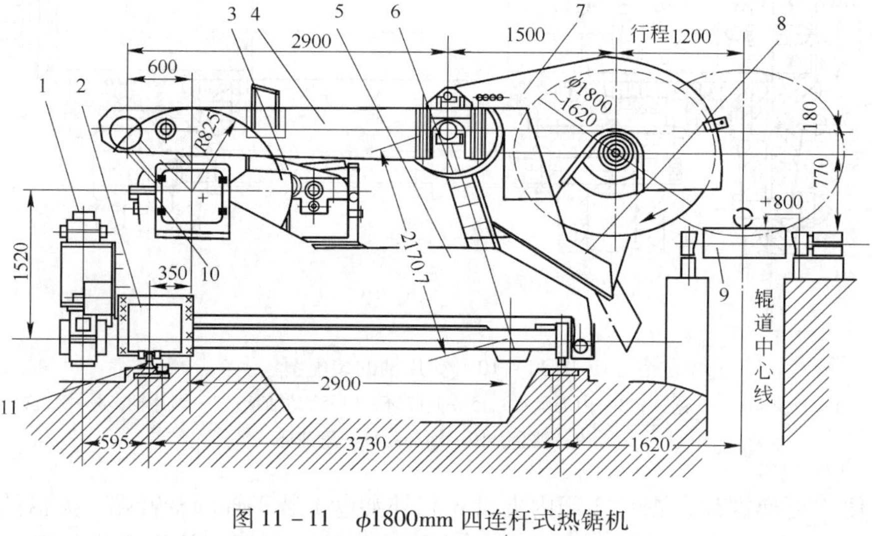

图 11 - 11　ϕ1800mm 四连杆式热锯机

1—横移减速机；2—夹轨器；3—送进减速机；4—锯架；5—下锯座；6—摇杆；7—锯片罩；8—防护罩；9—辊道；10—曲柄；11—钢轨

这台热锯机的锯片是由电动机直接传动，电动机的外面装有水帘降温，当锯片直径为1800mm 时，锯片圆周速度达 92m/s。由于锯片转速较高，所以锯片轴的轴承采用双列向心球面滚柱轴承，以稀油集中润滑，轴承座通水冷却。

装在下锯座5上的送进电动机，经减速机3及安全联轴器使曲柄10摆动，从而带动锯架4前后移动，实现进锯和退锯。合理地选择曲柄和连杆的尺寸，可以保证锯片基本上保持水平移动。曲柄10的下端有与它做成一体的扇形平衡重，以平衡可动系统的重量，降低送进电动机的能耗。锯架4的行程可通过送进机构中的电气装置控制。

横移电动机经减速机1带动行走轮使整个热锯机沿轨道11进行横移。在下锯座5靠近两个后轮的外侧，装有两个夹轨器2。当热锯机工作时，夹轨器夹紧钢轨11的头部，横移时松开夹轨器。

为减轻设备重量，锯架4用钢板焊成。前端与两根焊接结构的摇杆6铰接，摇杆6下端铰接在下锯座上。为防止水、锯屑等落入传动机构，在摇杆6的前面及锯片的外面均装有防护罩。

11.4 飞锯机

飞锯机主要用于锯切正在运行的轧件。一般装设在连续焊管机组，将运行着的钢管切成定尺。对飞锯机的特殊要求是：必须在与运行着的钢管以相同速度移动的过程中完成锯切。因此，飞锯机除具有锯切机构和定尺机构外，还具有保证与轧件同速运行的同步机构。

根据同步机构的形式飞锯机分为两类。具有直线往复运动同步机构的飞锯机和具有回转运动同步机构的飞锯机，前者结构紧凑、设备较轻、在一定范围内可以锯切任意定尺。但往复运动时惯性作用的影响较大，在现代的焊管机组中大多采用后者。

11.4.1 具有行星轮系式回转机构的飞锯机

图11－12为具有行星轮系式回转机构飞锯机的示意图。测速装置1将焊管的速度通过测速发电机测量，并将信号送给回转机构电动机2，再经过减速机和行星轮系使回转台3以相应于焊管的速度回转。装在立轴上的太阳轮固定不动，中间轮和回转台3一起回转，回转台3相当于行星轮系（装于回转台3的内部）的系杆。取行星轮与太阳轮齿数

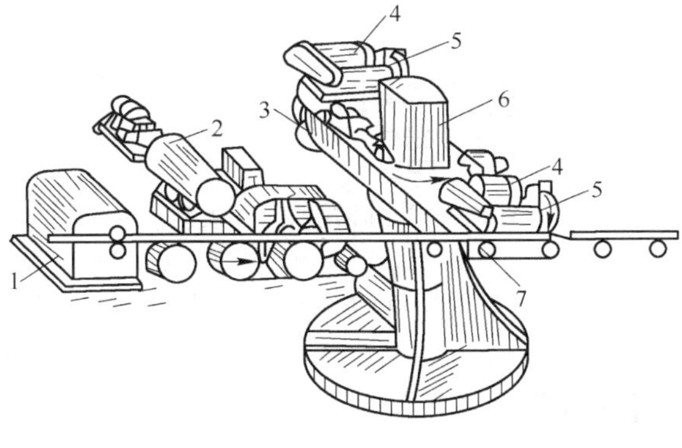

图11－12　具有行星轮系式回转机构的飞锯机

1—测速装置；2—回转机构电动机；3—回转台；4—锯片电动机；5—锯片；6—电源滑环装置；7—叉形装置

相同，使行星轮绕自己轮心的转速为零。装在回转台 3 立轴上的电动机 4 通过滑环装置 6 与电源连接并传动锯片 5。由于行星轮和它的立轴皆没有绕自己轴心的转动，所以，在回转台 3 转动过程中，装在其另一立轴上的托架保持其原始位置方向不变。进行锯切时，由专门的叉形装置 7 将钢管抬起来送给锯片切断。

这种飞锯机构结构简单，惯性作用影响较小，使用可靠。只要安装时使锯片垂直钢管轴线，则回转台 3 不论转到任何位置，锯片始终保持垂直钢管轴线，从而保持切口平整。回转台 3 两端各有一套锯切机构，除保持动平衡外，当一台锯片损坏时，可由另一台锯片替代，保证锯切生产的连续性。但回转部分重量大，因此变速回转时动载荷较大；当钢管运行速度高于 5m/s 时，叉形装置 7 在锯切完毕下降放开钢管时，常失去导向作用，从而使钢管偏离轧制线。

11.4.2　具有四连杆式回转机构的飞锯机

根据四连杆机构回转运动所在平面分为立式和卧式两种。

立式四连杆飞锯机的安装和检修比较方便，机构比较简单。但其缺点是动平衡调节困难，容易形成四连杆系统下行加速，上行减速的速度不均现象，影响同步效果和定尺精度。因此常采用卧式。图 11 - 13 为我国某厂使用的飞锯机。为了锯切时锯片能将钢管压紧在辊道上，该飞锯机的四连杆系统不是在严格的水平面内回转，而与水平面有 6.5°夹角，切管速度为 0.5 ~6m/s。

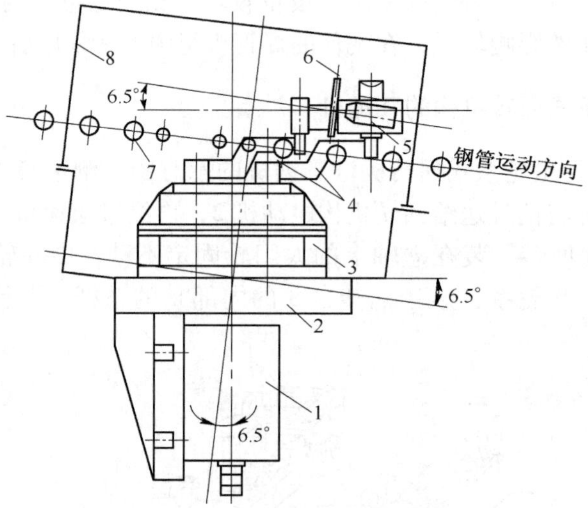

图 11 - 13　卧式四连杆飞锯机

1—回转机构主电动机；2—底座；3—减速机；4—旋臂；5—锯片电动机；6—锯片；7—辊道；8—锯罩

11.5　锯切机械的设备故障

11.5.1　热锯机的使用和维护

（1）在启动锯片前 5min，开动油泵、打开冷却水，检查油流正常后，再启动锯片。

在锯片达到稳定转速空转5min后，方可进行锯切。

（2）及时更换锯齿磨钝的锯片。如锯片有裂纹时，应立即停车更换。

（3）应经常检查锯片轴的大螺母、夹盘螺栓及接手螺栓是否松动。锯片轴、锯片有否强烈振动和锯身摆动现象。轴向窜动不大于0.3mm。

（4）在工作时，应经常检查锯片轴轴承的温度及轴承润滑油流的情况，锯片轴承的温度不应超过60℃，而润滑油流的粗细应为2～3mm。

（5）经常检查各减速机的油标，并倾听减速机传动声音是否正常。

（6）在操作中应时刻注意轧件有否弯头、翘头等现象，避免撞坏锯片。

（7）在锯片停止转动过程中，不准进锯锯切。在锯片停止转动后，方准停油泵。

11.5.2　热锯机的检修

（1）拆卸时，应在互相配合的机器面上作出明显标志，以免装配时弄错。

（2）装配前，必须对拆下的工件加以清洗。对油孔、管路等清洗后，用布和木塞堵住，防止尘土进入。

（3）装配时，一切防油密封装置必须良好。

（4）装锯片时，不得用大锤敲打锯片。装好之后，应用平衡螺栓进行平衡调整。

（5）试车前，应仔细检查各个部分和紧固件，特别对锯片安装及夹紧应严格的检查。试车时，非安装调整人员不许靠近运转部分，以免发生事故。

（6）试车前应盘车一周，检查转动是否灵活和有无被物件卡住现象。

（7）在全部装配完成后，再安上滑台移动的两个限位位置，调整其行程开关及撞块的位置，并在试车时进行检查。

（8）试车的各项工作包括：

1）试车前，各滑动及转动处应注入足够的润滑油。

2）锯片轴试运转时，开动油泵10～20min，再启动锯片轴，经两小时（$n=1480$r/min）空转，其轴承温升应不超过40～60℃。

3）上滑台部分前后移动30min，同时检查电器设备的工作情况，可调整行程控制器，检验控制行程的效果。

4）横移试验不应少于5次，这时夹轨器张开。

5）在试车过程中，如发现不良情况应立即停车检查，修好后再试。

（9）检查各部螺栓和部件有无松动现象。

11.5.3　锯切缺陷及防止方法

钢材在热锯切时产生的缺陷称为锯切缺陷。锯切时产生的钢材缺陷主要有：斜头、弯头、尖头、扁角以及乱尺等。

11.5.3.1　斜头

斜头就是钢材端部断面与钢材中心线不垂直。在固定式热锯机上，这主要是在锯切时，由于喂料小车的推进，改变了钢材中心线与锯片平面间的夹角造成的。这种情况可以借锯台的安装得到调整。锯机安装后，在较长时间内是不动的，而被锯钢材的断面却经常变化着。钢材的断面不同，它们在被送进时所改变的角度也不一样。所以一些产品的斜头就难以避免（但不能超出允许范围）。另外多根钢材一次锯切，使钢材成堆，锯切时锯片的颤动，钢材从成品轧机出来时的弯曲，都是产生斜头的重要原因。

要避免上述情况，就必须掌握好轧制速度与锯切速度的相互配合，以保证锯切的均匀性和条理性，发现锯片颤动要及时更换。

11.5.3.2　弯头

弯头就是钢材端头部分弯曲。一是钢材出轧机后由于轧机本身的原因，形成的头部弯曲，二是出轧机后的钢材在高速运行中，突然撞在定尺机挡板或冷床辊道挡板上所造成的。

要避免这种情况，就要求锯断工及冷床移钢工在操纵地辊时，注意按三角形速度图或梯形速度图进行操作，使钢材在挡板前很快减速，避免撞弯。

11.5.3.3　尖头

尖头就是钢材轧制后自然状态的端部没有被锯掉。造成这种现象的主要原因是：在固定式热锯机上实行多根交错锯切，在轧制速度较高的情况下，有时来不及将每根钢材的端头部分都锯掉。要清除此缺陷，就要求锯断和轧制的配合，锯断工熟练操作，避免多根锯切。

11.5.3.4　扁角

扁角是由于固定式热锯机气动送料装置高速推进，将轧件撞到锯片上而使小规格轧件撞扁了角，这种现象以薄壁角钢最为普遍，特别是锯齿较钝时更严重，在锯切过程中，如发现锯齿磨钝要及时更换，对锯片的厚度也应根据产品断面来选择。

11.5.3.5　乱尺

乱尺就是钢材没有按相等定尺锯断。这主要是由于坯料长度不等，使成品轧件也不相等，造成锯切时无法保证钢材按定尺锯切；另一方面是由于轧机生产能力大于锯机能力时，钢材成堆造成锯切忙乱而产生的。要避免乱尺现象，就要求坯料长度整齐，符合定尺标准要求。调整轧制节奏，适应锯切能力。

从以上缺陷产生的原因中，轧机生产能力、锯切设备形式、操作好坏等是影响锯切产量和质量的重要因素。在现有设备的情况下，搞好轧制和锯切的配合，热锯切各岗位工的紧密配合、提高锯切操作技术水平，缩短锯切周期、提高设备的维护和检修质量，定能提高锯机的锯切产量和质量，以适应轧机的生产能力。

思考题

11-1　热锯机分为几种类型？

11-2　热锯机的三大主要机构是什么，作用是什么？

11-3　热锯机的基本参数有哪些？

12 矫　直　机

轧件在加热、轧制、精整、运输及各种加工过程中，由于外力作用，温度变化及内力消长等因素的影响，往往产生不同程度的弯曲、瓢曲、浪形、镰刀弯或歪扭等塑性变形或内部残余应力，如图 12－1 所示。为了消除这些形状缺陷和残余应力获得平直的成品钢材，轧件需要在矫直机上进行矫直。因此矫直机是轧制车间必不可少的重要设备，而且广泛用于以轧材作坯料的各种车间，如汽车、船舶制造厂等。

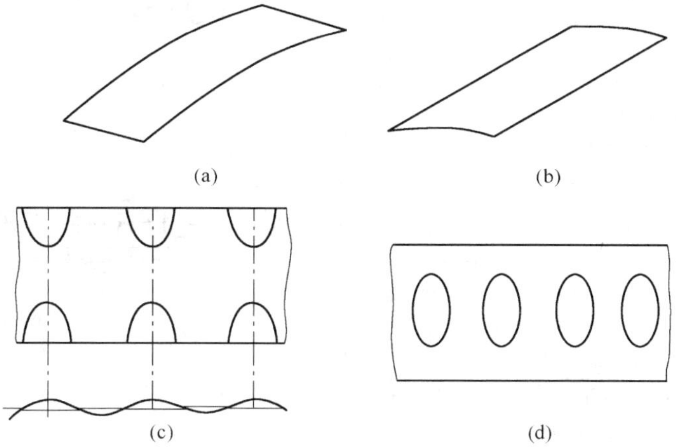

图 12－1　板带材的形状缺陷

（a）纵向弯曲；（b）横向弯曲；（c）边缘浪形；（d）中间瓢曲

由于轧材品种规格的多样化和对其形状精度要求的不同，所需要的矫直方式和矫直设备也各不相同。按用途和工作原理，矫直机可以分为以下几种基本形式。

12.1　矫直机的类型及功能

轧件在轧制、剪切、运输等生产过程中，往往会发生弯曲。在某些情况下，冷却过程中还会产生弯曲。为了获得最后光滑平整的板材和具有正确几何形状的型材，在轧钢车间精整工段里一般都设有矫直各种轧件的机器，这种机器称作矫直机。

轧件的矫直就是使轧件承受一定方式和大小的外力，产生一定的弹塑性变形，当除去外力后，在内力作用下产生弹性恢复变形，从而得到正确的轧件形状。轧件的矫直过程，实质是弹塑性变形的过程。矫直机的类型很多，用于型钢和钢板生产的矫直机可以分为压力矫直机、辊式矫直机和张力矫直机三种，对于钢管和矫直质量要求较高的圆管坯，一般都采用斜辊式矫直机。各种矫直机的基本类型见表 12－1。

表 12-1　矫直机的基本类型

名称	工作简图	用途	名称	工作简图	用途
压力矫直机	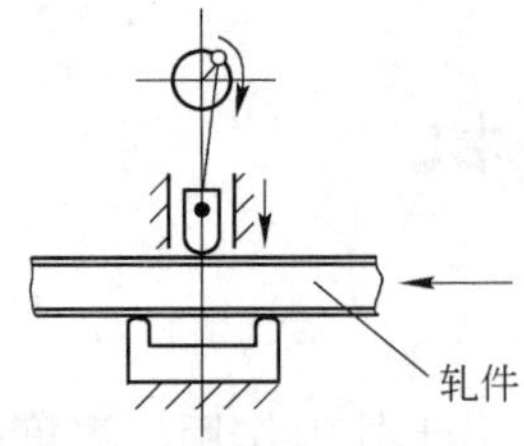(a) 立式	矫直大型钢梁和钢管	管材棒材用矫直机	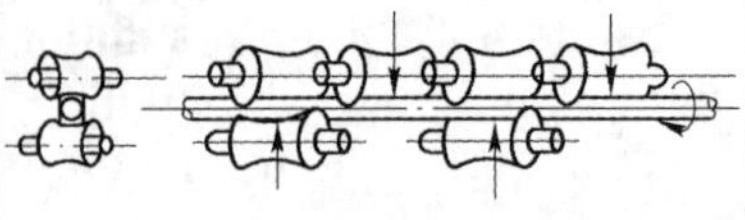(g) 一般斜辊式	矫直管和圆棒材
	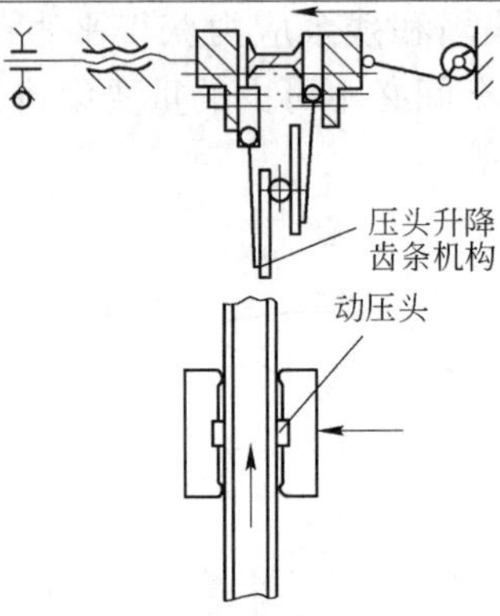(b) 卧式	矫直大型钢梁和钢管		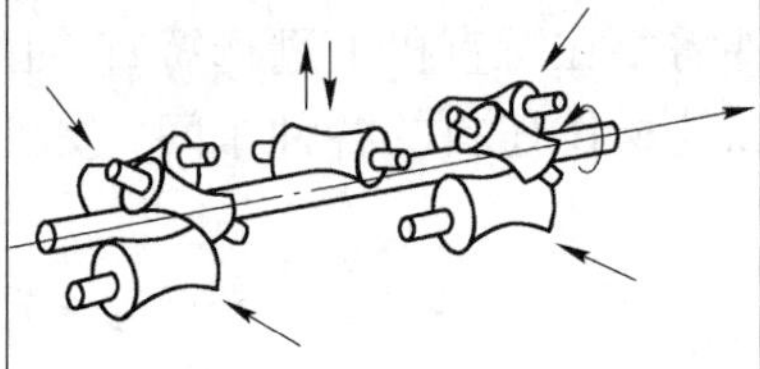(h) 3-1-3 型	矫直管材
辊式矫直机	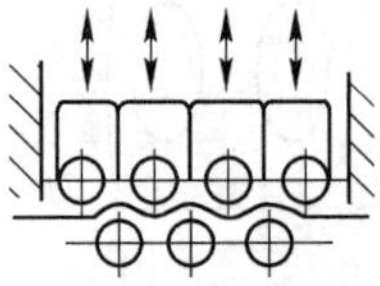(c) 上辊单独调整	矫直型钢和钢管		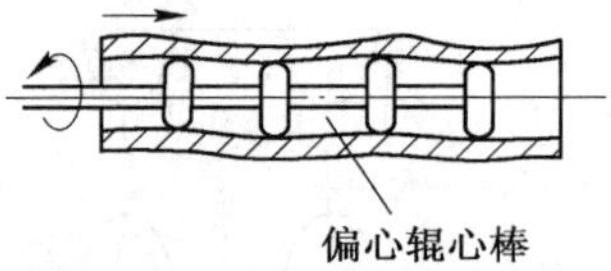(i) 偏心轴式	矫直薄壁管
	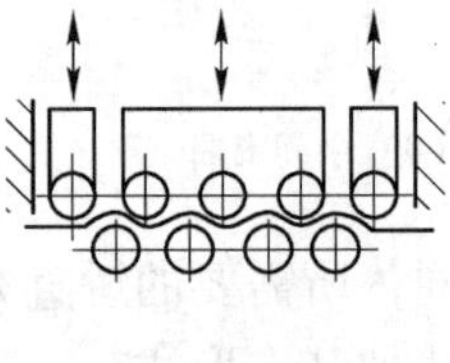(d) 上辊整体平行调整	矫直中厚板	张力矫直机（或机组）	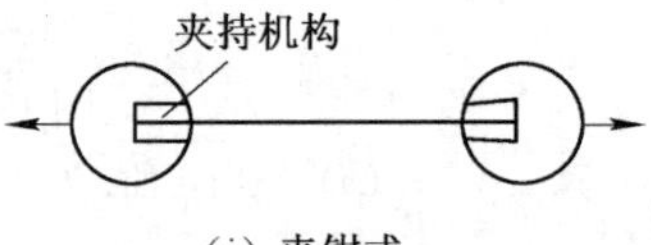(j) 夹钳式	矫直薄板
	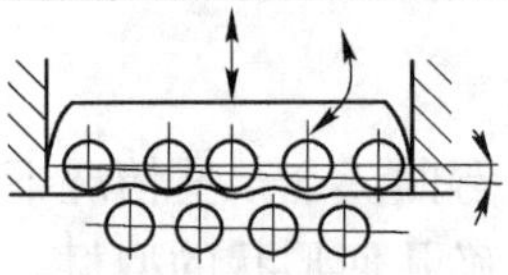(e) 上辊整体倾斜调整	矫直薄、中板		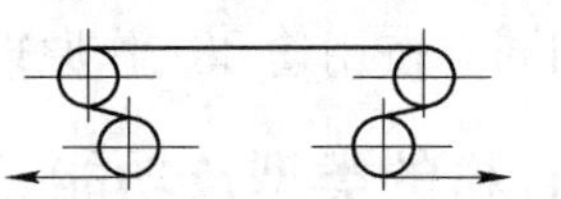(k) 连接拉伸机组	矫直有色金属带材
	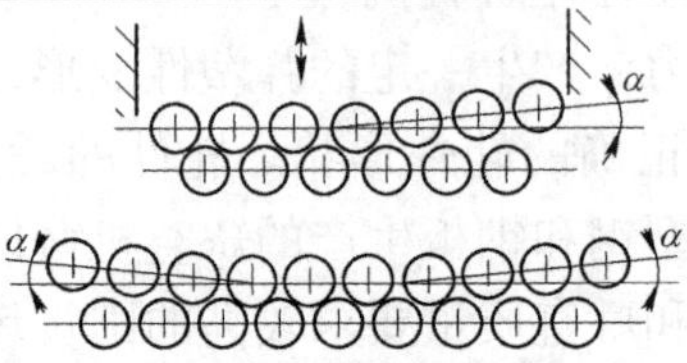(f) 上辊局部倾斜调整	矫直薄板	拉伸弯曲矫直机组	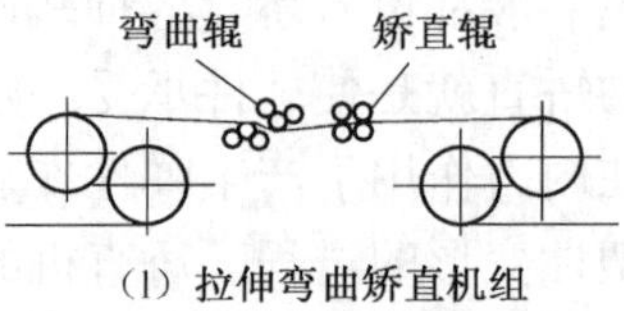(l) 拉伸弯曲矫直机组	在联合机组中矫直带材

12.2 矫直机的结构及特点

12.2.1 压力矫直机

将轧件的弯曲部位支撑在工作台的两个支点之间用压头对准最弯部位进行反向压弯。压头撤回后工件的弯曲部位变直，如图 12－2（a）所示。这种矫直机用来矫直大型钢梁、钢轨、型材、棒料和管材。

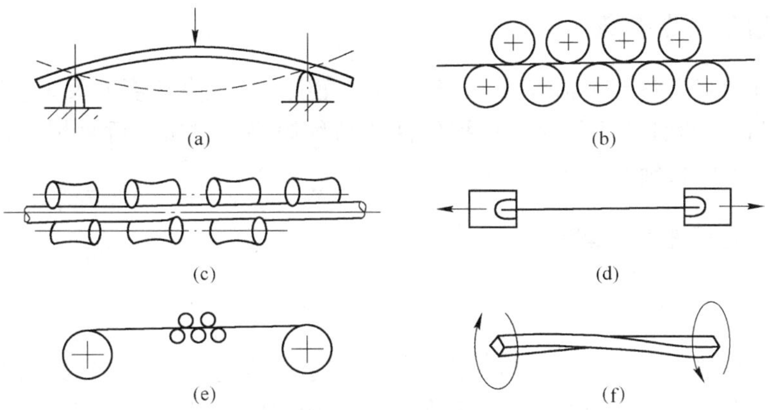

图 12－2 矫直机的基本形式

（a）压力矫直机；（b）平行辊矫直机；（c）斜辊矫直机；（d）拉伸（张力）矫直机；（e）拉弯矫直机；（f）扭转矫直机

12.2.2 平行辊矫直机

这种矫直机［见图 12－2（b）］克服了压力矫直机断续工作的缺点，从入口到出口交错布置若干个互相平行的矫直辊，按递减压弯规律对轧件进行多次反复压弯以达到矫直目的，能获得很高的矫直质量。广泛应用于板材和型材的矫直。

12.2.3 斜辊矫直机

采用具有类似双曲线形状的工作辊互相交叉排列，圆材在矫直时边旋转边前进，从而获得对轴线对称的形状［见图 12－2（c）］。主要用于矫直棒料和管材。

12.2.4 拉伸（张力）矫直机

板带材的纵向或横向弯曲可以在一般辊式矫直机上有效地矫直，而其中间瓢曲或边缘浪形需要采用拉伸矫直的方法，使金属长短不齐的纤维受到塑性拉伸后达到矫直目的，如图 12－2（d）所示。主要用来矫直极薄带材和复杂断面异型材。

12.2.5 拉弯矫直机

当带材在小直径的弯曲辊子上弯曲时，同时施加张力，使带材产生弹塑性延伸，从而矫直，如图 12－2（e）所示。一般设在连续作业线上，用以矫直各种金属带材尤其是薄带材。

12.2.6 扭转矫直机

对发生扭转变形的轧件，施加外扭矩使其反向扭转而矫直。是用来消除轧件断面相对轴线发生扭转变形的一种矫直设备，如图 12－2（f）所示，主要用于矫直型材。

除上述矫直机外，还有一些特种用途矫直机，如与连铸机组融为一体的拉坯矫直机等。总之，随着矫直技术的发展，矫直设备也将不断创新，出现更多新型的矫直机，以满足生产的不同需求。

12.3 矫直机的主要参数

辊式矫直机的基本参数包括辊数 n、辊径 D、辊距 t、辊身长度 L 及矫直速度 v，其中最主要的是 D 与 t。设计矫直机时，根据轧件的品种规格、材质、矫直精度、生产率以及给定结构方案等条件来确定上述各参数。

12.3.1 辊径 D 与辊距 t 的确定

12.3.1.1 辊距

同排相邻两个辊子中心间的距离称为辊距。一定用途的矫直机的辊距可在一定范围内选取，但不能过大或过小。辊距过大，轧件塑性变形程度不足，将保证不了矫直精度，同时轧件可能打滑，而不能咬入；辊距过小，使矫直力过大可能导致轧件与辊面的快速磨损或辊子与接轴等零件的破坏。

最大允许辊距 t_{max} 决定于轧件的矫直质量和咬入条件。以厚度为 h_{min} 的平直轧件经矫直辊反弯时有必要的弹塑性变形，即断面上塑性变形区高度应不小于 $\frac{2}{3}h_{min}$ 为出发点，经分析推导得出矫直板带时的最大允许辊距为：

$$t_{max} = 0.35\frac{h_{min}E}{\sigma_s} \tag{12-1}$$

当 $h_{min} > 4$mm 时，t_{max} 值远远大于计算出的 t_{min} 值，通常 t 靠近最小允许辊距 t_{min} 值选取，因此只对板带厚度小于 4mm 的矫直机才校核 t_{max} 条件。

最小允许辊距 t_{min} 受工作辊扭转强度和辊身表面接触应力限制。一般按限制最小允许辊距的主要因素接触应力进行计算。辊子表面的最大接触应力（发生在矫直力最大的第三辊处）应小于允许值，近似用圆柱体与平面相接触时的赫茨应力公式计算后得出矫直板带时最小允许辊距为：

$$t_{min} = 0.43h_{max}\sqrt{\frac{E}{\sigma_s}} \tag{12-2}$$

一般情况下薄板矫直机的辊距可大致取下面数值：

$$t_{min} = (25 \sim 40)h_{max}$$

$$t_{max} = (80 \sim 130)h_{min}$$

中厚板矫直机的辊距可大致取下面数值：

$$t_{min} = (12 \sim 20)h_{max}$$

$$t_{max} = (40 \sim 60)h_{min}$$

型钢矫直机的辊距可大致取下面数值：

$$t = (5 \sim 20)h$$

12.3.1.2 辊径

从辊子本身的抗弯强度和刚度看，辊径可不受限制，若不满足，可增设支撑辊。矫直质量条件可在确定辊距时予以考虑。因为辊径和辊距具有直接关系，经理论分析和实践检验，辊径和辊距具有如下关系：

$$D = \varphi t(12 \sim 25)$$

式中 φ——比例系数。

薄板：$\varphi = 0.90 \sim 0.95$；中厚板：$\varphi = 0.70 \sim 0.94$；型钢：$\varphi = 0.75 \sim 0.90$。

12.3.2 辊数 *n*、辊身长度 *L* 和矫直速度 *v* 的确定

12.3.2.1 辊数

辊系与矫直方案确定后，增加辊数即是增加轧件的反弯次数，这可以提高矫直质量，但也会使机构庞大，成本提高，同时增加轧件的加工硬化和矫直功耗。选择辊数 n 的原则是在保证矫直质量的前提下，使辊数尽量少。辊式矫直机常用的辊数 n 见表 12－2。也可以按矫直精度的要求计算辊数。

表 12－2 辊式矫直机的辊数

矫直机类型	辊式钢板矫直机			辊式型钢矫直机	
轧件种类	钢板厚度/mm			中小型型钢	大型型钢
	0.25～1.5	1.5～6	>6		
辊数 n	19～29	11～17	7～9	11～13	7～9

此外，由于厚度小于 4mm 的宽板都有大小不同的瓢曲，其矫直机必需带有支撑辊，支撑辊的数量要根据宽板所要求的支撑辊的排数来确定。

12.3.2.2 辊身长度

对型钢矫直机，辊身长度取决于轧件宽度及孔型线数，并要考虑辊子两端及孔型间的结构余量。表达式为：

$$L = nB_{max} + (n-1)b + a \tag{12-3}$$

式中 n——孔型线数；

B_{max}——轧件的最大宽度；

b——孔型间的结构余量，$b = (0.1 \sim 0.3)B_{max}$；

a——辊端结构余量，$a = (0.2 \sim 0.6)B_{max}$。

对于钢板矫直机

$$L = B_{max} + a \tag{12-4}$$

为防止板带材矫直时跑偏，辊端余量 a 的取值方法如下：

$B_{max} < 200$mm 时，$a = 50$mm；

$B_{max} > 200$mm 时，$a = 100 \sim 300$mm。

12.3.2.3　矫直速度

矫直速度的大小，首先要满足生产率的要求，要与轧机生产能力相协调，要于所在机组的速度相一致，还要考虑轧材种类、温度等。一般小规格的轧件矫直速度大，热矫比冷矫速度大，在作业线上的矫直机比单机速度大。一种矫直机所矫直的轧件品种规格具有一定范围，所以矫直速度必须能相应进行调整。表 12－3 列出了一般矫直机的矫直速度。

表 12－3　各种矫直机的矫直速度

矫直类型	轧件规格	矫直速度
板材矫直机	$h = 0.5 \sim 4.0$mm	0.1～6.0，最高达 7.0
	$h = 4.0 \sim 30$mm	冷矫时 0.1～0.2
		热矫时 0.3～0.6
型材矫直机	大型（$70\text{kg} \cdot \text{m}^{-1}$ 钢轨）	0.25～2.0
	中型（$50\text{kg} \cdot \text{m}^{-1}$ 钢轨）	1.0～3.0，最高达 8.0～10.0
	小型（100mm^2 以下）	5.0 左右，最高达 10.0

12.4　弯曲矫直理论

12.4.1　弯曲矫直理论

轧件的矫直过程由两个阶段组成，在外负荷弯曲力矩作用下的弹塑性弯曲阶段即反弯阶段和除去外负荷后的弹性恢复阶段即弹复阶段。下面简要介绍弯曲矫直理论。

矫直过程中的曲率变化及矫直原则。轧件的矫直过程可以用曲率的变化来说明：

（1）原始曲率$\frac{1}{r_0}$。轧件在矫直前所具有的曲率，以$\frac{1}{r_0}$表示。r_0 是轧件的原始曲率半径。曲率的方向用正负号表示：$+\frac{1}{r_0}$表示弯曲凸度向上的曲率；$-\frac{1}{r_0}$表示弯曲凸度向下的曲率。

（2）反弯曲率$\frac{1}{\rho}$。在外力矩作用下，轧件被反向强制弯曲后所具有的曲率。反弯曲率的选择是决定轧件能否被矫直的关键。在压力矫直机和辊式矫直机上，反弯曲率是通过矫直机的压头或辊子的压下获得的。

（3）总变形曲率$\frac{1}{r_c}$。它是轧件弯曲变形的曲率变化量，是原始曲率和反弯曲率的代数和，即

$$\frac{1}{r_c} = \frac{1}{r_0} + \frac{1}{\rho} \tag{12-5}$$

（4）残余曲率$\frac{1}{r}$。轧件经过弹性恢复后所具有的曲率。在辊式矫直机上，前一根辊子下的残余曲率，为进入后一根辊子轧件的原始曲率，即：

$$\frac{1}{r_i}=\left(\frac{1}{r_0}\right)_{i+1}$$

式中，i 是指第 i 次弯曲。

（5）弹复曲率$\frac{1}{\rho_y}$。它是轧件弹复阶段的曲率变化量，是反弯曲率与残余曲率之代数差，即

$$\frac{1}{\rho_y}=\frac{1}{\rho}-\frac{1}{r} \tag{12-6}$$

显然，轧件被矫直时有$\frac{1}{r}=0$，则由上式得

$$\frac{1}{\rho_y}=\frac{1}{\rho}\text{或}\frac{1}{\rho}=\frac{1}{\rho_y} \tag{12-7}$$

式（12－7）表示了矫直轧件的基本原则：要使原始曲率为$\frac{1}{r_0}$的轧件得到矫直，必须使反弯曲率$\frac{1}{\rho}$在数值上等于弹复曲率$\frac{1}{\rho_y}$。因此，正确计算弹复曲率$\frac{1}{\rho_y}$进而确定反弯曲率$\frac{1}{\rho}$的大小是完成轧件矫直的前提和关键所在。

辊式矫直机属于连续性反复弯曲的矫直设备。若轧件具有单值曲率$\frac{1}{r_0}$时，用三个辊子使其反弯至曲率$\frac{1}{\rho}$（$\frac{1}{\rho}=\frac{1}{\rho_y}$），且连续通过，即可完全矫直，如图 12－3 所示。

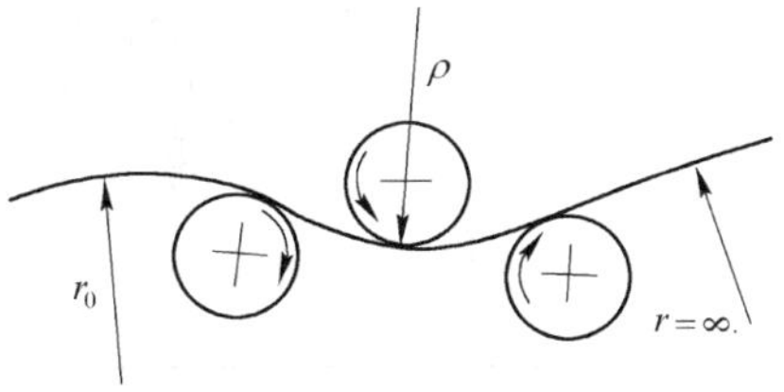

图 12－3 三辊矫直方式

实际上，轧件的原始曲率沿长度方向往往是变化的，不仅是多值的，而且弯曲方向也不同，对于这类轧件必须采用辊数大于四的多辊矫直机。辊式矫直机辊数一般为五辊～二十九辊。

12.4.2 辊式矫直机的矫直方案

在辊式矫直机上，按照每个辊子使轧件产生的变形程度和最终消除残余曲率的方法，有两种矫直方案：小变形矫直方案和大变形矫直方案

12.4.2.1 小变形矫直方案

每个辊子的压下量恰好能矫直前面相邻辊子处的最大残余曲率，是残余曲率逐渐减小的矫直方案。如图 12－4 和图 12－5 所示轧件原始曲率为 $\pm\frac{1}{r_0}\sim0$ 时，调整第二辊的压下量，使轧件弯曲至 $-\frac{1}{\rho_2}$，恰好能使 $+\frac{1}{r_0}$得到矫直，$+\frac{1}{r_0}\sim0$ 间的曲率由于过分弯曲而变为凸向下的曲率，此时残余曲率范围为 $-\frac{1}{r_0}\sim0$ 第三辊压下量调整为$\frac{1}{\rho_3}=\frac{1}{\rho_2}$（符号相反），使曲率为 $-\frac{1}{r_0}$的部分被矫直，残余曲率范围为 $+\frac{1}{r_3}\sim0$。（$\frac{1}{r_3}<\frac{1}{r_0}$）。调整第四辊压下量$\frac{1}{\rho_4}<$

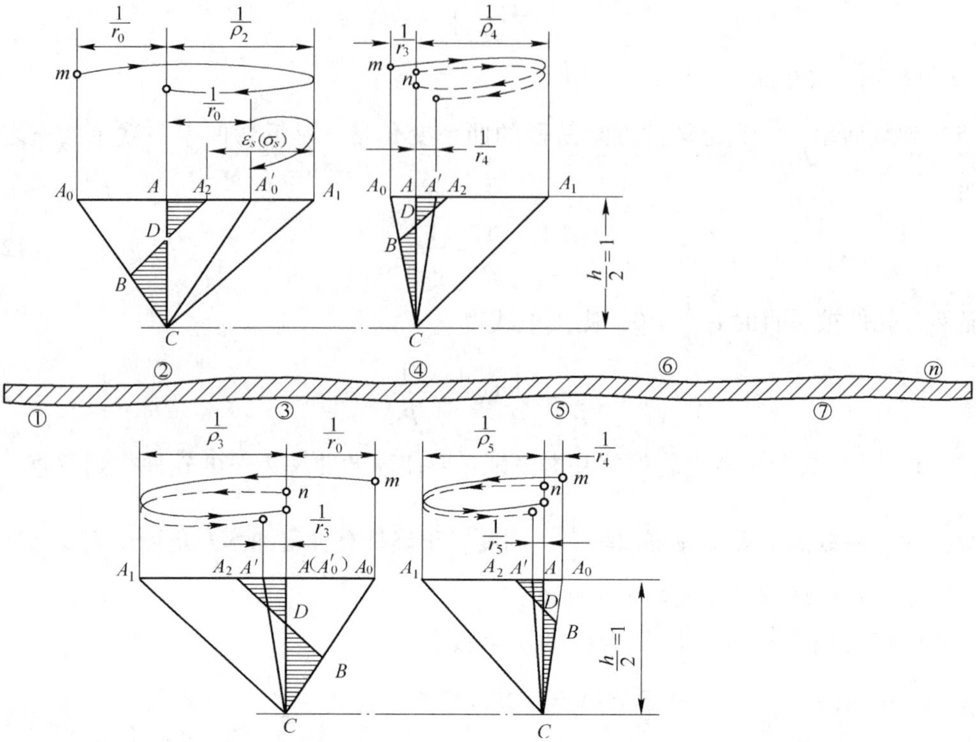

图 12－4　小变形矫直方案轧件断面应力应变分布图

矫正过程		弯曲程度	残余曲率
辊子	压下程度	$+\frac{1}{r_0}$　0　$-\frac{1}{r_0}$	$+\frac{1}{r_0}\sim-\frac{1}{r_0}$
第 2 辊	$-\frac{1}{\rho_2}$	0　$-\frac{1}{r_0}$	$0\sim-\frac{1}{r_0}$
第 3 辊	$+\frac{1}{\rho_3}$	$+\frac{1}{r_3}$　0	$+\frac{1}{r_3}\sim0$
第 4 辊	$-\frac{1}{\rho_4}$	0　$-\frac{1}{r_4}$	$0\sim-\frac{1}{r_4}$
第 5 辊	$+\frac{1}{\rho_5}$	$+\frac{1}{r_5}$　0	$+\frac{1}{r_5}\sim0$
第 i 辊	$\frac{1}{\rho_i}$	－－－－－－－－－－－－－－	$0\sim\frac{1}{r_i}$
$\frac{1}{\rho_2}=\frac{1}{\rho_3}>\frac{1}{\rho_4}>\frac{1}{\rho_5}>----->\frac{1}{\rho_i}>----->\frac{1}{\rho_{n-1}}-\frac{1}{\rho_W}$		$\frac{1}{r_0}>\frac{1}{r_3}>\frac{1}{r_4}>\frac{1}{r_5}>----->\frac{1}{r_i}>----->\frac{1}{r_{n-1}}>0$	

图 12－5　小变形矫直方案残余曲率变化规律示意图

$\frac{1}{\rho_3}$（符号相反），使曲率为$\frac{1}{r_3}$的部分被矫直，残余曲率范围为$-\frac{1}{r_4}\sim 0$（$\frac{1}{r_4}<\frac{1}{r_3}$）。依次类推，最终残余曲率为$\frac{1}{r_{n-1}}\sim 0$。当$n$足够大时，$\frac{1}{r_{n-1}}\approx 0$。可见增加辊数可以进一步减小残余曲率变化范围，提高矫直精度，但不能完全消除残余曲率。该方案的主要优点是轧件的总变形曲率小，矫直轧件时功率消耗少。

12.4.2.2　大变形矫直方案

在前几个辊子采用比小变形矫直方案大得多的压下量，使轧件得到足够大的弯曲，迅速缩小残余曲率变化范围，接着后面的辊子采用小变形方案，反弯曲率逐渐减小，使轧件趋于平直。这种矫直方案，可以用较少的辊子获得较好的矫直质量。但由于过分增大轧件的变形程度，使轧件内部的残余应力增加，影响了产品的质量并增加了矫直机的能量消耗。

12.5　辊式矫直机

12.5.1　板材辊式矫直机

12.5.1.1　普通板材辊式矫直机

在金属材料中板材所占比重最大，所以板材辊式矫直机得到广泛应用，不仅成为板带车间的重要精整设备，而且广泛应用于板材制品车间内，如锅炉厂、造船厂、车辆厂等。

板材辊式矫直机设备组成的典型形式，如图12－6所示。其中分配减速器的作用，除改变转速外，还要把电动机转矩分配到齿轮机座的输入轴上，以使载荷均匀。矫直机通常都带有送料辊，与机架共用一个齿轮机座，与机架安装在同一地脚板上。送料辊直径一般比矫直辊直径大些，机前送料辊可改善咬入条件，机后送料辊用来承受后面传来的各种冲击负荷，保证工作辊及轴承部件和连接轴的正常工作。机后送料辊对于与飞剪相连的矫直机非常必要。

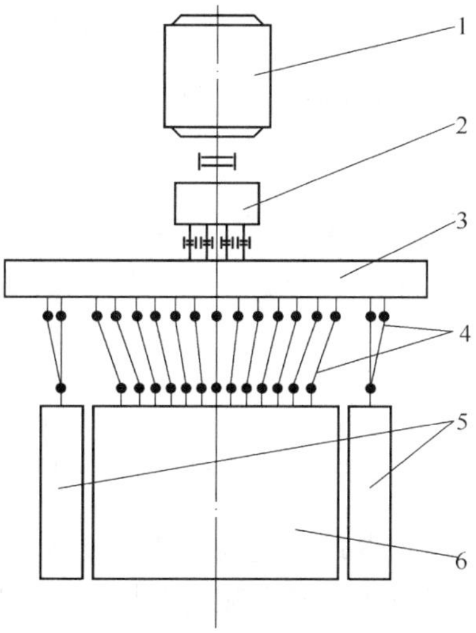

图12－6　板材辊式矫直机的设备组成
1—电动机；2—分配减速器；3—齿轮机座；4—连接轴；5—送料辊；6—矫直辊部分

按工作辊的调整方法和排列方式不同，板材辊式矫直机的结构可分为下列几种基本形式：

（1）每个上辊可单独调整高度的矫直机，如图12－7（a）所示。每个上辊都具有单独的轴承座和压下调整机构，保证任意调整高度。此外，通常还可以移动机架的上部分相对下部分进行集体调整。能够得到较高的矫直精度，但结构复杂，所以在实际中一般辊数较少。

（2）上排辊子集体平行调整高度的矫直机，如图12－7（b）所示。上排辊子固定在一个可平行升降的横梁上，只能集体上下平行调整，所有辊子的压下量相同，结构比较简单。但这种调整方式只能用较小的（甚至是最小的）有效弯曲变形，才能得到较高的矫直精度，否则将出现较大的残余曲率。为解决上述缺点，通常出入口上辊为单独调整的。这种矫直机广泛用于中厚板的矫直。

（3）上排辊子集体倾斜调整的矫直机，如图 12－7（c）所示。上排辊子安装在一个可倾斜调整的横梁上，由入口至出口轧件弯曲变形逐渐减小，可以实现大变形、小变形两种矫直方案；能得到较高的矫直速度，调整也很方便，所以得到广泛采用。

（4）平行和倾斜混合排列的矫直机。一种是入口段为平行排列，出口段为倾斜排列，如图 12－8（a）所示，增加了入口段轧件的大变形过程，可提高矫直质量。另一种是中间为平行排列，两端为倾斜排列，如图 12－8（b）所示，它不仅能提高矫直质量，而且可改善咬入条件和用于可逆矫直。

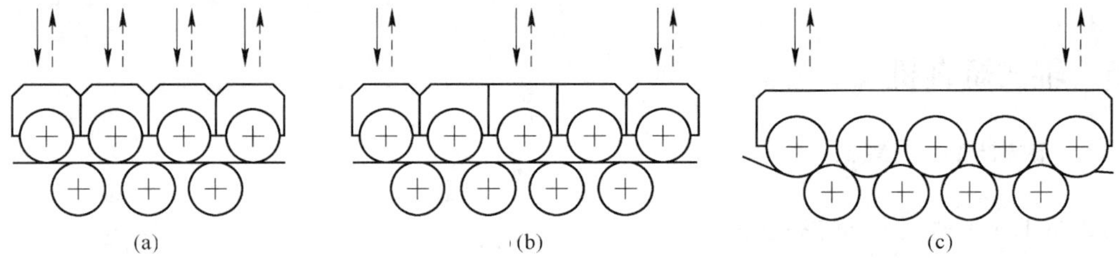

图 12－7　板材辊式矫直机上辊调整方案

（a）每个上辊单独调整；（b）上辊集体平行调整；（c）上辊集体倾斜调整

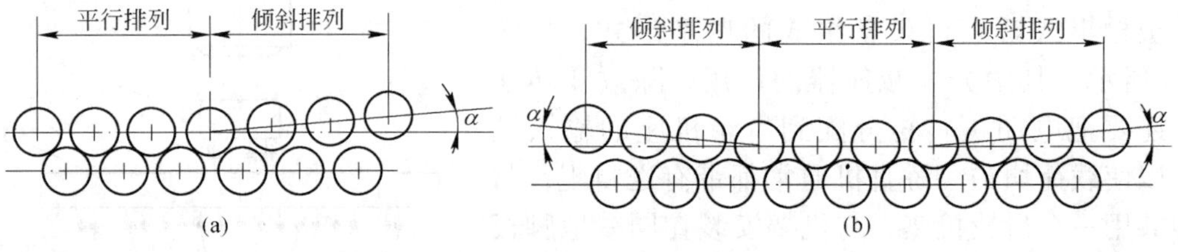

图 12－8　混合排列的辊式矫直机

（a）入口平行、出口倾斜；（b）中间平行、两端倾斜

板材辊式矫直机与其他类型矫直机的主要区别之一在于辊径与辊身长度之比很小，工作辊辊身弯曲强度和刚度都很低。所以，不仅必须采用闭式机架，而且大多数都具有支撑辊，用来承受工作辊的弯曲。也有的用多段支撑辊调整工作辊长度方向的挠度，以便消除轧件局部瓢曲或浪形。支撑辊的布置形式，常见的可分为以下几种：

（1）垂直布置，如图 12－9（a）所示。支撑辊仅承受工作辊垂直方向的弯曲。这种布置形式仅用于辊径与辊身长度之比值较大的矫直机。

（2）交错布置，如图 12－9（b）所示。支撑辊承受工作辊垂直方向和水平方向的弯曲，矫直过程中工作辊比较稳定。与垂直布置的相反，多用于工作辊辊径与辊身长度比值较小的矫直机。

图 12－9　板材矫直机支撑辊的布置形式

（a）垂直布置；（b）交错布置；（c）垂直和交错混合布置

（3）垂直和交错混合布置，如图 12－9（c）所示。下排支撑辊采用垂直布置形式，可漏掉辊间的氧化铁皮和其他物质，从而减轻辊面磨损，提高辊子寿命。这种布置形式多半用于矫直带氧化铁皮的热轧钢板。

（4）双层支撑辊（见图 12－10）随着板材厚度的减小，矫直机工作辊辊径和辊距相应减小，则支撑辊直径可能受到限制，为加强支撑作用和扭转能力，增设大直径的外层支撑辊和改为内层支撑辊（中间支撑辊）传动。目前这种矫直机用于铝及铝合金薄带的拉弯矫直机组中。

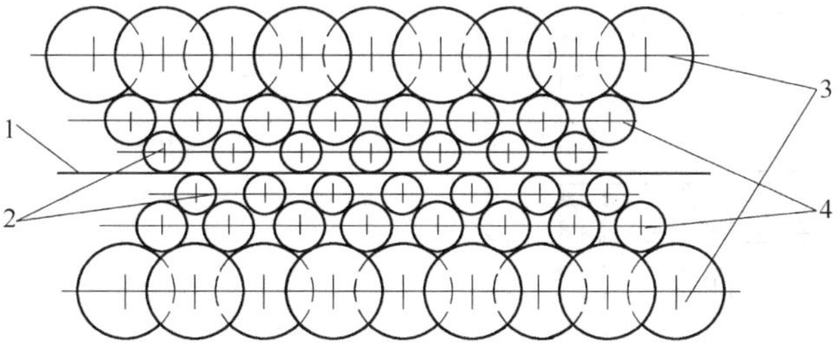

图 12－10　双层支撑辊的矫直机示意图

1—板材；2—工作辊；3—外层支撑辊；4—中间支撑辊（传动辊）

板材，尤其是薄板，不仅在纵向（长度方向）上具有弯曲变形，而且在横向（宽度方向）上也具有弯曲变形，如瓢曲和浪形，严重影响板形质量。因此，根据不同的矫直工艺要求，支撑辊又分一段的、二段的、三段的和多段的若干种。图 12－11 为三段式支撑辊矫直方案，其各段支撑辊可单独调整压下，沿工作辊长度方向可使带材产生不同的变形，能够消除两边或中间或一边的板形缺陷。上下支撑辊的规格和布置形式可相同，也可不同，上下各段可对称布置或交错布置，选择哪种形式取决于设备和工艺方面的具体条件。

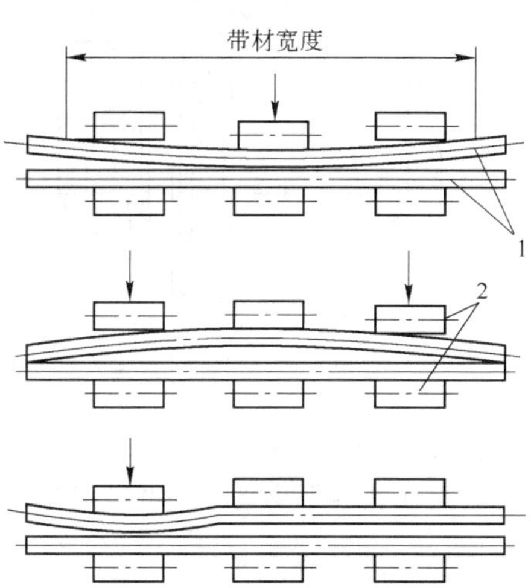

图 12－11　三段式支撑辊矫直方案

1—工作辊；2—支撑辊

12.5.1.2　4200mm×9 辊式中厚板矫直机

4200mm×9 辊式中厚板矫直机由太原重型机器厂制造安装在舞阳钢铁公司。其主要技术性能如下：

矫直钢板尺寸	(8～40)mm×(1500～4000)mm×(4000～18000)mm
矫直温度	600～800℃
屈服极限 σ_s	118～147MPa
矫直速度	0.3～0.8m/s
辊数×辊距	9×360mm
辊径×辊长	ϕ320mm×4200mm
上横梁开口度	240mm
支撑辊列数×辊数	2×7=14
传动比	i=22
主电动机功率	125kW

该矫直机主体简图及辊系构造，如图 12－12 所示。

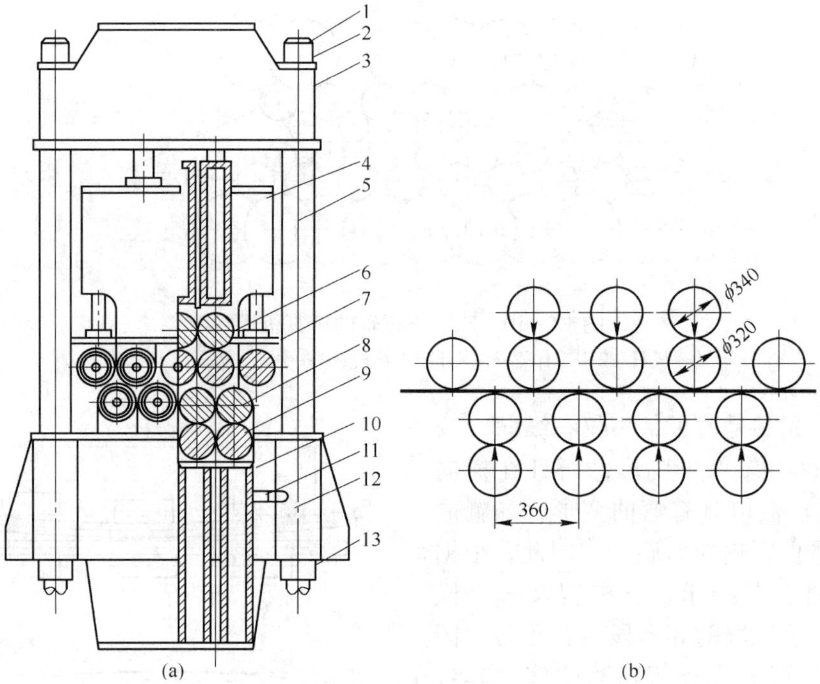

图 12－12　4200mm×9 辊式中厚板热矫机

(a) 主体简图；(b) 辊系图

1—螺杆；2—上螺母；3—上横梁；4—动横梁；5—立柱；6—上支撑辊；7—工作辊；8—下工作辊；9—下支撑辊；10—下横梁；11—楔键；12—下座梁；13—下螺母

12.5.1.3　薄板矫直机

薄板矫直机用于矫直厚度为 0.2～6.5mm 的板材。这类矫直机的特点是：辊径很小（不大于 75mm），辊数很多（大于 17 辊），凸度调节必不可少，而且支撑辊的排数要增多

（矫宽板时增到7排），上横梁除能纵向倾斜外，有的还要增加横向倾斜的功能。

现在以1700mm×21辊薄板矫直机为例说明其结构与性能。如图12－13所示，矫直机本体装在横移框架3上，框架下面有4个车轮支撑在轨道1上，由横移驱动机构2推动框架移入工作位置后用定位装置4定位。上支撑辊组7装在摆动体18内。此摆动体与滑块19铰接在一起，由滑块的升降来调节上下辊间宽度。摆动体上部有两对摩擦块装在两侧，每对摩擦块中间夹着一个偏心轮，该轮固定在上横梁上由电动机14驱动。当它转到某一角度时，摆动体上部随同摩擦块一起受偏心轮推动产生相应的倾斜，并以下部的弧形面为导轨，使上矫直辊组产生纵向倾斜，达到递减压弯的目的。电动机12可带动两根长轴，并通过轴两端的蜗杆传动4根压下螺丝上的蜗轮，使滑块19同摆动体18一起升降，以调节上下辊缝。两根横向长轴中间装有一套离合器，当离合器分开时，只有一侧蜗杆工作，使上辊组产生横向倾斜，以便于矫直板形的单侧波浪弯和镰刀弯。

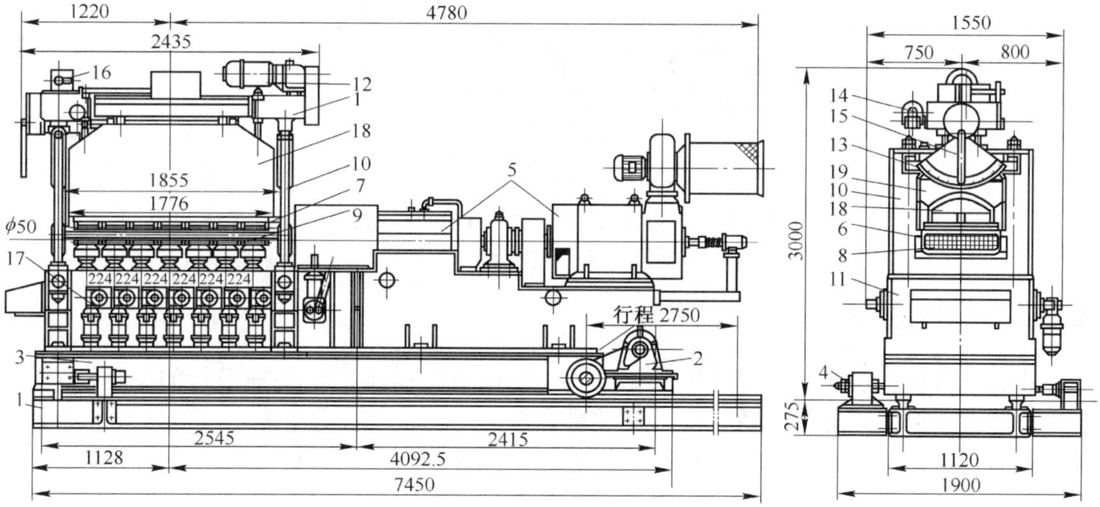

图12－13　1700mm×21辊矫直机

1—轨道；2—横移驱动机构；3—横移框架；4—定位装置；5—主传动装置；6—上矫直辊组；7—上支撑辊组；8—下矫直辊组；9—下支撑辊组；10—机架；11—底座；12—矫直辊的开度及横向倾斜调整用电动机；13—开度显示刻度；14—矫直辊纵向倾斜调整用电动机；15—纵向倾斜显示刻度；16—横向倾斜显示刻度；17—下支撑辊组调整装置；18—摆动体；19—滑块

矫直机的技术特性指标如下：

矫直辊直径×辊距×辊长×辊数	50mm×52mm×1750mm×21个
支撑辊直径×辊长×上辊数/下辊数	50mm×115mm×77/84个
钢板厚×宽（σ_s）	(0.5～2)mm×(700～1530)mm(280MPa)
主电动机功率×转速（下同）	160kW×（1500～1750）r/min
下支撑辊凸度调节电动机	7×0.35kW×1500r/min
纵向倾斜调节电动机	0.25kW×700r/min
机座横移电动机	2.2kW×1420r/min

在薄板矫直机中，有一种新型六重式精密矫直机，它用于矫直光面不锈钢板，双金属板，涂、镀表面的钢板及有色金属板等，可以保持表面光亮，以避免普通四重式矫直机支撑辊压痕对板面的影响。这种矫直机在传动及调整方法方面与上述二十一辊矫直机基本相同，故只将其辊系布置示于图 12－14 中。由图中看到在工作辊与倍径支撑辊中间夹着一排细辊，它们是浮动辊，设有轴径，用周围的粗辊包围着只能随转而不能移位。它们把盘形支撑辊可能造成的压痕与工作辊隔离开，而这些中间辊容易修磨合更换。这种六重式矫直机可用于矫直 1.5～3mm 板材，板材屈服极限为 $\sigma_s = 280\text{MPa}$，最大矫直速度为 2m/s，工作辊参数为 ϕ65mm × 1840mm × 17 个，中间辊参数为 ϕ35mm × 1700mrn × 19 个，支撑辊参数为 ϕ66mm × 1520mm × 1105 个。

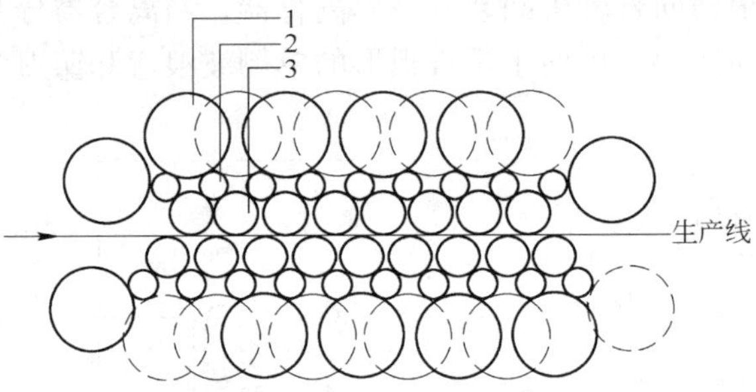

图 12－14　六重式十七辊矫直机辊系示意图

1—支撑辊；2—中间辊；3—工作辊

12.5.2　型材矫直机

普通型材矫直机在这里专指辊距相等、上下两行交错排列、辊轴平行的型材矫直机。它也是过去普遍使用的型材矫直机。这类矫直机常用辊距及辊数来表示其规格及性能，它所矫直的型材包括：工字材、槽形材、角形材、方材、圆材、扁材及钢轨等。由于型材规格很多，而矫直机的适用范围又有限，每台矫直机的适用范围都应有科学的划分。目前常用的划分法是按轨梁、大型、中型及小型把矫直机分为四大类。型材矫直机在机架结构上基本分为两大类：一是简支结构，辊子轴承装在矫直辊两侧，形成简支梁受力状态，这种机架刚性好，重量轻，有时也称为门式结构；二是悬臂结构，轴承装在矫直辊的一侧，形成悬臂梁受力状态，这种结构换辊容易，操作方便，调整灵活。这两种结构互为矛盾，前者换辊困难，调整和操作都不够方便，而后者刚性不好，前轴承受力偏大。所以早期的大型矫直机多采用简支结构，中小型矫直机多采用悬臂结构。随着技术的进步，高强度大尺寸滚动轴承的研制成功，新型轴承足以承受更大的矫直力作用。再加上生产节奏的加快，缩短换辊时间显得更加重要。因此，近代的大型矫直机也不再采用简支结构而代之以悬臂结构。考虑到技术发展的螺旋上升规律，新的大型 H 形钢梁、大型 W 形护栏的生产，未必不用到简支结构的矫直机。因此仍有必要把简支结构的矫直机作为一门知识加以介绍，如图 12－15 所示。此种矫直机用于钢轨、工字钢、大型角钢及大型槽钢的矫直。为了减少换辊的次数和时间，首先采用一辊多线制矫直工艺，在矫直辊轴上装有组合式辊圈，在辊圈上组成两种以上的孔型，达到换孔不换辊的目的；其次是机架立柱与上盖 2 之间的联结杆 5 采用铁联结，可使上盖与立柱之间快速脱开和快速装紧。预紧力也比较大，工作可靠。矫直辊在轴向的位置是可调的，如图中大螺母 12 可通过手摇小齿轮带动大螺母外周的齿圈转动，并通过螺母12来使辊轴左右移动。

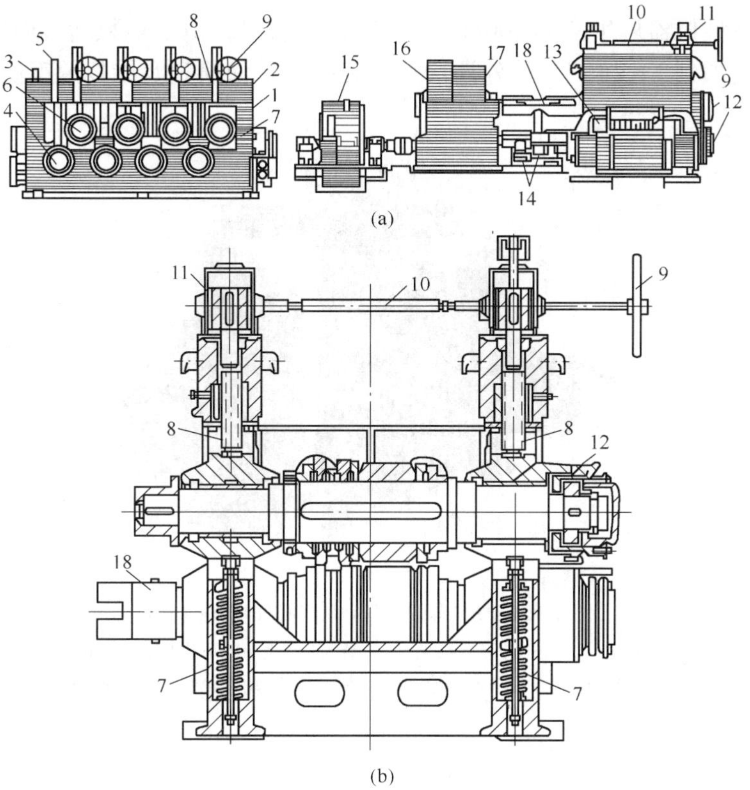

图12－15　八辊大型矫直机

（a）总图；（b）机座剖视图

1—机架；2—可拆卸上盖；3—联结螺栓；4—下辊；5—联结杆；6—上辊；7—上辊平衡弹簧；8—压下螺丝；9—手轮；10—分配轴；11—螺旋齿轮；12—大螺母；13—立式导向辊；14—导向辊电动机；15—主电动机；16—减速器；17—齿轮座；18—万向联轴器

作为悬臂结构矫直机的典型实例是英国布朗克斯（BRONx）公司生产的RS3专型中型矫直机，如图12－16所示。机架为闭式结构，刚性好。下辊为驱动辊，上辊为随动辊。入口端装有送料辊10，可改善咬入条件并有助于提高矫直质量。

这种矫直机的技术特性如下：

辊距×辊径×辊数	330mm×300mm×7个
工件规格圆钢	ϕ16～60mm
方钢	16mm×16mm～57.5mm×57.5mm
六角钢	16～60mm
角钢	25mm×25mm～90mm×90mm
工字钢	80mm×42mm～100mm×50mm
矫直速度	35m/min
电动机功率	22kW
质量	8250kg

这种矫直机的缺点主要有：第一，矫直小断面型材时由于辊数偏少而质量不高；第二，矫直速度偏低。

我国大连重型机器厂生产的400mm×10辊式矫直机，由于辊数增多而矫直质量提高，尤其矫直速度增加到1~2m/s，另外还增加了自备吊车使换辊及维修速度明显加快。

图12-16 330mm×7辊式型材矫直机外形图（RS3专型）
1—主传动装置；2—底座；3—机架；4—矫直辊；5—压下机构；6—压下手轮；7—压下指示盘；8—入口导向辊；9—导辊移动手轮；10—送料辊

12.6 其他矫直机

12.6.1 拉弯矫直机

拉弯矫直机相当于在连续拉伸矫直机的拉矫段增设弯曲矫直装置而构成，经过拉伸和弯曲联合作用，实现带材的连续矫直。所以说这类矫直机大体上由两部分组成，即张力辊单元和矫直辊单元。张力辊数量和布置形式主要取决于要求的最大拉伸力，基本上与连续拉伸矫直机相同。矫直辊单元中，矫直辊的数量和布置形式（见图12-17）主要取决于带材的厚度、材质及所要求的矫直精度。由于拉弯联合矫直，改变了辊式弯曲矫直机那样必须辊子较多和辊距很小的条件，所以有可能采用小直径的工作辊，具有类似于多辊轧机支撑辊那样的矫直辊系统，甚至可采用辊径很小的浮动工作辊，如图12-17（e）所示，它没有轴承，可以沿带材运动方向做少量移动，故称浮动辊。

图12-18为安装在冷轧带钢车间酸洗机组中的拉弯矫直机，用来矫直带材和去除氧化铁皮。矫直机具有三元四重式矫直辊单元和S形张力辊单元。每个张力辊都有气动压辊，以便调整张力。

12.6.2 斜辊矫直机

斜辊矫直机用于矫直管材和圆棒料，使轧件在螺旋前进过程中各断面受到多次弹塑性弯曲，最终消除各方面的弯曲和断面的椭圆度。目前，可矫直的产品尺寸范围为，管材的直径为1~700mm，壁厚为0.1~100mm（直径与壁厚之比达150）；圆棒料直径为1~300mm。矫直精度可达到轧件的残余弯曲程度为0.3~0.8mm/m，在较精密的矫直条件下

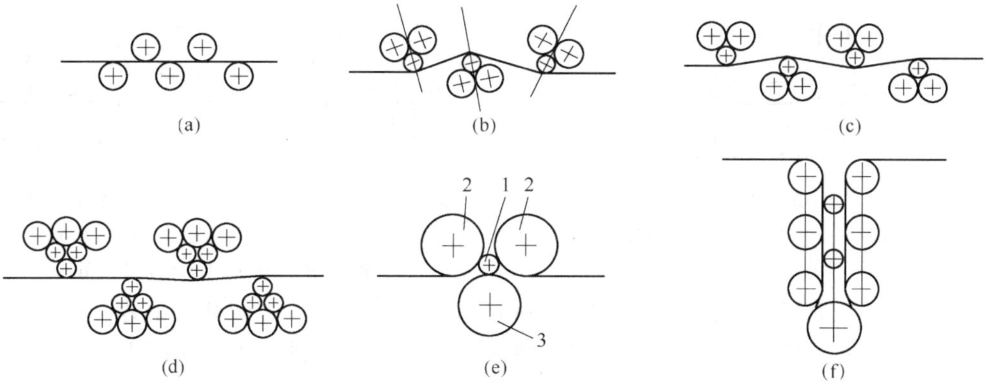

图 12-17 拉弯矫直机的矫直辊单元

(a) 多辊二重式；(b) 三元四重式；(c) 四元四重式；(d) 四元六重式；

(e) Y 形浮动式；(f) U 形浮动式

1—工作辊（即浮动辊，没有轴承）；2—转向辊；3—支撑辊

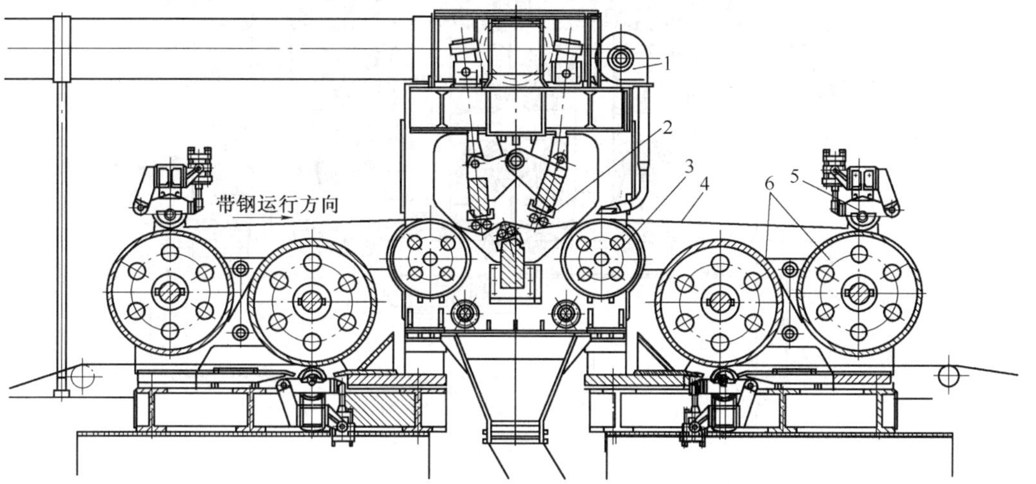

图 12-18 酸洗机组中的拉弯矫直机

1—矫直辊的压下油缸；2—三元四重式矫直辊；3—导向辊；4—带钢；5—气动压辊；6—S 形张力辊

（如由凸凹辊所构成的二辊矫直机）为 0.1mm/m。最高矫直速度可达：矫直管材时为 8m/s，矫直圆棒料时为 5m/s。对于圆断面的轧材，斜辊矫直是最有效的矫直方式，所以斜辊矫直机被广泛用于轧制、拉拔、焊管及其他车间。

斜辊矫直机按辊子数量可分为二辊、三辊和多辊矫直机，其中 2-2-2-1 型七辊矫直机和 2-2-2 型六辊矫直机（见图 12-19）数量较多，应用较广。随着管材生产的发展，尤其石油用管的增多，二辊矫直机（图 12-20）3-1-3 型斜辊矫直机（见图 12-21）也得到了大量应用，有效地消除了管子接头部分的弯曲和椭圆度。

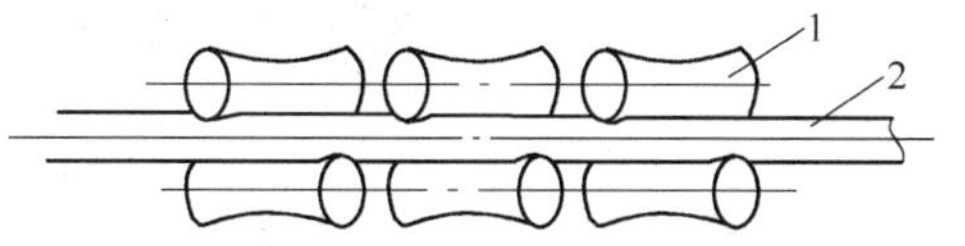

图 12-19 2-2-2 型六辊矫直机辊子工作示意图

1—矫直辊；2—被矫直的轧件

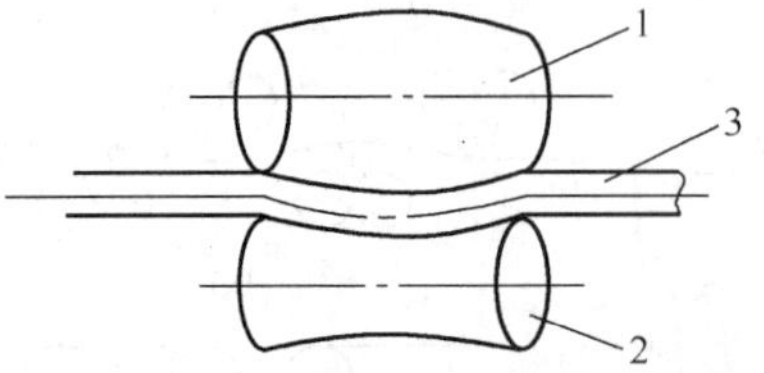

图 12-20　二辊矫直机辊子工作示意图

1—凸形矫直辊；2—凹形矫直辊；3—被矫直的轧件

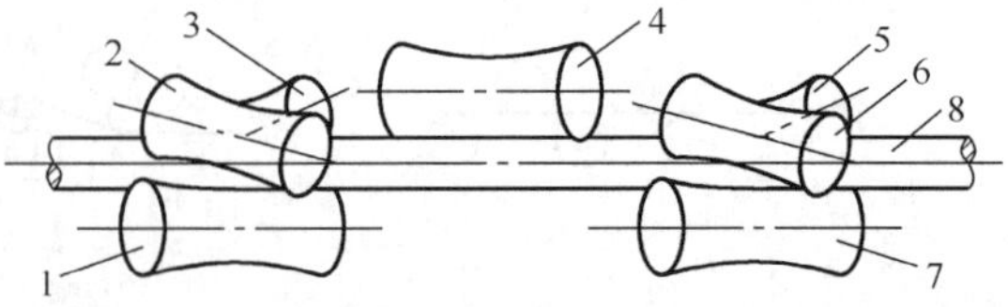

图 12-21　3-1-3 型矫直机辊子工作示意图

1，7—主动辊；2，3，5，6—空转辊；

4—中间压力辊；8—被矫直的轧件

图 12-22 为矫直钢管直径为 400mm 的七辊钢管矫直机。机架是由底座 1 与上盖用 8 个立柱 2 连接起来而构成的。在底座与上盖之间上下布置两排辊子。下排两端的辊子 4 为

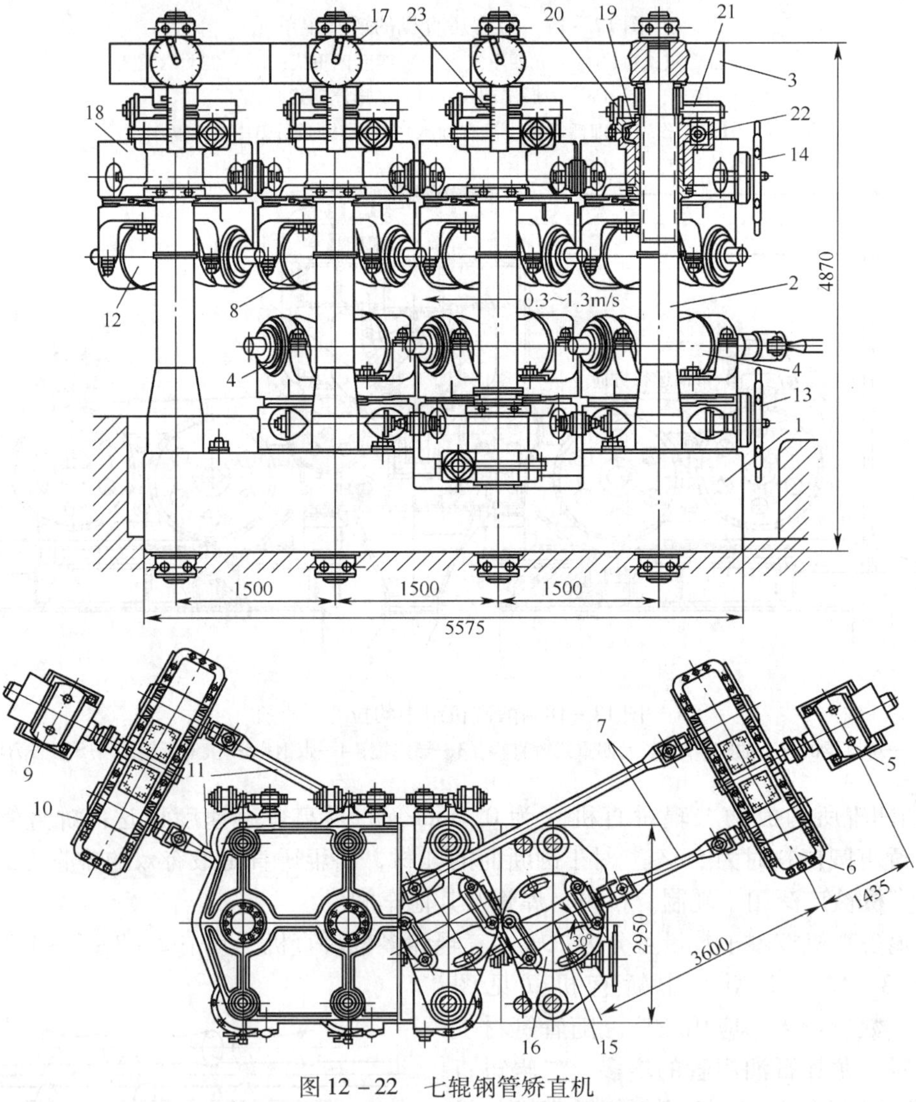

图 12-22　七辊钢管矫直机

1—上底座；2—立柱；3—上盖；4—下排两端的辊子；5，9，20—电动机；6，10，21—减速器；7，11—连接轴；8，12—上排辊子；13，14—手轮；15—蜗轮蜗杆；16—辊子支座；17，23—指示器；18—横梁；19—蜗轮兼压下螺母；22—蜗杆

传动辊，是通过电动机5、一级联合减速器6和连接轴7传动的。与辊子4成对的上排辊子8也是传动辊，它是通过电动机9、减速器10和连接轴11传动的。中间的辊子对和出口的上排辊子12为空转辊。转动手轮13、14，通过蜗轮蜗杆15旋转辊子支座16，可调整辊子的倾斜角度，角度的大小由带刻度盘的指示器17来表示。上排所有辊子和下排中间辊子的高度是可调的。每个上辊都安装在横梁18上，横梁可沿立柱移动。螺母19也固定在横梁上。由安装在横梁凸台上的电动机20，通过蜗轮减速器21和蜗杆22（蜗轮同时也是压下螺母）实现横梁的升降。每个辊子的高度位置用指示器23指示。

12.6.3　压力矫直机

压力矫直机与辊式矫直机同属于利用轧件的反弯弹复而达到矫直目的的设备。分机动和液动两大类，见表12－4。

表12－4　压力矫直机的基本类型

<table>
<tr><td rowspan="5">机动压力矫直机</td><td colspan="4">立　式</td></tr>
<tr><td colspan="2">曲　轴　式</td><td>曲柄偏心式</td><td>肘　杆　式</td></tr>
<tr><td colspan="2">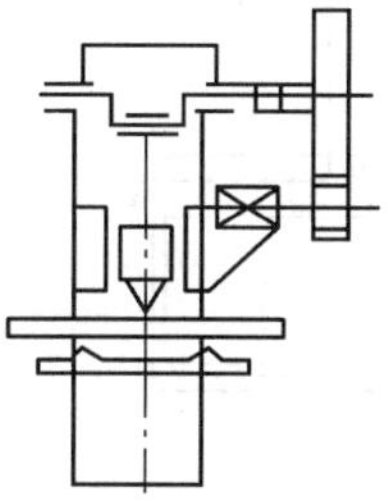</td><td>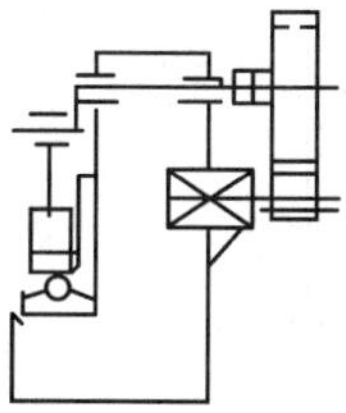</td><td>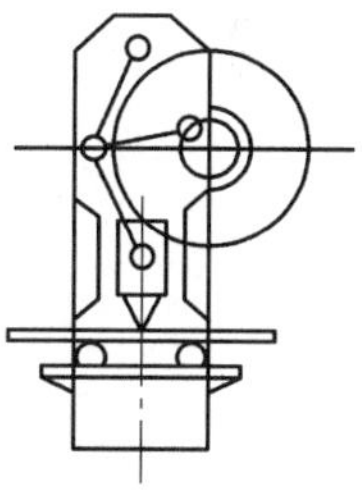</td></tr>
<tr><td>卧式</td><td>换向压弯式（不翻钢）</td><td colspan="2">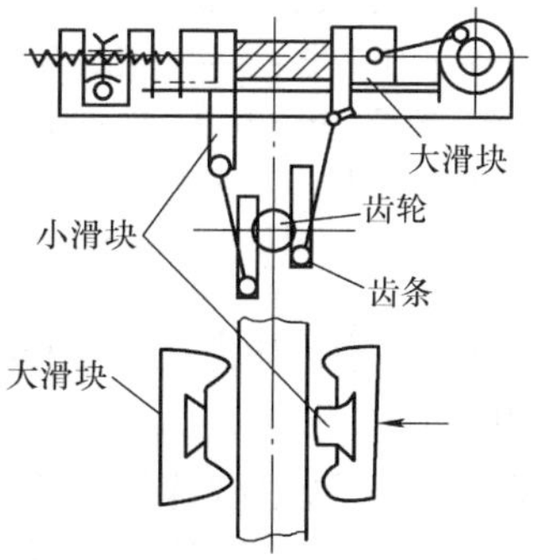
</td></tr>
<tr></tr>
<tr><td rowspan="5">液（气）动压力矫直机</td><td rowspan="2">普通型</td><td>立　式</td><td colspan="2">卧　式</td></tr>
<tr><td>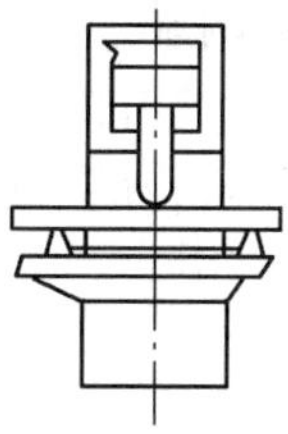</td><td colspan="2">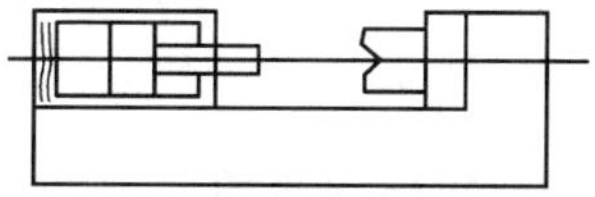</td></tr>
<tr><td>精密型</td><td colspan="3">具有活动支点及仪表检测</td></tr>
<tr><td>程控型</td><td colspan="3">微型计算机设定压弯量，按程序检测，修正，定位及压弯</td></tr>
</table>

表 12－4 中四种机械传动压力矫直机都是利用曲柄连杆和滑块机构把旋转运动转化成直线运动。机架有 C 型开式结构和门型闭式结构两种，C 型机架有较大的操作空间但机架刚性低，不适于大断面工件的矫直工作。门型机架具有良好的刚度和强度，矫直大断面轧件及大型液压矫直机一般采用这种机架。为了在不改变工件移送状态下实现反弯，机架还有立式和卧式结构之分。

图 12－23 是前苏联 П6122П 型全自动液压矫直机，用于精密矫直长尺寸的圆形断面工件，如光轴、拉杆及分配轴等。

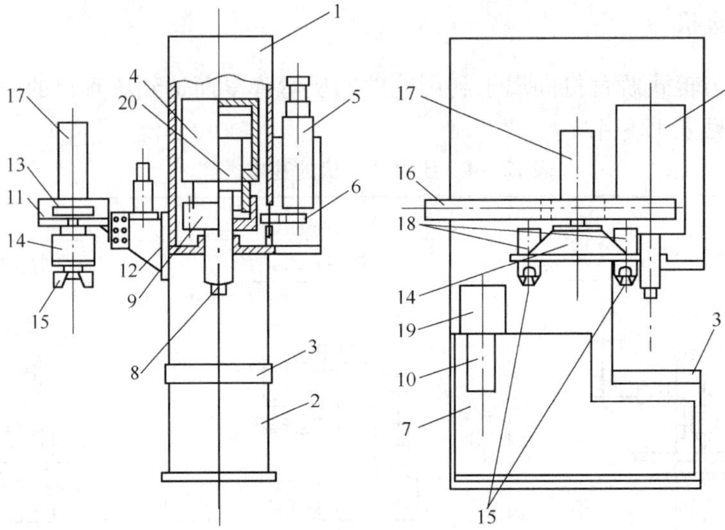

图 12－23　П6122П 型程控液压矫直机的样机示意图

1，2—机架；3—工作平台；4—液压缸；5—驱动机构；6—减速机构；7—油箱；8—压头；9—限位端盖螺母；10—油泵；11—取送料装置；12—三角支架；13—取送料小车；14—取送料横梁；15—抓取机械手；16—小车行走气缸；17—横梁升降气缸；18—机械手气缸；19—油泵电动机；20—活塞杆

该机由五大部分组成：压力装置、工作平台、夹送装置、数控装置及配电柜。机架是用钢板焊接而成的单柱式 C 形结构，上部装有液压工作缸 4。工作平台 3 上设有车式移动工作台。步进式驱动装置 5 通过减速机构 6 来带动限位端盖螺母 9 作升降运动，通过活塞杆 20 被限位而调定压下量。液压系统包括水冷油箱 7，装在箱盖上的电动机 19 和油泵 10。装在悬臂式三角支架 12 上的取送装置 11 将工件送上工作台。此夹送装置包括水平移送气缸 16 和由其驱动的前后移送小车 13。装在小横梁 14 两端一个钳形机械手 15，由两个气缸 18 驱动使其夹紧和松开工件并由升降气缸 17 驱动使其升降工件。该液压矫直机具有活动支点和传感器，全部矫直工艺过程由数字程序控制器自动完成。

12.6.4　拉伸与拉弯矫直机

12.6.4.1　拉伸矫直机

拉伸矫直（又称张力矫直）是施加拉力把轧件长短不齐的纵向纤维塑性拉伸到基本相等，卸掉外力时以基本相等的弹复量恢复到稳定状态，以达到矫直目的。拉伸矫直机分为两种：钳式拉伸矫直机，用于矫直薄板和型材，单件生产率较低；辊式拉伸矫直机，用于连续矫直带材，具有较高的生产率。

图 12－24 为 1500t 型材拉伸矫直机，主要用于矫直棒材、型材及管材。活动横梁 1 带动活动夹头 6 做左右往返活动。当工作缸 5 进油时可推动大柱塞及与其连成一体的横梁 1 向左移动，使夹头 6 向左拉伸工件完成矫直工作。矫直后松开钳口卸下工件，工作缸 5 卸压，回程缸 2 充油。由于柱塞位置固定，进油时只能推动缸 2 向右移动，从而使夹头 6 回位。这时，可以装上新工件进入活动夹头 6 及固定夹头 8 的两个钳口中重新开动油缸 5 进行第二根工件的拉伸矫直。工件长度变化时，移动缸 10 推移固定夹头 8 到一个新位置，同时推动爬行横梁 9 到需要的位置锁紧。压力柱 7 支撑两夹头间的压力。拉伸完毕拉力松开时，横梁 4 的冲击力由缓冲缸 3 来吸收。

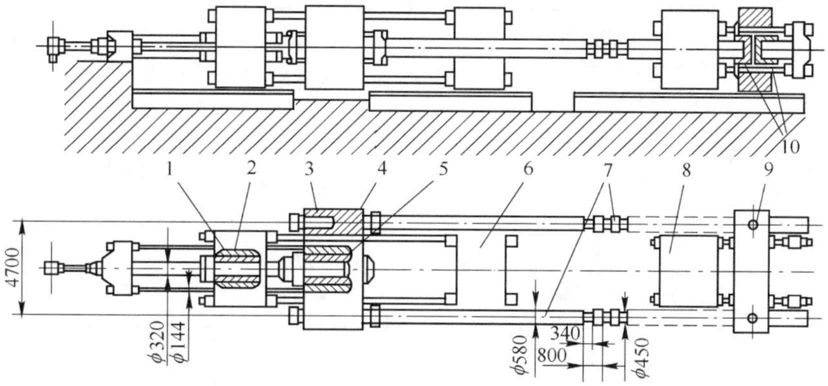

图 12－24　1500t 拉伸矫直机结构示意图

1—活动横梁；2—回程缸；3—缓冲缸；4—横梁；5—工作缸；6—活动夹头；
7—压力柱；8—固定夹头；9—爬行横梁；10—移动缸

这台钳式拉伸机还备有转体装置（图上未给出）可以矫直工件的扭曲缺陷。由于工作能力较大，床面较宽，经过改造之后还能用于矫直宽度为 1700mm 以下的铝板，如图 12－25 所示。

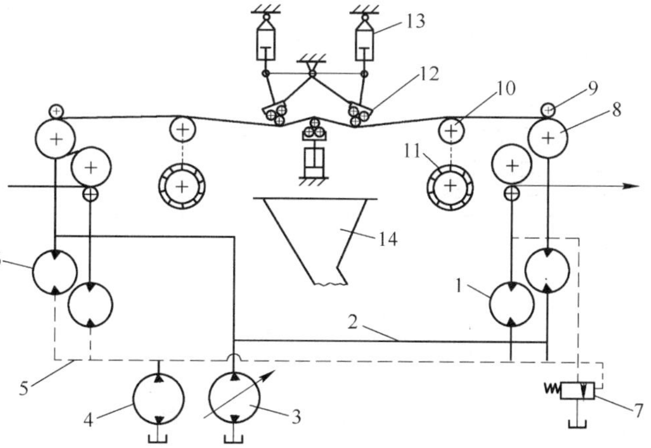

图 12－25　1700mm 冷轧酸洗线拉弯矫直机示意图

1—液压马达；2，5—高、低压差动油路；3—高压油泵；4，6—低压油泵；7—溢流阀；8—拉力辊；
9—压紧辊；10—导辊；12—脉冲发生器；12—辊组；13—液压缸；14—收集漏斗

12.6.4.2　拉伸弯曲矫直机

拉伸弯曲矫直是采用拉伸与弯曲联合作用的矫直方法。矫直效果比弯曲矫直好，且避免了拉伸矫直时能耗大，易断带等缺点，因此广泛用于轧钢车间的酸洗、热处理、涂层、剪切及重卷机组中。拉伸弯曲矫直机大体由两部分组成，即张力辊组和矫直辊组。典型辊系见表 12－5。

表 12－5　典型拉弯矫直辊系

用途	辊系结构	辊数	用户	产地
酸洗线	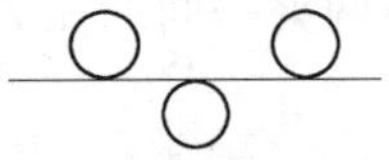	3 弯 3 辊	武　钢	SMS（BWG） 德国
酸洗线	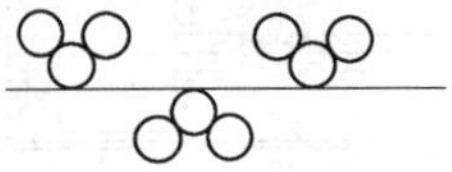	3 弯 6 列 支撑辊	宝　钢	SMS（BWG） 德国
退火线	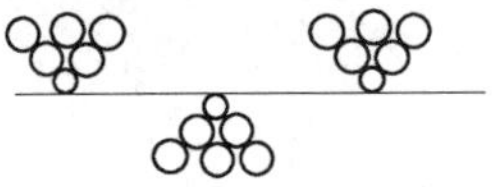	3 弯 6 中 9 列支撑辊	宝　钢	新日铁 日本
重卷线	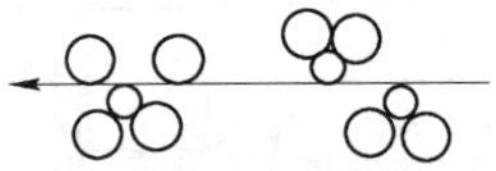	5 弯 6 列 支撑辊	武　钢	DEMAG 德国
重卷线	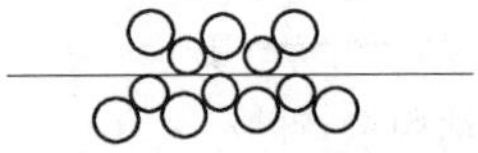	5 弯 7 列 支撑辊	宝　钢	SMS 德国
镀锌线	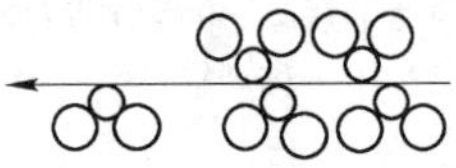	5 弯 10 列 支撑辊	宝　钢	Wean united 美国
镀锌线	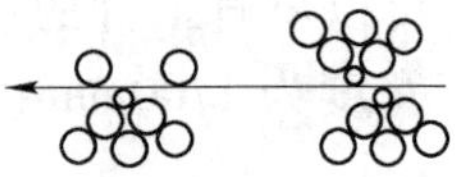	5 弯 6 中 9 列 支撑辊	武　钢	DEMAG 德国
镀锌线	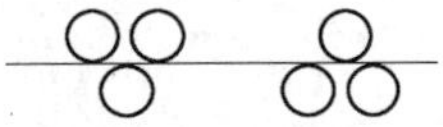	6 弯 6 辊	武　钢	DEMAG 德国
镀锌线	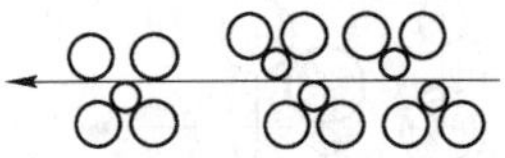	7 弯 10 列 支撑辊	武　钢	DEMAG 德国

思　考　题

12－1　矫直机的分类有哪些？

12－2　弯曲矫直遵循怎样的矫直原则，为什么要推导曲率方程？

12－3　辊式矫直机通常采用哪几种矫直方案，各有何特点，利用小变形矫直方案是如何矫直轧件的？

13 卷 取 机

13.1 卷取机的类型及功能

卷取机主要用来将长轧件卷绕成盘卷或板卷。在现代化的冷轧带钢车间里，卷取机还广泛用于剪切、酸洗、修磨后抛光热处理、镀锡和镀锌等机组中。

卷取机的类型很多，按其用途和构造可分为三种型式：

（1）带张力卷筒的卷取机，通常是在冷状态有张力的条件下卷取钢板或带钢。

（2）辊式卷取机，用于热卷、冷卷钢板和带钢。

（3）线材和小型型钢卷取机。

13.2 卷取机的结构及特点

卷取机机架采用120mm厚的钢板焊接成分体机架，由多个横梁把合形成机架，助卷辊架的回转轴轴承座焊在机架内侧。助卷辊的驱动气缸支撑座用高强度螺栓在机架横梁上固定。助卷辊驱动气缸的活塞杆头与辊架及液压缸支座之间的连接采用锥套和锥轴，以免产生间隙，同时可以减少冲击，减少机件的磨损，卷筒支撑座用螺栓把合在机架上，两边有止口，用垫块及斜楔的修配来保证卷筒的理论位置，并承受张力以保证卷筒不被拉斜。机架上设有安全销，以便助卷辊在打开和闭合状态可以与机架销住，保证检修时的人身安全。

助卷辊是实心锻钢辊，辊体表面堆焊4mm厚的硬质合金层，从而提高了辊子表面硬度，增强了耐磨性，防止擦伤带钢表面。助卷辊两端带有迷宫式密封的干油润滑滚动轴承装置。辊子由电机通过十字头万向接轴传动。助卷辊的打开和抱拢将使万向接轴长度发生变化，从而在万向接轴花键处生产摩擦力。该摩擦力作用到过渡接轴上，从而保护了电机，助卷辊采用气缸驱动，同时采用了弹簧缓冲装置，减少了冲击。

辊架采用焊接结构。助卷辊采用了辊缝调整机构，辊缝调整机构是由电机传动蜗轮蜗杆减速机，通过丝杠调整助卷辊与卷筒咬入时设定的间隙值。

活动支撑用于支撑卷筒卸卷端，采用了液压缸驱动连杆来带动的夹钳式结构形式。夹钳支撑臂与卷筒支撑套接触的表面堆焊不锈钢。活动支撑的支撑臂上装有水平垂直调整的偏心轴，通过偏心的旋转来调整支撑臂与卷筒支承套的接触，即可保证卷筒的水平度，又可保证与轧制线的垂直度。

卷筒采用了四棱锥柱销连杆式的结构。胀缩缸拉动锥心轴，锥心轴上的四棱锥面就可以推动柱销沿空心轴的孔向外顶开扇形板，使卷筒胀开。为了保证扇形板、柱销和锥心轴斜面之间能够贴紧，在柱销中加有压缩弹簧。为了保证柱销的强度和耐磨，在其表面上均堆焊铜合金。柱销承受带材对卷筒的抱紧力。胀缩缸将锥心轴推向卸卷端时，可带动连杆拉着扇形板向里收缩。该卷筒取消了容易疲劳失效的收缩弹簧，卷筒胀缩十分灵活，使用可靠。

扇形板取消了牙嵌式结构，扇形板之间的间隙按带钢前进方向布置，防止带钢头部嵌入缝内。这种结构防止了在牙嵌的尖角部位产生裂纹，即便于加工，又便于装配。扇形板的材料采用耐热不锈钢，增加了使用寿命。锥心轴、连杆、连杆轴均采用不锈钢制造，以防止锈蚀，保证了卷筒的寿命。

主传动装置：卷筒传动主电机通过变速箱传动，变速箱为焊接结构，齿轮经过渗碳淬火和高精度磨齿。变速箱两个速比，在停机时用液压缸拨动变速机构来完成切换。

卷筒变速箱齿轮更换步骤：

（1）拆卸变速箱输入输出轴接手。

（2）拆卸变速箱润滑油管。

（3）拆卸变速箱盖螺栓。

（4）吊卸变速箱上盖。

（5）吊卸变速箱齿轮。

（6）清洗变速箱，检查箱内拨叉磨损情况。

13.3　卷取机的主要参数

13.3.1　卷筒主要参数的确定

13.3.1.1　卷筒直径的确定

设计卷取机时要根据工艺要求，结合加工制造能力，首先确定卷取机的结构型式，然后在此基础上选择或计算其主要参数，最后进行强度校核。

对于冷轧带材卷取机，卷筒直径的选择一般以卷取过程中内层带材不产生塑性变形为设计原则。对热轧带材卷取机，则要求带材的头几圈产生一定程度的塑性变形，以便得到整齐密实的带卷。考虑到冷、热卷取工艺各自的特点，按照弹塑性弯曲理论，卷筒直径与被卷带材的厚度及机械性能之间应满足以下关系：

冷卷取机
$$D \geqslant \frac{E h_{max}}{\sigma_s} \ \text{mm} \tag{13-1}$$

热卷取机
$$D \leqslant \frac{0.2 E \bar{h}}{\sigma_s} \ \text{mm} \tag{13-2}$$

式中　σ_s——卷取温度下带材的屈服极限，MPa；

E——带材的弹性模量，MPa；

h_{max}——带材的最大厚度，mm；

$\bar{h}$——带材的平均厚度，mm。

由于受卷筒强度和作业线工序互相衔接的限制，卷筒直径不宜取得过小或过大。设计时可参考以下经验方法：冷带钢卷取时取 $D=(150\sim200)h_{max}$；有色金属带卷取时取 $D=(120\sim170)h_{max}$常用的卷筒尺寸系列有 ϕ305、ϕ450、ϕ510、ϕ610mm。在下步开卷工序有矫正设备的情况下，对于厚度大且屈服限低的带材，允许采用小于式 13－1 计算值的卷筒直径。当卷取带厚度范围很大时，应采用可更换卷筒或可加套筒的方案，根据带材的厚度和工艺要求变换卷筒直径，防止厚带材在小直径卷筒上出现塑性变形或薄带材带卷因内孔过大而出现塌卷。在热卷取条件下，卷筒直径 D 常在 700～850mm 之间选择；对于宽带钢生产，D 以 762mm 最为常见。

卷筒筒身工作部分长度应等于或稍大于轧辊辊身长度，卷筒直径的胀缩量约为 15～40mm，热轧情况取大值。

13.3.1.2　卷筒径向压力计算

径向压力计算不仅是卷筒零件强度和胀缩缸推力计算的先决条件，而且与卷取质量直接相关。一般认为卷筒径向压力与卷取张力和带卷直径、带卷和卷筒的径向刚度、带卷层间介质及表面状态、层间滑动与摩擦及带宽等因素有关。由于这些问题在理论分析和实验研究方面都具有较大的难度，不能精确计算，故在此不加以介绍。

13.3.1.3　胀缩缸平衡力计算

近代卷取机的卷筒绝大多数是可以胀缩的，其中又以棱锥或斜楔结构形式多见。以开式倒置四棱锥卷筒为例，说明胀缩缸平衡力的计算方法。

A　锥面间的反力

如图 13－1 所示，带卷对每扇形块的压力可用等效力 $\overline{P}$ 表示

$$\overline{P} = 2\int_0^{\frac{\pi}{4}} Br_2 p\cos\theta \mathrm{d}\theta = \frac{\sqrt{2}}{2}DBP \quad \mathrm{N} \qquad (13-3)$$

式中　B——带材宽度，mm。

图 13－1 还显示出了扇形块的胀缩原理。棱锥相对扇形块向右移动，则卷筒直径收缩。可求得锥面反力 N 为

$$N = \frac{\overline{P}}{(1-f_2^2)\cos\alpha + 2f_2\sin\alpha} \quad \mathrm{N} \qquad (13-4)$$

式中　f_2——卷筒零件摩擦面间的摩擦系数；

　　α——棱锥角。

B　胀缩缸平衡力计算

根据图 13－1 的平衡条件，代入锥面反力 N，可求出在等效力 $\overline{P}$ 作用下，维持棱锥轴平衡所必须的胀缩缸平衡力 Q

$$Q = \frac{4\overline{P}(\tan\alpha - f_2)}{1 - f_2^2 + 2f_2\tan\alpha} \quad \mathrm{N} \qquad (13-5)$$

一次胀径的卷筒，在胀开时胀缩油缸一般不带工作负荷。

(1) 在卷取过程中，对于自动缩径的卷筒，$\tan\alpha > f_2$，锥面不自锁，必须有平衡力 Q 的作用才能维持正常卷取。根据式 13－5，此时的胀缩缸平衡力 Q 可按下式近似计算：

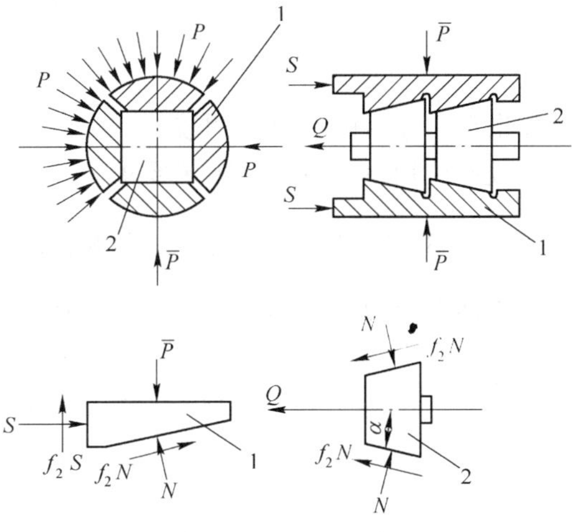

图 13－1　卷筒胀缩平衡力计算简图
1—扇形块；2—棱锥轴

$$Q = 2\sqrt{2}DBP(\tan\alpha - f_2) \quad \mathrm{N} \qquad (13-5\mathrm{a})$$

（2）对于不自动缩径的卷筒，$\tan\alpha < f_2$。锥面自锁，胀缩缸用于退出棱锥使卷筒缩径卸卷。此时胀缩缸推力 Q_t 作用方向与图示 Q 相反，其大小为

$$Q_t = 2\sqrt{2}DBP(f_2 - \tan\alpha) \qquad \text{N} \tag{13-5b}$$

设计时，f_2 常在 0.08～0.12 之间选择。

当锥角小于 6°时，锥面自锁。锥角在 7.5°～8°之间时，卷筒可实现自动缩径。锥角过大，将增大胀缩缸尺寸；而锥角处于临界状态（$\tan\alpha = f_2$）时，卷筒的润滑条件对卷筒工作性能将有重要影响。一般情况下，锥面间的压应力将大于卷筒表面径向压力。在卷筒零件强度计算中应给予注意。

13.3.2　卷筒传动设计

13.3.2.1　卷取机的速度控制

卷取机速度控制要同时考虑以下两个因素：为适应机组速度变化而调整卷取速度时，不应影响电机的驱动力矩；为适应卷径变化而调整卷筒转速时，不应引起张力的波动。一般卷取机都同时采用调压（恒力矩）和调激磁（恒功率）两种调速方法，分别适应上述两种情况，以充分利用电机的容量。

13.3.2.2　电机的额定转速与传动比

卷筒电机的额定转速 n_{er} 必须与卷取计算转速 n_j 相适应

$$n_j = \frac{30v_{max}}{\pi R_c} \qquad \text{r/min} \tag{13-6}$$

式中　v_{max}——最大卷取线速度，m/s；

　　R_c——最大带卷半径，m。

无减速机时，$n_{er} \geqslant n_j$。需要减速机时，其速比为 i

$$i = \frac{n_{er}}{n_j} \tag{13-7}$$

如果卷取带材的厚度范围较大，工艺上又要求多种张力及多种速度制度，卷筒传动可考虑多级速比切换，以满足工艺要求。

13.3.2.3　激磁调整范围与最大卷径比

为实现在卷取过程中张力不发生波动，卷筒电机的弱磁调速范围应满足下列要求

由于
$$v_{max} = \frac{2\pi R_c n_{er}}{60i} = \frac{\pi D n_{max}}{60i}$$

故
$$\frac{n_{max}}{n_{er}} = \frac{2R_c}{D} \tag{13-8}$$

式中　n_{max}——卷筒电机弱磁调整的最高转速；

　　D——卷筒直径，m。

式（13-8）代表激磁调速范围与最大卷径比之间的关系。设计时，电机调激磁的范围需取大于或等于最大卷径比。

13.3.2.4　卷筒电机功率计算

卷取带材所需的传动功率应由带材的张力、塑性弯曲变形、卷取速度和加速度及摩擦阻力等因素确定。由于塑性弯曲和摩擦的影响远小于张力，故初选电机时，额定功率 N_{er} 可按下式近似计算

$$N_{er} \geqslant N_j = K_2 \frac{(Tv)_{max}}{1000\eta} \quad \text{kW} \tag{13-9}$$

式中　K_2——塑性弯曲及摩擦影响系数，取 1.1～1.2；

T——卷取张力，N；

v——卷取速度，m/s；

η——传动效率，取 0.85～0.9。

式中，N_j 称为计算功率，(Tv_{max}) 表示在各种工艺制度下，速度和张力乘积的最大值。

13.4　热带卷取机

13.4.1　卷取机卷取工艺

热带钢卷取机是热连轧机、炉卷轧机和行星轧机的配套设备，有地上式、地下式、卷筒式、无卷筒式等。由于地下式卷取机具有生产率高、便于卷取宽且厚的带钢、卷取速度快而钢卷密实等特点，所以现代热连轧生产线上主要采用这种卷取机。图 13－2 为 1700mm 三辊式卷取机的结构图。

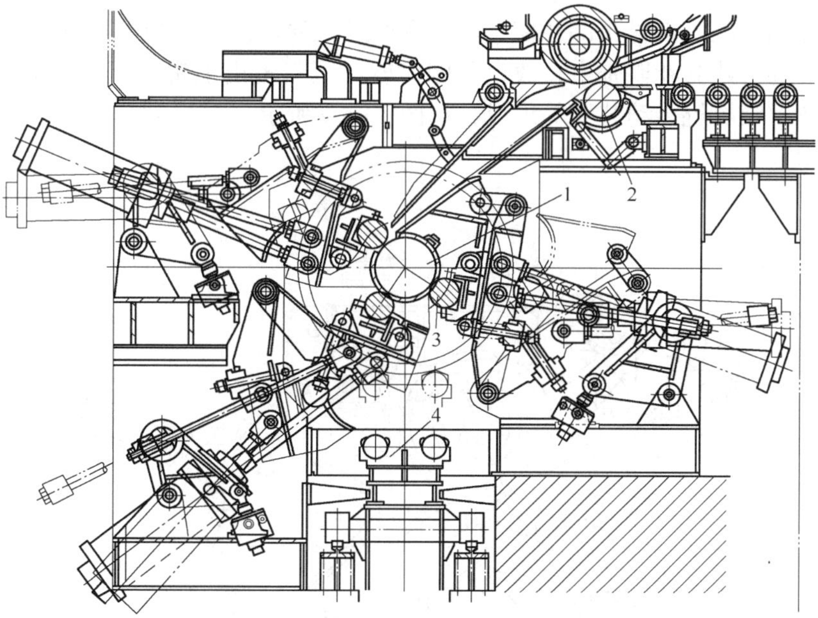

图 13－2　1700mm 三辊卷取机结构图

1—卷筒；2—喂料辊；3—助卷辊；4—卸卷小车

卷取机的设备组成一般包括卷筒部分、喂料辊部分、助卷辊部分及卸卷装置等。此外，在卷取区域还需配置一些其他辅助设施，如过桥辊道、事故剪切机，带卷输出运输

链、运输车、翻卷机、打捆机等。

卷取机卷取带材时，首先应以8～12m/s的低速咬入卷取，然后随轧机加速到正常轧制速度。为使带材顺利咬入卷取机和建立张力卷取，卷取机各部分与轧机都必须具有一定的速度关系。首先喂料辊与卷筒的线速度应分别比精轧机座出口速度高10%～15%和15%～20%，助卷辊的线速度应比卷筒的速度高5%。待卷取3～5圈后，上喂料辊抬起，助卷辊打开，精轧机座与卷筒直接建立张力并升速到最高卷取速度。当带材尾部将要离开精轧机座时，上喂料辊重新压下并和卷筒建立张力。带材尾部将要离开喂料辊时，助卷辊又重新合拢，压紧带卷，降速卷取，直至卷完（或不降速，一直高速卷完）。有时卷取较厚的带材或难变形的带材时，助卷辊可自始至终压紧带卷，直到卸卷时才打开。卷开取速度控制过程，如图13－3所示。

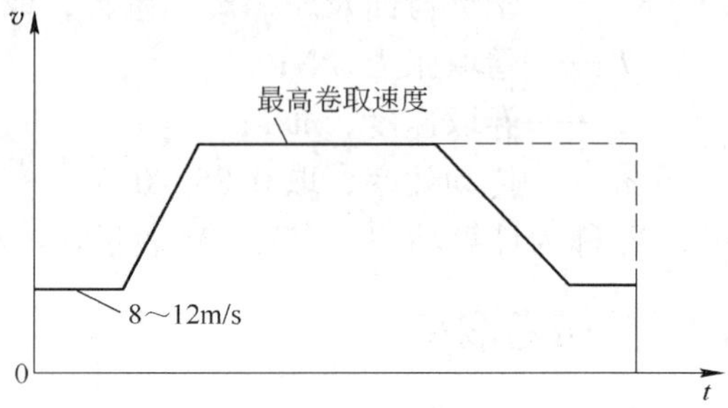

图13－3　卷取速度图

13.4.2　地下式卷取机的设备

热带钢卷取机结构形式的发展，主要表现为助卷辊数量及其布置形式的变化，如较早出现的八辊式和六辊式，后来出现的两辊式、三辊式以及四辊式。现在的卷取机大多使用结构简单的三辊式。

13.4.2.1　喂料辊

喂料辊除用于咬入带材头部并使其向下弯曲进入卷取机外，当带材尾部离开轧辊时还可代替轧辊与卷筒建立卷取张力，故也称张力辊。喂料辊由上辊、下辊、上辊升降装置、辊缝调节装置及喂料辊传动装置等组成，如图13－4所示。

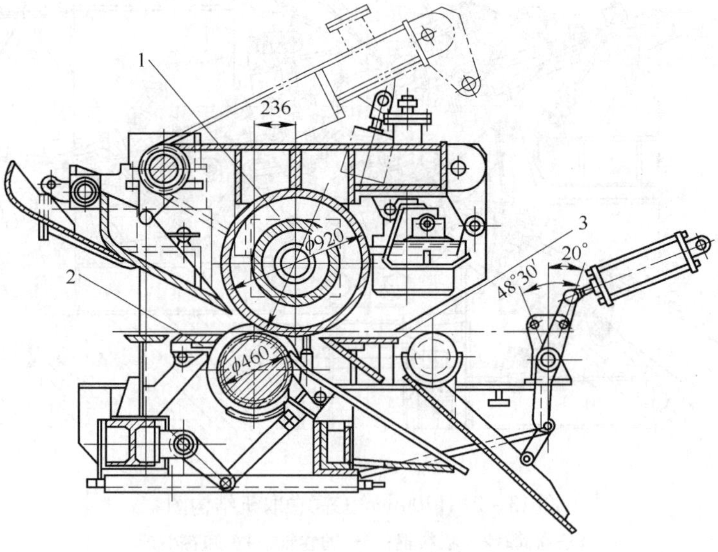

图13－4　喂料辊
1—上喂料辊；2—下喂料辊；3—切换导板

为使带材顺利喂入卷取机，上喂料辊直径大于下喂料辊直径，一般上喂料辊直径为 ϕ800～950mm，下喂料辊直径为 ϕ400～500mm。上喂料辊相对下喂料辊沿带材前进方向偏移，偏移值为 50～300mm，或偏移角为 20°左右。偏移角过大，上喂料辊咬入困难，过小则卷筒咬入困难。辊身长度等于或略大于轧辊辊身长度。

上喂料辊辊身中部可具有小的凸度，呈鼓形辊面，用来补偿辊身中部的快速磨损。但凸度不利于带材的对中，因此也有做成平辊身的。一般上喂料辊为堆焊硬质合金层的辊面与锻钢芯轴构成的复合式空心辊，有利于散热并减轻重量。下喂料辊为辊面堆焊硬质合金层的锻钢实心辊，可在张力作用下承受很大压力。

当给定咬入速度时，应根据带材厚度、材质、温度、喂料辊的偏移值和压力等因素确定合适的辊缝值，以便保证喂料辊处于既不弹跳也不打滑的稳定喂料状态。一般辊缝值比带钢厚度小 0.5～2mm（厚带取大值）。辊缝值的调整通过改变喂料辊轴承座的位置高度或改变喂料辊的定位装置高度进行。目前常用的辊缝调整机构由两对蜗轮蜗杆机构（又称为螺旋千斤顶）组成。

喂料辊的传动方式分两种：一种是采用电动机、联合减速器和万向接轴等部分的集体传动式，为保证两个喂料辊速度一致，二者必须始终保持确定的直径比；另一种是采用两个电动机分别传动喂料辊的单独传动方式，用电气同步控制，保持上、下辊速度匹配，因此对辊径比无严格要求。

13.4.2.2　助卷辊

助卷辊和助卷导板的作用是引导带材使之弯曲而紧卷在卷筒上。目前常用的单独位置控制的助卷辊一般由支撑臂、助卷辊及其传动系统、助卷导板、助卷辊压紧装置和辊缝控制机构等组成。

助卷辊可为镀以硬质合金层的光面锻钢辊，辊身直径一般为 ϕ300～400mm，辊身长度与卷筒长度相等。

各助卷辊由电机单独传动，传动轴多为十字轴或球笼联结轴。各助卷辊之间由助卷导板衔接，助卷导板的弯曲半径略大于卷筒半径且呈偏心布置，使各助卷导板与卷筒之间形成一楔形通道，使带钢顺利卷上卷筒。

助卷辊与卷筒间辊缝值的大小对卷取质量有很大影响。辊缝值过大，卷得不紧，头几圈可能打滑；辊缝值过小，会产生冲击，引起辊子跳动而打滑。所以应根据带材和助卷辊的压紧力来选定辊缝值，其值应比带材厚度小 0.5～1mm。

传统的助卷辊为气缸压紧，现在的卷取机助卷辊常为液压缸压紧。采用了液压伺服控制系统，动作灵敏、准确，缸径小，压力大，建立张力迅速，带钢头部冲击小，有利于厚带钢的卷取。

2050mm 卷取机助卷辊的布置与结构，如图 13－5 所示。三个助卷辊之间的夹角，依次按顺时针方向为 110°、110°和 140°，1 号助卷辊至卷筒中心线为 35°。助卷辊液压伺服系统的位置控制是在带钢头部到达助卷辊之前的瞬间进行的，即伺服阀按计算机的设定值操纵助卷辊向后退一步，以让开带钢头部厚度；压力控制是在位置控制之后，使带钢紧贴于卷筒上，即当带头越过这一助卷辊之后，该助卷辊便转入压力控制。这种由位置控制与压力控制组成的复合控制方法就是助卷辊的踏步控制。该种控制方法常用于卷取厚带钢，

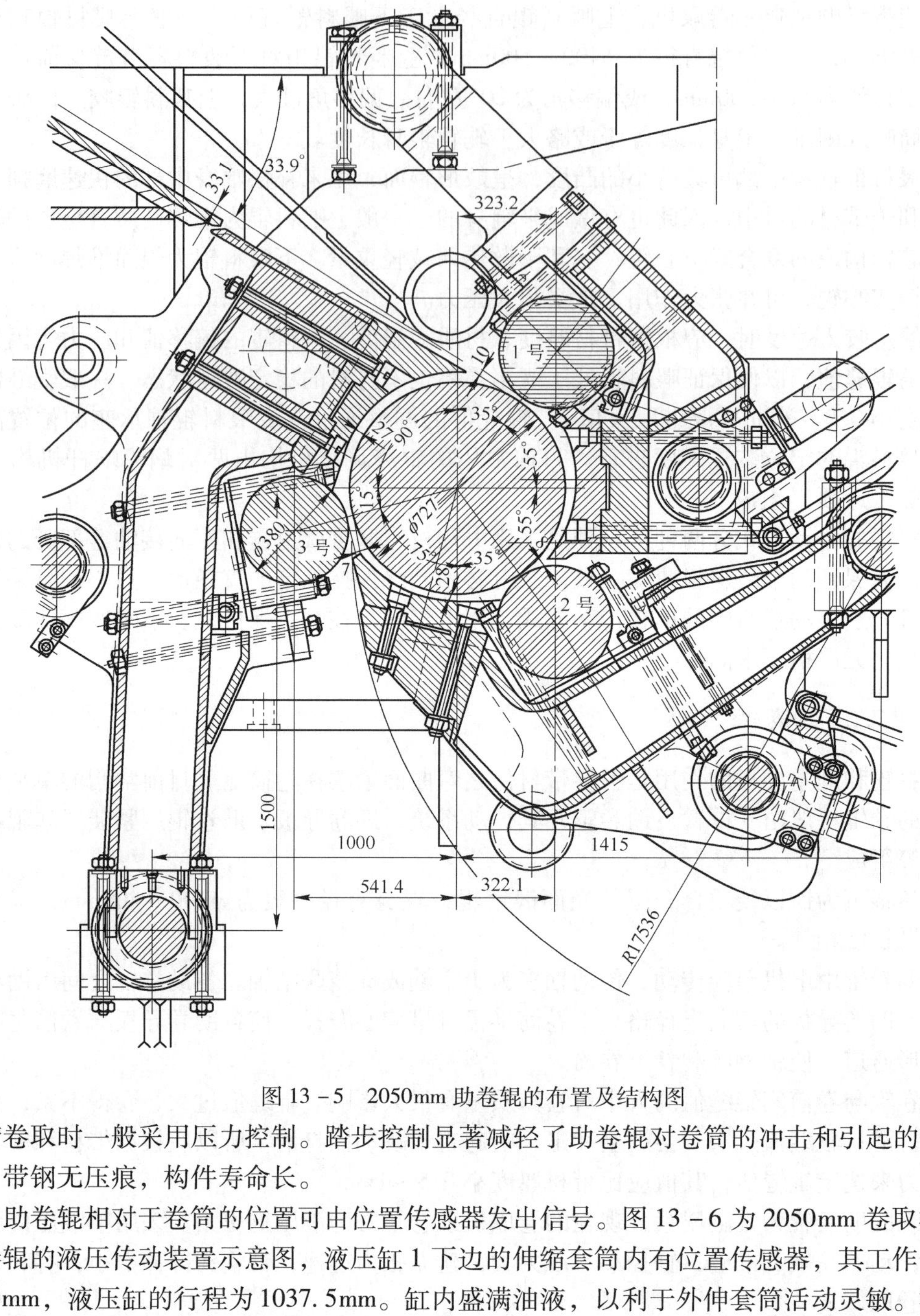

图 13－5　2050mm 助卷辊的布置及结构图

薄带卷取时一般采用压力控制。踏步控制显著减轻了助卷辊对卷筒的冲击和引起的带卷松动，带钢无压痕，构件寿命长。

助卷辊相对于卷筒的位置可由位置传感器发出信号。图 13－6 为 2050mm 卷取机 1 号助卷辊的液压传动装置示意图，液压缸 1 下边的伸缩套筒内有位置传感器，其工作长度为 1100mm，液压缸的行程为 1037.5mm。缸内盛满油液，以利于外伸套筒活动灵敏。液压缸活塞密封为组合式，活塞杆密封为 V 形，工作压力高，摩擦阻力小。助卷辊弧形导板的固定，采用预应力螺栓，生产时受冷热影响亦不易松动。助卷辊液压回路所用的液压元件均装设于液压缸的底盖上，外边用罩子盖上，以防冷却水溅上。

13.4.2.3　卷筒

卷筒是卷取机的核心部件。带钢借助助卷辊和助卷导板卷绕于卷筒上，使带钢卷取成

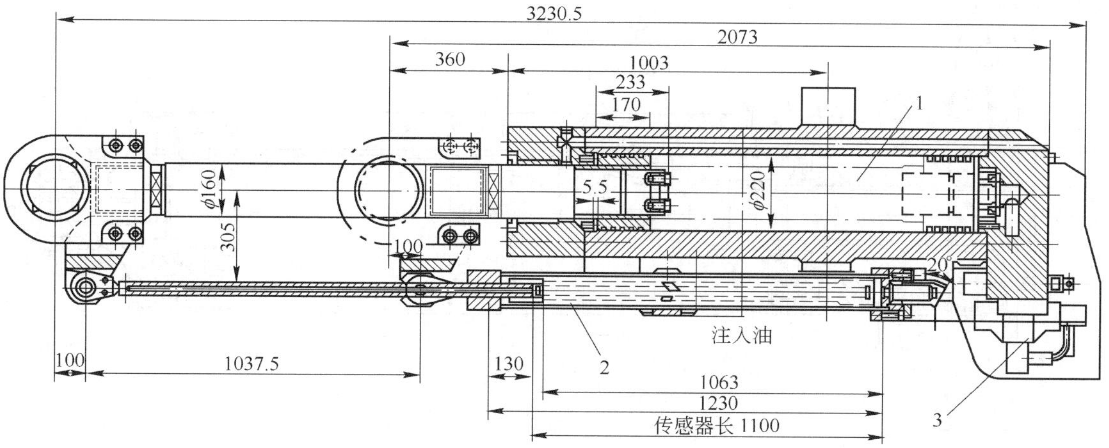

图 13－6 助卷辊液压传动装置

1—液压缸；2—位置传感器；3—液压伺服阀

卷。卷筒由主轴、扇形板、芯轴、胀缩缸等组成。卷筒要在热状态下高速卷取重达 45t 的带卷，需要冷却和润滑，并要在较大的带卷压紧力作用下缩小直径，以便卸卷。这就要求卷筒应具有足够的强度、刚度和良好的使用性能，也就决定了卷筒结构的高度复杂性。

卷筒结构参数直接影响着卷取机的技术性能，应根据带材的品种规格和带卷的重量来确定。为保证卷筒的强度和刚度，并减少弯曲带材的能量消耗，卷筒直径不宜过小；为避免带卷自身刚度小，因自重会变扁，卷筒直径又不宜过大。一般卷筒直径为 ϕ400～850mm，其胀缩量为 20～60mm；卷筒长度略大于轧辊辊身长度。

卷筒的结构形式多采用斜楔式（斜面柱塞式）和柱楔式（棱锥式）。其中柱楔式卷筒的扇形板与柱楔之间不是斜面接触，芯轴装在主轴中间，因而主轴与扇形板结构简单、加工方便、便于更换。

斜楔（柱塞）式卷筒如图 13－7 所示，4 个扇形板 6 布置在传动轴 3 的周围，两端有护圈 1 和径向压力弹簧 2 使其压在柱塞式斜楔 4 上。在传动轴的尾部（图中未画出），具有花键段和与胀缩液压缸相连接的刚性连接器。胀缩液压缸带动棱锥式芯轴 5 左右移动，通过柱塞式斜楔实现卷筒的胀缩。花键段与减速器的大齿轮相配合，刚性连接器脱开，卷筒可从大齿轮中抽出，更换卷筒。为减小卷筒轴的弯曲和摆动，提高卷取质量，位于卷筒端部装有轴端支撑 7。棱锥式芯轴中装有 4 根润滑油管，于工作侧端头装有 4 个干油嘴，可注入润滑油润滑棱锥与柱塞间的摩擦面。冷却水通过尾部旋转式胀缩液压缸活塞杆内孔进入芯轴内孔，流经芯轴与传动轴间的间隙，最终流到扇形板处进行冷却。卷筒轴端活动支撑装置如图 13－8 所示，支撑架摆动角度为 60°，轴向移动距离为 300mm。

棱锥式卷筒头部结构如图 13－9 所示，传动轴 6 上套有 3 个锥形套 7，用键固定。锥形套间用间隔环 8 隔开。4 块扇形板 5 与锥形套间有燕尾槽相连接，扇形板间为交错排列的连接方式，使卷筒柱面保持连续完整性。当芯杆向右移动时，通过销板 3 和滑套 4 带动扇形板向右移动，同时必须沿燕尾槽斜面作径向胀开，卷筒直径增大；反之，芯杆向左移动，卷筒直径减小。芯杆是由传动轴尾部的胀缩液压缸带动的，如图 13－10 所示，卷筒

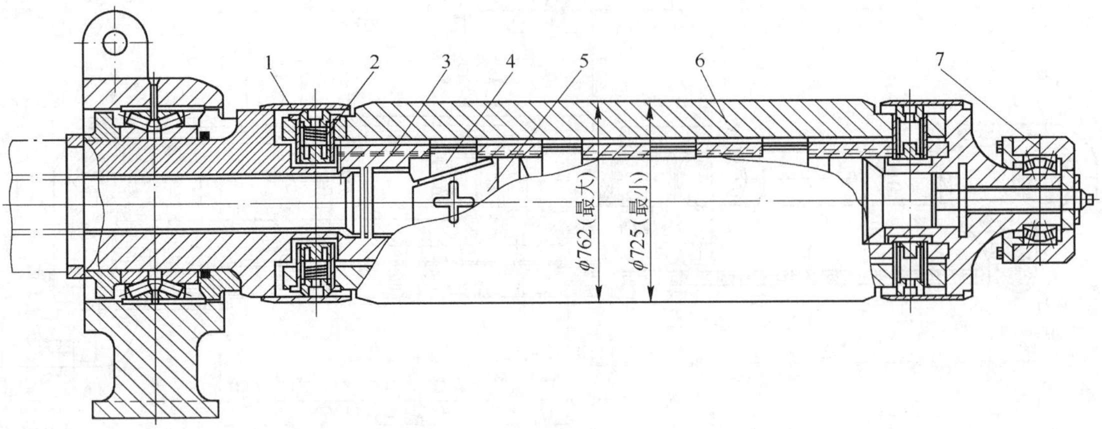

图 13－7　斜楔（柱塞）式卷筒

1—护圈；2—径向压力弹簧；3—传动轴；4—柱塞式斜楔；5—棱锥式芯轴；6—扇形板；7—轴端支撑

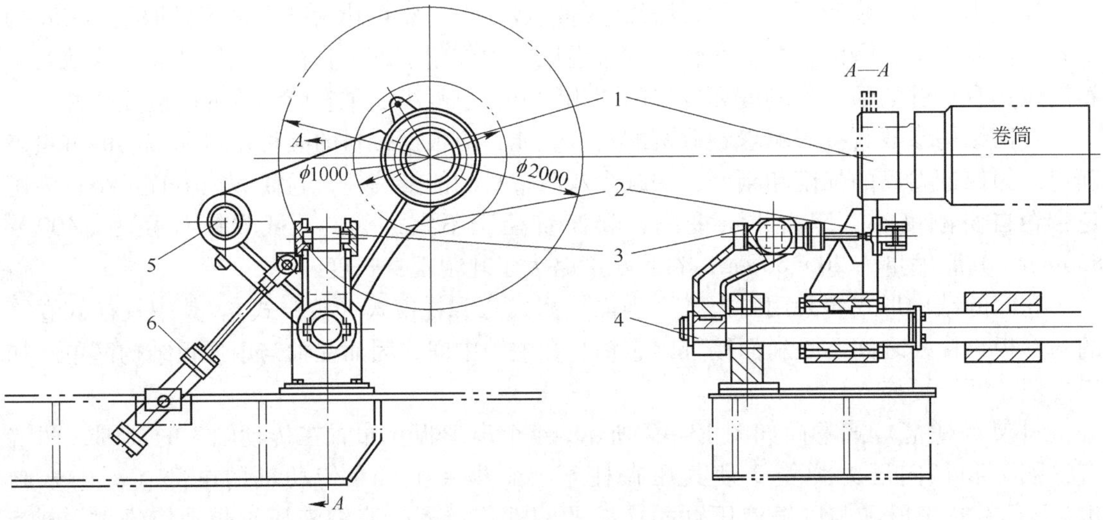

图 13－8　卷筒轴端活动支撑装置

1—卷筒轴端支座；2—活动支架；3—轴向移动液压缸；4—支撑轴；5—定位支撑销轴；6—摆动液压缸

共分四级胀缩，各级所对应的液压缸活塞位置示于图 13－11。卷取前处于第一级胀径；卷取头几圈后，改为第二级胀径，消除带卷与卷筒间的间隙，胀紧带卷以便建立稳定的卷取张力；卸卷时的正常缩径为第一级缩径；卸卷困难时，利用事故收缩量，为第二级缩径。棱锥式卷筒结构简单，强度和刚度大，工作可靠，广泛用于宽带轧机。

卷筒需要经常更换和维修。当更换卷筒时，有的是将卷筒固定在卸卷小车上，打开尾部锁紧机构，将卷筒拖出；有的具有专用的移出机构，如图 13－12 所示，液压缸将卷筒向传动侧拉出。卷筒的传动方式有两种：一种是电动机直接传动（见图 13－12）；另一种是通过齿轮减速器进行传动（见图 13－10）。前者省略了机械传动部分，机械设备投资降低和维修量少，但需要低速电机，电气造价提高。此外，与卷筒连接的齿形联轴器，由于安装调整比较困难，卷筒装卸不便。后者与此相反，并可将卷筒胀缩机构设置在减速器外

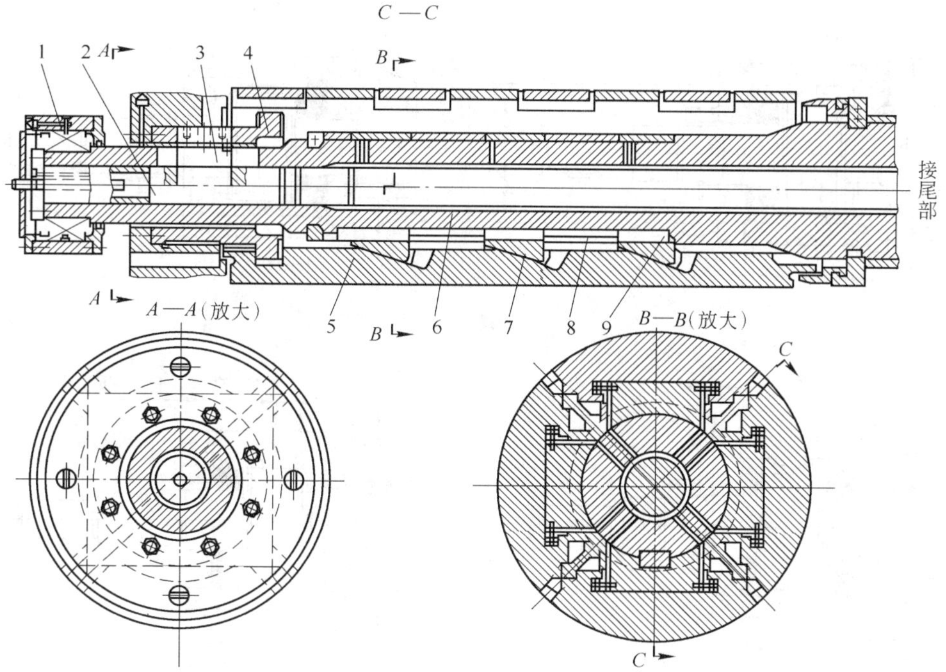

图 13-9 棱锥式卷筒头部结构

1—活动支撑端；2—芯杆；3—销板；4—滑套；5—扇形板；6—传动轴；7—锥形套；8—间隔环；9—键

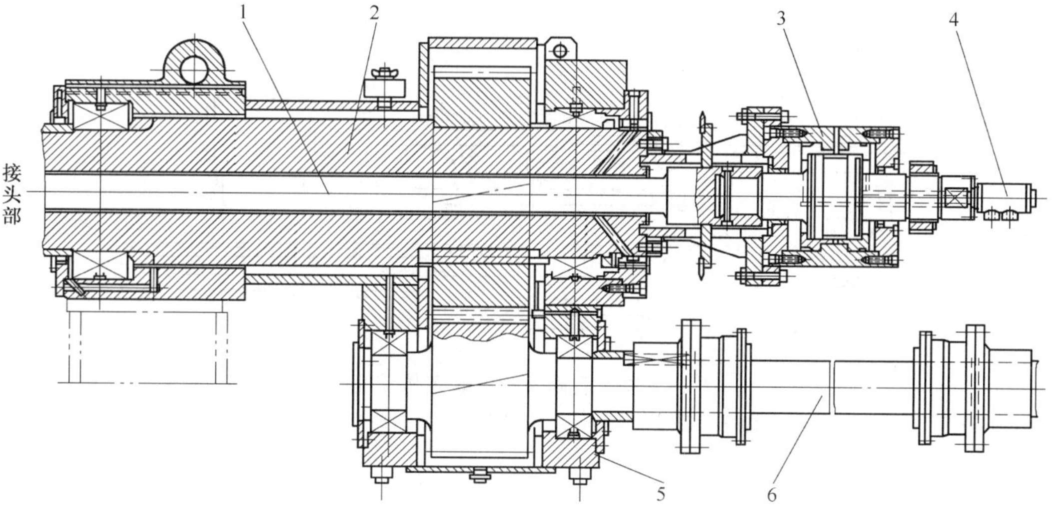

图 13-10 棱锥卷筒轴尾部结构

1—芯杆；2—传动轴；3—胀缩液压缸；4—给油轴头；5—传动减速器；6—传动接触

侧传动轴的尾部，使胀缩机构简单和尺寸减小。总之，当卷取速度较高时，电气方面的造价提高得并不显著，而对齿轮传动精度要求很高，此时采用前一种传动方式较为合适。当卷取速度较低时，应采用后一种传动方式。

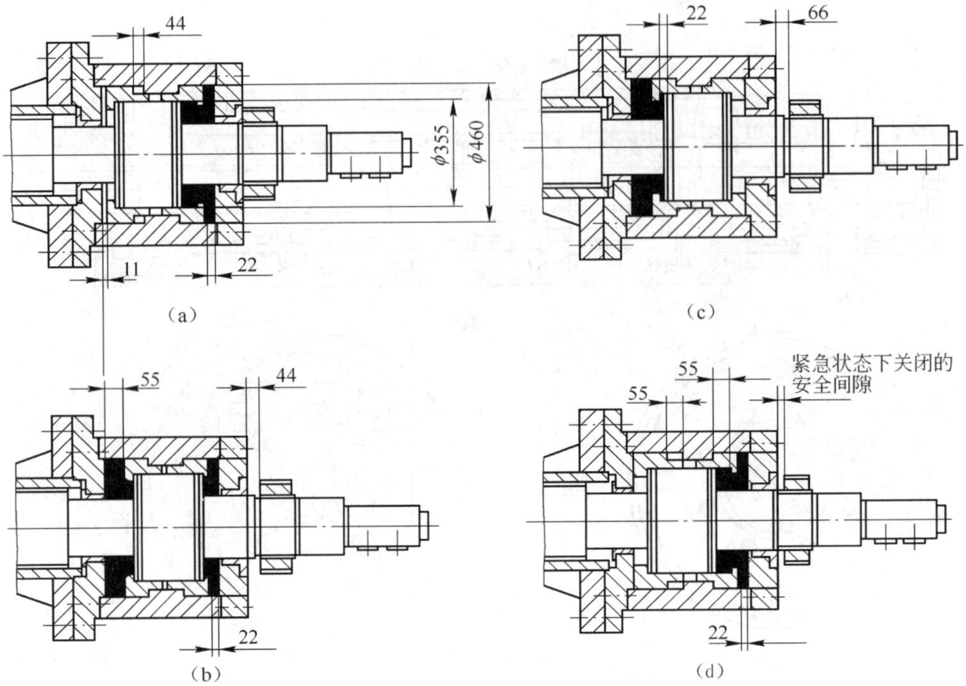

图 13－11　胀缩液压缸活塞的四种位置

(a) 正常缩径；(b) 一级胀径；(c) 二级胀径；(d) 事故缩径

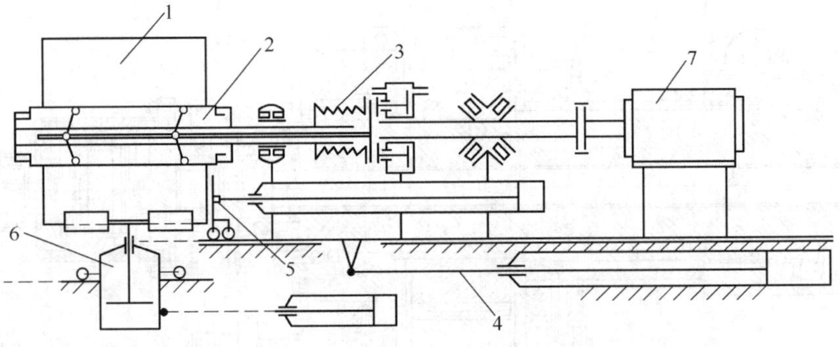

图 13－12　卷筒及卸卷装置传动简图

1—钢卷；2—卷筒；3—卷筒胀缩机构；4—卷筒移出机构；5—推卷机构；6—卸卷小车；7—电动机

13.5　冷带卷取机

13.5.1　冷带钢卷取机的类型及工艺特点

13.5.1.1　冷带钢卷取机的分类

目前冷轧带钢的卷取绝大多数采用卷筒式卷取机，其设备配置比较简单，主要由卷筒及其传动系统，压紧辊，活动支撑和推卷、卸卷等装置组成。卷筒及其传动系统构成卷取机的核心部分，生产率高的卷取机往往还设有助卷器。

（1）按卷取机的用途可分为大张力卷取机和精整卷取机两类。大张力卷取机主要用于可逆轧机、连轧机、单机架轧机及平整机。精整卷取机则主要用于连续退火、酸洗、涂镀层及纵剪、重卷等生产机组。

（2）按卷筒的结构特点可分为实心卷筒卷取机，四棱锥卷筒卷取机，八棱锥卷筒卷取机及四斜楔和弓形块卷取机等。前三种强度好，径向刚度大，常用于轧制线做大张力卷取。后两种结构简单，易于制造，常用于低张力的各种精整线。此外，大张力卷取机的卷筒从性能上还有固定刚度卷筒和可控刚度卷筒之分。

13.5.1.2 冷带钢卷取的工艺特点

A 张力

冷带钢卷取突出的特点是采用较大张力。此外，由于张力直接影响产品质量尺寸精度，因此对张力控制要求很严格。现代大张力冷带钢卷取机都采用双电枢或多电枢直流电机驱动，并尽量减小传动系统的转动惯量，提高调速性能，以实现对张力的严格控制。各种生产线的卷取张应力见表 13－1。轧制卷取时，应考虑加工硬化因素；精整卷取薄带时，张应力应取大值。

表 13－1 冷带钢生产线张应力的数值

机 组	可 逆 轧 机			连轧机	精整机组
带厚/mm	0.3～1	1～2	2～4	—	—
张应力 σ_s/MPa	0.5～0.8	0.2～0.5	0.1～0.2	0.1～0.15	5～10

B 表面质量

冷带钢表面光洁，板形及尺寸精度要求较高，因此对卷筒几何形状及表面质量的要求也相应提高。

C 钢卷的稳定性

冷轧的薄带钢采用大直径卷筒卷取时，卸卷后带卷的稳定性极差，甚至出现塌卷现象。因此加工带材厚度范围大的生产线应能采用几种不同直径的卷筒，小直径卷筒用于卷取薄带。

D 纠偏控制

带钢精整线往往要求带钢在运行时严格对中，使卷取的带卷边缘整齐。为此常采用自动纠偏控制装置。带钢纠偏装置的工作原理如图 13－13 所示。卷取机机架是活动的。调整好以后固定不动的光电元件检测带钢边缘，带钢跑偏将使光电元件产生输出信号，信号放大后经电液伺服控制器、控制油缸随时调整卷筒位置使带卷边缘保持整齐。纠偏效果与纠偏速度密切相关。纠偏速度可根据机组速度见表 13－2 确定。

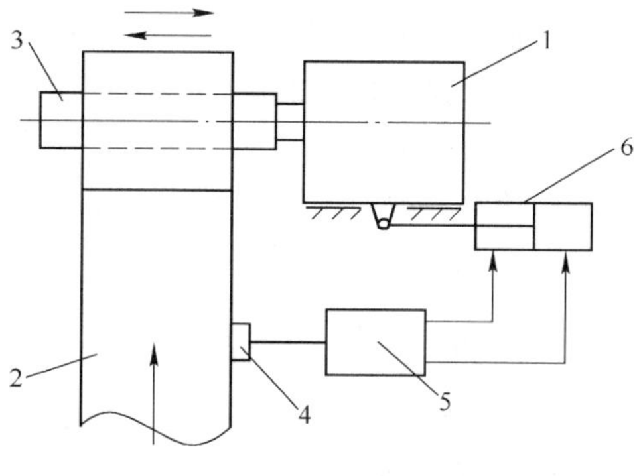

图 13－13 卷取机纠偏控制原理图

1—活动机架；2—带钢；3—卷筒；4—光电元件；5—伺服控制器；6—油缸

表 13－2　带钢纠偏速度

机组速度/m · s⁻¹	0～1	1～1.5	2.5～5	5～15	15 以上
纠偏速度/mm · s⁻¹	10	15	20	30	40

除高温条件外，几乎所有对热卷取机的性能要求，适用于冷卷取机。但还应考虑以下几个问题：要求有更高的强度、刚度以实现大张力卷取；大张力卷筒胀开后，应能成为一完整圆形，以防止压伤内层带钢；可快速更换卷筒，以适应多种厚度。

13.5.2　冷带钢卷取机结构

常见的冷带钢卷取机有实心卷筒式、四棱锥式、八棱锥式、四斜楔式、弓形块式等结构。

13.5.2.1　实心卷筒卷取机

实心卷筒卷取机一般为两端支撑，结构简单，具有高的强度和刚度，用于大张力卷取。其缺点是卸卷需采用倒卷方法，影响了轧机的生产能力。为减少卸卷辅助时间，提高作业率，常采用转盘式双卷筒结构。

实心卷筒在大张力卷取时，带钢对卷筒会产生很高的径向压力。为防止卷筒塑性变形，卷筒材料常采用合金锻钢并经均匀热处理。

13.5.2.2　四棱锥卷取机

四棱锥卷筒可以克服实心卷筒卸卷困难的问题。四棱锥卷筒胀径时，由胀缩缸直接推动棱锥轴，使扇形块产生径向位移。由于没有中间零件，棱锥轴直径大，强度高，可承受 400～600kN 的张力，常用于多辊可逆式冷轧机的大张力卷取和冷轧连轧机组的卷取机。卷筒的棱锥轴有正锥式和倒锥式。正锥式四棱锥卷取机卷筒主要由棱锥轴、扇形块、钳口及胀缩缸等组成，结构简单。

四棱锥卷筒为开式卷筒。卷筒胀开时，扇形块间有间隙。因此，卷筒胀缩量不宜过大，否则扇形块之间缝隙过大，卷取时会压伤内层带卷。卷筒为悬臂结构，外端设有活动支撑。卷筒上设置钳口，钳口由 6 个柱塞缸夹紧，而由弹簧松开，钳口开口度为 5mm。卷筒棱锥轴锥角为 7°45″，正常润滑条件下它大于摩擦角，性能上属于自动缩径卷筒。卷筒的薄弱环节是扇形块的尾钩，尾钩在棱锥轴向分力的作用下会产生很高的弯曲和剪切应力，易于疲劳损坏。同时，正锥结构使主轴和胀缩缸的连接螺栓处于不利的受力状态。新设计的四棱锥卷取机采用倒锥式，显著地改善了上述零件的受力情况，扇形块结构也得以简化。但因胀缩缸的面积要减去活塞杆的面积，胀缩缸直径略有增大。

13.5.2.3　八棱锥卷取机

近年来冷轧机向高速、重卷、自动化方向发展，在卷取机结构上有较大的改进。为减小卷取机转动惯量，改善启动、调速、制动性能，常采用电动机直接传动卷筒的方式。为解决胀开时扇形块间的缝隙对薄带钢表面质量的影响，卷筒采用四棱锥加镶条的结构即八棱锥，卷筒胀开后能成为一个完整的圆柱体。

图 13－14 为 1700 冷连轧八棱锥卷取机，它由卷筒、胀缩缸、机架、齿形联轴节、底座、卸卷器等组成。卷取机卷筒有 ϕ610 和 ϕ450 两种规格，采取整机更换的快速更换卷筒方式。

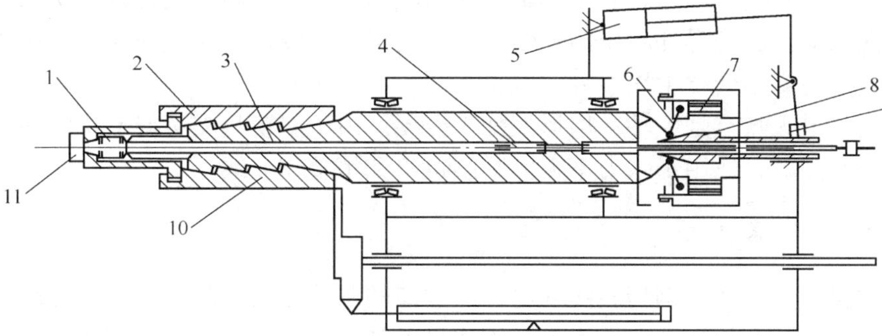

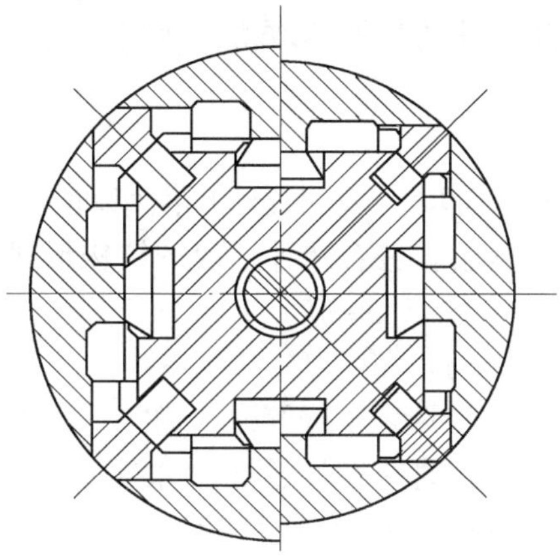

图 13－14 八棱锥卷筒结构示意图

1—弹簧；2—扇形块；3—拉杆；4—花键轴；5—胀缩油缸；6—胀缩连杆；
7—环形弹簧；8—胀缩滑套及斜块；9—拨叉；10—镶条；11—头套

卷筒由扇形块、镶条、八棱锥芯轴、拉杆、花键轴等组成。胀径时，油缸通过杠杆拨叉推动两个斜块向左移动，使四个胀缩连杆伸直并推动环形弹簧及方形架，使花键轴和拉杆右移，棱锥轴靠轴承支撑于机架上不能左右移动。因此，拉杆带动头套使扇形块及镶条相对棱锥轴右移胀径。

缩径时，油缸通过杠杆拨叉将斜块拨出，胀缩连杆在弹簧作用下折曲，扇形块、花键轴等靠胀径时储存在弹簧中的压缩变形能复位，使卷筒收缩。为提高卷取机刚度，卷筒设有活动支撑。

八棱锥卷筒除棱锥强度高，扇形刚度大以外，还具有以下特点：当卷筒胀开后，胀缩连杆压在凸块的顶平面上定位并自锁，卷取时胀缩缸不随工作负荷。扇形块与镶条在胀缩运动中互不干扰，但各斜楔面均保持接触，胀开后镶条正好填补扇形块缝隙，卷筒成一整圆。由于斜楔角大于摩擦角，八棱锥卷筒也属于自动缩径式，但缩径控制不是靠胀缩缸而是靠压缩环形弹簧而实现的。由于胀缩缸避开卷筒轴线位置，其传动采用了电机直接驱动的方式。传动系统具有较小的摆动惯量。

13.5.2.4　四斜楔卷取机

四斜楔卷取机的卷筒由主轴、芯轴、斜楔、扇形块、胀缩缸等组成。卷筒的胀缩机构是四对斜楔。内层斜楔由胀缩缸通过芯轴带动做轴向移动，外斜楔支持扇形块的两翼，带动扇形块径向胀缩。胀径时外斜楔向外伸，填补扇形块间隙，斜楔顶面与扇形块外表面构成一整圆。卷取薄带不会产生压痕。

这种卷筒的最大特点是主轴、扇形块加工方便。由于斜楔只支持扇形块的两翼，卷筒强度、刚度都有削弱，适用于张力不大的平整机组和精整作业线。

13.5.2.5　弓形卷取机

弓形卷取机多用于宽带钢精整线的卷取。卷筒的胀缩方式有凸轮式、轴向缸斜楔胀缩式和径向缸式三种。凸轮和轴向缸斜楔胀缩式目前基本上已不再采用，而径向缸式由于结构紧凑，使用可靠，在国内外新设计的精整卷取机上普遍采用，使用情况良好。

13.6　线材卷取机

线材卷取机的发展经历了两个阶段。20 世纪 60 年代以前的线材卷取机，其作用是单纯的打卷，以便于线材的收集和运输。它有两种主要的结构形式。

13.6.1　轴向送料的线材卷取机

如图 13 - 15 所示，由轧机来的线材经过管子 1 和卷取机的空心旋转轴 2，从轴的锥形端的螺旋管 3 出来后，在自由地挂于轴上的卷筒 5 与外壳 4 之间的环形空间中成圈地叠起。当打开门 6 后，卷好的线材落在运输机上。

这种卷线机的主要优点是卷取过程中线卷不转动，因而可允许采用较高的卷取速度（即允许较高的轧制速度）。但由于卷取时金属被扭转（卷取机每转一转，金属扭转 360°），故通常用于卷取直径较小的圆形断面金属。

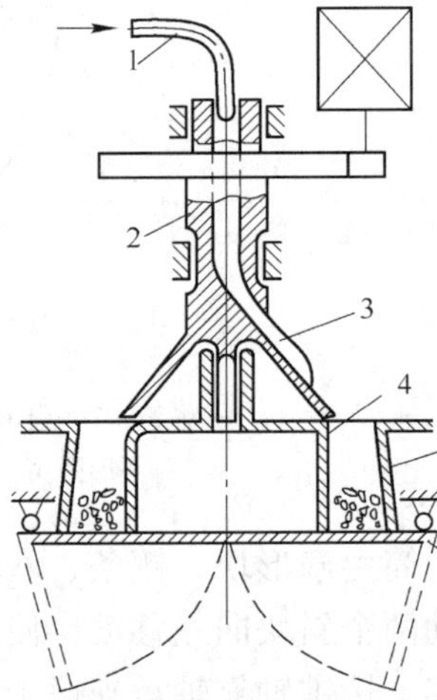

图 13 - 15　卷筒不旋转的线材卷取机
1—管子；2—旋转轴；3—螺旋管；
4—外壳；5—卷筒；6—门

13.6.2　径向送料的线材卷取机

图 13 - 16 为径向送料的线材卷取机。卷筒 1 与托钩 2 一起旋转，金属经管子 3 沿切向进入卷筒与外壳 4 之间的环形空间。卷取时，外壳支在托钩上一同旋转。卷取终了，卷取机停止，在曲柄机构 5 的作用下使辊子支架 6 升起，托钩被掀向卷筒内侧，外壳 4 落在圆锥座 7 上，从而使成品卷落在运输机上。在下一次卷取开始前，卷取机加速到稳定速度。

拉丝生产对其原料—热轧线材的要求是：

（1）氧化铁皮少，且易于去除，从而缩短拉丝前的酸洗时间和耗酸量。

（2）强度高。

（3）线材在全长上具有均匀的机械性能，从而保证线材制品在全长上的机械性能的均匀，拉拔性能良好，不致在拉拔时产生断裂现象。

（4）高的断面收缩率及延伸率。

随着线材轧机轧速的不断提高，盘重增大，线材的卷取温度高达1000℃左右，此时若依照旧的卷取工艺，用老式卷取机卷取，将产生下列严重的不良后果：

（1）由于盘重大，成卷的线材因缓冷而产生大量的氧化铁皮，而且是难以溶解的 Fe_3O_4 给酸洗带来很大的困难。

（2）由于盘条是堆成团的，在高温下冷却后，内、外圈的冷却速度相差很大，沿长度方向的机械性能有差异，显微组织不均。高碳钢更为严重。

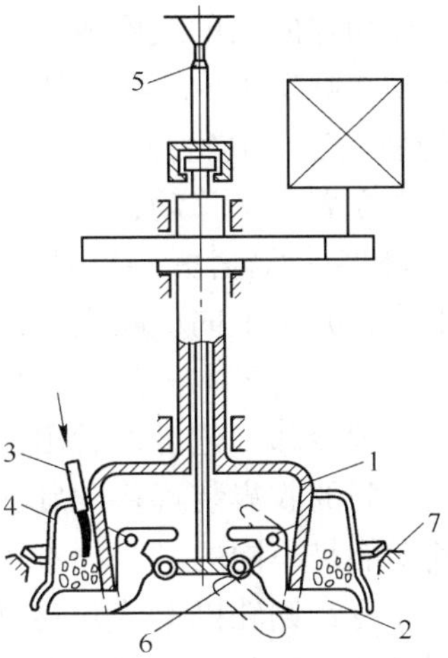

图 13－16　卷筒旋转的小型钢材卷取机简图

1—卷筒；2—托钩；3—管子；4—外壳；5—曲柄机构；6—辊子支架；7—圆锥座

（3）冷却后铁素体晶粒粗大，机械性能差。高碳钢一般不直接使用，而是经冷拔、冷轧成绳钢丝、弹簧钢丝、焊条钢丝，故冷加工性能特别差。

为了避免上述弊病，20 世纪 60 年代在线材生产中实现了控制冷却的新工艺。它是将精轧机轧出的线材，从终轧温度迅速强制冷却到一定程度而获得全长上性能基本均匀的索氏体线材。这一工艺省去了旧式工艺的中间热处理工艺程序。此外，由于急冷产生的氧化铁皮很少，并且是易溶于酸的 FeO，因此，现代线材卷取机所完成的工序已超出旧式线材卷取机单纯打卷的功能，它与其他一些辅助机械共同完成一整套热轧线材轧后直接索氏体化的工艺。

目前主要的热轧线材轧后直接索氏体化工艺方法有以下几种（见图 13－17）：

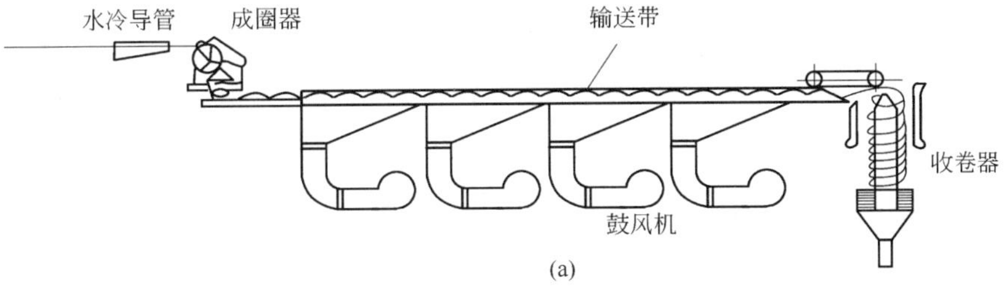

(a)

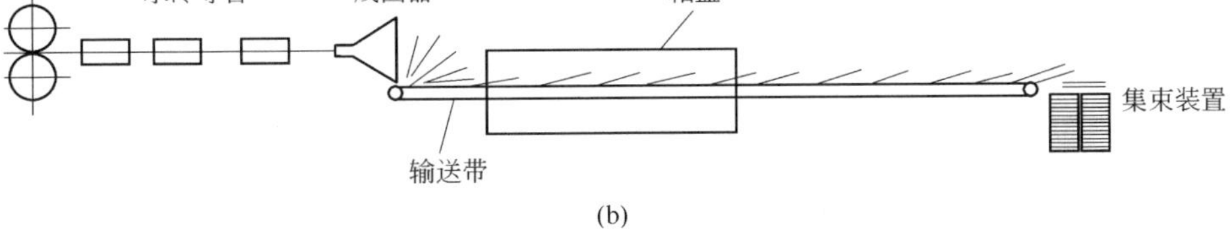

(b)

图 13－17　线材轧后直接索氏体化工艺方法

（a）斯太尔摩法；（b）施罗曼法

（1）斯太尔摩法　线材终轧后，通过水冷区使线材温度急冷至 750～800℃，进入吐丝成圈器。成圈器吐出的线圈落到移动的链式输送带上，形成散圈状态。在输送带下强行鼓风，冷却到400℃以下，再由线圈收集装置收集并打包。

（2）施罗曼法　其特点是加强了水冷区的冷却效果和采用了水平锥管式成圈器，卷成的散圈可以立着水平移动，冷却更为均匀，对高碳钢线材的冷却十分有利。

（3）德马克—八幡法（DP法）　它采用塔式冷却装置。线材成卷后，落入多爪式运输带垂直下降，并由下向上吹入压缩冷风冷却。

除此以外，尚有日本的热水浴处理法和流态层处理法等。

从以上各种冷却工艺可以看出，这里的卷取机成圈器只起线材成圈作用，线材冷却处理后还需经专门的收集装置将螺旋状线圈收集成堆。虽然成圈器的结构类似于旧工艺的卷取机，但其功能是不同的。

另外，在冷带钢轧机上的开卷机是和卷取机共同配合工作的。卷取机用来卷取带钢，开卷机则用来开卷，并在轧制时形成后张力。在可逆式冷轧机上，开卷机即是卷取机，卷取机也是开卷机。它们交替作为开卷机和卷取机使用结构上也没有什么区别。

思考题

13－1　卷取机的类型有哪些？

13－2　试述三辊式地下卷取机的卷取工艺过程。

13－3　地下式卷取机中张力辊的作用是什么？

14 辊道与升降台

14.1 辊道

14.1.1 辊道的用途和分类

在轧钢车间中，辊道是用来纵向运输轧件的设备。热轧时，将加热好的坯料送往轧钢机轧制，轧出的轧件送往剪切机、矫直机等设备，一般都是通过辊道运送的。在一些精整作业线上，轧件的纵向运输也往往是由辊道进行的。辊道长度往往贯穿整个作业线，故设备重量很大，约占车间设备总重量的20% ~40%，有的车间甚至达到40% ~60%，而且轧机前后辊道的运转情况，还直接影响轧钢机的产量。因此，正确合理地设计和维护辊道，对减轻车间设备和提高轧钢机产量具有重要的意义。

（1）辊道按传动类型可分为：

1）集体传动的辊道。

2）单独传动的辊道。

3）空转辊道，这种辊道一般用作运输辊道，辊道平面常与地面成一定的斜度，使轧件靠自重在其上移动，故也称为重力辊道。

（2）辊道按用途可分为以下几种类型：

1）工作辊道。靠近工作机座，用来将轧件喂入轧机中的轧辊，并接受从轧辊出来的轧件的辊道，称为工作辊道。紧靠工作机座两侧经常工作的一段辊道，称为主要工作辊道；距工作机座较远，在轧件长度超过主要工作辊道时才参与工作的辊道，称为辅助工作辊道或延伸辊道。工作辊道的布置情况，如图 14 - 1 所示。装在轧钢机架中的工作辊道，称为机架辊。

2）运输辊道。除去工作辊道外，用来将钢坯从原料场送到加热炉，或从加热炉送到轧机，以及用以连接轧机的各个辅助设备的辊道，均称为运输辊道。运输辊道又可分为输入辊道和输出辊道。

3）收集辊道。收集辊道用来将轧完的轧件收集成排。它通常装设在剪切机的前后，其辊子斜放，也称斜辊道，如图 14 - 2 所示。

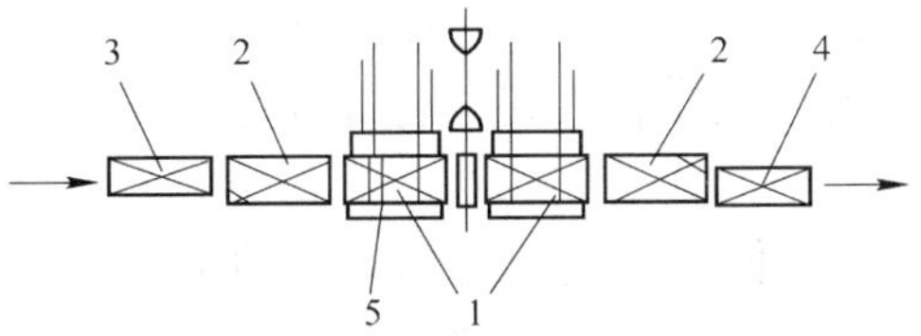

图 14 - 1　初轧机的辊道简图

1—主要工作辊道；2—辅助工作辊道；3—输入辊道；4—输出辊道；5—翻钢机

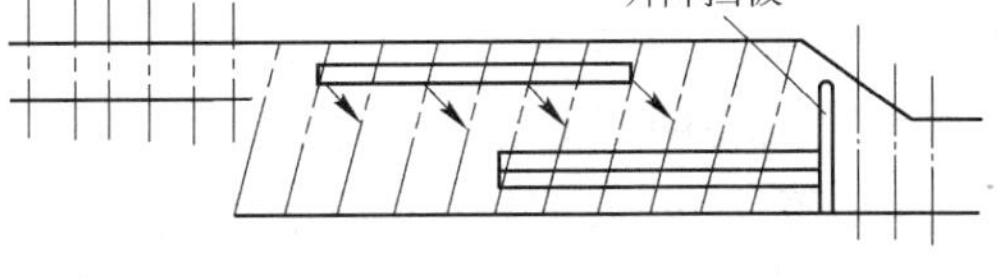

图 14 - 2　带斜辊的收集辊道

4）移动辊道。移动辊道可沿轧件运动方向移动。它常装设在剪切机的后面，以便切头落入切头运输机上及时运走，如图 14－3 所示。

5）升降辊道。升降辊道用于使轧件上升或下降，例如三辊式轧钢机上的摆动升降台，以及安装在上切式剪切机后面的辊道，如图 14－4 所示。

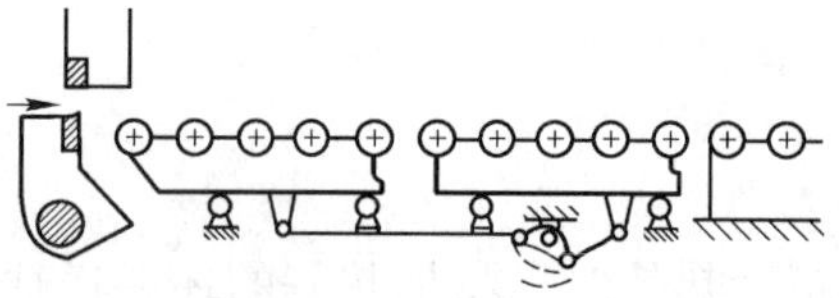

图 14－3　剪切机后移动辊道的动作原理

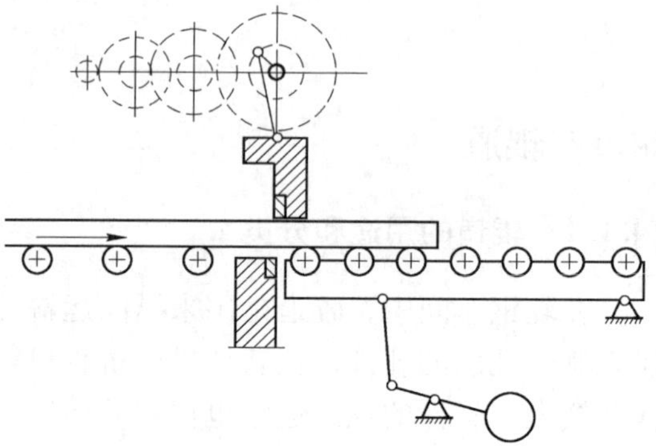

图 14－4　上切式剪切机后的摆动台简图

6）炉内辊道。炉内辊道装在板材退火炉内，作为炉底，它采用链传动，其传动装置设在炉外。辊子是空心的，以便通水冷却。

14.1.2　辊道的结构

14.1.2.1　集体传动辊道的结构

集体传动辊道一般用于工作条件较繁重，和运送短而重量大的轧件的场合。这些轧件的重量往往集中作用在几个辊子上，每个辊子承受较大的负荷。采用集体传动可以减小辊道电动机的功率。集体传动的辊道，由一台电动机通过齿轮（圆柱齿轮或圆锥齿轮）或者链子，同时带动几个辊子。链传动只用在特殊情况下，如加热炉内的辊道。集体传动的辊道大多采用圆锥齿轮传动。

图 14－5（a）是某厂 1150 初轧机的主要工作辊道。该辊道共有 9 个辊子，由一台功率为 300kW 的电动机，经过连接轴、齿式联轴节（图中未画出），再通过一对斜齿圆柱齿轮、一对直齿圆柱齿轮 2 将运动传到长轴 4，最后经过安装在辊子上的圆锥齿轮 5 使每个辊子转动。减速装置中的高速轴、低速轴和长轴，采用干油集中润滑；而各对齿轮则用油箱中的稀油润滑。

从工作辊道沿辊子中心的剖视图［见图 14－5（b）］中可看出，辊子的传动端装有双列圆锥滚柱轴承 11，非传动端则装设了螺旋弹簧滚柱轴承 13。后者能使辊子承受一定的冲击负荷，但能承受的轴向负荷较小。故有些初轧厂的工作辊道，将螺旋弹簧滚柱轴承改为自动调心的球面滚柱轴承。

9 个辊子非传动端的下轴承座及其支架 7 是铸成一体的，而其传动端的轴承座及其支架 6，则与齿轮传动装置的箱体铸在一起，支架 6 和 7 通过横梁 10 来联结。辊子的每个轴承座有单独的上轴承盖。传动端传动装置的油箱盖则分段铸成（便于维修）。为观察圆锥齿轮的啮合情况，在盖子上设有观察孔。

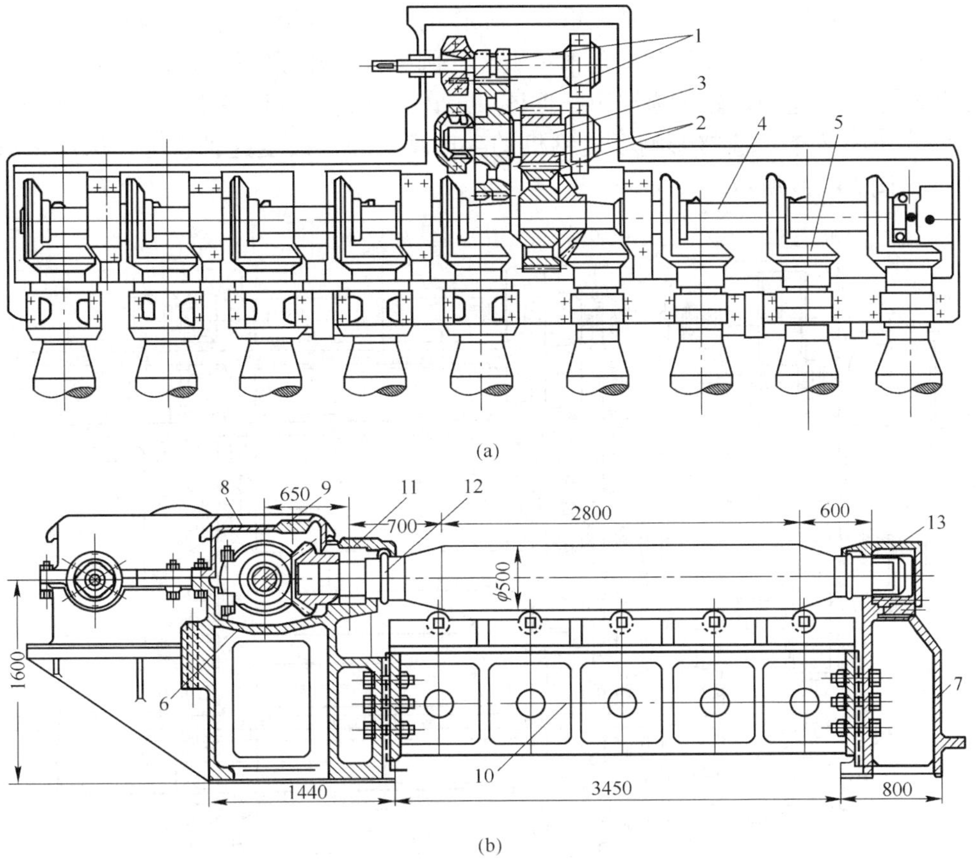

图 14－5　1150 初轧机工作辊道

（a）平面布置图；（b）剖视图

1—斜齿圆柱齿；2—直齿圆柱齿轮；3—齿轮轴；4—长传动轴；5—圆锥齿轮；6，7—轴承座支架；8—轴承盖；9—盖子；10—横梁；11—双列圆锥滚柱轴承；12—挡圈；13—螺旋弹簧滚柱轴承

辊子是实心的，辊身由圆柱形（直径为 500mm、长度为 2800mm，等于轧辊辊身长度）和两端的过渡圆锥部分组成，以便放置推床的推板，使轧件顺利地进入轧辊两端的孔型。辊子辊身的长度大于轧辊辊身的长度。辊子辊身两端做成过渡圆锥形，是为避免辊身与辊颈的突然变化，从而减少了应力集中，提高了强度。为防止氧化铁皮和冷却水进入轴承，在辊颈内侧附近设有挡圈 12，并在轴承盖上铸有防护罩。

由于辊子传动端的圆锥齿轮直接与长轴上的圆锥齿轮相啮合。故在单独拆卸辊子时，要使辊子有一个轴向位移。在圆锥齿轮脱离啮合后，才能取出辊子。为此，在传动端轴承座内侧装有部分套筒。只要取下轴承座盖，将剖分的下套筒旋转 180°，辊子就能轴向移动，使啮合的圆锥齿轮脱离接触。

集体传动的辊道由于采用圆锥齿轮传动，每根辊子的速度是相等的，即辊子之间没有速度差，因此，轧件运送平稳，喂钢方便，所需电气设备少，并可以充分利用电动机的功率。这种辊道常用于大型开坯机钢梁、厚板及其他轧机的工作辊道及输入辊道。但是，集体传动的辊道结构复杂，重量较大，因此，存在着设备事故较多，维修不方便等缺点。特别是大型开坯机的工作辊道，要经常承受较大的冲击，这类缺点更为突出。

图 14－5 所示的工作辊道，是在重载下工作的。当轧件翻钢或从轧辊抛出时，辊道辊子承受了较大的冲击负荷，经常出现轴承破裂、圆锥齿轮掉牙等设备事故。在第一个和第二个工作辊子上，这种现象更为严重。据该厂统计，在每年的设备事故中，工作辊道的事故占 30% ~40% 左右，直接影响了轧钢机的生产率。为了改变这种状况，该厂采取了以下措施，如图 14－6 所示。

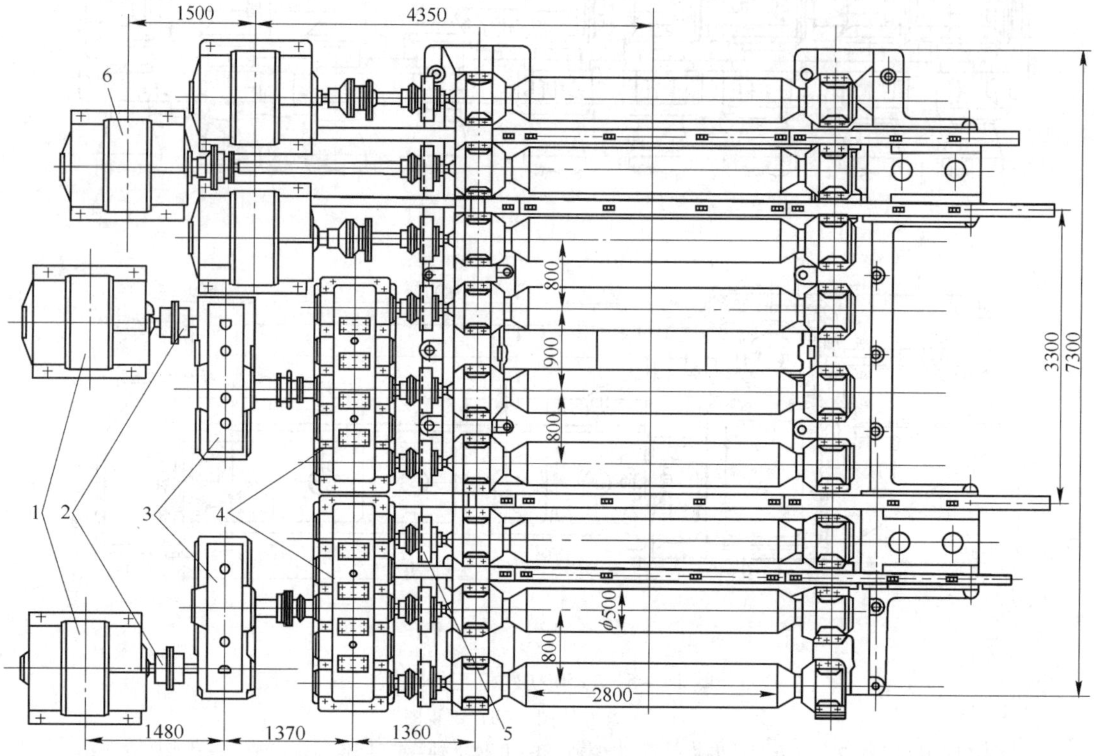

图 14－6　改进后的工作辊道

1，6—电动机；2—齿轮联轴节；3—减速机；4—圆柱齿轮传动箱；5—弹性齿轮传动箱

（1）增大圆锥齿轮模数。模数由 26 增大到 30，并加大了齿根的圆角半径。

（2）将减速装置的圆柱齿轮由渐开线齿形改为圆弧齿形。

（3）增加辊子辊颈尺寸，由 ϕ240mm 增加到 ϕ260mm；辊子轴承也相应地增大。

（4）减小下轧辊表面与工作辊道的相对高度，以减小轧件对辊子的冲击负荷。

当辊道运输的钢锭重量较大时，为进一步减小冲击载荷，如图 14－7 所示，在辊子两端轴承座下面设置缓冲弹簧，用来吸收钢锭倾翻在辊道上时产生的冲击能量，防止发生轴承损坏或断辊等事故。

14.1.2.2　单独传动辊道的结构

单独传动的辊道，用一台电动机带动一根辊子或两根辊子。由于辊子单独传动，可使辊道的机械部分大为减少，启动快，检修和安装方便。由于取消了复杂的齿轮传动，可使每个（或每对）辊子采用单独的底座代替笨重的支架，这一点当辊距较大时更为突出。

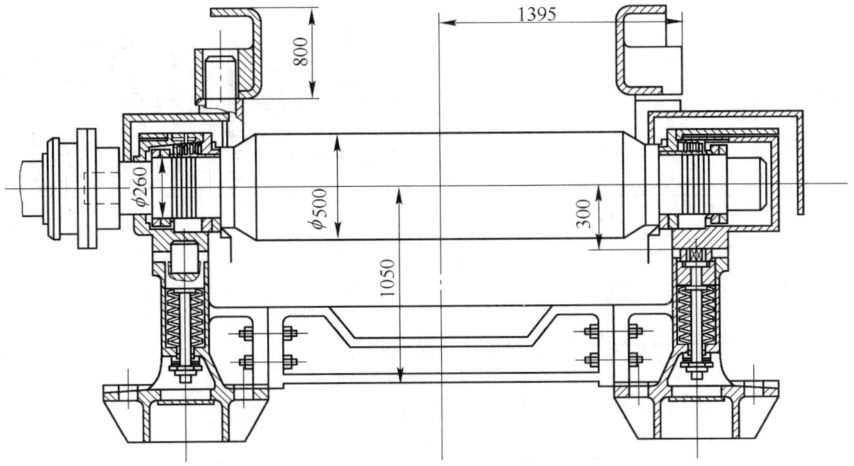

图 14－7　具有缓冲弹簧的受料辊道辊子

这种辊道的缺点，是增加了电气设备，降低了线路的功率因数。但其缺点与优点比较，是次要的。这种辊道常用于运输长的轧件，此时轧件的重量分配在许多辊子上。

单独传动的辊道，一般都用鼠笼式异步电动机驱动，用改变供电频率的方法来改变辊子的速度。高速辊道，电动机与辊子直接联在一起；低速辊道，电动机则通过减速机与轮子联结。

辊子可以不通过减速装置而由电动机直接驱动。此时，如果采用地脚固定式（见图 14－8）或法兰盘式电动机如图 14－9 所示，一般通过万向联轴节、齿轮联轴节或弹性联轴节与辊子连接。如果采用空心轴电动机，则将电动机直接装在悬臂轴上，通过键和螺栓固定，如图 14－10 所示。这种电动机外壳上有凸耳，通过弹簧支撑在辊子轴承座的凸耳上，以防电动机外壳转动。由于空心轴电动机悬臂也套在辊子轴上，对辊子轴及其轴承装置受力不利。现场使用时，往往出现辊子轴变弯，一侧轴承座螺栓松动等问题。

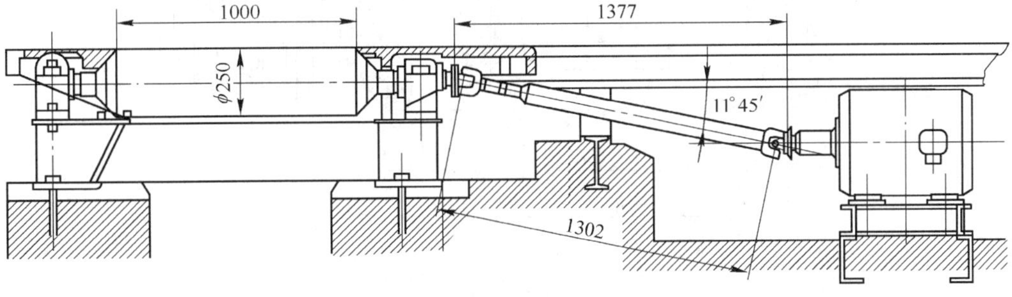

图 14－8　采用普通地脚固定式电动机的单独驱动辊道

另一种单独驱动辊道，如图 14－11 所示。辊子辊身直径为 300mm，辊身长度为 600mm。在传动端，辊子轴承（双列圆锥滚柱轴承）的下轴承座与一级斜齿圆柱齿轮减速机（$i=4.95$）的下壳铸在一起，并通过支架固定在地基上。因为辊身长度较小，所以固定轴承的两端架子铸成一体，而不用横梁连接。电动机类型及其与减速机之间的连接方式与图 5－8 中相同。

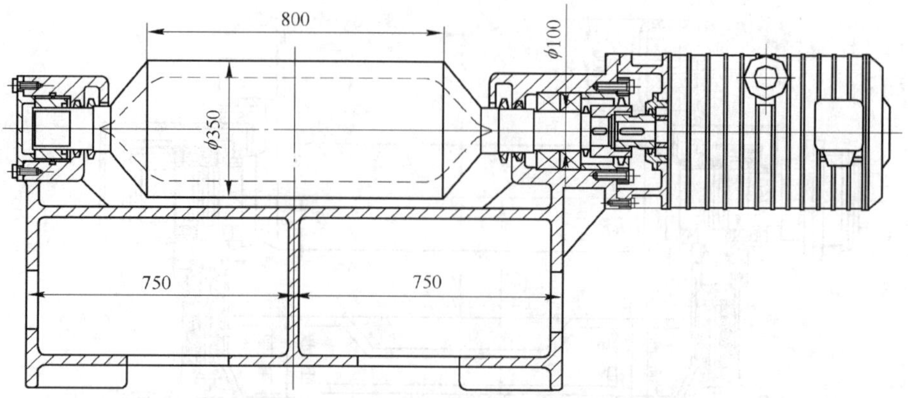

图 14－9　采用法兰盘式电动机的单独驱动辊道

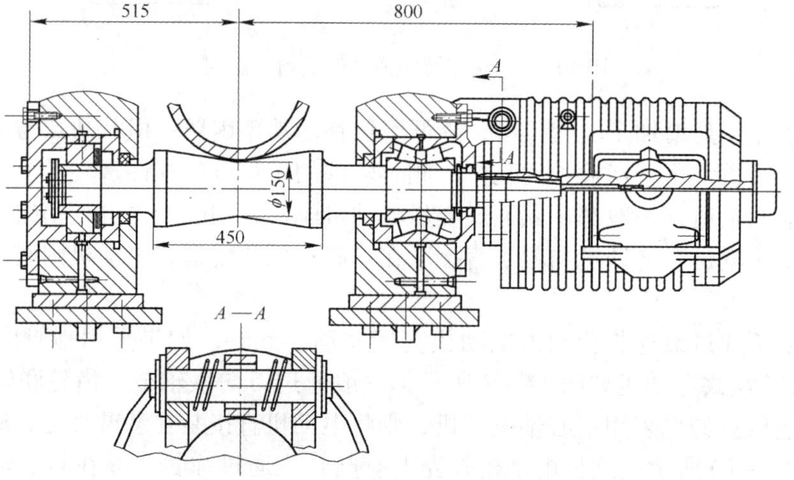

图 14－10　采用空心轴端部悬挂式电动机的单独驱动辊道

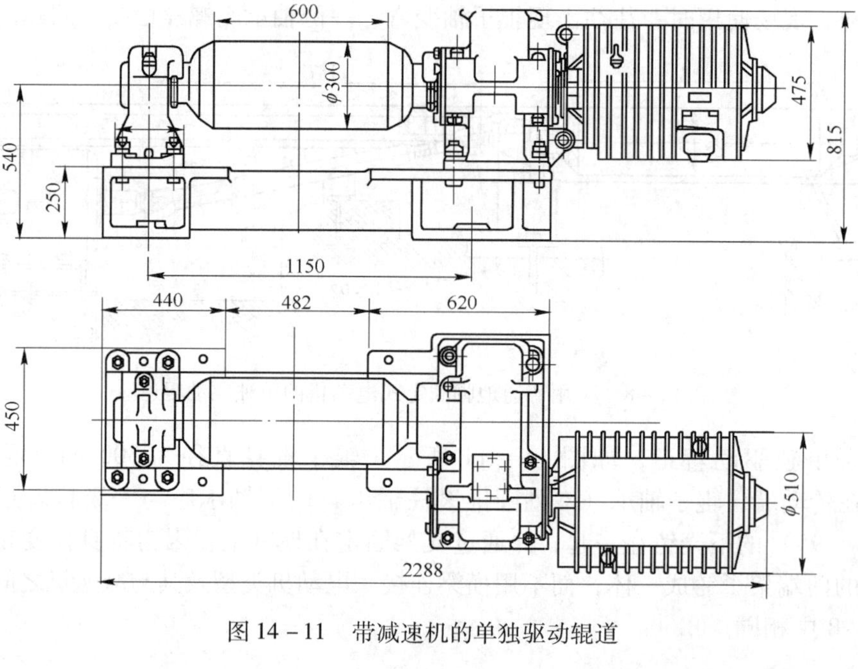

图 14－11　带减速机的单独驱动辊道

14.1.3 辊子的结构

辊道辊子的形状（主要是辊身的形状），由辊道的用途来决定。根据它们的用途，其外形可分为五种形状。

（1）圆柱形辊子。在型钢和钢板轧钢机上应用较广。

（2）阶梯形辊子（或称异型辊）。用作初轧机的机架辊，其辊身随轧辊轧槽的深度而变化。

（3）花形辊子（或称曲片辊子）。用于中、厚板轧机的工作辊道及冷床辊道上，也用在钢板热处理炉中。

（4）锥形辊子。用在中、厚板轧钢机的前后工作辊道上，在“角轧”时用来回转钢板，如图 14－12 所示。

（5）双锥形辊子。用于运输管坯和钢管。

根据辊子的结构和材料的不同，辊子又可分为以下几种类型：

（1）实心锻钢辊子，如图 14－13（a）所示。这种辊子价格较贵，一般用在负荷重，承受较大冲击的辊道上。如初轧机的受料辊道、工作辊道和机架辊，大型轧机工作辊道的第一根辊子，重型剪切机处的辊道等。

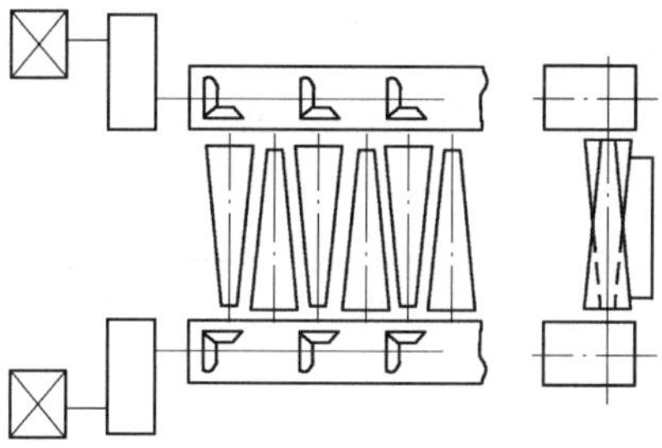

图 14－12　回转辊道

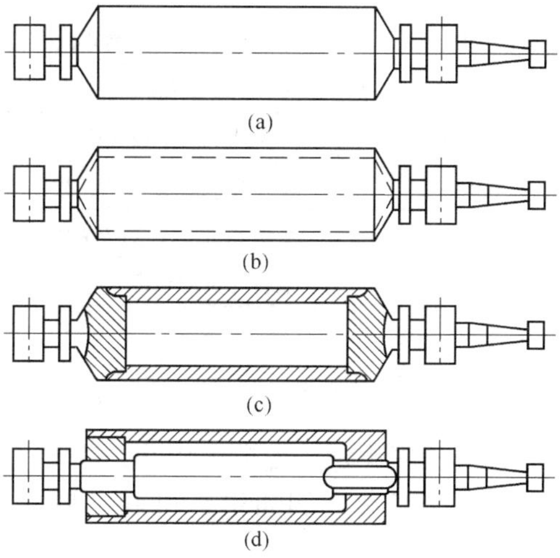

图 14－13　辊道辊子结构

（a）实心锻钢辊子；（b）具有锻造轴端的空心辊子；（c）具有焊接轴端的空心辊子；（d）铸铁辊子

（2）由厚壁钢管或铸钢制成的空心辊子。一般用在中轻负荷的辊道上，如初轧机的延伸辊道和一些运输的辊道；其他大部分轧钢机的主要工作辊道，升降台辊道，输入辊道等。空心辊子的轴端可以是锻造的，如图 14－13（b）所示，也可以是焊接的，如图 14－13（c）所示。这种空心辊子惯性较小，对于启动工作制的辊道尤为合适。对于铸钢辊子，在铸造时要注意使其壁厚均匀，否则，运转中由辊子不平衡而引起的惯性力较大，使辊子轴承、圆锥齿轮磨损严重，电动机的启动制动力矩大，功率消耗多。

（3）铸铁辊子。其价格便宜，一般用在轻负荷辊道上。由于铸铁辊子不易擦伤轧件表面，对于成品轧件的输出辊道尤为适宜。具有铸铁外壳的辊子传动轴除了用键连接外，如图 14－14（d）所示，也有将铸铁辊子直接浇注在钢轴上的。考虑到铸铁辊子由于温度波动可能使辊子长度改变，而采用了铸铁辊子与传动轴一端固定的方式。

14.1.4　辊道的主要参数

辊道的主要参数有：辊子的直径 D，辊身长度 l，辊距（即两个相邻辊子之间的距离 t），辊道速度 v 和辊道总长 L。

14.1.4.1　辊子直径 D

为了减少辊子的重量和飞轮力矩，辊子直径应尽可能选得小些。辊子的最小直径主要决定于辊子的强度条件。当轧件需要在辊子上横向移动时，它还受轴承座和传动机构外形尺寸的限制。一般轧钢机采用的辊子直径如表 14－1 所示。

表 14－1　各种轧钢机辊道的辊子直径

辊子直径 D/mm	辊 道 用 途
600	装甲钢板轧机和板坯轧机的工作辊道
500	板坯轧机、大型初轧机和厚板轧机的工作辊道
450	初轧机工作辊道
400	小型初轧机和轨梁轧机的工作辊道；板坯轧机和大型初轧机的运输辊道
350	中板轧机的辊道，初轧机和轨梁轧机的运输辊道
300	中型轧机和薄板轧机工作辊道和输入辊道
250	小型轧机的辊道，中型轧机和薄板轧机的输出辊道
200	小型轧机冷床处的辊道
150	线材轧机的辊道

14.1.4.2　辊身长度 l

辊身长度决定于辊道的用途，主要工作辊道的辊身长度一般等于轧辊辊身长度，但有时要取得更长些。例如初轧机和一些开坯机，为了装设推床的导板，辊身就取得较长一些。

型钢轧机的辅助工作辊身长度一般较短，作为轧件只在最后几道轧制时才需要辅助工作辊道工作。在钢板轧机上的辅助工作辊道，其辊身长度与主要工作辊道一样。

运输辊道的辊身长度要比运输时轧件最大宽度大 150～250mm，对窄轧件取 150～250mm，对宽轧件取 200～250mm。如果辊道需要同时并排地运送几根轧件时，应按这些轧件的宽度总和来考虑。如运输高温钢锭时，为了减少辊子轴承所受的辐射热，辊子辊身长度要比钢锭的最大宽度大 300～350mm。

14.1.4.3　辊距 t

运输短轧件时，为了保证轧件至少同时放置于两个辊子上，辊道辊距不能大于钢锭重心到大头端面的距离，如图 14－14 所示。否则，轧件在运输过程中，将冲击辊子，加速辊子的磨损和轴承的损坏。

运输长轧件时，由于最大辊距受到轧件自重而引起弯曲这一条件的限制，所以，对于成品轧件较薄的输出辊道，其辊距要选得小些；对于大型轧机，一般取 1.2 ~ 1.6m；中板轧机为 0.9 ~ 1.0m；薄板轧机为 0.5 ~ 0.7m。有时，在这些辊道的传动辊子之间还设有直径较小的空转辊子。

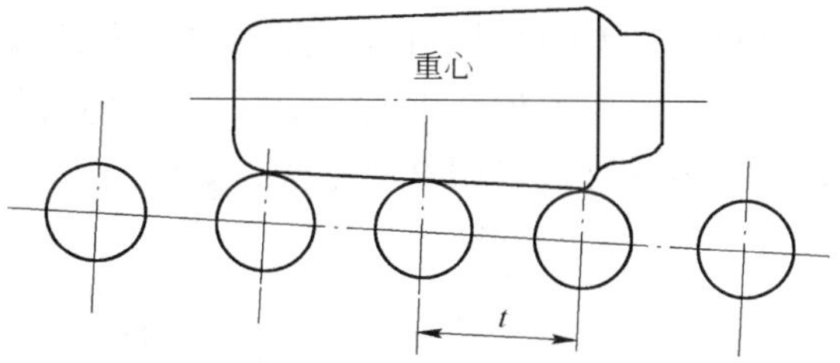

图 14－14　辊距与钢锭重心的关系

14.1.4.4　辊道速度 v

工作辊道的工作速度通常根据轧制速度来选取。当轧件薄而长时，轧机后的工作辊道速度比轧制速度大 5% ~10%，以避免轧件形成皱纹。

运输辊道的速度须根据轧机生产率的要求来确定。轧机输入辊道一般取 1.5 ~ 2.5m/s，轧机输出辊道的速度等于或大于轧制速度的 5% ~10%。随着轧制速度的提高，辊道速度亦相应地提高。例如，钢板热连轧车间的运输辊道，速度已达 15 ~20m/s。

14.2　升降台

14.2.1　升降台的用途和类型

升降台一般装设在二辊叠轧薄板轧机、三辊型钢轧机和三辊钢板轧机的前后，用来在轧制过程中升降和输送轧件。

在二辊叠轧薄板轧机上、从轧辊中出来的轧件，送到轧机后的升降台上后，升降台上升并通过台上的运输链，将轧件送往轧辊的上表面。随着上轧辊的转动，将轧件送回轧机前上升着的升降台上，然后，升降台下降，将轧件送入轧辊，进行下一道次的轧制。

在三辊式轧机上，机后升降台用来将从中下辊出来的轧件抬高并送入中上辊轧制；机前升降台用来接受上中辊出来的轧件并使其下降后送入中下辊轧制。在轧机前后升降台上，装有运送轧件的辊道。

大型三辊式型钢轧机的前后都装有升降台，而在辊径小于 600mm 的轧机上，通常只安装在机座的后边（机座前装有杠杆式或阶梯式翻钢机）。三辊式小型轧机不用升降台，而用围盘把轧件由上一对轧辊导入下一对轧辊。

升降台的类型通常分为摆动式和平行式（见图 14－15、图 14－16）两种。只有当轧件长度小于 5 ~10m 时，升降台才做成平行式的，大多数情况是做成摆动式升降台，如图 14－16 所示。

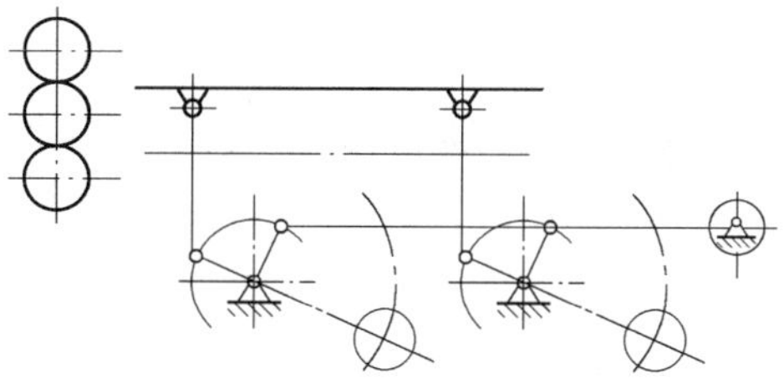

图 14－15　平行升降台简图

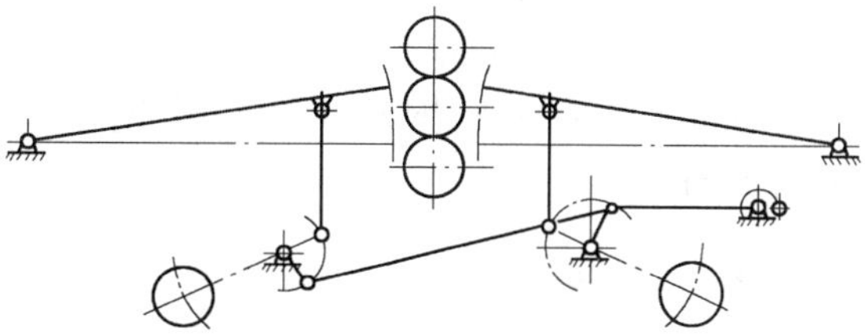

图 14－16　摆动升降台简图

升降台的升降机构通常是曲柄连杆式或偏心轮式的。

二辊和三辊薄板轧机上，最轻型升降台的平衡常采用弹簧平衡，如图 14 – 17（a）所示，而重型升降台多用重锤平衡，如图 14 – 17（b）所示。

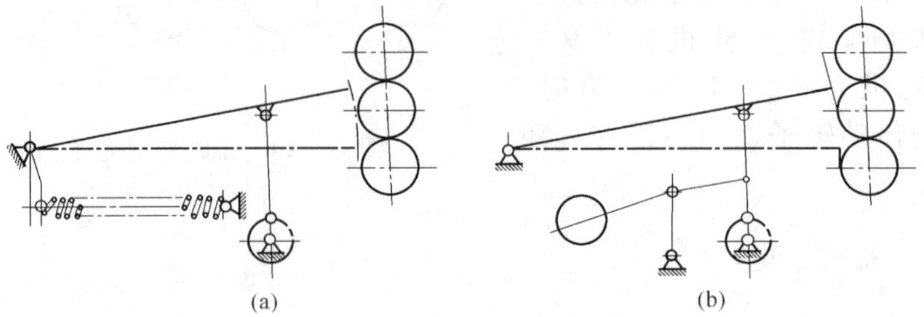

图 14 – 17　具有升降装置的轻型摆动升降台简图
（a）弹簧平衡；（b）重锤平衡

14.2.2　升降台的主要参数

摆动升降台的主要参数，是摆动升降的最大行程，升降台的长度，台面辊道第一个辊子到最后一个辊子的中心距，以及台面上工作辊道的宽度。

14.2.2.1　升降台升降的最大行程

升降台升降的最大行程，取决于轧辊的最大直径，并留有满足生产操作所需要的调整量。此调整量可根据所用孔型尺寸及操作上的要求确定。

例如，用于 650 轧机的升降台，其最大行程为 730mm。

14.2.2.2　升降台的长度

升降台的长度由两个条件决定：

（1）当轧件长度大于 5 ~ 10m 时，升降台的长度必须大于轧件最大长度的 2/3。

（2）台与水平面所形成的坡度不能太大，以免造成咬入困难，或使轧件弯曲。

为了使轧件便于咬入中上辊孔型，稳妥地将轧件送入轧辊和减少轧件在摆动升降台与辊道连接处的弯曲，大、中型轧钢机升降台的最大倾斜度，通常不大于 1∶10 或 1∶15。已知最大升降行程和倾斜度，长度便可求出。如 650 型钢轧机升降台的长度为 9m。

14.2.2.3　升降台的宽度

它决定于台面上工作辊道的辊身长度。考虑到轧辊辊身两边的孔型内轧制操作的方便，辊道的辊身长度应稍大于轧辊的辊身长度。在一般钢板轧机上，为便于测量钢板的厚度，台宽常做得比板宽些。

例如，在 650 型钢轧机上，轧辊辊身长度为 1800mm，通常取辊道的辊身长度为 2000mm。

14.2.3　双层辊道

双层辊道是一种布置在三辊式中、小型型钢轧机后的辊道设备。它能代替升降台的作用。与升降台相比，具有易于制造安装、操作简便和生产事故少等优点，同时，可在同一架轧机上不受升降台的限制进行交叉轧制，从而提高轧机的生产能力。

双层辊道种类较多，按活动部分结构形式分类，常见的有升降式和活板式两种。

14.2.3.1 升降式双层辊道

升降式双层辊道适用于断面较大、长度较短的轧件，如用于某些430粗轧机列第一架轧机的机后，采用轧制坯料为140～160mm方坯或相应尺寸的钢锭，其最大长度为1.3m。

图14－18是升降式双层辊道的示意图，它由下层辊道1、上层辊道2、升降辊道3和延伸辊道4等部分组成。这四部分辊道都装在辊道架6上，成为一个整体。其中，上层辊道和下层辊道是水平放置的，延伸辊道通常向下倾斜7°～13°，升降辊道则可以上下摆动。

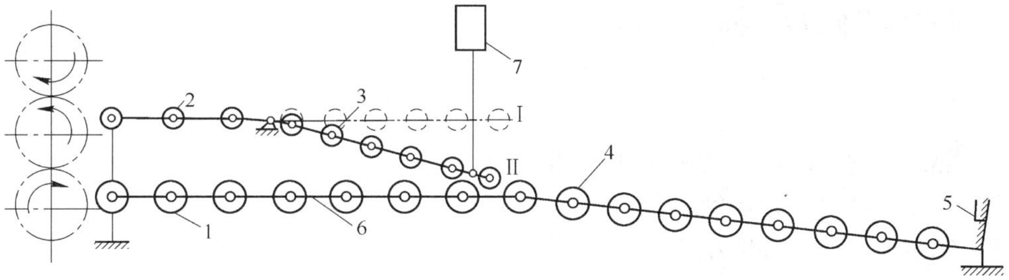

图14－18 升降台双层辊道示意图

1—下层辊道；2—上层辊道；3—升降辊道；4—延伸辊道；5—缓冲挡板；6—辊道架；7—升降装置

当轧件在中下辊间轧制时，升降辊道处在上面的位置Ⅰ，下层辊道1能够将轧件送往延伸辊道4。然后升降辊道通过升降装置7向下摆动到位置Ⅱ，轧件可以从延伸辊道4向升降辊道3运送。当轧件重心处于升降辊道上时，升降辊道就向上摆动到Ⅰ；亦与上层辊道2一起将轧件送入中上辊间轧制。升降辊道的升降装置7有偏心轮式［见图14－19（a）］、钢丝绳卷扬式［见图14－19（b）］和气缸式［见图14－19（c）、（d）］等。

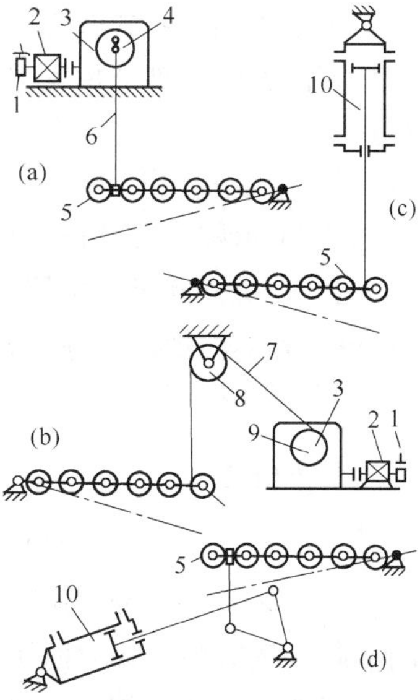

图14－19 升降式双层辊道升降装置示意图

14.2.3.2 活板式双层辊道

活板式双层辊道适用于断面小、长度大的轧件，一般用于小型轧钢车间粗轧机上。

由于轧件长度较大，则延伸辊道的长度亦相应地增加，因而与轧件接触的辊子数目也增加，这样就有足够的冲击力将轧件送往上层辊道，因此，双层辊道的活动部分，可以用10mm左右的钢板制成活板4取代升降辊，如图14－20（a）所示。

活板 4 的一端铰接在上层辊道处的辊道架上，另一端自由地搭在下层辊道的盖板 5 上。从中下辊出来的轧件，可以冲开活板 4，由下层辊道 2 送往延伸辊道 6。当轧件尾部脱离活板 4 后，活板 4 因自重又重新搭在盖板上。此时，轧件由延伸辊道 6 反转，经过活板 4 的上表面送往上层辊道。

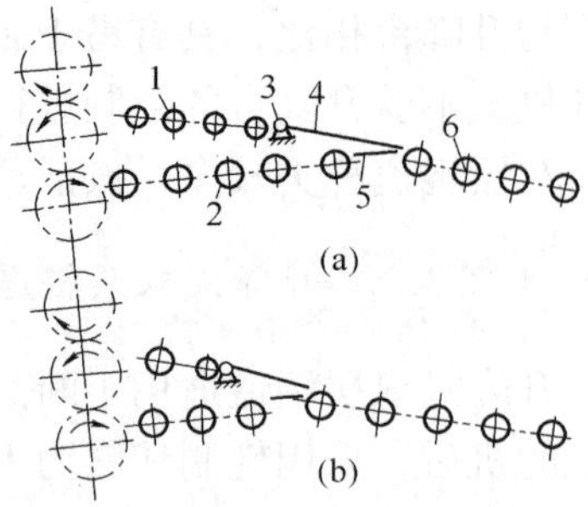

图 14－20　活板式双层辊示意图

考虑到断面小的轧件容易降温，因此，上层辊道的长度不宜太长，一般由 3～4 个辊子组成，亦略向下倾斜，以利于轧件在上、中辊间的咬入和减少轧件通过双层辊道的时间。有的上层辊道甚至采用两个不同直径的辊子形成自然坡度，如图 14－20（b）所示。

14.3　辊道与升降台点检

14.3.1　准备

（1）熟悉辊道系统的构造和工作原理。

（2）安排检修进度，确定责任人。

（3）制定换、修零件明细表。

（4）准备需更换的备件和检修工具。

14.3.2　拆卸

（1）确认系统停电。

（2）拆除干油润滑管路和冷却水管路。

（3）拆除系统各部分连接螺栓及地脚螺栓，将系统分解成辊子装配、减速器、底座等几部分。

（4）解体辊子装配：

1）拆除轴承座连接螺栓，移走轴承盖，吊出辊子。

2）用压力机拆卸半联轴器及轴承。

3）拆除轴承座地脚螺栓，移走轴承座。

（5）解体减速器。

14.3.3　清洗检查

（1）清除表面的油污、锈层、旧漆、密封胶等。

（2）检查零件配合面、啮合面、接触面的磨损情况，清除零件在使用和拆卸过程中产生的毛刺、飞边等，修理损伤表面。

（3）检查传动轴、辊子的圆度、同轴度及弯曲变形等。

（4）检测齿轮齿侧间隙、接触斑点分布位置及分布率，检测轴承间隙。

（5）检查各底座、盖板等是否有裂纹、变形等缺陷并焊修或矫直。

（6）根据设备的技术要求及检测结果报废零件。

（7）辊子中心线不平行度不得超过 ±5mm，辊子上平面不水平度不得超过 ±2mm。

14.3.4 安装调试

（1）对零件的主要配合尺寸进行测量，选择装配。

（2）选择适当的装配方式，按照与拆卸相反的顺序进行组件、部件的装配及系统的总装。

（3）轴承座、联轴器加足润滑脂，减速器按标准加足润滑油。

（4）接通润滑管路和冷却水管路。

（5）单体无负荷试车，系统应运行平稳、无异响，辊子无卡阻现象。

（6）调试完毕后，清理检修现场，整理和分析检测数据及备件消耗情况。

思 考 题

14-1 论述辊道的作用及分类。

14-2 辊道的基本参数有哪些？

15 轧钢机管理与维修

轧钢生产属大工业、连续化、高精度生产。轧钢机处于高温、潮湿、多尘、高速、重载、冲击负荷等恶劣条件下工作，同时对轧制成品质量的要求也越来越高，加之轧钢机现代化技术的不断发展进步，这就给轧钢机管理与维修增加了难度并提出了更高的要求。现代化的轧钢机需要现代化的设备管理。

现代化的设备管理，就是把当今国内外先进的科学技术成就与管理理论、方法，综合地应用于设备管理，形成适应企业现代化的设备管理保障体系，以促进企业设备现代化和取得良好的设备资产效益。其基本思路是，倡导不断提高设备管理和维修技术的现代化水平，突出设备管理思想观念的三大转变：由单纯抓设备维修到对设备的造、买、用、修、改等一生实行综合管理的转变；由只重视技术管理到实行技术管理与经济管理相结合，追求设备投资效益的转变；由专业维修人员管理向全员管理方向的转变。提倡对设备管理和维修技术的科学研究，鼓励设备管理和维修工作的社会化和专业化协作，要求企业积极采用先进的设备管理方法和维修技术，采用以状态监测为基础的设备维修方法，应用计算机辅助设备管理，推进管理手段和方法的现代化。

设备一般指生产或生产上所使用的机械和装置，是固定资产的主要组成部分，它是工业企业中，可供长期使用并在使用中基本保持原有实物形态的物质资料的总称，如轧钢机。

目前我国采用的设备管理是指对设备的一生实行综合管理，即以企业经营目标为依据，通过一系列技术、经济、组织措施，对设备规划、购置（设计、制造）、安装、使用、维护、修理、改造及更新、调拨直至报废各个过程的活动。设备管理包括设备的物质运动和价值运动两个方面，以获得寿命周期费用最经济、设备综合效能最高的目标。

我国设备管理的基本原则是：坚持设计、制造与使用相结合，维护与计划检修相结合，修理、改造与更新相结合，专业管理与群众管理相结合，技术管理与经济管理相结合的原则；方针是：依靠技术进步、促进生产发展和以预防为主；主要任务是：对设备进行综合管理，保持设备完好，不断改善和提高企业装备素质，充分发挥设备效能，取得良好的投资效益。

设备维修是指设备维护和检修（修理）的一切活动，包括保养、修理、改装、翻修、检查等。设备的维护是指为保持设备规定的功能而进行的日常活动，检修是指恢复设备规定功能的全部检查修理工作。维护和检修是设备维修工作的有机组成部分，两者不可偏废，应该合理安排、密切结合，以保证设备处于良好的技术状态。

15.1 维修思想、方式及制度

维修思想（又称维修理论、维修原理、维修观念、维修哲学）是指导维修实践的理论。它来源于人们对维修客观规律的正确反映。维修方式是指在维修思想的指导下，对维修时机的控制。维修制度是指在维修思想的指导下，根据维修方式，制定出来的一套规定，其包括维修计划、类别、方式、时机、范围、等级、组织和考核指标体系等。自产业革命以来，维修思想、方式依次出现较多，但总体归纳为“事后维修”、“计划维修”和以可靠性理论、状态检测、故障诊断为基础的“状态维修”。

15.1.1　事后维修

事后维修也称故障维修、损坏维修，它基于事后维修的维修思想，是非计划维修。当机械设备发生故障或损坏、造成停机之后才进行的维修。

产业革命以来，蒸汽机和其他机器大量出现，这些机器在运转中会发生故障，因而产生了维修工作来排除这些故障。早期因机器结构简单、故障也简单、维修量较少，故无专业维修工，仅由操作工人自己维修。之后，随着技术的发展，机器结构日趋复杂，进而逐步产生了专业维修工。到了第二次世界大战期间，维修工在世界范围内成为一个健全的工种，同时也开始了对维修方式的研究。在维修工作初期，人们对磨损发生的规律尚不认识，维修方式就是等待设备发生故障以后才修，即事后维修。

事后维修的缺点往往处于被动地位，准备工作不可能充分，难以取得高质量的维修效果，停机时间长，停机造成的生产损失大等。但此方式通常维修费用低、不会产生过剩维修、对管理的要求低。这是因为它不需要为各种预防性的措施付出代价，而仅是修复损坏了的部分。可见这是一种落后的维修方式，不宜采用。当前，为节约维修费用、缩小维修组织，对某些非主要生产设备或利用率不高的设备也采用事后维修方式。

15.1.2　计划维修

计划维修也称定期维修、时间预防维修。在20世纪50年代初期，我国从苏联引进了计划维修制度。半个多世纪以来，我们还在沿用这种维修体系。计划维修基于“以预防为主的维修思想”，以机件的磨损规律为基础，以使用时间为维修期限，只要使用到预先规定的时间，不管其技术状态如何，都要进行规定的维修工作，降低设备故障率、防止设备性能劣化趋势的突然扩张或突发较大的设备事故。计划维修主要根据是：

（1）设备的工作条件，如对设备加工精度的要求、工人操作熟练程度、设备维护保养、环境情况等。

（2）设备的修理特性，如设备结构和传动的复杂性、精度，装拆特点等。

（3）设备的修理质量。

（4）设备的实际使用情况，如设备的开工率、负荷率等。

（5）修理工人的劳动生产率，如修理工艺及装备的先进性、修理工水平、修理前的各项准备工作等。

计划维修根据维修期限，按修理计划对设备进行预防性的日常维护保养、检查和大、中、小修理。相邻两次大修间设备的工作时间为一个修理周期。一个修理周期内安排若干次中、小修。

大修是为恢复设备良好状态并完全或接近于恢复其使用寿命而进行的修理。轧钢机的大修期为2～5年，内容是主传动系统、工作机座全部或大部分解体，修理主减速机、机架、机座等主要件，全面消除设备缺陷，恢复设备原由精度、性能、效率。大修理费用计入大修理基金。

中修也是恢复性修理，其规模介于大修和小修之间。由于小修时间短，设备的某些缺陷和隐患不能处理，而大修间隔期又太长，故要在相邻两次大修之间安排若干次中修。轧钢机的中修期为1~2年。修理内容是部分解体轧机，局部修理主减速机、机架、机座等主要件，修复或更换磨损机件，如主减速机的齿轮、轴承、压下丝杠等，消除设备缺陷。中修理费用计入生产费用，计入成本。由于大修和中修均属于恢复性修理，修理工作量大、难度大，且通常由轧钢车间外部检修部门实施，则对大、中修的计划管理往往放在一起。又由于中修和小修费用来源一样，有的国家取消中修，称中修和小修一律为小修。

小修是在使用过程中为可靠地保证设备的工作能力而进行的修理，是由维修过渡到检修的初级阶段，主要是根据日常巡检等发现的设备缺陷及小修计划。其检修时间短，工作量较小，一般尽量结合工艺性停产时间进行。内容为清擦设备，部分拆检零部件，更换和修复少量的磨损件，调整、紧固机件等。小修理费用计入生产费用，计入当月生产成本。

计划维修的关键是：依据机件的磨损规律，准确地掌握机件的维修时机。

计划维修的优点是易掌握维修时间、计划、组织管理，有较好的预防故障作用，减少了停机时间和停机造成的生产损失等。

计划维修的缺点是从技术角度出发，经济性较差，修理周期和范围固定，会造成不必要的维修，即过剩维修或维修不足，它不利于提高设备的可靠性和维修的经济性。

人们针对计划维修的缺点，在实施计划维修的同时，也注意到了对运转中的设备状态检查，以此了解设备的劣化趋势，调整大、中、小修的周期与频次，尽量减少过剩维修或维修不足的缺点。这实质上已经使计划维修过渡到了准“状态维修”阶段，只是检查制度、检查手段、故障诊断技术水平与状态维修阶段比还不全面而已。

15.1.3　状态维修

随着设备故障诊断技术和状态监测技术的不断发展和应用，及对设备可靠性要求的提高，为克服计划维修的不足，在此基础上又出现了按需计划维修—状态维修。

状态维修又称按需计划维修、状态监测维修、视情维修、预知维修。日本的全员生产维修TPM（total productive maintenance）本质也属于状态维修。状态维修基于以可靠性为中心的维修RCM（reliability centered maintenance）思想，以可靠性理论、状态检测、故障诊断为基础的维修。根据机械设备的实际状态监测结果而确定修理时机和范围。鉴于一些复杂的机械设备一般只有早期和偶然故障，而无耗损期，因此计划维修对许多故障是无效的。

这种维修的特点是修理周期、程序和范围都不固定，要依据实际情况而灵活决定。它把维修工作的重心，由修理和保养转到检查上来，它的基础是推行点检制。点检工作在为修理时机和范围提供信息的同时，也分散地完成了一部分修理工作内容。对机械设备进行日常点检、定期点检和精密点检，然后将状态监测与故障诊断提供的信息进行分析处理，判断劣化程度，并在故障发生前有针对性地进行维修，既保证了设备处于完好状态，也充分利用了机件的使用寿命，比计划维修体系更加合理。

实施状态维修应具备的条件：要有充分的可靠性试验数据、资料和作为判别机件状态的依据；制定设备维修大纲；检测手段和标准要齐全。

15.2 TPM、RCM和点检定修制的维修方法

TPM、RCM和点检定修制维修方法实质均属状态维修体系，是“以可靠性为中心的维修思想”指导的，以可靠性理论、状态检测、故障诊断为基础的维修。

15.2.1 TPM维修制

日本的设备全员生产维修简称TPM（total productive maintenance），是建立对设备整个寿命周期的生产维护。全员参与、小组自主活动，涉及所有部门的活动，其目的是提高设备综合效率。TPM是从20世纪50年代起，在引进美国预防维修和生产维修体系的基础上，吸引了英国设备综合工程学的理论，并结合日本本国国情而逐步发展起来的。

日本设备工程协会对全员生产维修所的定义是：

（1）把设备综合效率提到最高为目的。

（2）建立以设备一生为对象的生产维修系统，确保寿命周期内无公害、无污染、安全生产。

（3）涉及设备的规划、设计、使用和维修等所有部门。

（4）从企业最高领导到生产一线工人全体成员参加。

（5）加强生产维修思想教育，开展以小组（即QC小组）为单位的自主活动，推进生产维修。全员生产维修包括三个方面，全效益、全系统、全员参与，即“三全”。全效率是把设备综合效率提到最高。在工作中要求产量高、质量好、成本低、按期交货、无公害、安全生产；全系统有两层意思：一是对设备要全过程管理，即建立起从设备规划、设计、制造、安装、维修、更新直至报废的一生管理；二是设备所采用的维修方法要系统，即实施日常维修和定期检查，并建立有效的反馈系统，根据有关信息进行预知维修。全员参加是凡涉及设备一生全过程所有部门以及这些部门的有关人员，包括企业最高领导和第一线生产工人都要参加到TPM系统中来。

TPM的主要做法步骤：一般针对本企业生产特点，将设备进行分级，突出重点设备的维修管理工作。对重点设备实施日常维修和定期检查、预知维修方法，提高其设备开动率。首先将设备进行分级管理，按重点设备条件划分出重点设备。重点设备分级评分表如表15-1所示。将设备划分成重点（A）、重要（B）、一般（C）三类。针对A、B、C不同类的设备，对其进行分类管理。设备管理内容的区分，如表15-2所示。第二步是实施设备管理内容中的设备点检。设备点检是为了维护设备所规定的机能；按照一定的规范或标准，通过直观（凭借五感）或检测工具，对影响设备正常运行的一些关键部位的外观、性能、状态与精度进行制度化、规范化的检测，其中设备点检又分为日常点检（凭借五感）和定期点检，定期点检又称定期检查（凭借五感和测量仪器）。要正确制定点检标准、点检的周期；编制点检卡片，包括日常点检卡（见表15-3）和定期点检卡（见表15-4）；合理安排各部门的分工，日常点检一般由操作工完成，维修工指导并及时处理可以处理的查处问题，定期点检由维护工完成，如表15-5所示。第三步是依据点检记录及其分析，制定检修计划并按计划的时间和内容加以实施。

点检项目的周期确定，根据操作、维修两方面经验及设备故障发生状况等适当调整点检周期和时间，点检周期包括日常点检、定期点检等形式。

表 15－1　重点设备分级评分表

车间		资产编号	型号及名称	规格	
项目	序号	内　容	评价标准	评　价	
				应得分	实得分
生产	1	开动班次	开足二班（无代替） 开足二班（有代替） 开足二班	5 3 1	
	2	故障时可否代替	无代替 可外协 有代替	5 3 1	
	3	专用程度	专用 多用	3 1	
	4	故障对于其他机械的影响	影响全车间 影响一部分 仅影响机床本身	5 3 1	
质量	5	质量稳定性	不良率 15% 以上 不良率 5% ~15% 不良率 5% 以下	5 3 1	
	6	最终质量（精度）	对最终质量有决定性影响（不可用手修） 对最终质量有影响（可用手修） 对最终质量无关	5 3 1	
维修	7	故障频率	每月三次以上 每月三次以下 基本上无故障	5 3 1	
	8	故障修理的难易程度	难 较难 可作简单修理	5 3 1	
成本	9	故障损失 （停台、减产及维修费用）	>50 元 >30 元 <30 元	5 3 1	
安全	10	因故障而使作业人员或作业环境受影响的程度	影响人的寿命 需要停止其他作业 有影响但可继续作业	5 3 1	
其他	11	设备价格	>1 万元 <1 万元	3 1	
备注		重点设备（A）35 分以上，重要设备（B）20 ~34 分， 一般设备（C）10 分以下		总 分	

表 15－2　设备管理内容的区分

序号	管理内容	重点设备	重要设备	一般设备
1	重点设备标志	有	无	无
2	点检标准和日常点检	全部	全部	无
3	定期点检标准	全部	部分	无
4	定期精度检查	有	无	无
5	维修手段	重点维修保证使用	有计划维修使用	事后修理
6	故障记录及平均故障间隔期分析	有	有	无
7	维修记录	有详细的	有	有
8	操作规格	齐全、严格执行	齐全	一般要求
9	说明书	全部有	90% 以上	部分有
10	外文资料翻译	全部译	90% 以上	部分翻译
11	润滑图标及管理资料	齐全	85%	有润滑卡
12	备件图册	保证维修需要	基本保证	不要求
13	备件供应	保证供应	关键备件保证供应	不保证

表 15－3　日常点检卡

<table>
<tr><th>项目
序号</th><th colspan="2">点检内容</th><th>1</th><th>2</th><th>3</th><th>4</th><th>5</th><th>6</th><th>7</th><th>……</th><th>30</th></tr>
<tr><td>1</td><td colspan="2">主轴箱、走刀箱溜板箱传动是否正常无杂音</td><td></td><td></td><td></td><td></td><td></td><td></td><td></td><td></td><td></td></tr>
<tr><td>2</td><td colspan="2">各变速手柄是否灵活，定位可靠</td><td></td><td></td><td></td><td></td><td></td><td></td><td></td><td></td><td></td></tr>
<tr><td>3</td><td colspan="2">电机转动是否正常，皮带有无损坏</td><td></td><td></td><td></td><td></td><td></td><td></td><td></td><td></td><td></td></tr>
<tr><td>4</td><td colspan="2">光杠、丝杠，开关杠转动自如有无跳动</td><td></td><td></td><td></td><td></td><td></td><td></td><td></td><td></td><td></td></tr>
<tr><td>5</td><td colspan="2">三箱润滑是否良好</td><td></td><td></td><td></td><td></td><td></td><td></td><td></td><td></td><td></td></tr>
<tr><td>6</td><td colspan="2">各润滑点有无缺油现象</td><td></td><td></td><td></td><td></td><td></td><td></td><td></td><td></td><td></td></tr>
<tr><td>7</td><td colspan="2">各轨面润滑是否良好</td><td></td><td></td><td></td><td></td><td></td><td></td><td></td><td></td><td></td></tr>
<tr><td>8</td><td colspan="2">各油窗是否清晰</td><td></td><td></td><td></td><td></td><td></td><td></td><td></td><td></td><td></td></tr>
<tr><td>9</td><td colspan="2">支架尾座各间隙是否正常，各润滑面有无拉伤</td><td></td><td></td><td></td><td></td><td></td><td></td><td></td><td></td><td></td></tr>
<tr><td>10</td><td colspan="2">机床各部分有无漏油、漏水现象</td><td></td><td></td><td></td><td></td><td></td><td></td><td></td><td></td><td></td></tr>
<tr><td>11</td><td colspan="2">有无缺少零部件</td><td></td><td></td><td></td><td></td><td></td><td></td><td></td><td></td><td></td></tr>
<tr><td rowspan="3">方法</td><td rowspan="3">听、看、试</td><td>机</td><td></td><td></td><td></td><td></td><td></td><td></td><td></td><td></td><td></td></tr>
<tr><td>电</td><td></td><td></td><td></td><td></td><td></td><td></td><td></td><td></td><td></td></tr>
<tr><td>润</td><td></td><td></td><td></td><td></td><td></td><td></td><td></td><td></td><td></td></tr>
<tr><td>符号</td><td colspan="3">“√”—表示完好　　⊗—表示修好
“×”—表示待修　　△⃝—表示已处理
“△”—表示异常</td><td colspan="3">处理意见</td><td colspan="5"></td></tr>
</table>

年　月　日　　操作者：

表 15 – 4　定期点检卡

设备编号：　　　　检查者：

部位＼项目	检查项目	检查内容	记号	备注
外观	1. 主轴箱、进刀箱	油量是否足够，有无漏油		
	2. 导轨面	润滑状况，有无损失		
	3. 安全装置	有无缺少或失灵现象		
	4. 各操作手柄	调整、定位，是否灵活可靠		
主轴箱	5. 主轴	轴向与径向摆差，有无松动		
	6. 齿轮与轴	啮合状况与磨损状况		
	7. 油泵	油量是否充足，有无阻塞现象		
	8. 异音	在特定负荷下有无异音		
进给箱	9. 保险齿轮	间隙调整是否适当，有无松动		
	10. 离合器	磨损状况及结合状况		
	11. 油泵	油量是否充足，有无阻塞现象		
	12. 升降丝杠、丝母	磨损状况及间隙		
	13. 异音	在特定负荷下有无异音		
工作台	14. 纵横升降导轨	滑动面间隙及磨损情况		
	15 接合器	结合状况及间隙		
	16. 油泵	管路及工作状况		
其他	17. 地脚螺丝	有无松动现象		
	18. 冷却系统	有无泄漏及缺陷		

检查记号					
检查记号	√：良好	操作者		维修组长	
	△：要换				
	×：要修				
	⊗：已修好	生产组长		检查员	
	△（圈）：已换好				

表 15 – 5　点检的周期与分工

项目＼区分	点检周期	分工
日常点检	每日至一个月以内	主要由操作工人负责
定期点检	一个月以上	主要由维修人员负责

点检标准是衡量或判别点检部位是否正常的依据，也是判断该部位是否劣化的尺度。例如：间隙、温度、压力、流量、松紧度等要有明确的数量标准。

点检卡及结果分析：点检员根据设备的有关资料，如设计和使用说明书、运行经验等预先编制好的点检计划表（卡），定时、定标记录。检查记录和处理记录应定期进行系统分析，对存在的问题进行解析，提出意见。

这里要指出的是，有的将设备点检分成三方面内容，即日常点检、定期点检和精密点检（凭借测量仪器），此种分法的定期点检和精密点检总和就是前种分法的定期点检。

日常点检的操作方法：

设备操作人员在每班生产前，利用10min左右时间，依据点检卡片内容逐项进行检查，并将检查结果用√、△、×三种符号填在点检卡上。对一些可以解决的小问题，则解决；对解决不了的问题，应立即通知维修人员解决。

每班上班15min后，负责点检的维护人员逐台查看点检卡，发现点检卡上有△、×符号时，应立即解决。对解决不了的问题，应及时报告维修组长，经维修组长检查后，另派人解决或安排下月检修计划解决。维修人员将问题处理完毕后，应在操作工在点检卡片上填写的△或×符号外画一个圆，表示故障已处理或修好，并在卡上签名。

定期点检的操作方法：

设备维护人员凭借五感和测量仪器，按检查周期对重点和重要设备各部位进行检查。根据设备的复杂程度确定检查时间。检查时要检查和测定易损件磨损情况，确定性能，在条件许可时，进行必要的修理、调整、更换易损件。要做好检查记录，为下次计划检修提供依据。

15.2.2　RCM以可靠性为中心的维修

RCM（reliability centered maintenance）是欧美通过对设备磨损曲线和设备故障诊断技术进行了进一步的研究后发展出来的一种维修体系。RCM强调对设备的异常工况进行早期诊断和早期治疗，以设备状态为基准安排各种方式的计划维修，以达到最高的设备可利用率和最低的维修费用。其维修体系的发展大约经历了事后维修、预防性维修和预测性维修。RCM在美国融合了更多的维修方式和诊断方法，正在发展成为RCM2，尤其是对设备可靠性要求极高的发电厂和化工行业。

RCM的目标是达到总体成本的平衡点，使得可靠性投资所得到的回报为最高。

RCM原理的基本观点为：

装备的固有可靠性与安全性是由设计制造赋予的特性，有效的维修只能保持而不能提高它们。RCM特别注重装备可靠性、安全性的先天性。如果装备的固有可靠性与安全性水平不能满足使用要求，那么只有修改设计和提高制造水平。因此，想通过增加维修频数来提高这一固有水平的做法是不可取的。维修次数越多，不一定会使装备越可靠、越安全。

产品（项目）故障有不同的影响或后果，应采取不同的对策。故障后果的严重性是确定是否做预防性维修工作的出发点。在装备使用中故障是不可避免的，但后果不尽相同，重要的是预防有严重后果的故障。故障后果是由产品的设计特性决定的，是由设计制造而赋予的固有特性。对于复杂装备，应当对会有安全性（含对环境危害）、任务性和严重经济性后果的重要产品，才做预防性维修工作。对于采用了余度技术的产品，其故障的安全性和任务性影响一般已明显降低，因此可以从经济性方面加以权衡，确定是否需要做预防性维修工作。

产品的故障规律是不同的，应采取不同方式控制维修工作时机。有耗损性故障规律的产品适宜定时拆修或更换，以预防功能故障或引起多重故障；对于无耗损性故障规律的产品，定时拆修或更换常常是有害无益，更适宜于通过检查、监控，视情况进行维修。

对产品（项目）采用不同的预防性维修工作类型，其消耗资源、费用、难度与深度是不相同的，可加以排序。对不同产品（项目），应根据需要选择适用而有效的工作类型，从而在保证可靠性与安全性的前提下，节省维修资源与费用。

RCM 分析过程：

（1）RCM 分析所需的信息。进行 RCM 分析，根据分析进程要求，应尽可能收集下述有关信息，以确保分析工作能顺利进行。

1）产品概况，如产品的构成、功能（包含隐蔽功能）和余度等。

2）产品的故障信息，如产品的故障模式、故障原因和影响、故障率、故障判据、潜在故障发展到功能故障的时间、功能故障和潜在故障的检测方法等。

3）产品的维修保障信息，如维修设备、工具、备件、人力等。

4）费用信息，如预计的研制费用、维修费用等。

5）相似产品的上述信息。

（2）RCM 分析的一般步骤：

1）确定重要功能产品（FSI）。

2）进行故障模式影响分析（FMEA）。

3）应用逻辑决断图选择预防性维修工作类型。

4）系统综合，形成计划。

（3）重要功能产品确定。装备是由大量的零部件组成的，这些零部件都有其具体的功能，也都有可能发生故障。其中有些故障的后果危及到安全，有的对完成任务有直接的影响，而大部分的故障对装备整体没有直接影响，这些故障发生后及时排除就行了，其唯一的后果就是事后修理的费用，且这个费用一般会比预防修理的费用低。因此，制定维修大纲时，没有必要对所有的成千上万个零件逐一进行分析。预防性维修大纲的工作只针对比较少的一部分产品，即：重要功能产品，是指那些故障会影响任务和安全性，或有重大经济性后果的产品。这些产品可以是系统、分系统，部件或零件。鉴定重要产品的工作就是确定系统、分系统、部件或零件每一层次中的重要产品。首先，把装备按复杂程度依次列出其所有产品，形成“构造树”，然后把其故障显然对装备没有重要后果的产品从“树”中略去，留下来的产品是必须做维修研究的产品。

归为不重要的产品是指下列产品：

1）它们的功能与装备的使用功能没有重大影响。

2）它们在设计上有余度，其功能不会影响使用能力。

3）故障没有安全性和使用性后果，很容易进行修复。

4）根据经验和实际分析不可能发生故障的产品。但是隐蔽功能产品不管它们是否重要都要求做预防性维修。因此，隐蔽功能产品都要作为重要产品。这样的划分具有以下性质：

①包含有重要产品的任何产品，其本身也是重要产品。

②任何非重要产品都包含在其上一层的重要产品之一。

③包含在非重要产品之下的任何产品也是非重要产品。

这样从简化的“构造树”中，我们就可以确定一个重要产品的层次，我们把这个层次的产品作为重要产品分析，从而可以使我们的分析工作集中于几十个产品，而不是成千上万个零部件，从而大大简化了分析过程。

（4）故障模式及影响分析。RCM 分析的第二步就是对选定的重要功能产品进行故障模式及影响分析（FMEA），通过 FMEA，明确产品的功能、故障模式、故障原因和故障影响，从而为基于故障原因的 RCM 决断分析提供基本信息。

（5）RCM 逻辑决断。对于重要功能产品的每一个故障原因严格按相关 RCM 逻辑决断图进行分析决断，提出针对该故障原因的预防性维修工作与工作间隔期。

各类预防性维修工作间隔期的确定可以参考以下数据与方法：

1）产品生产厂家提供的数据。

2）类似产品的相似数据。

3）已有的现场故障统计数据。

4）有经验的分析人员的主观判断。

5）对重要、关键产品的维修工作间隔期的确定要有模型支持和定量分析。

6）系统综合，形成计划。

单项工作的间隔期若是最优，并不能保证总体的工作效果最优。有时为了提高维修工作的效率，我们需要把维修时间间隔各不相同的维修工作组合在一起，这样也许会使某些工作的频度比其计算出的结果要高一些，但是提高工作效率所节约的费用会超过所增加的费用。组合工作时应以预定的间隔期为基准，尽量采用预定的间隔期。确定预定的间隔期时应结合现有的维修制度，尽可能地与现有的维修制度一致。

15.3　点检定修制

设备点检定修制是宝钢于 20 世纪 80 年代，在 TPM 的基础上，融合 RCM、PM 等思想，参照日本新日铁的预防维修制，根据中国的实际国情总结出的维修管理体制，随后在全国钢铁企业进行推广。它实质就是一种状态维修，即通过检查，掌握设备实际状态，以实施有效的计划检修。点检即预防性检查，是为了及时准确地掌握设备劣化状况以实现定修；定修即在主作业线（可影响生产计划完成的作业线）停产条件下进行的计划检修。

点检定修制强调点检，点检精华之处在于通过对设备的检查诊断，从中发现倾向性的问题，来预测设备的零部件的寿命周期，对症下药，确定检修项目（含改善措施），以免过剩维修或维修不足。

状态维修模式要求对设备进行相关参数测量，及时反映设备故障产生前的实际状态。测量的参数可以在足够的提前期间发出警报，以便采取适当的维修措施。这种预防维修方式的维修作业一般没有固定的间隔期，维修技术人员根据监测数据的变化趋势作出判断，再确定设备的维修计划。这样，对设备故障规律的认识和故障诊断技术的掌握、应用就显得十分重要。

15.4　设备诊断技术

设备维修经历了事后维修、计划维修和状态维修（又称为按需计划维修、状态监测维修、视情维修、预知维修）的发展过程。因设备诊断技术的发展和成熟，使设备的状态维修成为可能。

设备诊断技术是20世纪60年代发展起来的一门新学科，尤其是快速Fourier变换的出现，使诊断技术的发展产生了飞跃。随着电子技术、计算机技术、信号采集技术（如传感器技术）、信号分析和处理技术（如各种滤波技术、频谱分析技术、人工智能系列技术专家系统、神经网络等）的发展，设备诊断技术在逐渐完善。

设备诊断技术的发展分三个阶段：一是设备状态监测；二是设备状态监测与故障诊断；三是现代管理，即把监测与诊断融入企业的MIS系统中去，这是设备诊断技术发展的最高阶段。目前，设备诊断技术大致处于第二阶段的整理完善和向第三阶段的过渡时期。所谓MIS（management information system）即管理信息系统，是一个由人、计算机及其他外围设备等组成的能进行信息的收集、传递、存储、加工、维护和使用的系统，它是一门新兴的学科，其主要任务是最大限度地利用现代计算机及网络通讯技术加强企业的信息管理，通过对企业拥有的人力、物力、财力、设备、技术等资源的调查了解，建立正确的数据，加工处理并编制成各种信息资料及时提供给管理人员，以便进行正确的决策，不断提高企业的管理水平和经济效益。

从开展设备诊断的流程来看，如图15－1所示，分为信号采集、信号处理、故障诊断三个阶段。信号采集是前提。设备的不同症状是通过不同的信号表现出来的，通过传感器正确地将其采集和放大十分重要；信号处理是关键。它实际上就是诊断技术中的特征因子提取技术。如传感器采集的振动信号，虽然经过了放大，由于含有噪声，一般从时域波形上很难反映问题，必须利用频谱分析技术，如FFT分析、倒谱分析、Fourier分析、小波分析等技术，把时域信号转化在不同的域内分析，才能得到敏感反映设备状态的特征因子。故障诊断是核心。识别设备的状态为正常或异常，判别为异常后再进行原因分析，这是诊断的实质。在诊断技术发展初期，是靠有经验的人，依据仪器处理后的信号与某类故障的联系进行诊断。近年来出现了自动化、智能化诊断技术，如基于知识的故障诊断专家系统、基于神经网络的智能诊断、演化算法在诊断中的应用等。其中关于智能化诊断技术的更详细内容，请见作者与虞和济老师，陈长征、张省两位博士合著的《基于神经网络的智能诊断》一书。

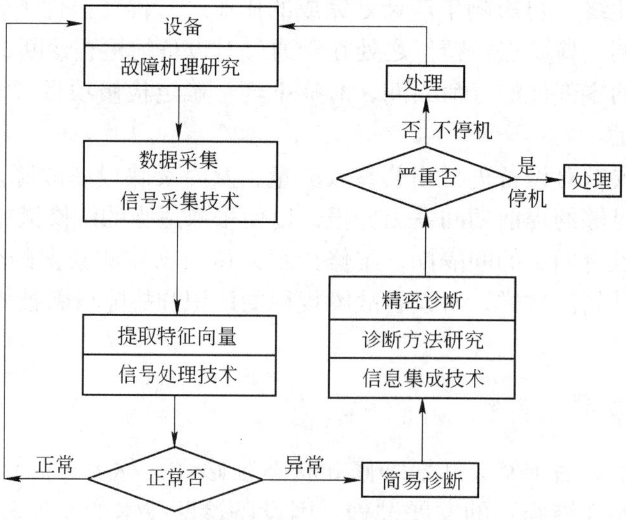

图15－1　设备诊断流程与其应用技术关系图

现在，多数轧钢企业都在积极探索和确定各自的设备监测和诊断设备模式，成立了设备专职点检站，配备了一些诊断仪器，如各种测振仪、测温仪、频谱分析仪等，对主作业线重点设备，定期、定部位进行精密诊断，并对重点设备重点部位进行在线状态监测，如轧钢机轧制力、轧制扭矩、主电机轴的运行轨迹等。但是，大部分工作仍停留在第一阶段设备状态监测上，原因是所具备的诊断仪器简单，更精密的仪器尚未配备，对人员的培训还不到位，同时对轧钢机故障诊断理论还尚待进一步认识，因此距第二阶段设备诊断还有较大距离，全面实行设备的诊断工作将成为今后设备管理与维修工作的一个重点。

15.5 设备操作、使用和维护

设备操作、使用、维护三大规程的建立和有效实施，是设备操作、使用和维护的一项不可缺少的基础工作。新购置设备，必须在建立其三大规程后方可投产运行；已在线运行的设备，应根据设备运行情况逐渐修改和完善三大规程。设备操作、使用、维护三大规程的要点如下。

15.5.1 设备操作规程

是指操作工人正确操作设备的有关规定和程序。各类设备的结构不同，操作设备的要求也会有所不同，编制设备操作规程时，应该以制造厂提供的设备说明书的内容要求为主要依据。

15.5.2 设备使用规程

设备使用规程是对操作工人使用设备的有关要求和规定。例如；操作工人必须经过设备操作基本功的培训，并经过考试合格，发给操作证，凭证操作；不准超负荷使用设备；遵守设备交接班制度等。

概括起来就是使用设备的“五项纪律”：

（1）凭操作证使用设备，遵守安全操作规程。

（2）经常保持设备清洁，并按规定加油。

（3）遵守设备交接班制度。

（4）管理好工具、附件，不得遗失。

（5）发现异常，立即停车，自己不能处理的问题时应及时通知有关人员检查处理。

15.5.3 设备维护规程

设备维护规程是指工人为保证设备正常运转而必须采取的措施和注意事项。例如：操作工人上班时要对设备进行检查和加油，下班时坚持设备清扫，按润滑图表要求进行润滑等，维护工人要执行设备巡回检查，定期维护和调整等，也即维护设备的“四项要求”：

（1）整齐，即工具、工件、附件、安全防护装置、线路及管道，整齐、齐全、安全完整。

（2）清洁，即设备内外清洁无油垢，设备四周切屑垃圾清扫干净。

（3）润滑，即按时加油换油，油质符合要求，各润滑器具、油毡、油线、油标保持清洁，油路畅通。

（4）安全，即严格执行设备的操作规程和使用规程，合理使用，精心维护，安全无事故。

设备润滑要严格按“五定”和“三级过滤”的要求去做。“五定”是指：定人（定人加油）；定时（定时换油）定点（定点给油）定质（定质进油）；定量（定量用油）；“三级过滤”是指：液体润滑剂在进入企业总油库时要经过过滤，放入润滑容器要过滤，加到设备中时也要过滤。

设备的日常点检和定期检查：日常点检是指由操作工人按规定标准，以五官感觉为主，对设备各部位进行技术状态检查的设备状态管理维修方法，定期检查是指由维修工人按规定的检查周期，以五官感觉或仪器对设备性能和精度全面检查和测量的设备状态管理维修方法。

另外，对重大的设备事故应遵循“三不放过”原则，即事故原因分析不清不放过；事故责任者与群众未受到教育不放过；没有防范措施不放过。目的是防止重复发生类似事故。

15.6　设备寿命及设备寿命周期费用

在设备的寿命周期内，同时存在着实物运动与价值运动两种运动形态。实物运动形态的控制属于技术管理范畴，价值运动形态的控制属于经济管理范畴，加强设备技术和经济管理的目的在于获得经济的设备寿命周期费用，两者必须紧密结合。

设备的技术寿命是指设备在技术上有存在价值的期间，即从设备开始使用，至被技术上更为先进的新型设备所淘汰的全部经历期，技术寿命的长短决定于设备无形磨损的速度。设备经济寿命（又称设备价值寿命），是根据设备的使用费（包括维持费和折旧费）来确定设备的寿命，通常是指年平均使用成本最低的年数，经济寿命用于确定设备的最佳折旧年限和最佳更新时机。设备新度（账面值/设备原值）是反映企业装备的新旧程度，从一定意义上说，反映了企业装备的技术水平状况，它已作为评价企业装备改造，更新的一个主要指标。

设备综合工程学所追求的目标是经济的寿命周期费用。设备寿命周期费是指设备整个寿命周期的总费用，如图 15－2 所示，设备一生费用曲线所包络的面积 S。它包括设置和使用两部分的费用。设置费用包括计划、设计、制造各阶段的试验、设计、制造等一切费用；使用费用包括安装、运行各阶段的安装、维护保养、修理、动力消耗等一切费用。

选购设备时，往往着眼于价格的高低，而忽视投产后的维修费用。实际上，低廉的设备其寿命周期费用不一定低。表 15－6 为甲、乙、丙三种同类设备的寿命周期费用和分项费用比较。

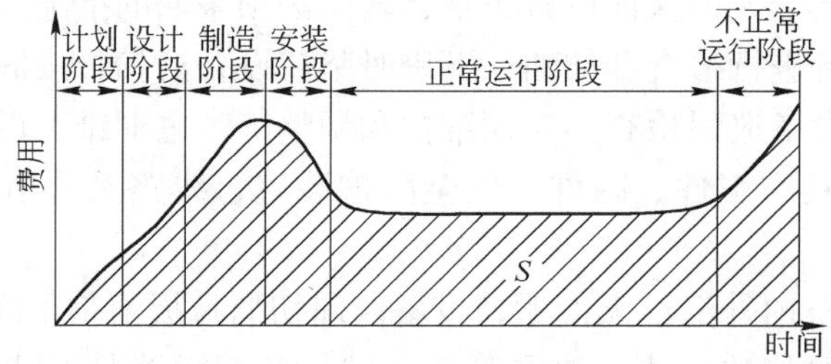

图 15－2　设备寿命周期费用变化图

表 15－6　设备的寿命周期费用和一览表

费用项目	设备甲	设备乙	设备丙
原始价格	12.6	18	14.1
维修费	38.7	34.8	25.2
备件费	32	28	15
资料费	3.6	5.4	3.6
运行费（电力、材料）	70.5	67.5	73.5
训练费	2.4	2.4	2.4
停歇费	24	30	21
全寿命周期费用	183.8	186.6	157.8

思　考　题

15－1　什么称为故障?

15－2　设备维护的任务是什么?

15－3　机械零件损坏的类型有哪些?

15－4　一台完整设备，即使正常工作也总会发生故障，为什么?

15－5　怎样进行故障分析，简述过程。

15－6　什么称为设备大修?

15－7　什么称为点检，点检与计划预修制的设备检查有何不同?

15－8　如何做到检修工作安全进行?

参考文献

[1] 李茂基．轧钢机械［M］．北京：冶金工业出版社，1998.
[2] 蒋维兴．轧钢机械设备［M］．北京：冶金工业出版社，1981.
[3] 潘慧勤．轧钢车间机械设备［M］．北京：冶金工业出版社，1994.
[4] 黄华清．轧钢机械［M］．北京：冶金工业出版社，1980.
[5] 邹家祥．轧钢机械［M］．北京：冶金工业出版社，1988.
[6] 王海文．轧钢机械设计［M］．北京：冶金工业出版社，1983.
[7] 边金生．轧钢机械设备［M］．北京：冶金工业出版社，1998.
[8] 蔺文友．冶金机械安装基础知识问答［M］．北京：冶金工业出版社，1997.
[9] 王邦文．新型轧机［M］．北京：冶金工业出版社，1994.
[10] 桂万荣．轧钢机械设备［M］．北京：冶金工业出版社，1980.
[11] 钟廷真．短应力线轧机的理论与实践（第2版）［M］．北京：冶金工业出版社，1999.